"十二五"职业教育国家规划教材
经全国职业教育教材审定委员会审定

21世纪高职高专规划教材

网络专业系列

Oracle 11g 数据库技术

孟德欣 主编

许勇 谢二莲 贺师君 副主编

清华大学出版社

北京

内容简介

本书基于 Oracle 11g 软件编写，主要介绍 Oracle 数据库的安装与卸载、体系结构、数据库管理、数据管理、存储管理、对象管理、Oracle 安全管理、备份和恢复以及 PL/SQL 语言基础等内容。

本书注重实用性和技能性相结合的原则，选材贴近实际，图文并茂，力求浅显易懂。每章均配有思考与练习及上机实验，以帮助读者加深对所学知识的理解。本书各章习题的参考答案可从 http://www.tup.com.cn 下载。

本书可作为高职高专院校数据库等相关专业的教学用书，亦可作为参考用书，还可作为广大数据库技术爱好者的自学用书。

图书在版编目(CIP)数据

Oracle 11g 数据库技术/孟德欣主编. --北京：清华大学出版社，2014
21 世纪高职高专规划教材——网络专业系列
ISBN 978-7-302-35854-1

Ⅰ. ①O… Ⅱ. ①孟… Ⅲ. ①关系数据库系统－高等职业教育－教材 Ⅳ. ①TP311.138

中国版本图书馆 CIP 数据核字(2014)第 060937 号

责任编辑：孟毅欣
封面设计：常雪影
责任校对：李 梅
责任印制：王静怡

出版发行：清华大学出版社
网 址：http://www.tup.com.cn，http://www.wqbook.com
地 址：北京清华大学学研大厦 A 座　　**邮 编**：100084
社 总 机：010-62770175　　**邮 购**：010-62786544
投稿与读者服务：010-62776969，c-service@tup.tsinghua.edu.cn
质 量 反 馈：010-62772015，zhiliang@tup.tsinghua.edu.cn
课 件 下 载：http://www.tup.com.cn，010-62795764
印 装 者：北京鑫海金澳胶印有限公司
经 销：全国新华书店
开 本：185mm×260mm　　**印 张**：20.5　　**字 数**：470 千字
版 次：2014 年 10 月第 1 版　　**印 次**：2014 年 10 月第1 次印刷
印 数：1～3000
定 价：42.00 元

产品编号：059520-01

前　言

本书介绍 Oracle 11g 的安装与卸载、体系结构、数据库管理、数据管理、存储管理、对象管理、安全管理、备份和恢复以及 PL/SQL 语言基础等内容，注重实用性和技能性原则，力求浅显易懂。本书内容翔实，选材贴近实际，具有一定代表性。每章均配有思考与练习及上机实验，以帮助读者加深对所学知识的理解，使读者快速掌握 Oracle 数据库技术。衷心希望本书能够为学习 Oracle 数据库技术的读者带来有益帮助。

本书基于 Oracle 11g 软件编写，全书共 9 章。

第 1 章：安装与卸载。本章介绍数据库技术和 Oracle 11g 的安装与卸载，包括 Oracle 数据库的发展史、产品构成、新特性、安装与卸载以及初识 Oracle 常用工具等内容。

第 2 章：体系结构。本章介绍 Oracle 数据库的物理结构、逻辑结构、内存结构、后台进程以及 Oracle 实例等内容。

第 3 章：数据库管理。本章介绍创建、启动、关闭和删除 Oracle 数据库、管理初始化参数文件和控制文件、使用 Oracle 数据字典、克隆 Oracle 数据库等内容。

第 4 章：数据管理。本章介绍 Oracle 数据库的常用工具 SQL * Plus、SQL Developer 等的使用、SQL 语言基础以及事务控制等内容。

第 5 章：存储管理。本章介绍表空间、数据文件、临时表空间、日志文件等内容，以及使用 OMF 管理物理文件，包括创建存储对象、将数据文件添加到表空间、管理临时表空间(组)、日志切换、删除存储对象及将存储对象联机或脱机等内容。

第 6 章：对象管理。本章介绍 Oracle 数据库中的常用对象，如表、分区表、索引、视图、同义词和序列、簇、数据库链接等，包括创建对象、修改对象、删除对象及查看有关对象的数据字典等内容。

第 7 章：安全管理。本章介绍 Oracle 数据库的用户管理、权限管理、角色管理、概要文件管理及审计管理等内容。

第 8 章：备份和恢复。本章介绍 Oracle 数据库备份和恢复的基本理论，包括备份和恢复的基本概念、脱机备份和恢复、联机备份和恢复、导出和导入、数据泵技术、恢复管理器(RMAN)、闪回技术和 SQL * Loader 工具等内容。

第 9 章：PL/SQL 语言基础。本章介绍 PL/SQL 的变量、数据类型、表达式、控制结构、PL/SQL 记录和表、游标、子程序、触发器、程序包以及异常处理等内容。

本书由宁波职业技术学院孟德欣、许勇、谢二莲和宁波龙腾公司贺师君合作编写，是编者从事多年 Oracle 数据库技术教学的经验总结。

由于水平和时间有限，本书不足之处在所难免，敬请广大读者提出宝贵意见并与编者联系，不胜感激。

编　者

2014 年 8 月

目　录

第1章

安装与卸载

本章主要介绍 Oracle 数据库的发展史、Oracle 11g 的新特性、Oracle 网络资源、Oracle 11g 安装、常用 Oracle 工具使用以及使用网络配置连接数据库服务器等知识。

1.1 数据库技术简介

于 20 世纪 60 年代中后期产生并发展起来的数据库技术，是计算机科学发展最快的领域之一，是数据管理的实用技术。数据库技术是一门综合性学科，涉及计算机硬件、操作系统、应用系统等多个方面。

1.1.1 数据处理技术的 3 个阶段

数据处理技术的发展与计算机技术的发展密切相关，数据处理技术经历了 3 个发展阶段：人工管理阶段、文件系统阶段和数据库系统阶段。

1. 人工管理阶段

早期的计算机主要用于科学计算，计算机的存储设备只是磁带、卡片、纸带等，既没有操作系统，也没有管理数据的软件。这时候对数据的管理主要是人工管理。人工管理数据阶段的特点如下。

(1) 数据无法长期保存。

(2) 没有专门的软件对数据进行管理。

(3) 数据无法实现共享。每个应用程序有着相应的数据，不同的应用程序之间无法共享数据。数据的冗余度大。

(4) 数据不具有独立性。在手工管理阶段，数据和程序完全交织在一起，没有独立性可言，数据结构作任何改动，应用程序也要作相应调整。

2. 文件系统阶段

在计算机技术发展到一定阶段后，出现了磁盘等直接存取的硬件设备和专门用于数据管理的文件系统，不仅可以实现文件的批处理，还可以联机实时处理。文件系统管理数据阶段的特点如下。

(1) 数据可以长期保存。

(2) 由文件系统专门管理数据,但在共享性、独立性方面仍存在着明显缺陷。在文件系统出现后,虽然将数据和程序两者分离,但实际上应用程序中依然要反映文件在存储设备上的组织方法、存取方法等物理细节,因而只要数据作了任何修改,程序仍然需要作改动。

3. 数据库系统阶段

20世纪60年代中后期以来,计算机技术得到迅猛发展,出现了大容量的磁盘设备,硬件性能大幅提升,操作系统也可以实现多用户、多应用的实时处理,出现了数据库管理系统,其主要特征如下。

(1) 数据结构化。用数据模型来描述数据,采用记录等形式来组织数据。数据的结构化不仅体现在描述数据本身,还体现在描述数据之间的联系。数据结构化是数据库的主要特征之一,是数据库系统和文件系统的根本区别。

(2) 数据共享性高、冗余度小、易扩充。数据库中的数据集中存放,不是面向某一个应用,而是面向整个系统。这样可以减少数据的冗余度,既节省存储空间、减少存储时间,又可避免数据之间的不相容性和不一致性。数据库易扩充的特征体现在当应用程序发生改变时,只要重新选取数据库的不同子集数据或添加一部分新的数据,便可以满足新的应用程序需求。

(3) 数据独立性强。数据独立性是数据库系统的一个最重要的目标,它能使数据独立于应用程序。数据的独立性分为物理独立性和逻辑独立性两个层次。物理独立性是指用户的应用程序与数据库中数据是相互独立的,即数据在磁盘上的存储由DBMS管理,不需要了解用户程序,应用程序要处理的只是数据的逻辑结构,这样当数据的物理存储改变时,应用程序不用改变。逻辑独立性是指用户的应用程序与数据库的逻辑结构是相互独立的,即当数据的逻辑结构改变时,用户程序也可以不变。数据与程序的独立,把数据的定义从程序中分离出去,加上数据的存取又由DBMS(DataBase Management System,数据库管理系统)负责,从而简化了应用程序的编制,大大减少了应用程序的维护和修改。可以说数据处理的发展史就是数据独立性不断进化的历史。

(4) 对数据的集中控制。数据库管理系统提供了对数据的安全性、完整性、并发性、可恢复性等方面的集中控制。

1.1.2 数据模型

数据在数据库系统中以数据模型的形式表现。数据模型是现实世界数据特征的抽象,也是数据库系统的数学表示,用来精确描述数据的静态特征、动态特征及完整性约束条件。数据模型由数据结构、数据操作和数据完整性约束三要素组成。

1. 数据结构

数据结构用于描述系统的静态特征。数据结构指数据库中对象类型的集合,这些对象是数据库的组成部分,如网状模型中的数据项,关系模型中的关系等。数据结构是数据模型中最重要的一个要素。在数据库系统中,通常按照不同类型的数据结构来命名数据模型。

2. 数据操作

数据操作指对数据库中各种对象进行操作的集合，包括插入、修改、删除等操作及有关的操作规则，用于描述系统的动态特征。数据模型应该给出这些操作的确切含义、操作符号、操作规则以及实现操作的语言。

3. 数据完整性约束

数据完整性约束指数据库中的数据必须满足的一组规则，用以限定符合数据模型的数据库状态及状态的变化，以保证数据的正确性、有效性和相容性，例如在关系模型中，任何关系必须满足实体完整性和参照完整性。另外，数据库系统还允许用户自定义数据完整性约束条件。

根据不同的应用目的，数据模型可以划分为概念模型和结构模型两类。

(1) 概念模型

概念模型又称信息模型，它按用户的观点对数据和信息进行建模。为了把现实世界中的数据在 DBMS 中表现出来，必须首先把现实世界抽象为信息世界，然后将信息世界转化为机器世界。这种抽象出来的信息结构，不依赖于任何一个具体的计算机系统，也不是某一个特定 DBMS 所支持的数据模型，而是概念级的模型。在实际应用时，再把概念模型转换为某一个 DBMS 所支持的数据模型。

概念模型是现实世界到机器世界的一个中间层次。下面介绍概念模型中涉及的一些概念。

① 实体指客观存在并可相互区别的事物。实体可以是具体的人、事、物，也可以是抽象的概念和联系。

② 实体集是同类实体的集合。

③ 属性指实体所具有的特征。

④ 域指属性的取值范围。

⑤ 主码指唯一标识实体的属性集。

⑥ 联系指实体和实体之间及实体内部的联系。联系分为一对一、一对多、多对多 3 种类型。实际上，一对一是一对多的特例，一对多又是多对多的特例。

概念模型的表示方法很多，常用的表示方法是实体—联系方法，该方法用 E-R(Entity Relation)图来描述。在 E-R 图中，矩形表示实体，矩形框内写上实体名；椭圆表示属性，椭圆框内写上属性名，并用无向边与实体连接起来；菱形表示联系，菱形框内写上联系名，并用无向边与有关实体连接起来，同时在无向边旁注明联系的类型(一对一、一对多或多对多)。

E-R 图描述了实体间的联系，但不能给出详细的数据结构。E-R 图接近人的思维，容易理解，与具体的计算机无关。

(2) 结构模型

结构模型主要包括层次模型、网状模型、关系模型以及面向对象模型等。它是按计算机系统的观点对数据进行建模。其中，层次模型和网状模型统称为非关系模型，现已被关系模型逐渐取代。当前，面向对象模型是一种新的数据模型发展方向。

① 层次模型：层次模型是出现最早的数据模型，用树形结构表示实体和实体之间的联系。在层次模型中，除了根节点外，每个节点一定有一个父节点，而每个父节点则可以有多个子节点，形成一对多的父子关系类型。

在现实世界中，许多实体之间的联系表现为层次关系，如公司组织结构、动植物分类等。历史上最典型的层次模型，是 1968 年由 IBM 公司推出的数据库管理系统 IMS (Information Management System)。

② 网状模型：在现实世界中，实体之间的联系更多的是非层次关系，用层次模型表示非层次关系是间接的，网状模型可以避免这一问题。网状模型指用网状结构表示实体和实体之间的联系。网状数据库的典型代表是 CODASYL 系统，这是 20 世纪 70 年代数据系统语言研究会 CODASYL(Conference On Data Systems Language)下属的数据库任务组(DataBase Task Group，DBTG)提出的一个系统方案，所以又称为 DBTG 报告。

③ 关系模型：关系模型建立在严格的数学基础之上，用一张二维表来表示关系模型的逻辑结构。关系模型是目前应用最广泛的数据模型。1970 年，美国的 IBM 公司的研究员 E. F. Codd 发表的题为"大型共享系统的关系数据库的关系模型"论文，奠定了关系模型的理论基础。关系数据库系统很快就在数据库领域中占据了相当重要的地位。20 世纪 70 年代后开发的数据库管理系统产品几乎都是基于关系模型的。目前，数据库技术广泛应用于企业管理、情报检索、科学研究、管理信息系统等各个领域。

④ 面向对象模型：面向对象模型是近年来出现的一种新的数据模型理论。所谓对象是对现实世界事物的高度抽象。每个对象是状态和行为的封装。对象的状态是属性的集合，行为是对该对象操作的集合。面向对象的数据模型可以处理更为复杂的数据结构，它比前面几种数据模型具有更强的对现实世界的表达能力。

1.1.3 数据库系统的组成

数据库系统由硬件、数据库、数据库管理系统(DBMS)、应用程序、数据库管理员(DataBase Administrator，DBA)和用户等组成。

(1) 硬件是数据库赖以存在的物理设备。它有足够大的磁盘等直接存取设备存放数据库，有足够的磁带(或微机软盘)作数作备份，具有较高的通道能力，以提高数据传送率。

(2) 数据库是一个结构化的数据集合。它包括实际存储的数据和对数据库的定义，通常将数据库系统简称为数据库。

(3) 数据库管理系统(DBMS)是数据库系统中专门用于数据管理的软件，它具有数据定义功能、数据操纵功能、数据库的运行管理及建立和维护功能。DBMS 是数据库系统的核心。关系数据库管理系统(Relational DataBase Management System，RDBMS)是支持关系模型的数据库管理系统。当前流行的 RDBMS 如 Oracle、DB2、MS SQL Server、SYBASE 等。

(4) 应用程序指建立在 DBMS 基础之上，适应不同应用环境的数据库应用系统。

(5) 数据库管理员(DataBase Administrator，DBA)负责全面管理和控制数据库系统，管理企业的数据库资源，收集和确定有关用户的需求，设计和实现数据库并按需求修改和转换数据，以及为用户提供帮助和培训等。

(6) 用户通过应用程序界面操作和使用数据库，如浏览、修改、统计和打印数据库中的数据等。

其实，数据库系统中的人员还包括系统分析员、数据库设计人员和应用程序员。系统分析员负责应用系统的总体分析和规范说明，它们与 DBA 和最终用户一起来确定系统的软硬件配置及数据库系统的概要设计；数据库设计人员负责数据库的设计，包括确定数据库中的数据及各级模式的设计；应用程序员负责设计和编写应用程序的功能模块，并进行安装和调试等。

1.2 Oracle 数据库简介

1.2.1 Oracle 数据库的发展历史

1977 年，Larry Ellison(拉里·埃里森)、Bob Miner 和 Edward Oates 共同创建了一家软件开发实验室(Software Development Laboratories)，开发当时新型的关系数据库系统，这是 Oracle 公司的前身。

1978 年，软件开发实验室更名为关系软件公司(Relation Software Incorporated, RSI)。

1982 年，关系软件公司正式更名为 Oracle 系统公司(Oracle System Corporation)。Oracle 中文译为甲骨文。

1984 年，Oracle 公司首次将关系数据库扩展到个人计算机上，在随后发布的 Oracle 5 中，率先推出了分布式数据库等新概念。Oracle 6 又新增了行锁定模式及对称多处理器系统的支持等新技术。

1992 年，Oracle 7 推出。Oracle 7 可带过程数据库选项和并行服务器选项，真正释放了开放的关系型系统的潜力。Oracle 7 的协同开发环境提供了新一代集成的软件生命周期开发环境，可用以实现高生产率、大型事务处理及 C/S 结构的应用系统。

1999 年，Oracle 正式推出了以 Oracle 8i 为核心的全球第一个支持 Internet 的一整套解决方案，Oracle 8i 数据库具有强大的网络分布式功能，完善的数据库安全策略，有效的数据库备份与恢复机制和支持大规模的并行查询技术，并增加了对象的技术，成为一个关系对象型数据库系统。

2000 年，Oracle 公司正式推出了新一代数据库 Oracle 9i。与 Oracle 8i 相比，Oracle 9i 在集群技术、高可用性、商业智能、安全性、系统管理等方面都有了新的突破。Oracle 9i 实际上是业界第一个完整的、新一代智能化的、协作各种应用的用于互联网的软件平台。

2003 年，Oracle 公司正式发布了 Oracle 10g 数据库，实现了自动存储管理(Automatic Storage Management)和服务器集群，能够进行动态资源配置等。

2007 年，Oracle 公司正式发布了 Oracle 11g 数据库，该版本大大提高了安全性。Oracle 11g 数据库继续专注于网络计算，并有多项技术创新，增加了 400 多项新功能。

Oracle 数据库可以支持 UNIX、Windows、Linux 等多种操作系统，具有广泛的客户群，在全球数据库市场 Oracle 数据库软件占据领先地位。

1.2.2 Oracle 11g 数据库版本

本书以 Oracle 11g 第 2 版(R2)为例。Oracle 11g R2 数据库主要有以下 4 个版本。

(1) Enterprise Edition(企业版)包括 Oracle 11g 数据库的全部组件,适用于数据仓库、联机事务处理系统(OLTP)、Internet 应用等。

(2) Standard Edition One(标准版 1)可以在最多有两个处理器的服务器上使用,具有全部集群特性和所有 Oracle 11g 易管理特性,为工作组、部门级和 Internet/Intranet 应用提供出色的性价比和易用性。

(3) Standard Edition(标准版)可以在最多有 4 个处理器的单台服务器或者一个支持最多有 4 个处理器的服务器集群上使用,具有全部集群特性和所有 Oracle 11g 易管理特性。与 Standard Edition One 版本相比,它更易用,功能更强大,支持 RAC(Real Application Clusters)应用。

(4) Oracle Database 11g 快捷版是一款小型入门级数据库,它具备免费开发、部署和分发,下载速度快,并且管理简单的优点。

1.2.3 Oracle 11g 数据库的新特性

Oracle 11g 数据库与以前的版本相比,在网格计算、自动存储管理、数据迁移等方面都有新突破,下面介绍其部分新特性。

1. 网格架构(Grid Infrastructure)

Oracle 11g R2 引入了网络架构的安装选项。网络架构包含两个最主要的组件:Clusterware 集群软件和 ASM 存储软件。Clusterware 是 Oracle 的集群解决方案,ASM 是 Oracle 的存储解决方案,这两大方案的数据库共同构成了 RAC 高可用解决方案。对于单实例数据库,网格架构包括 ASM 自动存储管理、监听器和 Oracle 重启组件。在集群环境中,网格架构包括 ASM 自动存储管理,Oracle 集群软件 Clusterware 和监听器。不过需要注意的是网格架构只适用于 64 位系统平台上安装使用。

2. Oracle 自动存储管理集群文件系统(Oracle ACFS)

Oracle 自动存储管理集群文件系统(Oracle Automatic Storage Management Cluster File System,Oracle ACFS)是一个新的跨平台,可扩展的集群文件系统。在 RAC 环境中,ACFS 可以为 Oracle 集群注册文件 OCR 和记录集群节点信息的表决磁盘 Voting Disk 提供更好的保护,它允许创建 5 份 OCR 文件副本,之前的集群文件系统仅允许保存两份 OCR 文件:一个主 OCR,一个映像 OCR,但 ACFS 不适合单独的 RAC 环境。ACFS 扩展了 Oracle ASM 自动存储管理技术,使得支持管理不被存储在 ASM 中的数据,即单一实例和集群配置,几乎所有与操作系统和数据相关的文件都可以从 ACFS 的安全性和文件共享特性受益。

3. 数据泵(Data Pump)

Oracle 11g 的数据泵是一个并行的、高速的基础架构,它实现了数据从一个数据库到另一个数据库的快速迁移。Oracle 11g 数据泵兼容 Oracle 以前版本的 Export/Import 工具,相比较而言性能却大大提高,它是 Oracle 11g 数据库的数据移动工具 EXPDP(Export

Data Pump)和 IMPDP(Data Pump Import)的基础。

4. Oracle 重启组件(Oracle Restart)

Oracle 重启组件是一个新功能，能提高数据库的可用性，当安装了 Oracle 重启组件之后，在系统出现硬件或者软件问题，或者主机重启之后，Oracle 重启组件都能自动地进行重新启动包括 Oracle 数据库实例、ASM 自动存储管理和监听器等 Oracle 部件。Oracle 重启组件会周期性地检查和监控这些组件的状态，如果发现某个组件失败，那么就会关闭(Shutdown)，并重启该组件。Oracle 重启组件只能用于非集群的环境。对于 RAC 环境，Oracle Clusterware 软件会提供自动重启的功能。

5. 增强的 SRVCTL 工具(Server Control)

SRVCTL 是 Oracle 提供的一个命令行工具，用于管理 Oracle 的 RAC 环境。自 Oracle 9i 中引入以来，Oracle 11g 对其功能进行了很大的增强和改进，可以管理单实例 RAC，以及监听器和 ASM 实例。SRVCTL 可以查看实例状态、查看 RAC 数据库设置信息，以及启动、关闭、增加、删除和修改实例等。使用 SRVCTL 命令还可以用来管理 Oracle 重启组件，从 Oracle 重启组件的配置里添加或者删除一些组件。当手工添加一个组件到 Oracle 重启组件中，并使用 SRVCTL 启用该组件时，那么 Oracle 重启组件就可以管理该组件，并根据需要决定是否对该组件进行重启。

6. 文件系统快照(File System Snapshot，FSS)

Oracle 11g R2 通过它的文件系统快照(FSS)功能可以对 ACFS 文件系统执行快照，一个快照是所选 ACFS 文件系统的一个只读副本，对相同的 ACFS，它会自动保留 63 个独立的 ACFS 快照，当某个 ACFS 文件被损坏或丢失时，可以利用企业管理控制台或 acfsutil 命令找出该文件的合适版本并执行恢复。

7. 增强的自动存储管理命令行工具(ASMCMD)

ASMCMD 是一个命令行工具，自 Oracle 10g R2 引入以来，Oracle 11g R2 对 ASMCMD 命令作了增强，包括启动和停止 ASM 实例，备份、恢复和维护 ASM 实例的服务器参数文件(SPfile)，监控 ASM 磁盘组的性能，以及维护新的 ASM 集群文件系统(ACFS)中的磁盘卷、目录和文件存储等。

8. 数据保护(Data Guard)

Data Guard 堪称所有 Oracle 数据库灾难恢复计划的基础。Data Guard 是针对企业数据库的最有效和最全面的数据可用性、数据保护和灾难恢复解决方案。它提供管理、监视和自动化软件基础架构来创建和维护一个或多个同步备用数据库，从而保护数据不受故障、灾难、错误和损坏的影响。这一备用数据库可与当前生产数据库置于不同位置，也可放置在同一数据中心内。如果生产数据库由于计划中或计划外中断而变得不可用，Data Guard 可以将任意备用数据库切换到生产角色，从而可使停机时间减到最少并防止数据丢失。

Data Guard 是 Oracle 真正应用集群 (RAC) 的理想补充，并可与其他 Oracle 高可用性解决方案(如 Oracle 闪回、Oracle Recovery Manager (RMAN))以及其他数据库选件结合使用，以提供最高级别的数据保护、数据可用性和资源利用率。

9. 非结构化数据管理

常见的非结构化数据有文档、多媒体内容、地图和地理信息、卫星和医学影像，还有Web页面等。为了在数据库表内存储非结构化数据，二进制大对象(或简称为BLOB)作为容器使用已经数十年了。Oracle结合了智能数据类型和优化的数据结构，分析和操作XML文档、多媒体内容、文本、语义及地理信息，大幅提升了通过数据库管理系统原生支持的非结构化数据的性能、安全性以及类型。

10. 改善的软件安装和更新

从集群验证实用程序(Cluster Verification Utility，CVU)Oracle 10g被引入开始，现在已经完全集成到Oracle通用安装程序(OUI)和其他配置助手(如DBCA、DBUA)中。CVU所检查的范围非常广泛，涉及从初始的硬件安装到安装完成以及所有中间阶段的组件安装及配置。但是CVU只对安装阶段及组件进行检查验证，不涉及调整、监控已经对Cluster内在状况的检查。当为Oracle集群打补丁时，Oracle 11g R2会在一个不合适的位置以升级方式应用补丁，这意味着会有两个Oracle Home，其中一个专门用来存放补丁，但一次只能激活一个Oracle Home，在Oracle 11g R2中不用再为升级全部关闭Oracle集群，从而实现了真正的零停机。

1.2.4 Oracle 11g 的网络资源

1. Oracle 技术站点

在互联网上可以获取关于Oracle 11g技术的更多资料，下面是一些常见的Oracle技术站点。

(1) Oracle 官方网站：http：//www.oracle.com。

(2) 甲骨文中国：http：//www.oracle.com/cn。

(3) Oracle 技术网：http：//www.oracle.com/technetwork/cn/index.html。

(4) Oracle 在线文档：http：//tahiti.oracle.com。

(5) 中国 Oracle 用户组：http：//www.acoug.org/。

(6) 中国最大的IT技术社区CSDN：http：//www.csdn.net。

(7) Ask Tom：http：//asktom.oracle.com，Oracle技术资源基地。

(8) 国际 Oracle 用户组：http：//www.ioug.org/。

2. 免费下载 Oracle 11g Release 2 (10.2) for Windows (32 位)

Oracle 11g数据库软件可以从Oracle官网下载，所有软件下载都是免费的，并且大部分软件都自带一个开发人员许可，允许开发人员在开发和构建应用程序原型(或者仅用于自学目的)时免费使用这些产品的全部版本。如用于商业目的，可以随时从在线商店或从Oracle销售代表处购买带全权使用许可的Oracle产品。

目前，Oracle 11g R2支持的操作系统平台如下。

(1) Microsoft Windows(32 位)；

(2) Microsoft Windows (64 位)；

(3) Linux (32 位)；

(4) Linux x86-64；

(5) Solaris (SPARC)(64位);

(6) Solaris (x86-64);

(7) HP-UX Itanium;

(8) HP-UX PA-RISC(64位);

(9) AIX (PPC64)。

本书以Oracle 11g Release 2(10.2)for Windows(32位)为例进行介绍。如果要在其他操作系统平台上安装Oracle 11g R2,需下载对应的数据库软件。适用于Microsoft Windows(32位)的Oracle Database 11g R2下载后有两个压缩文件:win32_11gR2_database_1of2.zip(约1.5GB)、win32_11gR2_database_2of2.zip(约600MB)。然后将这两个文件解压缩在同一个目录下准备安装。

1.3 Oracle 11g R2 for Windows的安装

1.3.1 安装环境要求

在Windows XP上安装Oracle 11g R2(32位)数据库时,系统环境要满足以下要求。

1. 硬件环境

(1) 物理内存(RAM):至少1GB以上。

(2) 虚拟内存:RAM的2倍左右。

(3) 硬盘:基本安装需5.35 GB,典型安装需5.79 GB。

(4) 显示卡:256色以上。

(5) 分辨率:1024×768像素及以上。

2. 软件环境

(1) 系统架构:Intel (32位)、AMD 64位或Intel EM64T(Extended Memory 64-bit Technology,64位内存扩展技术)。

(2) 操作系统:Oracle 11g R2的32位Windows版本支持的操作系统有Windows Server 2003,Windows Server 2003 R2,Windows XP专业版,Windows Vista商业版、企业版和旗舰版,Windows Server 2008标准版、企业版、数据中心版、网络服务器版和基础版,Windows 7专业班、企业版、旗舰版。

(3) 网络协议:TCP/IP、带有SSL的TCP/IP、命名管道(Named Pipes)协议。

(4) 客户端:如使用早期版本的Oracle数据库客户端连接到Oracle数据库11g R2,须至少是Oracle数据库9.2.0.4客户端或更高版本。

(5) 浏览器:Oracle的企业管理器(Oracle Enterprise Manager Database Control)支持的浏览器有Netscape Navigator 8.1/9.0,Microsoft Internet Explorer 6.0 SP2/7.0 SP1/8.0/9.0,Firefox 2.0/3.0.7/3.5/3.6,Safari 3.1/3.2/4.0.x,Google Chrome 3.0/4.0等。

1.3.2 安装Oracle 11g R2数据库

安装Oracle 11g R2 for Windows(32位)数据库软件时,执行解压缩后的Database目录中的Setup.exe文件,在执行安装程序后会出现命令提示行,如图1-1所示。

图 1-1 命令提示行

等待片刻之后就会出现启动画面，如图 1-2 所示。

图 1-2 启动画面

稍后，就会出现配置安全更新画面，取消选中“我希望通过 My Oracle Support 接收安全更新”复选框，如图 1-3 所示。

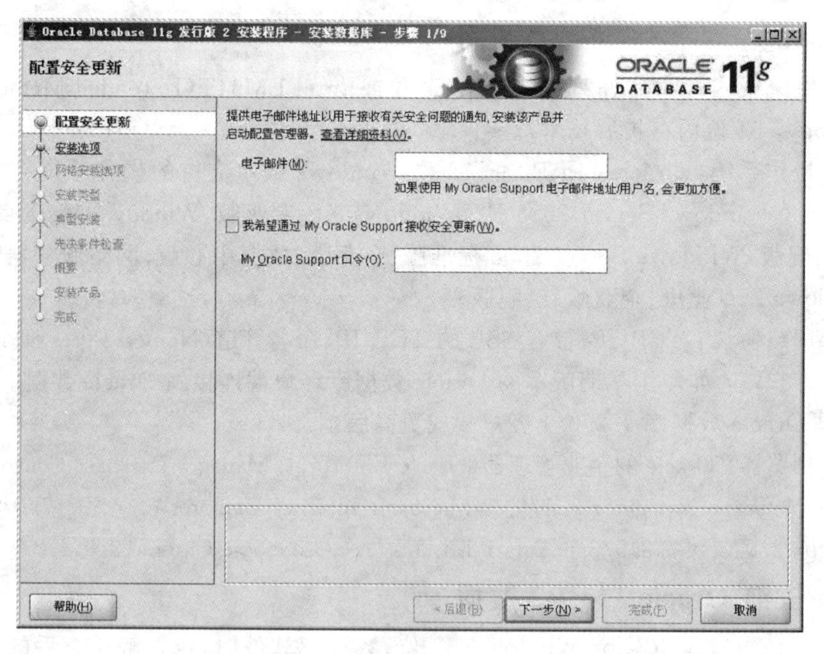

图 1-3 “配置安全更新”窗口

单击“下一步”按钮，可以看到“选择安装选项”窗口。这里有3个选项：“创建和配置数据库”选择可创建新数据库以及示例方案；“仅安装数据库软件 ”选项仅安装数据库二进制文件，要配置数据库，必须在安装软件之后运行 Oracle 数据库配置助手；“升级现有的数据库 ”选项可升级现有数据库，在新的 Oracle 主目录中安装软件二进制文件。在安装结束后，即可升级现有数据库。默认选中“创建和配置数据库”单选按钮，如图1-4所示。

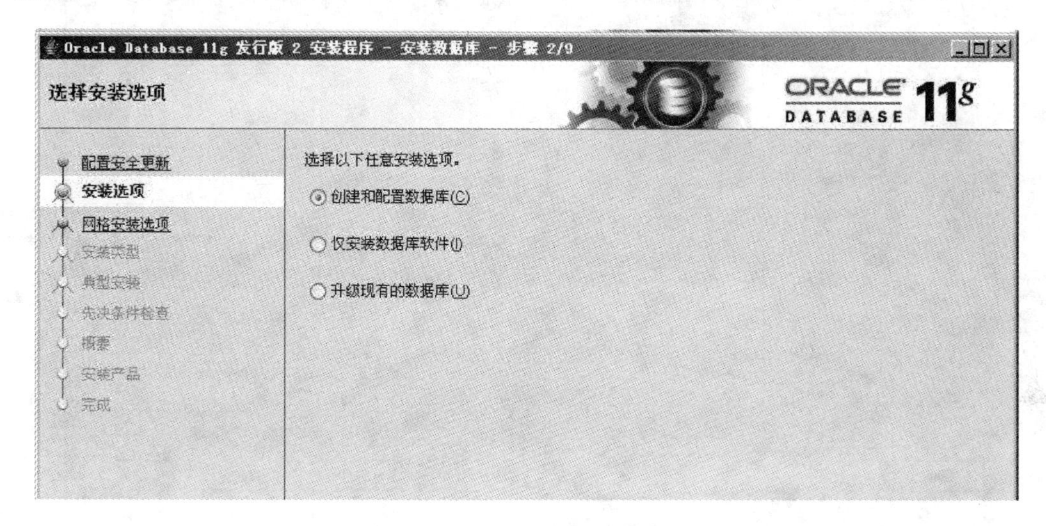

图1-4　“选择安装选项”窗口

单击“下一步”按钮，出现“系统类”窗口，如果要在笔记本或桌面类系统中安装 Oracle 数据库，则选中“桌面类”单选按钮，此选项包括启动数据库并允许使用的最低配置；如果要在服务器类系统中进行安装，则应选中“服务器类”单选按钮，将允许用户继续选中“单实例数据库安装”单选按钮或“RAC 数据库安装”单选按钮。这里选中“桌面类”单选按钮，如图1-5所示。

单击“下一步”按钮，出现“典型安装”窗口。这里可以配置 Oracle 基目录、软件位置、数据库文件位置、数据库版本、字符集、全局数据库名、管理（SYS）口令等。

其中，Oracle 基目录是 Oracle 软件安装的顶级目录。软件位置是 Oracle 主目录路径，将放置 Oracle 数据库二进制文件。如果 Oracle 基目录是标准的 OFA 路径，则会使用默认路径填充 Oracle 主目录。如 Oracle 基目录为 D：\app\oracle，则默认情况下 OUI 会创建以下 Oracle 主目录路径：D：\app\oracle\product\11.2.0\dbhome_1。

存储类型设置仅在选中“服务器类”单选按钮后可选，可以在文件系统或自动存储管理磁盘组上存储 Oracle 数据库文件。不能将 Oracle 数据库文件直接放置在裸设备或块设备上。

数据库文件位置是 Oracle 数据库文件的存储位置。对于单节点 RAC，单实例和桌面类安装，默认数据文件位置为 $ORACLE_BASE/oradata。对于多节点 Oracle RAC 安装，默认位置位于在所选节点集中找到的任意共享装载点下。

ASMSNMP 口令设置仅在选中“服务器类”单选按钮后可选，如果选择自动存储管理

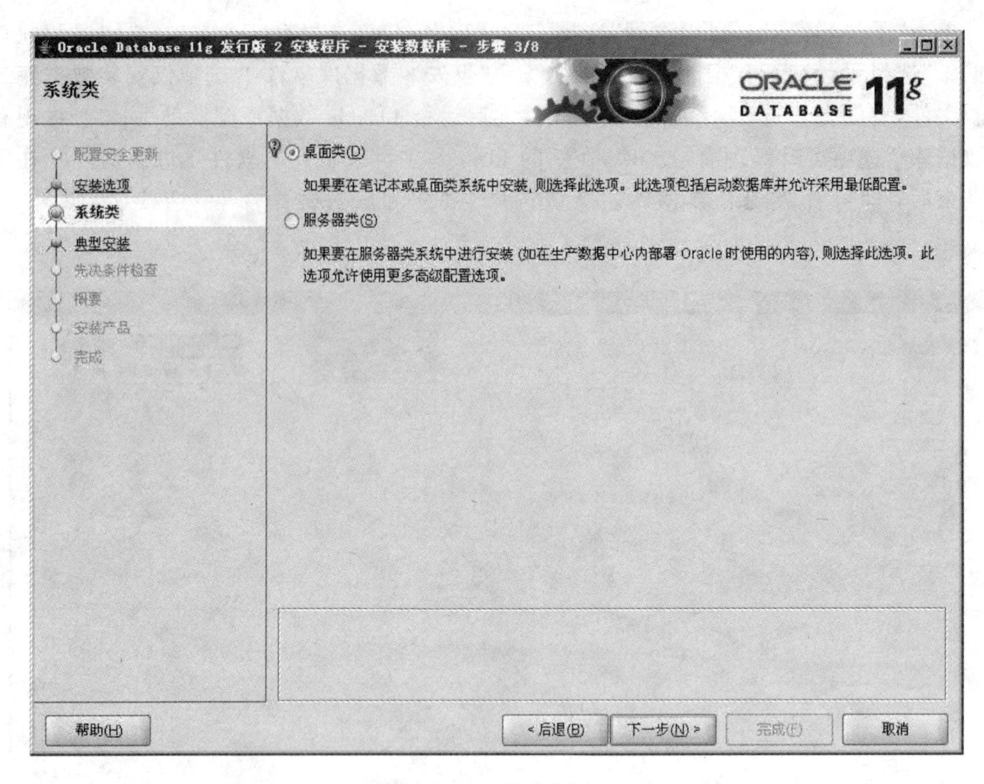

图 1-5 “系统类”窗口

磁盘组作为存储类型，则会启用此字段。ASMSNMP 口令是现有自动存储管理实例在 ASM 上配置数据库时所需的口令。

数据库版本是要安装的数据库的类型。Oracle 提供企业版、标准版、标准版 1 和个人版。其中企业版是为企业级应用设计的，用于关键任务和对安全性要求较高的联机事务处理（OLTP）和数据仓库环境。标准版是为部门或工作组级应用设计的，也适用于中小型企业，提供核心的关系数据库管理服务和选项，安装了集成的管理工具套件，完全分发、复制、Web 功能，和用于生成对业务至关重要的应用程序的工具。标准版 1 仅限桌面和单实例安装，是为部门、工作组级或 Web 应用设计的。从小型企业的单服务器环境到高度分散的分支机构环境，包括了生成对业务至关重要的应用程序所必需的所有工具。个人版和企业版安装相同的软件（管理包除外）。但是个人版仅支持要求与企业版和标准版完全兼容的单用户开发和部署环境。个人版不会安装 Oracle RAC，仅限在 Microsoft Windows 操作系统上安装。

字符集仅在选中“桌面类”单选按钮后可选，决定了如何将字符数据存储到数据库中。默认值选项利用操作系统语言设置，Unicode 选项可以存储多个语言组。

OSDBA 组是操作系统组，通过操作系统验证向其成员授予了数据库的 SYSDBA 权限。此组在 Oracle 代码示例中使用的名称为 dba。系统管理员应创建具有合适组成员资格的组和用户，然后才能安装。

全局数据库名提供给数据库的名称，可唯一地标识数据库，以使数据库与网络中的其他数据库区分开。全局数据库名由以下两部分组成：数据库名称和域字段。它的表示形式如 database_name.domain。

管理口令是与 SYS 数据库权限相对应的口令。管理口令的格式要至少包含一个大写字母、一个小写字母和一个数字，至少为 8 个字符。非法的输入 OUI 会提示错误警告。

设置好的窗口如图 1-6 所示。

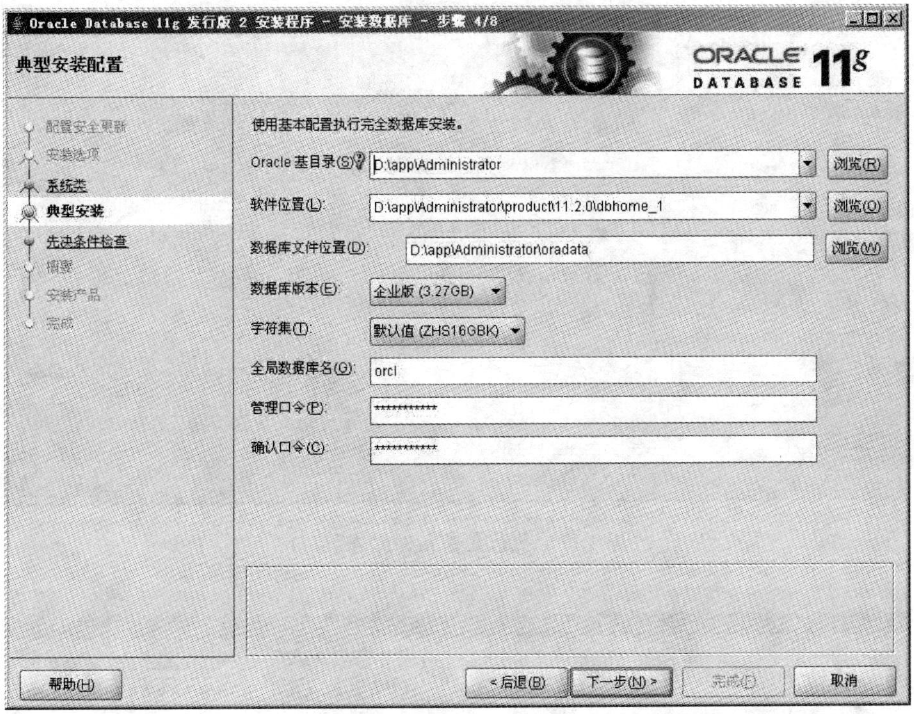

图 1-6　"典型安装配置"窗口

单击"下一步"按钮，打开"执行先决条件检查"窗口，确保已满足执行数据库安装的最低系统要求，如图 1-7 所示。

单击"下一步"按钮，出现"概要"窗口，显示在安装过程中选定的选项的概要信息。安装信息包括全局设置、产品清单信息和数据库信息，如磁盘空间、源位置、安装方法、数据库版本、Oracle 基目录、软件位置、OSDBA 组、全局数据库名、自动内存管理选项、数据库字符集、数据库存储机制、数据库文件位置等。安装程序将安装步骤保存到响应文件中，如图 1-8 所示。

单击"安装"按钮，出现"安装产品"窗口，OUI 将显示安装进度，以及 Oracle 数据库安装和配置进程，如图 1-9 所示。

在安装过程中会弹出 Database Configuration Assistant(数据库配置助手)对话框，完成复制数据库文件、创建并启动 Oracle 实例以完成数据库的创建，并显示数据库创建完成的提示对话框。这里将显示数据库的有关信息，同时还提示除 SYS、SYSTEM、DBSNMP 和 SYSMAN 账号以外的其余数据库账号都已锁定，单击"口令管理"按钮可以解锁要使用的账号，如图 1-10 所示。

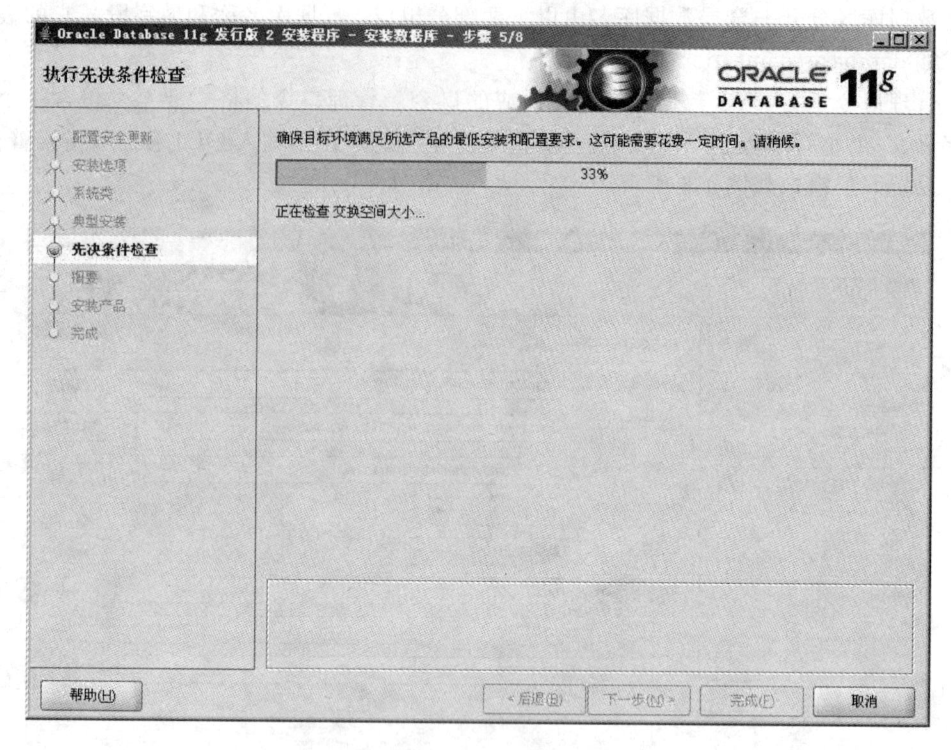

图 1-7 “执行先决条件检查”窗口

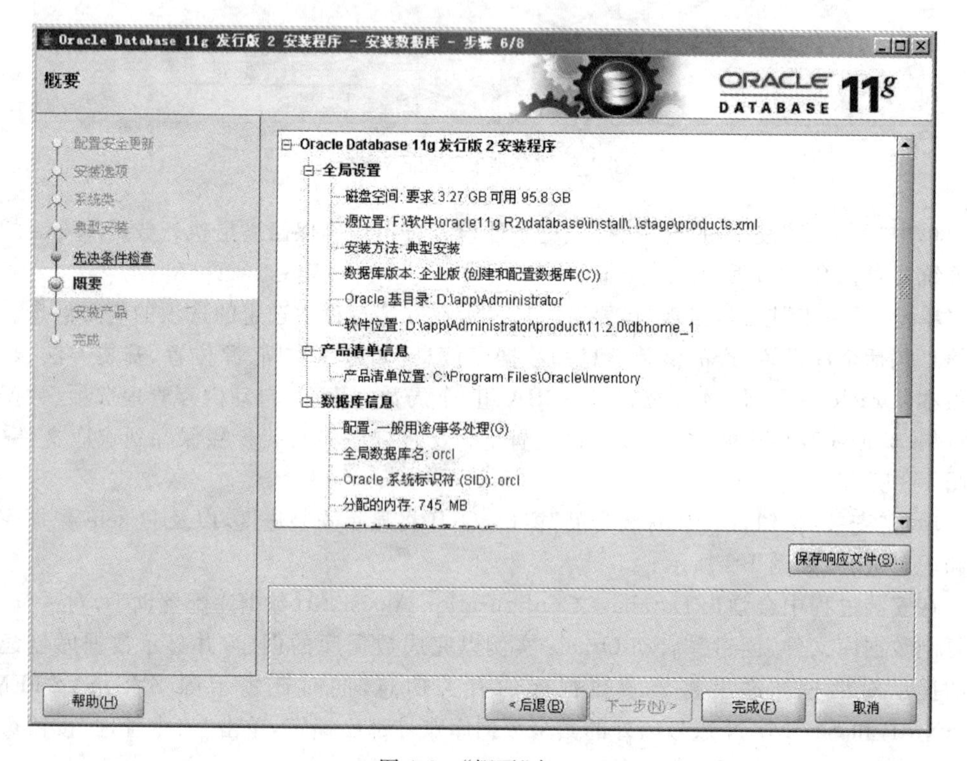

图 1-8 “概要”窗口

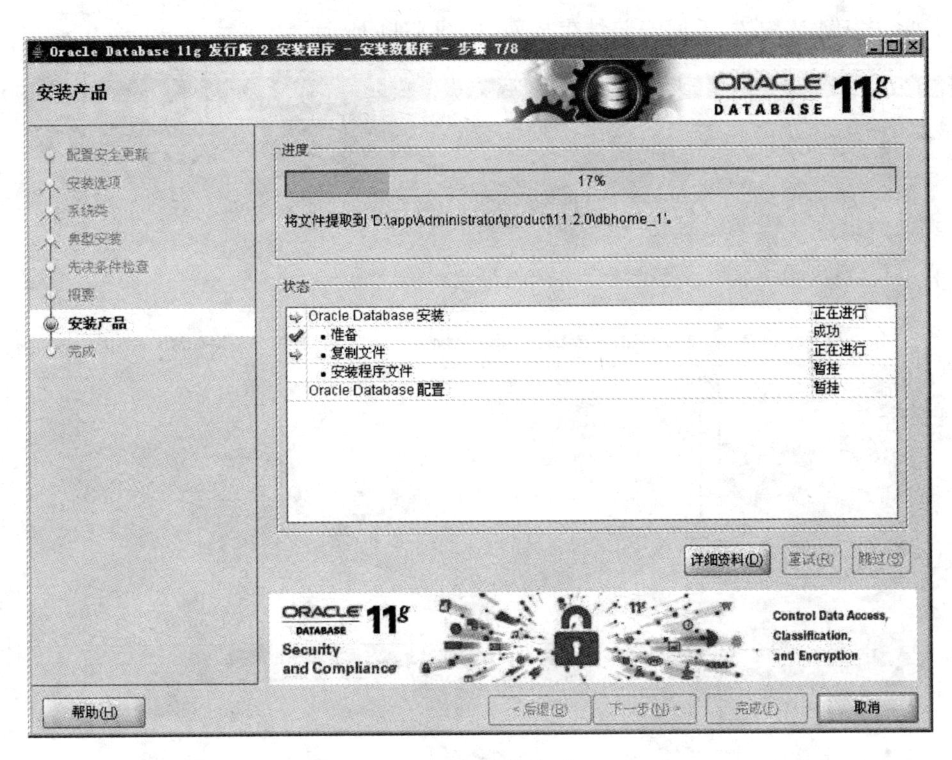

图 1-9　“安装产品”窗口

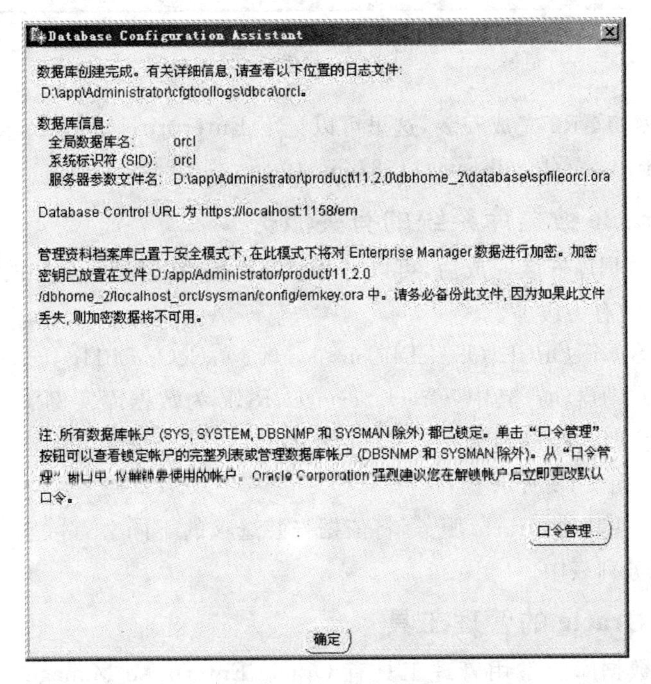

图 1-10　数据库创建完成

此时，单击“确定”按钮，返回安装结束界面，如图 1-11 所示。

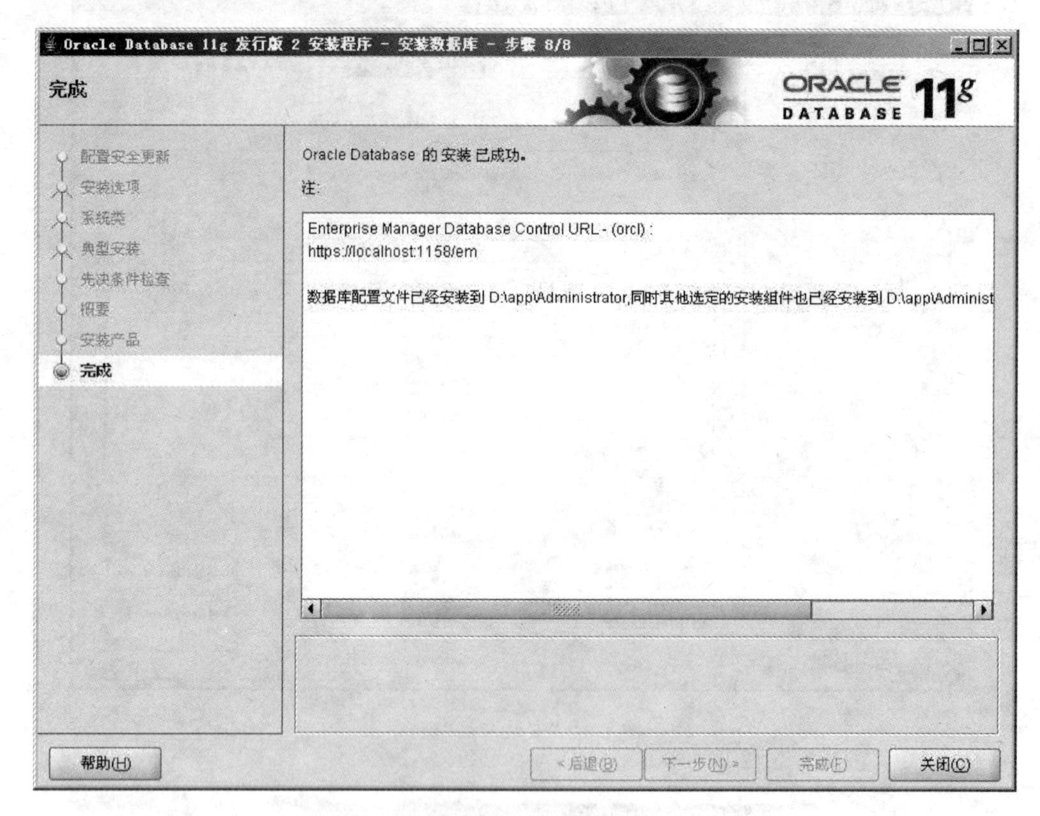

图 1-11　安装结束

至此，Oracle 11g R2 完成安装，这里可以记下 Enterprise Manager Database Control 的 URL 地址：https：//localhost：1158/em。

1.3.3　与 Oracle 数据库系统的有关服务

Oracle 11g 数据库安装完成后，可以打开控制面板，在管理工具中的“服务”窗口中查看到 Oracle 11g 的有关服务。

其中，OracleServiceORCL、OracleDBConsoleorcl、OracleOraDb11g_home1TNSListener 服务这 3 个服务会自动启动。其中，OracleServiceORCL 为数据库实例服务，OracleDBConsoleorcl 为企业管理器控制台服务，OracleOraDb11g_home1TNSListener 为远程访问数据库监听服务，如图 1-12 所示。

另外，还有一些其他 Oracle 服务，将依据安装选项的不同会有区别，所有的这些服务都将会出现在服务列表中。

1.3.4　初识 Oracle 的管理工具

Oracle 11g 数据库的常用管理工具有 Oracle Enterprise Manager（OEM，企业管理器）、SQL * Plus 和 SQL Developer。OEM 采用 HTTP 协议对 Oracle 数据库进行访问，它不仅可以管理本地数据库实例，还可以管理网格环境下的数据库实例以及 RAC 环境

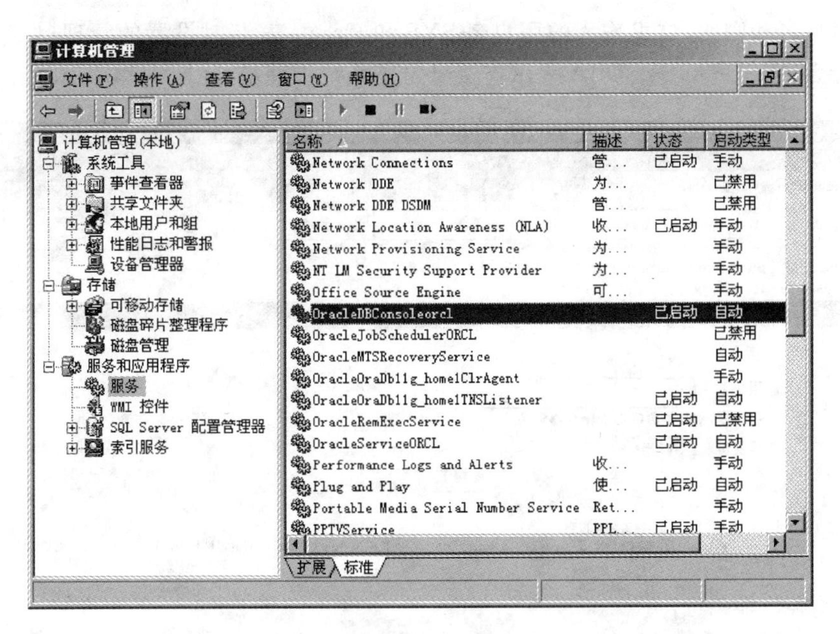

图 1-12　Oracle 11g 有关服务

下的数据库实例。SQL * Plus 用于执行大多数的 SQL 命令和语句，是数据库管理员操作数据库中数据最直接和有效的工具。SQL Developer 是 SQL * Plus 的图形化版本。

下面先简单介绍这几个管理工具软件的使用。

1. OEM

选择“开始”→“程序”→Oracle - OraDb11g_home1→Database Control -orcl 命令，即可打开 OEM 工具主页面，如图 1-13 所示。

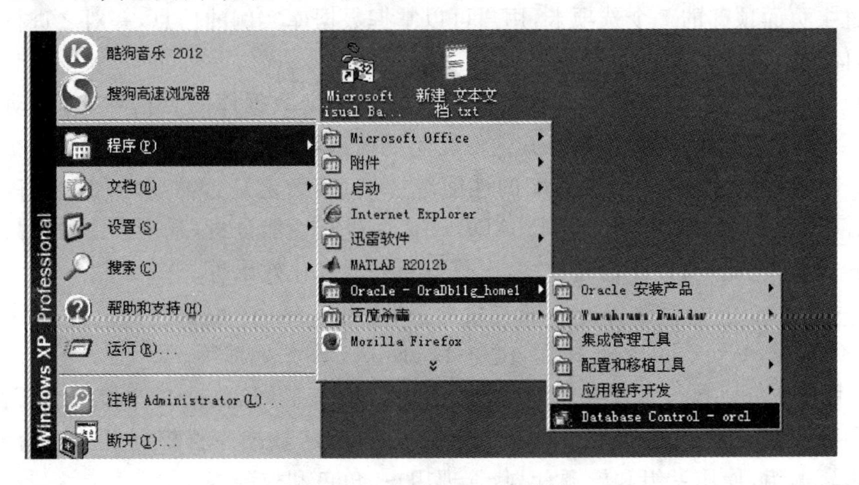

图 1-13　启动 OEM 的菜单

在选择 Database Control -orcl 命令后，系统将使用默认浏览器打开 OEM，或者用户直接在浏览器的地址栏中输入“https://localhost:1158/em”，显示 OEM 登录页面，要求输入用户名和密码，这里输入的用户名 SYS 和 Oracle 安装时设置的管理口令，并选择连接身份为 SYSDBA，SYSDBA 表示连接身份是系统管理员，如图 1-14 所示。

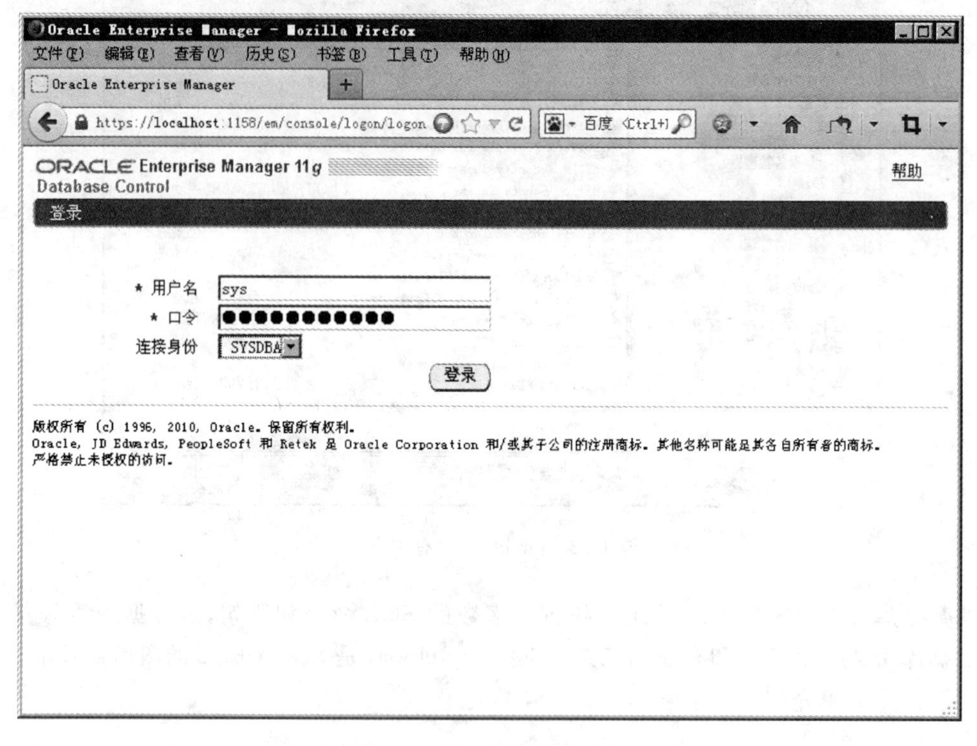

图 1-14 OEM 的登录页面

单击"登录"按钮，出现 OEM 的管理主页面，如图 1-15 所示。

通过主页面顶部的 7 个选项卡，用户可以掌握数据库实例的信息，并对之进行管理和维护，具体介绍以下。

(1) 主目录：可以通过查看多种类型的度量来确定数据库的当前状态，启动或停止数据库，封锁所选目标，查看预警及其他性能监视信息等。

(2) 性能：可以快速了解数据库的性能统计信息，确定是否需要增加或重新分配资源，如访问顶级 SQL、顶级会话，运行 ADDM 以便进行性能分析，基于会话采样数据生成性能诊断报告，优化 SQL 计划和方案，以获得更好的优化效果等。

(3) 可用性：可以管理备份和恢复设置，调度和实施备份，执行恢复操作的所有方面，管理 Oracle Secure Backup 操作，浏览 LogMiner 事务处理等。

(4) 服务器：以执行管理存储结构，如控制文件、表空间、数据文件和归档日志，查看和管理内存参数、初始化参数和数据库功能使用情况，将数据库移植到自动存储管理，查看和管理资源组、使用者组和资源计划，管理用户、角色和权限等。

(5) 方案：可以查看和管理数据库方案对象，如表、索引和视图等；管理程序包、过程、函数、触发器和 Java 类及源等；配置和管理 XML DB 组件；创建和管理实体化视图和用户定义类型等。

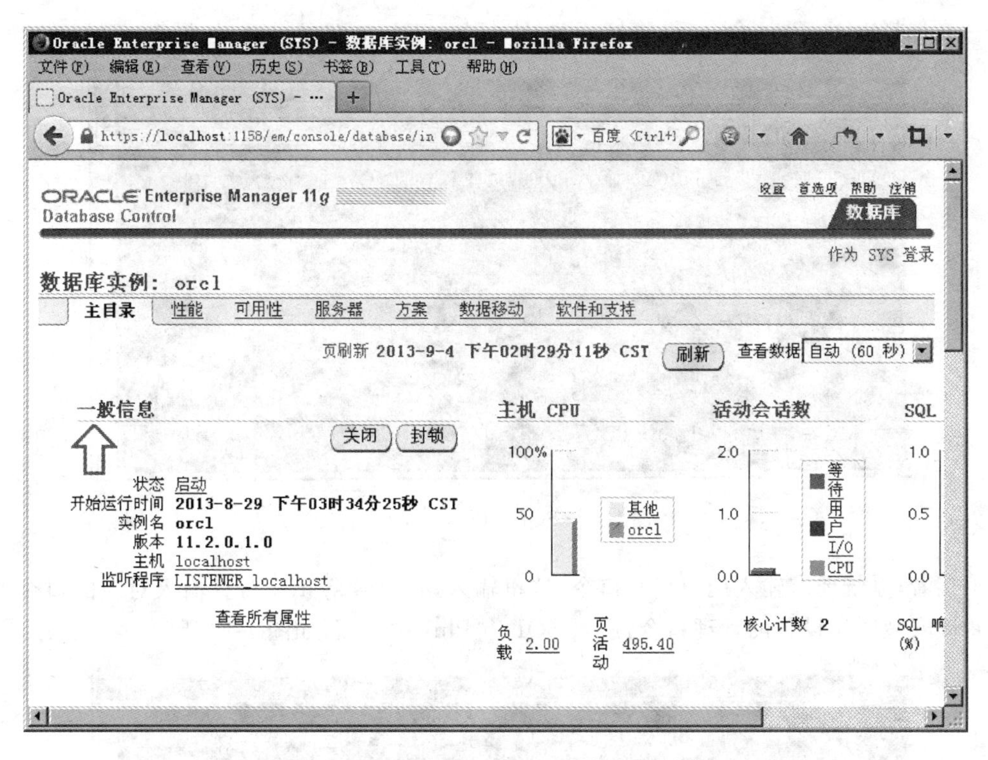

图 1-15　Enterprise Manager 管理主页面

(6) 数据移动：可以将数据导出到文件中或从文件中导入数据，将数据从文件加载到 Oracle 数据库中，收集、估计和删除统计信息等。

(7) 软件和支持：可以管理软件补丁，创建、运行和管理部署过程，克隆 Oracle 主目录，管理主机配置等。

2. SQL * Plus

选择“开始”→“程序”→Oracle - OraDb11g_home1→“应用程序开发”→SQL Plus 命令，如图 1-16 所示。

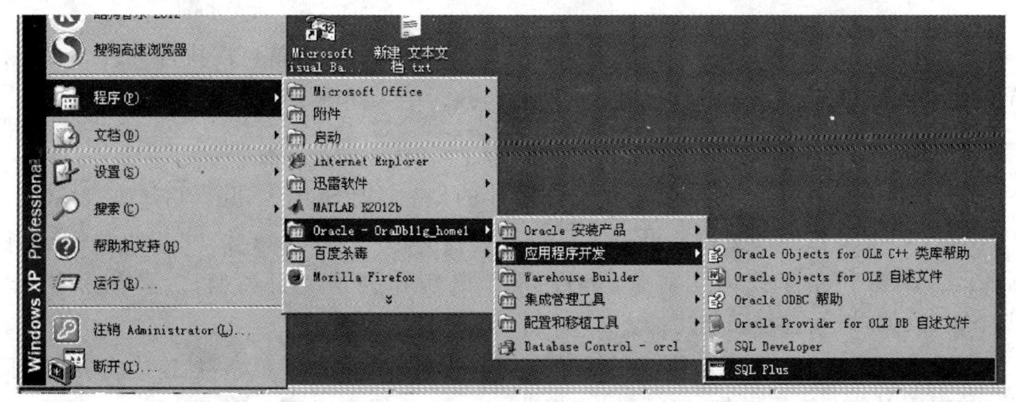

图 1-16　启动 SQL * Plus 菜单

在选择 SQL Plus 命令后，将打开 SQL＊Plus 工具的登录界面，如图 1-17 所示。

图 1-17　SQL＊Plus 登录界面

接着，系统要求输入用户名和口令，这里输入用户名“system”，且输入对应的口令为 Oracle 安装时所设置的管理口令，进入 SQL ＊Plus 主界面，如图 1-18 所示。

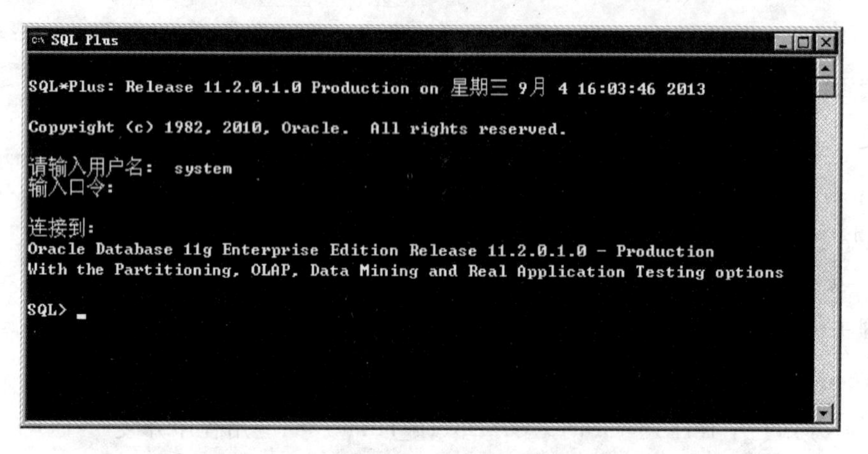

图 1-18　SQL＊Plus 连接成功

在出现“SQL>”提示符后，说明连接默认数据库成功，然后就可以执行 SQL＊ Plus 命令了。输入“select＊from scott. dept; ”语句，执行结果如图 1-19 所示。

3. SQL Developer

SQL Developer 是为数据库开发人员设计的，相比较 SQL＊Plus 工具而言 SQL Developer 的图形化界面更便于开发人员操作。在 SQL Developer 中，可以很方便地浏览、创建、编辑和删除数据库对象，运行 SQL 语句和脚本编辑和调试，调试和执行 PL/SQL 代码，以及查看和创建报告。

SQL Developer 在使用前需使用标准的 Oracle 数据库身份验证，一旦连接成功，就可以在数据库对象上执行操作。还可以连接非 Oracle 数据库，如 MySQL，Microsoft SQL Server 等，便于用户在一个集成管理平台上集中对这些数据库对象和数据进行管理，如果

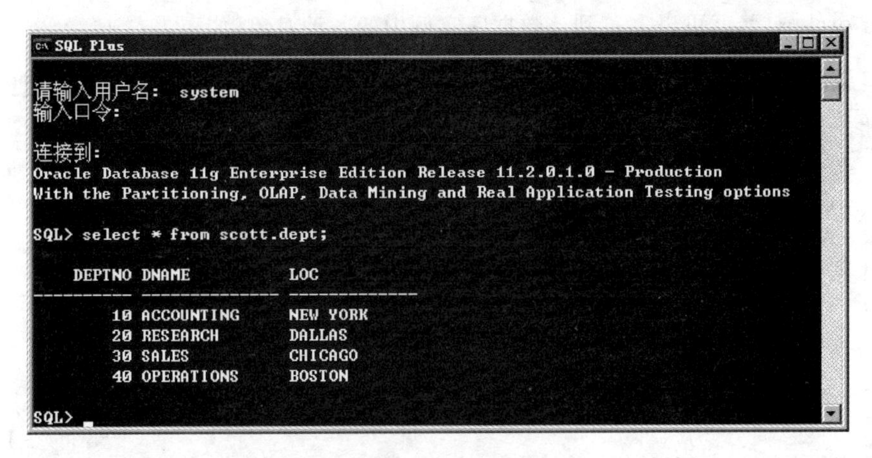

图 1-19 在 SQL * Plus 中执行 SQL 语句

有需要还可以将非 Oracle 中的数据迁移到 Oracle 数据库。

选择"开始"→"程序"→Oracle-OraDb11g_home1→"应用程序开发"→SQL Developer 命令，如图 1-20 所示。

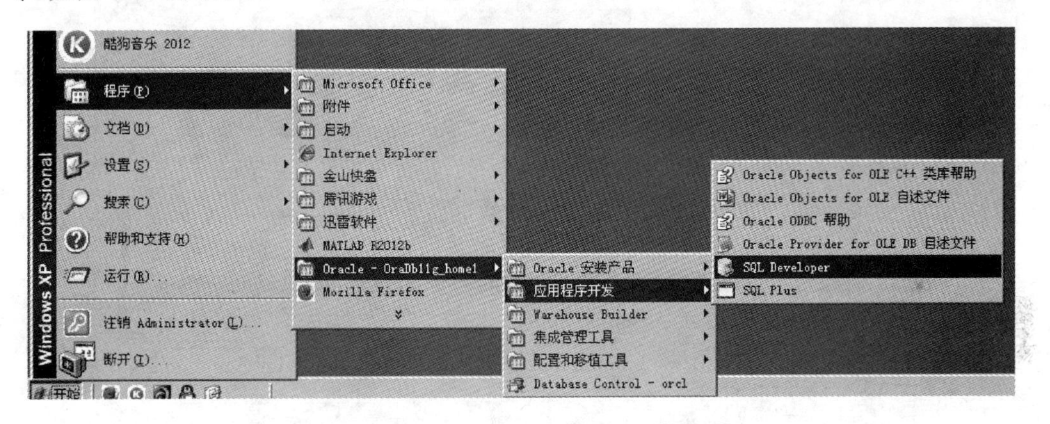

图 1-20 启动 SQL Developer 菜单

在选择 SQL Developer 命令后，将打开 SQL Developer 窗口，如图 1-21 所示。

在左侧的"连接"选项卡中，单击新建连接的图标，打开"新建/选择数据库连接"对话框，输入连接名，如 orcl，最好是一个可读性强，能够描述所连接数据库实例的名称。用户名输入"system"，口令为 Oracle 安装时设置的管理口令，为了方便以后的操作，可以选择"保存口令"选项。角色选择"默认"即可，连接类型选择"Basic(基本)"，然后在主机中输入安装 Oracle 数据库的 IP 地址或主机名(计算机名)或者保留默认的 Localhost。默认连接本机中的数据库；端口设 1521，SID 输入 Oracle 数据库的 SID，即安装时默认设置的 orcl。设置好后的"新建/选择数据库连接"对话框如图 1-22 所示。

单击"测试"按钮，如果设置正确，则左下方的状态处显示成功。然后单击"保存"按钮将当前配置保存起来，以便以后使用。继续单击"连接"按钮，返回 SQL Developer 窗口，此时在"连接"选项卡的树状图中会出现一个命名为 orcl(刚设置的连接名)的数据库连接，单击 orcl 图标，就可以浏览到该数据库实例中的各种对象，如图 1-23 所示。

图 1-21　SQL Developer 窗口

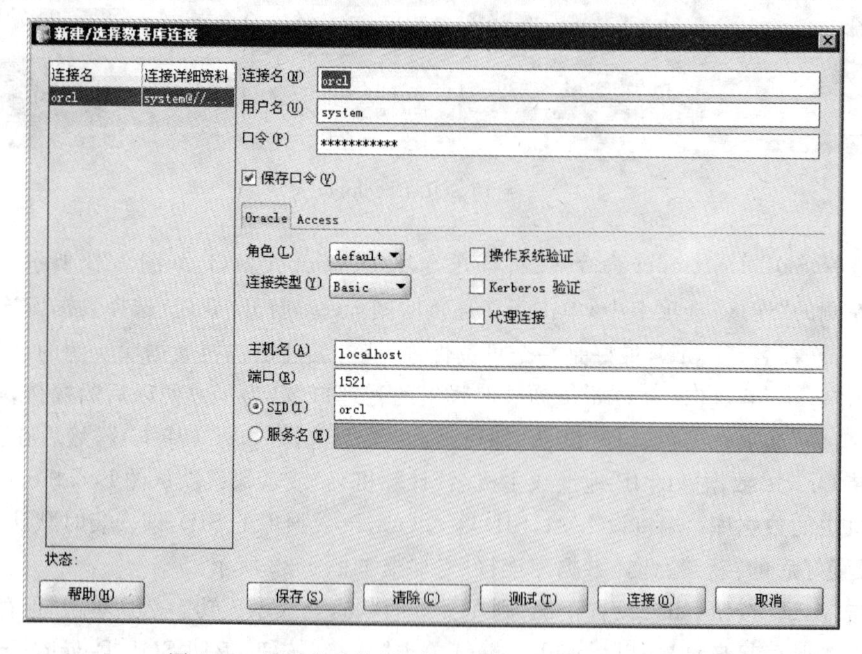

图 1-22　设置完成的“新建/选择数据库连接”对话框

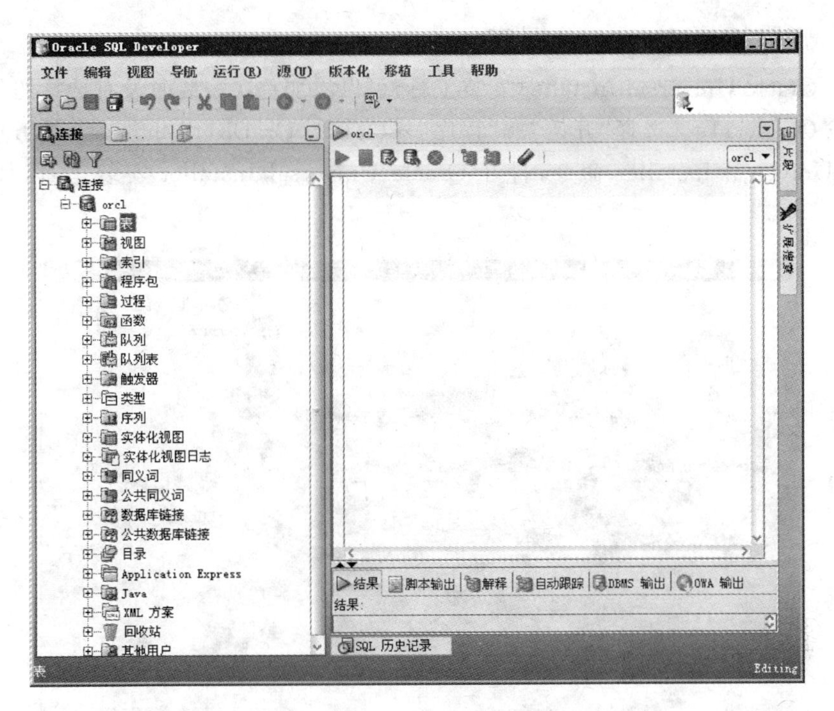

图 1-23　SQL Developer 的连接树状图

接着,在右侧的工作区输入 SQL 命令“select * from scott. dept;”,单击“执行”按钮▶,系统会在右下方的“结果”选项卡中显示 SQL 语句的执行结果,如图 1-24 所示。

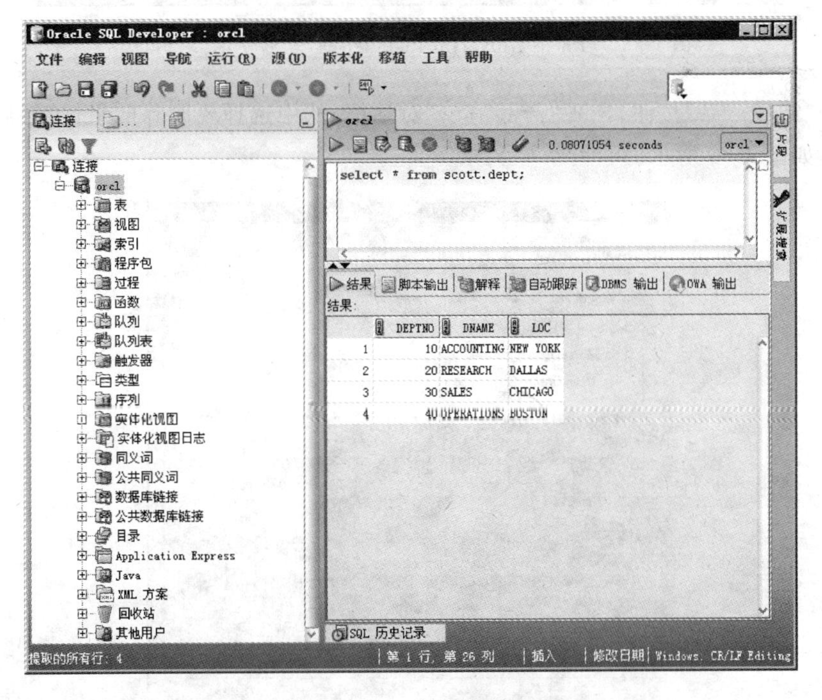

图 1-24　SQL 语句执行成功

1.3.5 删除 Oracle 11g 数据库

使用 Oracle Universal Installer 安装工具,可以添加首次安装时没有选择的安装组件或者卸载 Oracle 11g。选择“开始”→“程序”→Oracle-OraDb11g_home1→“Oracle 安装产品”→Universal Installer 命令,打开 Oracle Universal Installer 安装工具,如图 1-25 所示。

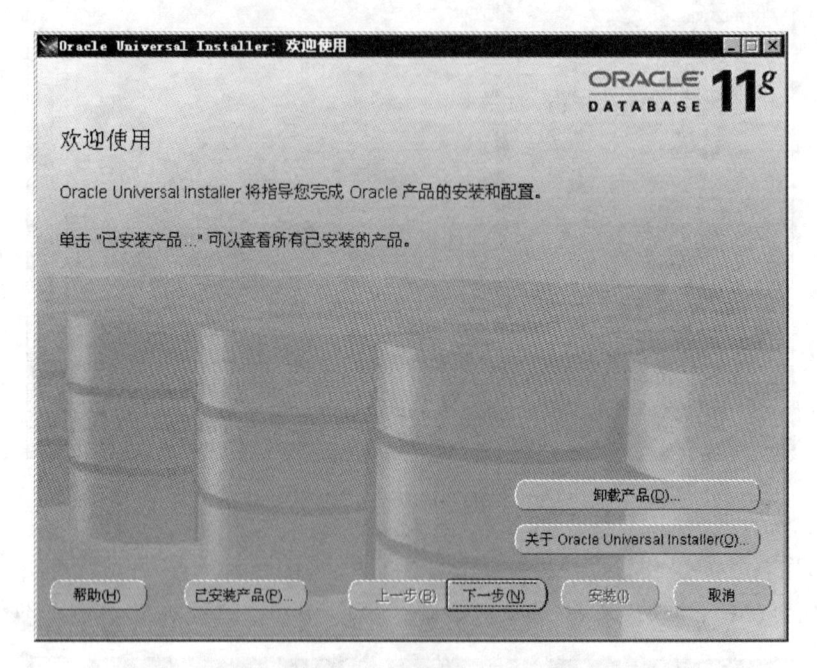

图 1-25 Oracle Universal Installer 的“欢迎使用”对话框

单击“卸载产品”按钮,出现“产品清单”对话框,从中选择要删除的组件,然后单击“删除”按钮,如图 1-26 所示。

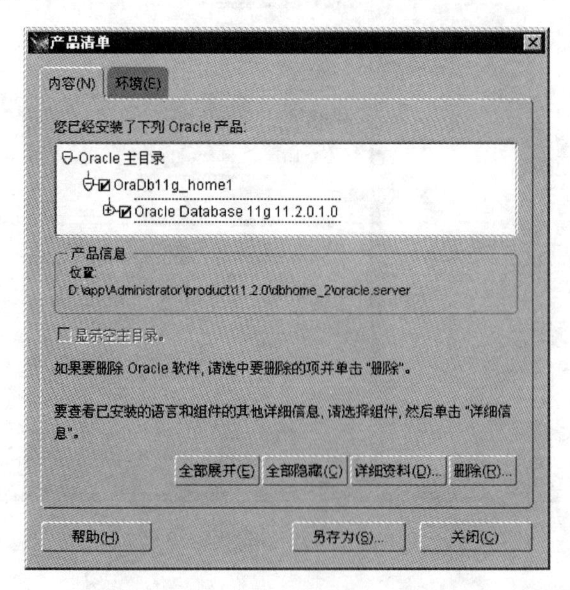

图 1-26 “产品清单”对话框

1.4　配置网络

Oracle 客户端要连接 Oracle 数据库服务器，必须配置 Oracle 数据库网络。网络配置助手(Net Configuration Assistant)可以用来配置 Oracle 数据库网络的有关元素，包括监听程序配置、命名方法配置、本地网络服务名配置和目录使用配置等。

1.4.1　监听程序配置

监听程序指驻留在 Oracle 服务器上的一种进程，其职责是监听客户机连接请求和管理服务器的通信量。每次客户机请求与服务器进行网络会话时，监听程序就接收到实际请求。如果客户机的信息与监听程序的信息相匹配，监听程序就授权连接服务器。

所有的监听信息都存在于监听程序配置文件 listener.ora 文件中，该文件包含监听程序名、接受连接请求的协议地址和正在监听的服务等。监听程序的配置实际上就是对 listener.ora 文件的修改，利用文本编辑器(如记事本程序)可以查看。文件内容如下。

```
# listener.ora Network Configuration File: D:\app\Administrator\product\11.2.0\dbhome_1\
network\admin\listener.ora
# Generated by Oracle configuration tools.

SID_LIST_LISTENER =
  (SID_LIST =
    (SID_DESC =
      (SID_NAME = CLRExtProc)
      (ORACLE_HOME = D:\app\Administrator\product\11.2.0\dbhome_1)
      (PROGRAM = extproc)
      (ENVS = "EXTPROC_DLLS=ONLY:D:\app\Administrator\product\11.2.0\dbhome_1\
              bin\oraclr11.dll")
    )
  )

LISTENER =
  (DESCRIPTION_LIST =
    (DESCRIPTION =
      (ADDRESS = (PROTOCOL = IPC)(KEY = EXTPROC1521))
    )
    (DESCRIPTION =
      (ADDRESS = (PROTOCOL = TCP)(HOST = localhost)(PORT = 1521))
    )
  )

ADR_BASE_LISTENER = D:\app\Administrator
```

下面介绍监听程序的配置。

(1) 选择“开始”→Oracle-OraDb11g-home1→“配置和移植工具”→Net Confguration Assistant 命令，打开网络配置助手，出现“欢迎使用”对话框，如图 1-27 所示。

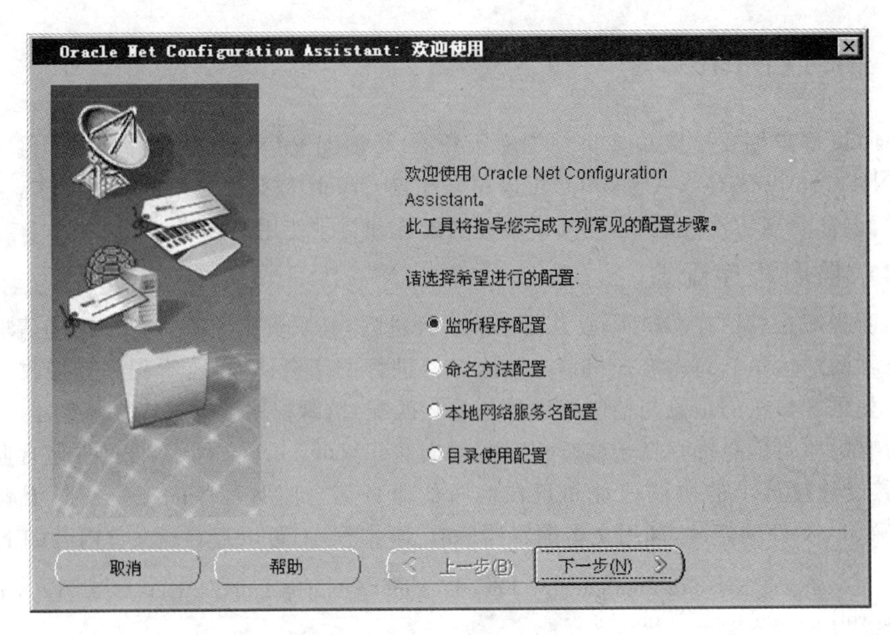

图 1-27 “欢迎使用”对话框

这里提供 4 种配置选项，分别是监听程序配置、命名方法配置、本地网络服务名配置和目录使用配置。

(2) 选中“监听程序配置”单选按钮，单击“下一步”按钮，出现“监听程序配置，监听程序”对话框，可以完成添加、重新配置、删除和重命名等操作，如图 1-28 所示。

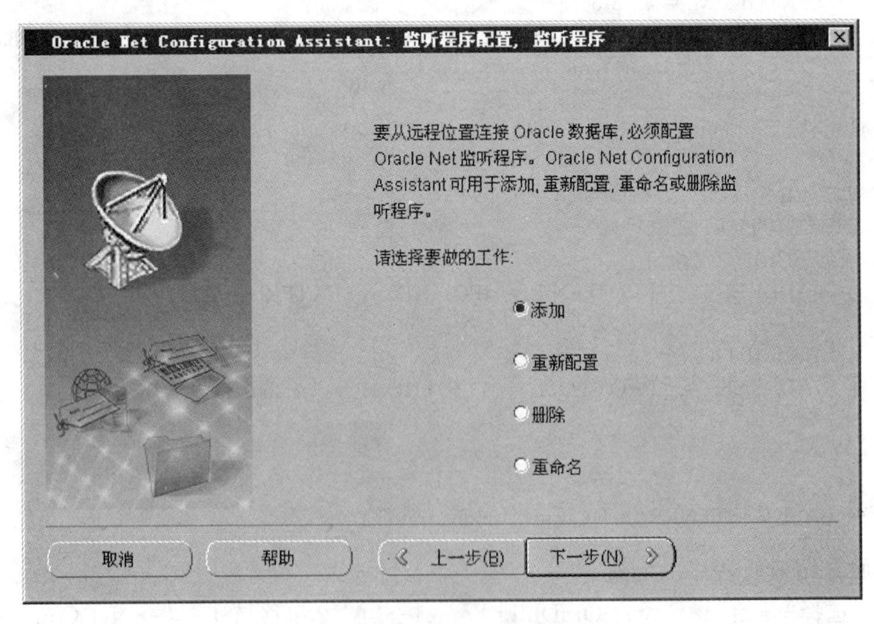

图 1-28 “监听程序配置，监听程序”对话框

（3）选中"添加"单选按钮，单击"下一步"按钮，出现"监听程序配置，监听程序名"对话框，在"监听程序名"文本框中输入"LISTENER2"，如图 1-29 所示。

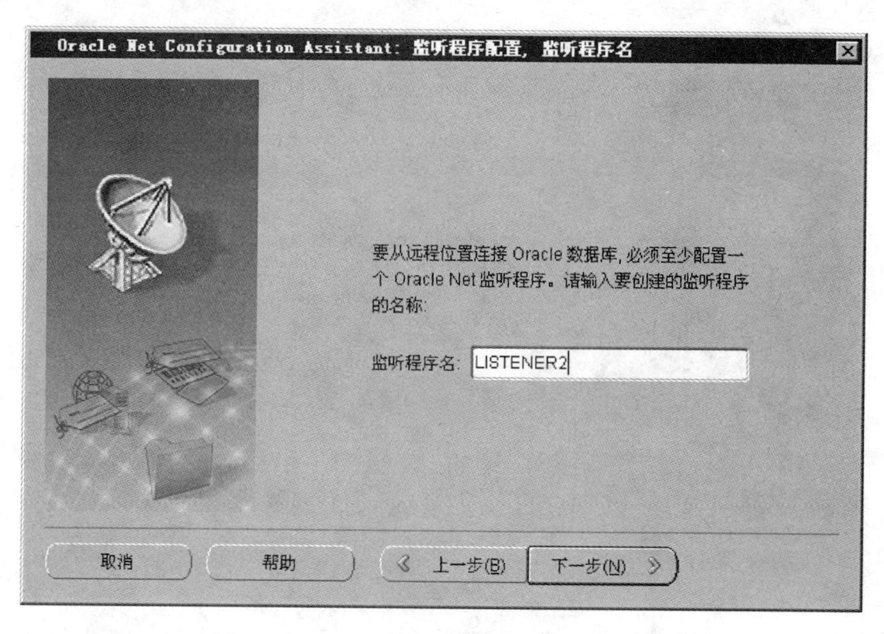

图 1-29　"监听程序配置，监听程序名"对话框

（4）单击"下一步"按钮，出现"监听程序配置，选择协议"对话框，从可用协议中选择实际可用的网络协议。这里选择"TCP"协议，如图 1-30 所示。

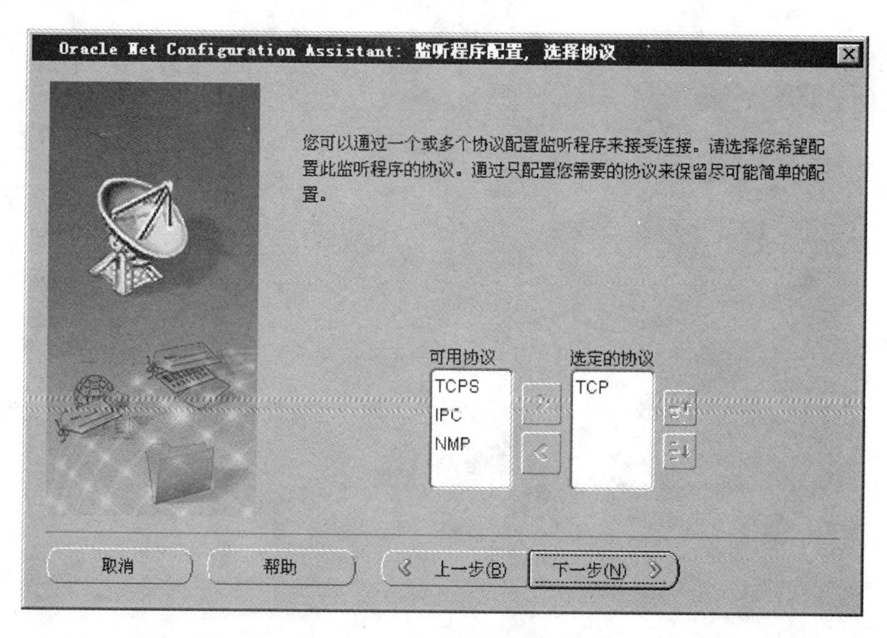

图 1-30　"监听程序配置，选择协议"对话框

(5) 单击"下一步"按钮,出现"监听程序配置,TCP/IP 协议"对话框,选中"使用标准端口号 1521"单选按钮,如图 1-31 所示。

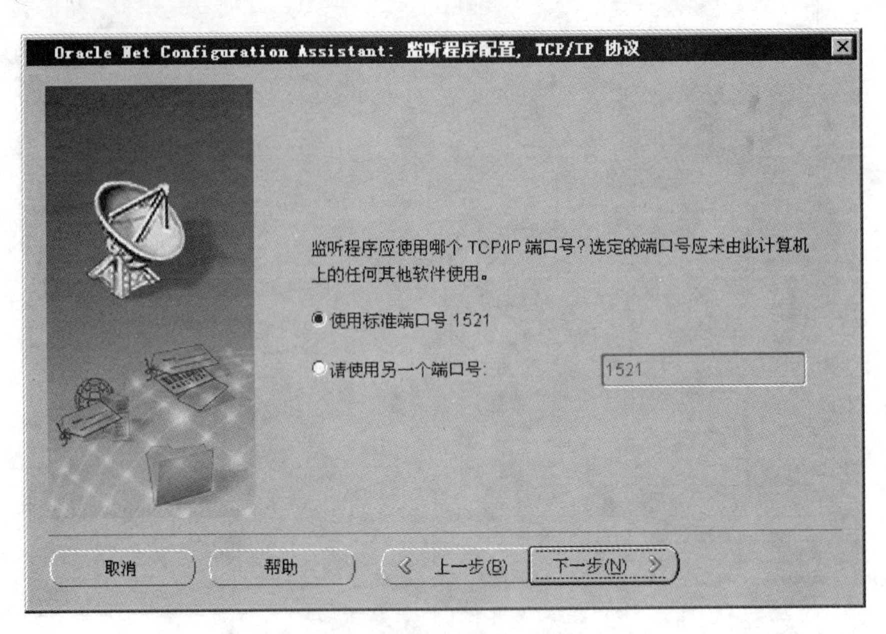

图 1-31 "监听程序配置,TCP/IP 协议"对话框

(6) 单击"下一步"按钮,出现"监听程序配置,更多的监听程序"对话框,如图 1-32 所示。

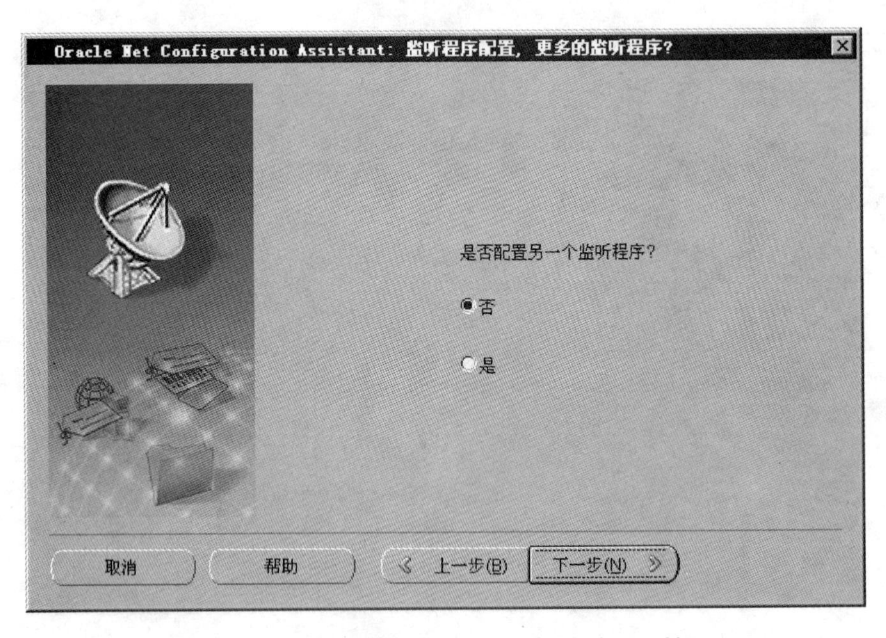

图 1-32 "监听程序配置,更多的监听程序"对话框

(7) 单击“下一步”按钮，出现“监听程序配置完成”对话框，如图1-33所示。

图1-33　“监听程序配置完成”对话框

(8) 至此，监听程序配置完毕。单击“下一步”按钮，将出现网络配置助手的“欢迎使用”对话框，还可以进行其他选项的配置。

1.4.2　命名方法配置

(1) 选中网络配置助手“欢迎使用”对话框中的“命名方法配置”单选按钮，如图1-34所示。

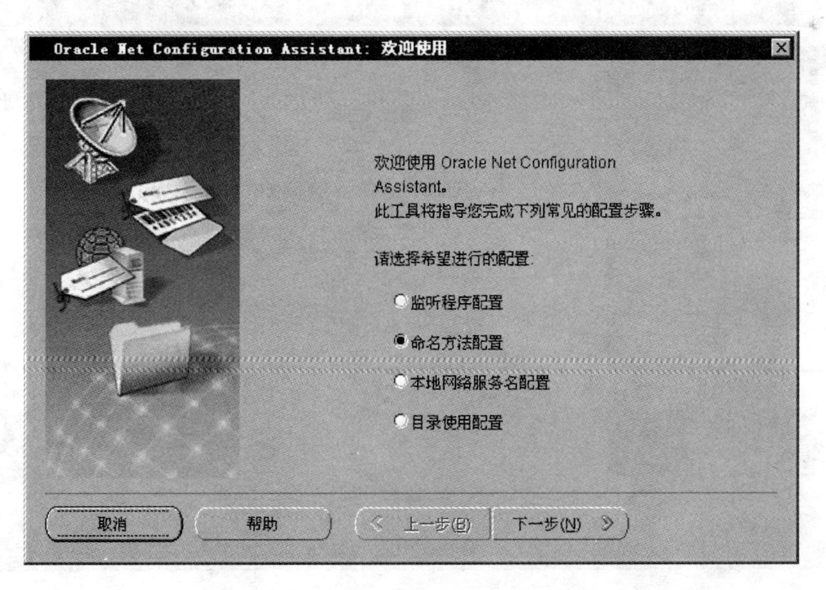

图1-34　选中“命名方法配置”选项

（2）单击"下一步"按钮，出现"命名方法配置，请选择命名方法"对话框，从"可用命名方法"列表框中选择命名方法，添加到"选定的命名方法"列表框中，如图 1-35 所示。

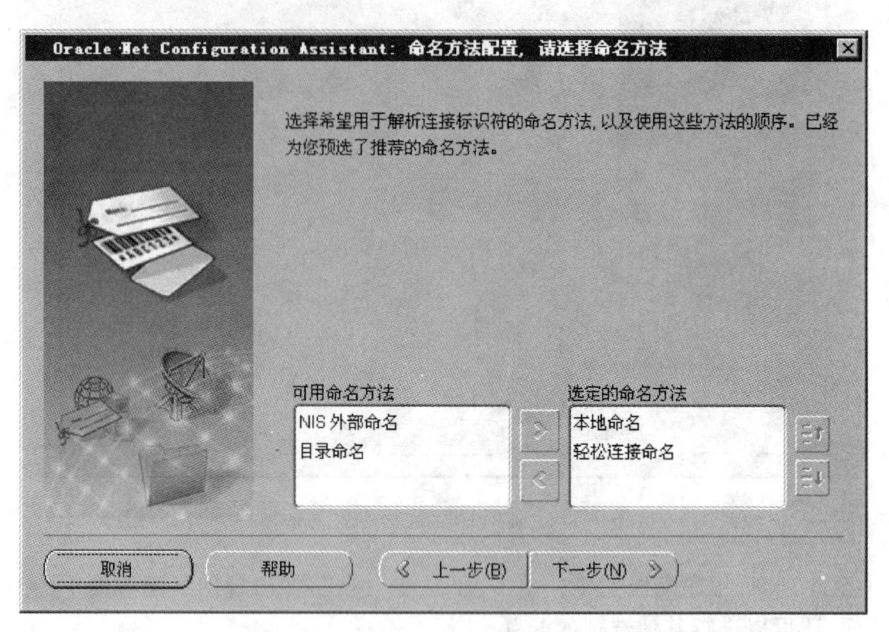

图 1-35 "命名方法配置，请选择命名方法"对话框

（3）单击"下一步"按钮，出现"命名方法配置，主机名"对话框，如图 1-36 所示。

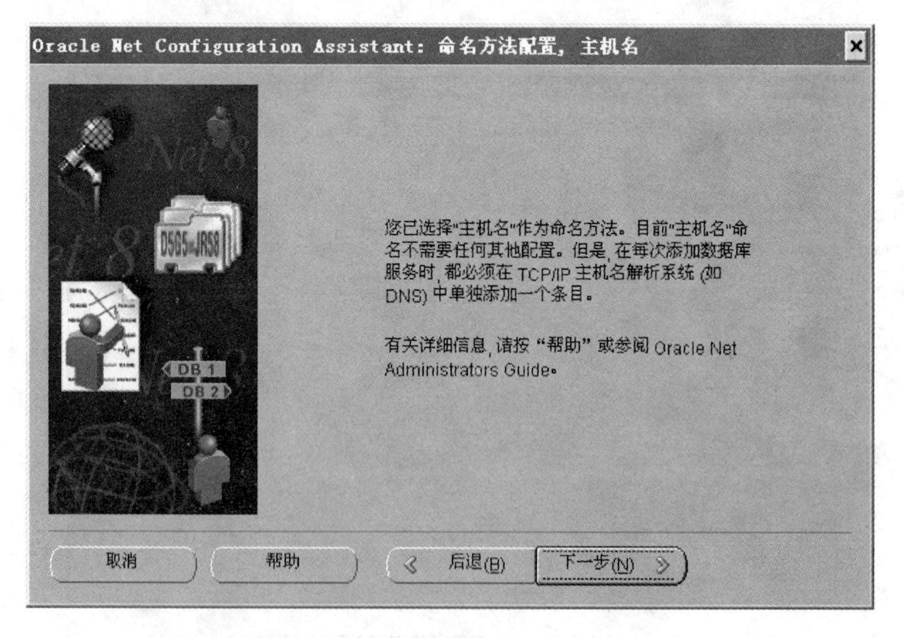

图 1-36 "命名方法配置，主机名"对话框

(4) 单击“下一步”按钮，出现“命名方法配置完成”对话框，如图1-37所示。

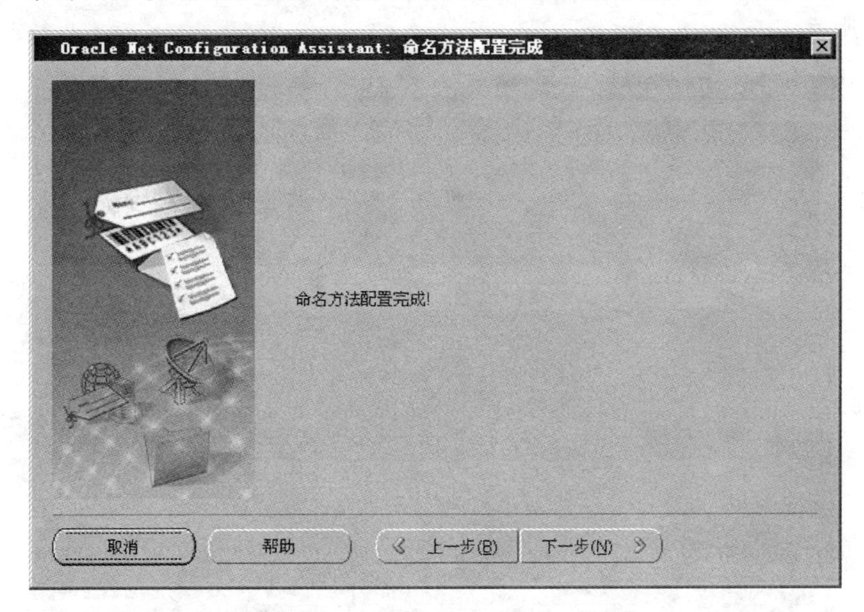

图1-37 “命名方法配置完成”对话框

(5) 至此，命名方法配置完毕。单击“下一步”按钮，将出现网络配置助手的“欢迎使用”对话框，还可以进行其他选项的配置。

1.4.3 配置网络服务名

(1) 选中网络配置助手“欢迎使用”对话框中的“本地网络服务名配置”单选按钮，如图1-38所示。

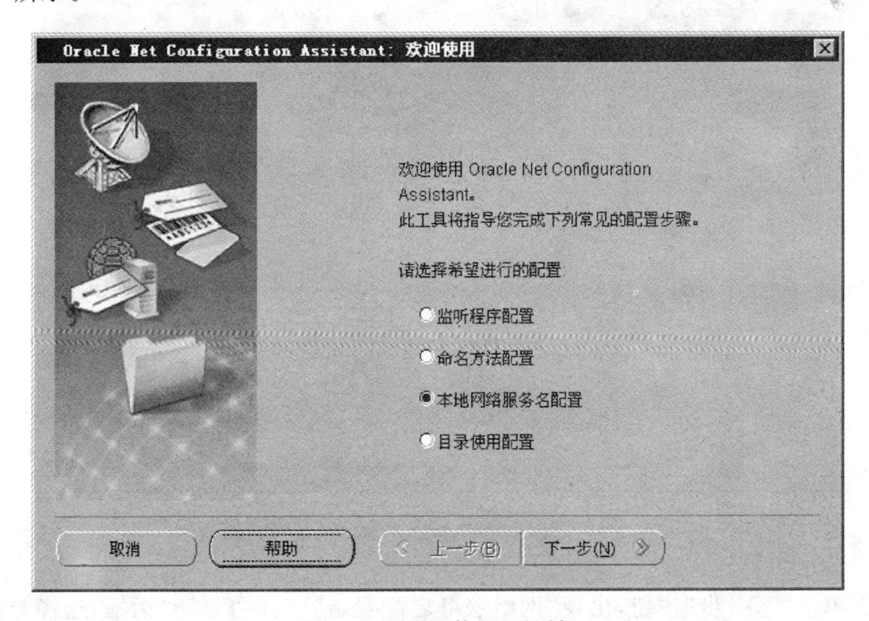

图1-38 “欢迎使用”对话框

(2) 单击“下一步”按钮，出现“网络服务名配置”对话框，选中“添加”单选按钮，如图 1-39 所示。

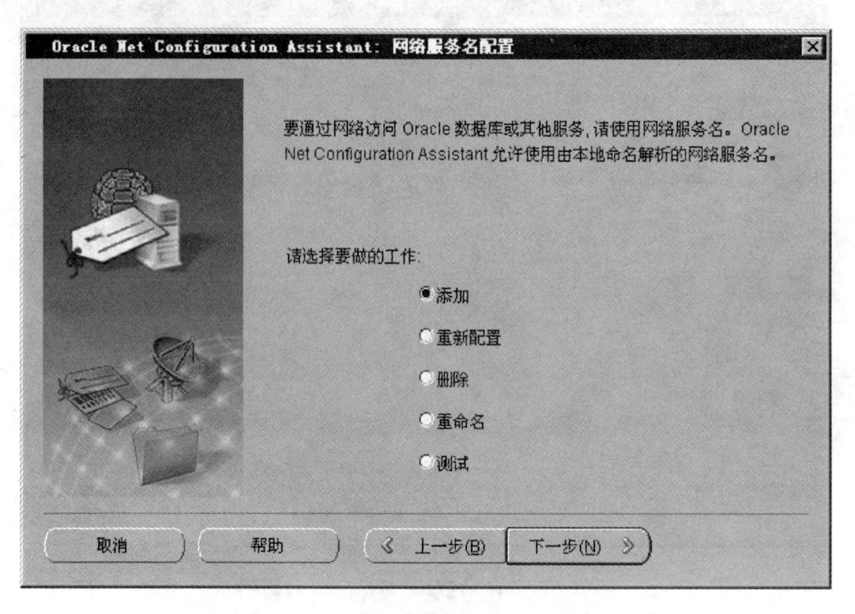

图 1-39 “网络服务名配置”对话框

(3) 单击“下一步”按钮，出现“网络服务名配置，服务名”对话框。网络服务名可以由用户按照自己的需要来指定，这里输入目标服务名为 OrclS，如图 1-40 所示。

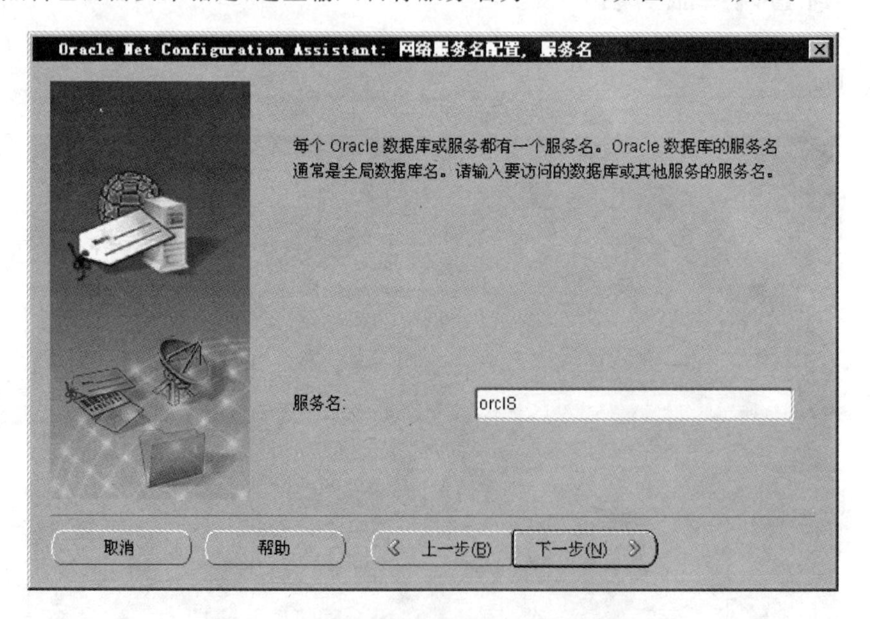

图 1-40 “网络服务名配置，服务名”对话框

(4) 单击“下一步”按钮，出现“网络服务名配置，请选择协议”对话框，选择与数据库服务器通信的协议。默认选择 TCP 协议，如图 1-41 所示。

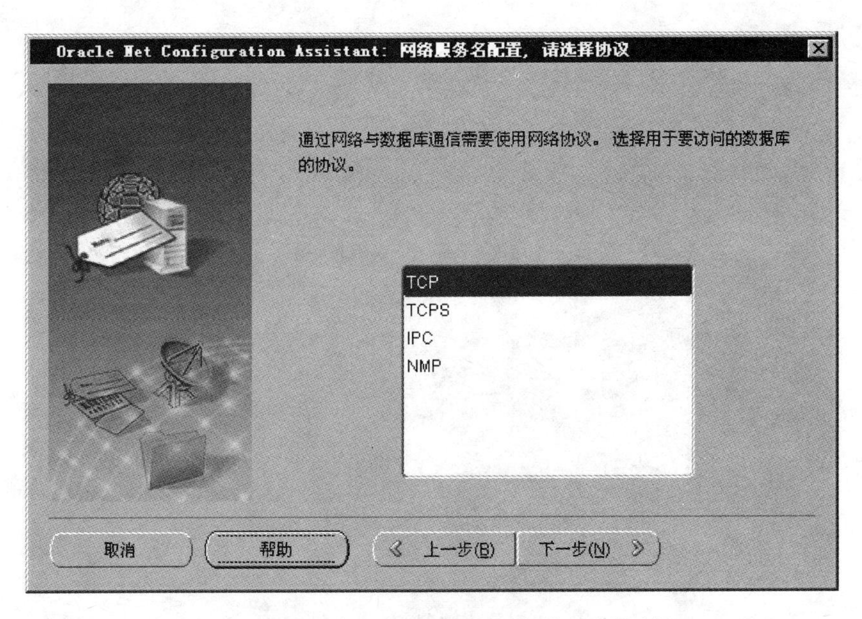

图1-41 “网络服务名配置，请选择协议”对话框

(5) 单击“下一步”按钮，出现与所选协议相应的设置对话框，输入Oracle数据库所在的主机名(或相应的IP地址)和对应的端口号，这里输入主机名lenovo-mdx和默认的端口号1521，如图1-42所示。

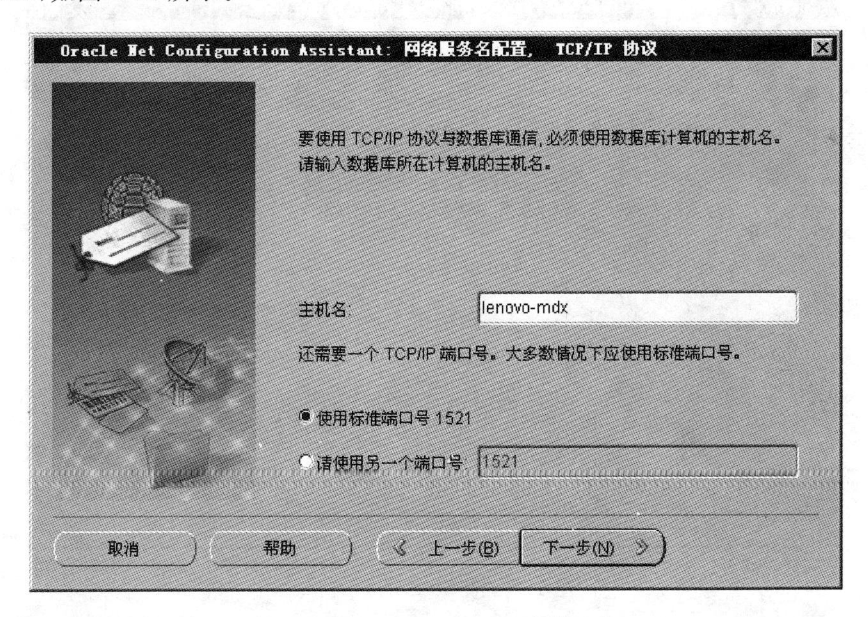

图1-42 配置TCP/IP协议

(6) 单击“下一步”按钮，出现“网络服务名配置，测试”对话框。如果数据库与监听程序此时未运行，选中“不，不进行测试”单选按钮；如果想验证网络服务是否设置好，可以选中“是，进行测试”单选按钮，如图1-43所示。

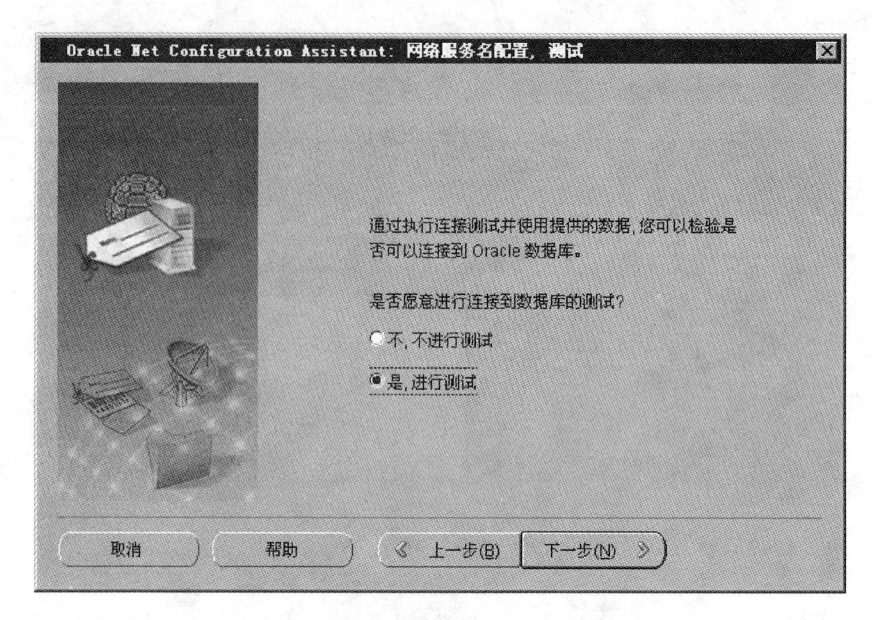

图 1-43 “网络服务名配置,测试”对话框

(7) 单击“下一步”按钮,出现“网络服务名配置,正在连接”对话框,显示正在进行测试,如果测试成功,将产生“正在连接...测试成功”信息,如图 1-44 所示。

图 1-44 测试成功提示信息

(8) 测试完成后,单击“下一步”按钮,出现“网络服务名配置完毕”对话框,如图 1-45 所示。

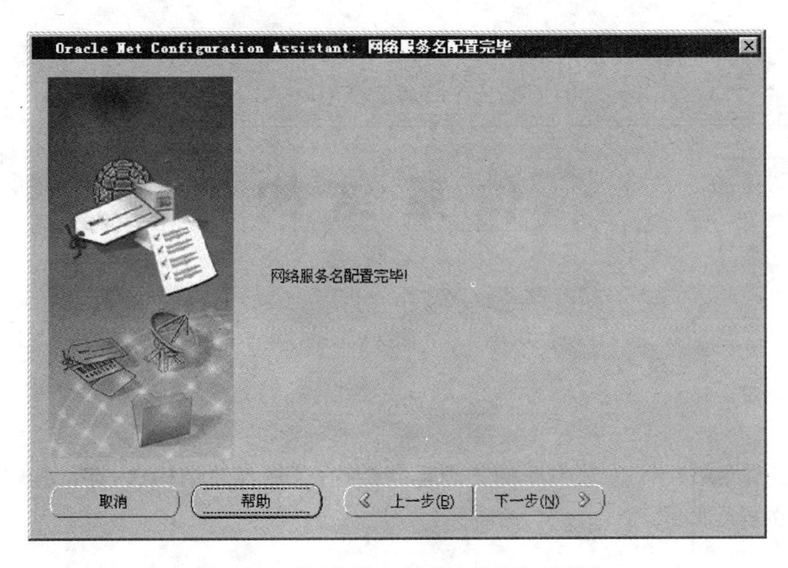

图1-45 “网络服务名配置完毕”对话框

思考与练习

1. 简述数据处理技术发展的3个阶段。
2. 简述数据模型的三要素。
3. 简述概念模型和结构模型的区别。
4. 简述结构模型的分类。
5. 简述数据库系统的组成。
6. 简述 Oracle 11g R2 数据库的版本。
7. 简述 Oracle 11g R2 数据库支持的数据库平台。
8. 简述 Oracle 11g 数据库的新特性。
9. 简述 Oracle 的网络配置助手的功能。

上机实验

1. 在 Oracle 官网注册一个账号，然后下载适应32位 Windows 系统的 Oracle 11g R2 数据库软件并进行安装。

2. 在 Oracle 官网下载适应 Linux 系统的 Oracle 11g R2 数据库软件，然后在 Linux 系统或在虚拟机上进行安装。

3. 在安装 Oracle 11g 数据库的 Windows 系统中，查看 Oracle 有关的系统服务。

4. 打开 SQL * Plus 和 SQL Developer 工具，分别执行 SQL 语句“select * from scott.emp;”，查看执行结果。

5. 在浏览器中打开 Oracle Enterprise Manager(OEM)主页面，查看当前数据库的状态等信息。

第 2 章

体 系 结 构

本章主要介绍 Oracle 数据库的物理存储结构、逻辑存储结构、内存结构、后台进程以及 Oracle 例程等知识。

2.1 物理存储结构

物理存储结构是 Oracle 数据库的操作系统文件结构。Oracle 数据库在不同的操作系统平台上有着不同的存储目录结构，Oracle 数据库从物理存储结构角度来考虑，就是由一些操作系统文件组成的。这些文件主要有以下几种。

（1）数据文件(Data File)。

（2）控制文件(Control File)。

（3）日志文件(Log File)。

（4）初始化参数文件(Initialization Parameter File)。

（5）其他 Oracle 文件。

下面分别介绍 Oracle 11g 数据库的各种操作系统文件。

2.1.1 数据文件

数据文件简单地说就是用来存放数据的操作系统文件，这些数据包括用户数据以及 Oracle 系统内部数据。在存取数据时，Oracle 数据库系统首先从数据文件中读取数据，并存储在数据缓冲区中，如果所需数据不在缓冲区中，Oracle 系统将启动相应的后台进程从数据文件中读取数据，并保存在缓冲区中供用户使用。

在数据库创建阶段，Oracle 11g 数据库会为每一个表空间创建一个对应的数据文件，可以执行添加、删除、移动和重命名数据文件等操作，还可以重新设定数据文件的大小。在创建数据文件时指定的存储空间，决定了该数据文件所存储数据量的大小，以后如该数据文件的物理存储空间不够使用，可以扩充该数据文件。

Oracle 11g 数据库创建完成后，系统会自动建立默认表空间。除了 SYSTEM 表空间，其余表空间都可以由联机状态切换为脱机状态。本书安装后的数据文件存放在 D:\APP\ADMINISTRATOR\ORADATA\ORCL 目录下。

数据库用户可以分别从 DBA_DATA_FILES 和 V$DATAFILE 等数据字典中，了解到数据文件的有关信息，如数据文件的物理文件名、字节数、是否在线以及所属的表空间等。例如：

```
SQL> DESC DBA_DATA_FILES;
名称                              是否为空?          类型
------------------------------------------------------------------
FILE_NAME                                            VARCHAR2(513)
FILE_ID                                              NUMBER
TABLESPACE_NAME                                      VARCHAR2(30)
BYTES                                                NUMBER
BLOCKS                                               NUMBER
STATUS                                               VARCHAR2(9)
RELATIVE_FNO                                         NUMBER
AUTOEXTENSIBLE                                       VARCHAR2(3)
MAXBYTES                                             NUMBER
MAXBLOCKS                                            NUMBER
INCREMENT_BY                                         NUMBER
USER_BYTES                                           NUMBER
USER_BLOCKS                                          NUMBER
ONLINE_STATUS                                        VARCHAR2(7)

SQL> SELECT FILE_NAME FROM DBA_DATA_FILES;
------------------------------------------------------------------
D:\APP\ADMINISTRATOR\ORADATA\ORCL\USERS01.DBF
D:\APP\ADMINISTRATOR\ORADATA\ORCL\UNDOTBS01.DBF
D:\APP\ADMINISTRATOR\ORADATA\ORCL\SYSAUX01.DBF
D:\APP\ADMINISTRATOR\ORADATA\ORCL\SYSTEM01.DBF
D:\APP\ADMINISTRATOR\ORADATA\ORCL\EXAMPLE01.DBF

SQL>DESC V$DATAFILE;
名称                                          是否为空?          类型
------------------------------------------------------------------------------------------
FILE#                                                            NUMBER
CREATION_CHANGE#                                                 NUMBER
CREATION_TIME                                                    DATE
TS#                                                              NUMBER
RFILE#                                                           NUMBER
STATUS                                                           VARCHAR2(7)
ENABLED                                                          VARCHAR2(10)
CHECKPOINT_CHANGE#                                               NUMBER
...                                                              ...

SQL> SELECT NAME,BYTES,STATUS FROM V$DATAFILE;
NAME                                                 BYTES       STATUS
------------------------------------------------------------------------------------------
D:\APP\ADMINISTRATOR\ORADATA\ORCL\SYSTEM01.DBF       723517440   SYSTEM
D:\APP\ADMINISTRATOR\ORADATA\ORCL\SYSAUX01.DBF       587202560   ONLINE
D:\APP\ADMINISTRATOR\ORADATA\ORCL\UNDOTBS01.DBF      110100480   ONLINE
D:\APP\ADMINISTRATOR\ORADATA\ORCL\USERS01.DBF        5242880     ONLINE
D:\APP\ADMINISTRATOR\ORADATA\ORCL\EXAMPLE01.DBF      104857600   ONLINE
```

2.1.2 控制文件

控制文件用于记录和维护整个数据库的物理结构,它是一个比较小的二进制文件。控制文件存储了与 Oracle 数据库物理文件有关的关键控制信息,如数据库名称和创建时间,数据文件的位置、大小及状态信息,重做日志文件的位置和大小等信息。

控制文件在数据库创建时生成,以后当数据库结构发生变化时,系统会自动更新控制文件的信息。如果数据库的某个物理文件被损坏或丢失,控制文件将通知数据库出现了故障,数据库将无法正常启动。Oracle 不允许用户人为去修改控制文件的内容,否则就会造成控制文件的不可用。

在 Oracle 数据库装载(Mount)时,将访问控制文件,根据控制文件设定的数据文件、日志文件等物理文件的信息,来检查数据库的状态是否正常,最后完成数据库的装载及打开数据库。

Oracle 11g 安装完成后,默认创建多个完全相同的控制文件,在数据库的初始化参数 CONTROL_FILES 中指定它们的位置。如果其中一个控制文件损坏或丢失,Oracle 数据库将不可用。此时可以选择关闭数据库,然后从其他控制文件重建被损坏的控制文件,再重启数据库。另一种方法是在初始化参数 CONTROL_FILES 中删除被损坏的控制文件,再重启数据库。也就是说多个控制文件之间只要有一个文件完好,数据库就能正常运行。Oracle 建议数据库至少有两个控制文件并位于不同的磁盘中。如果一个控制文件因磁盘故障而损坏,则能够使用另一个磁盘上的控制文件来重建。

Oracle 还支持为控制文件创建跟踪文件。在写入跟踪文件后,可以对控制文件进行修改,然后可以使用已修改的跟踪文件输出脚本重建控制文件。

在数据字典 V$CONTROLFILE 中,可以查看控制文件的路径信息。例如:

```
SQL> SELECT NAME FROM V$CONTROLFILE;
NAME
--------------------------------------------------------------------------------
D:\APP\ADMINISTRATOR\ORADATA\ORCL\CONTROL01.CTL
D:\APP\ADMINISTRATOR\FLASH_RECOVERY_AREA\ORCL\CONTROL02.CTL

在数据字典 V$PARAMETER 中,也可以查看控制文件信息。
SQL> SELECT NAME,VALUE FROM V$PARAMETER
     WHERE NAME='CONTROL_FILES';
NAME      VALUE
--------------------------------------------------------------------------------
control_files D:\APP\ADMINISTRATOR\ORADATA\ORCL\CONTROL01.CTL,
              D:\APP\ADMINISTRATOR\FLASH_RECOVERY_AREA\ORCL\CONTROL02.CTL
```

2.1.3 日志文件

日志文件是用来保证数据库安全、数据库备份与恢复的,很重要的一类文件。日志文件记录了对数据库的修改信息,如果只是对数据库进行查询操作,则不会记录在日志文件中。

日志文件分为联机重做日志文件(Online Redo Log Files)和归档日志文件(Archived

Redo Log Files)两种。联机重做日志文件是必需的。归档日志文件是当前非活动联机重做日志文件的备份，是可选的。如果存储数据的介质发生故障，可以使用归档日志文件进行恢复。

日志文件以文件组的形式出现，通常每个Oracle数据库至少包含两个日志文件组，每组至少包含两个日志文件。每个日志文件称为成员，日志文件成员的内容是一致的。Oracle建议被映像的日志文件成员分别存储在不同的物理磁盘上。

日志文件组是循环使用的，假设当前Oracle系统中有两个日志文件组。当对Oracle数据库进行修改和事务操作时，日志写入进程(LGWR)会将数据库发生的事务变化写入第一个日志文件组中，当该日志文件组写满后，自动产生日志切换，日志写入进程会将数据库发生的事务变化写入到第二个日志文件组，当第二个日志文件组也写满后，再自动产生日志切换，日志写入进程会将数据库发生的事务变化再写入第一个日志文件组，依次循环写入。

这里有一个问题，当日志切换时是否对原来的日志文件组覆盖写入？这里涉及Oracle数据库的运行模式，即归档模式(Archivelog)和非归档模式(NoArchivelog)。对于归档模式，将保留所有的日志内容。这样数据库可以从所有类型的失败中恢复，是最安全的数据库工作方式，对于生产数据库来说一般都要求运行在归档模式下。非归档模式将不保留以前的重做日志内容，适合于对数据库中数据重要程度要求不高的场合。Oracle系统默认情况下运行在非归档模式下。

在数据库运行过程中，可以添加、移动或删除联机重做日志文件。

在数据字典V$LOGFILE中，可以查看日志文件的组号、状态、名称和字节数等信息。例如：

```
SQL> DESC V$LOGFILE;
名称                              是否为空？    类型
------------------------------------------------------------------------
GROUP#                                          NUMBER
STATUS                                          VARCHAR2(7)
TYPE                                            VARCHAR2(7)
MEMBER                                          VARCHAR2(513)
IS_RECOVERY_DEST_FILE                           VARCHAR2(3)

SQL> SELECT GROUP#,TYPE,MEMBER FROM V$LOGFILE;
GROUP# TYPE      MEMBER
------------------------------------------------------------------------------------
3      ONLINE    D:\APP\ADMINISTRATOR\ORADATA\ORCL\REDO03.LOG
2      ONLINE    D:\APP\ADMINISTRATOR\ORADATA\ORCL\REDO02.LOG
1      ONLINE    D:\APP\ADMINISTRATOR\ORADATA\ORCL\REDO01.LOG
```

2.1.4 初始化参数文件

初始化参数文件用来保存Oracle例程启动时所需的一些初始化参数。Oracle 11g数据库的参数文件有服务器参数文件(SPFile)和文本参数文件(PFile)两种。

当使用DBCA(数据库创建助手)创建数据库时，服务器参数文件同时将被创建。

Oracle 11g 默认使用的是服务器参数文件,该文件是一个二进制文件,不能直接使用文本编辑器进行编辑。服务器参数文件默认存放在%ORACLE_HOME%\database\目录下,命名为 SPFILE<SID>.ORA,其中<SID>为数据库名,如 SPFILEORCL.ORA。这里存放的 SPFile 文件是 Oracle 数据库实际使用的参数文件。

下面的语句可以确定当前数据库使用的服务器参数文件的存放路径。

```
SQL> SHOW PARAMETER SPFILE;
NAME          TYPE          VALUE
-------------------------------------------------------------------------------------
SPFILE        STRING        D:\APP\ADMINISTRATOR\PRODUCT\11.2.0\
                            DBHOME_1\DATABASE\SPFILEORCL.ORA
```

当修改服务器参数文件的初始化参数时,可以指定内存中的参数值是否被改变,从而使更改立即在当前例程反映出来。如果不改变内存中的参数值,则改变不会在当前例程生效,直到关闭并重启数据库后才能生效。参数文件的修改用到 ALTER SESSION 和 ALTER SYSTEM 命令,如果用 ALTER SESSION 进行修改,则修改后的参数将只在当前会话期间有效;如果使用 ALTER SYSTEM 命令进行修改,则修改后的参数将一直有效。

文本参数文件是一个文本文件,可以直接进行编辑。Oracle 安装完成后,默认会在%ORACLE_BASE%\admin\、%ORACLE_SID%\pfile\目录下存放一个 PFile 文件,如本书在 D:\app\Administrator\admin\orcl\pfile 目录的 PFile 文件 INIT.ORA.85201313913 参数文件,后面的一串数字为时间戳。PFile 文件可以由 Oracle 例程读取但不能写入当前 Oracle 例程中。使用文本编辑器可以更新文本参数文件中的初始化参数,但变化不会立即生效,直到重启 Oracle 例程。当使用文本参数文件重启数据库后,也可以通过 OEM(企业管理器)动态修改初始化参数,但仅适用于当前例程。除非对文本参数文件进行相同的更改,否则当关闭并重启数据库例程时这些修改将会丢失。

Oracle 11g 支持服务器参数文件和文本初始化参数文件之间相互转换,也可以由当前内存中的数据库例程的所有初始化参数值生成服务器参数文件。

2.1.5 其他文件

其他常用的 Oracle 文件还有口令文件、备份文件等,介绍如下。

(1) 口令文件(Password File)用于验证特权用户,特权用户指具有 SYSDBA 和 SYSOPER 权限的特殊数据库用户,这些用户可以启动和关闭数据库例程、创建数据库以及对数据库进行备份和恢复等操作。这两个权限不但很高,而且很特殊。因为这些用户不能通过数据库进行验证。当数据库关闭后,如果一个拥有 SYSDBA 权限的用户要启动数据库,那么这个用户的验证肯定要放在数据库之外。在创建 Oracle 数据库时,默认情况下有一个特权用户 SYS。

对于 Windows 环境,口令文件一般放在%ORACLE_HOME%\database 目录。其文件名一般为 pwd<SID>.ora,其中 SID 为例程名。Oracle 系统提供了 orapwd 命令用来创建口令文件,如下面的语句首先获取 orapwd 命令的使用语法,然后创建一个口令文件。

```
C：\ >ORAPWD - h
Usage：orapwd file=<fname> password=<password> entries=<users> force=<y/n>

  where
    file - name of password file (mand),
    password - password for SYS (mand),
    entries - maximum number of distinct DBA and
    force - whether to overwrite existing file (opt),
OPERs (opt),There are no spaces around the equal-to (=) character.

C：\>ORAPWD file=orapwdtest.ora password=newpwd entries=100
```

其中，password 选项用来设置 SYS 用户密码，而 entries 用来表示密码文件中可以保存多少条记录。

(2) 备份文件(Backup File)包含恢复数据库结构和数据文件所需的副本，如 Oracle 系统提供的 EXP 或 EXPDP 工具导出的 DMP 文件。

2.2 逻辑存储结构

逻辑存储结构是 Oracle 数据库的内部组织形式，由 Oracle 数据库负责创建和管理。Oracle 数据库是使用表空间、段、区、Oracle 块等逻辑存储结构来管理的，如图 2-1 所示。

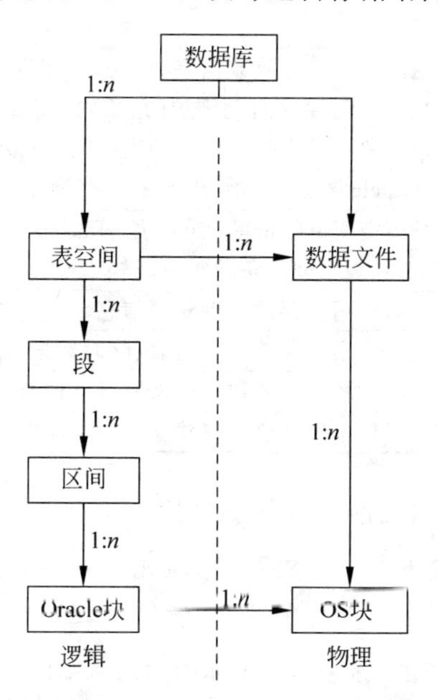

图 2-1　Oracle 数据库的逻辑存储结构图

从图 2-1 可以看出，Oracle 数据库的逻辑和物理存储结构存在着一定的对应关系，逻辑上 Oracle 数据库由多个表空间组成，每一个表空间有多个段，每一个段有多个区，每一个区可以有多个 Oracle 块；物理上每个表空间可以对应多个数据文件，数据文件由 OS

(操作系统)块组成。而在 Oracle 块和 OS 块之间也存在着一对多的关系。

下面分别介绍表空间、段、区、Oracle 块。

2.2.1 表空间

Oracle 数据库通过表空间(TableSpace)来组织数据，表空间是 Oracle 数据库中最大的逻辑组织单位。数据库逻辑上由一个或多个表空间组成，表空间与数据文件相对应，每一个表空间由一个或多个数据文件组成，但一个数据文件只能属于一个表空间。

数据库管理员可以创建若干表空间，也可以为表空间添加或删除数据文件。表空间通过数据文件来扩大，表空间的大小由组成它的所有数据文件大小来决定。通过使用表空间，Oracle 可以有效地控制数据库所占用的磁盘空间，并控制用户占用空间的大小。当一个用户的表空间不够用时，可以通过添加数据文件的办法来增加。

在 Oracle 数据库新建对象时，必须指定要存放的表空间。Oracle 用户可以将不同性质的逻辑对象存放在不同的表空间下。

表空间有两种状态，即联机和脱机。Oracle 系统可以通过将表空间联机或脱机来控制数据是否可用。在联机状态下，表空间中的数据对于用户来说是可用的。在脱机状态下，表空间中的数据不可用。

在 Oracle 数据库安装完毕后，将自动建立一些表空间，见表 2-1。

表 2-1 Oracle 自动创建的表空间

表空间名称	说　　明
SYSTEM	系统表空间。用于存放数据字典，表、视图等数据库对象的定义信息等，这些信息是 Oracle 系统自动维护的。SYSTEM 表空间是默认表空间，如果用户在创建对象时没有指定特定的表空间，则该对象将被保存在 SYSTEM 表空间中，Oracle 数据库必须具备 SYSTEM 表空间，其名称是专用的
SYSAUX	辅助系统表空间。Oracle 10g 开始引入，作为 SYSTEM 表空间的辅助，使得 SYSTEM 表空间的负荷得以减轻
EXAMPLE	示例表空间。用于存放示例对象信息
TEMP	临时表空间。用于存储 S 临时表、临时数据，用于排序等
UNDOTBS	重做表空间。用于存放数据库恢复(UNDO)信息
USERS	用户表空间。用来存放用户建立的数据库对象

下面的语句可以用来查看当前 Oracle 数据库的所有表空间和对应的数据文件信息。

```
SQL>SELECT FILE_NAME,TABLESPACE_NAME FROM DBA_DATA_FILES;
FILE_NAME                                             TABLESPACE_NAME
-----------------------------------------------------  ---------------------
D:\APP\ADMINISTRATOR\ORADATA\ORCL\USERS01.DBF          USERS
D:\APP\ADMINISTRATOR\ORADATA\ORCL\UNDOTBS01.DBF        UNDOTBS1
D:\APP\ADMINISTRATOR\ORADATA\ORCL\SYSAUX01.DBF         SYSAUX
D:\APP\ADMINISTRATOR\ORADATA\ORCL\SYSTEM01.DBF         SYSTEM
D:\APP\ADMINISTRATOR\ORADATA\ORCL\EXAMPLE01.DBF        EXAMPLE
```

2.2.2 段

Oracle 数据库中的段(Segment)用于存放数据库中特定逻辑对象的所有数据。段存在于表空间中，并由若干个连续的区（Extent）组成，每个区又由一些连续的 Oracle 块组成。这三者是构成其他 Oracle 数据库对象（如表、视图、索引等）的基本单位。

正如 Oracle 为数据库表空间预先分配数据文件作为物理存储区一样，Oracle 也为数据库对象（如表、索引和簇等）预先分配段作为其物理存储空间。段随着存储数据的增加而逐渐变大，段的增大通过增加区的个数来实现，每个区的大小是 Oracle 的整数倍。

按照段所存储数据的特点和用途的不同，通常可以将段分为 11 种类型，见表 2-2。

表 2-2　Oracle 的段类型

段类型	名　称	段类型	名　称
TABLE	数据段（又称表段）	LOBSEGMENT	二进制大对象段
INDEX	索引段	LOB PARTITION	二进制大对象分区段
CLUSTER	簇段	LOBINDEX	二进制大对象索引段
ROLLBACK	回滚段	NESTED TABLE	嵌套表段
TABLE PARTITION	表分区段	TYPE2 UNDO	撤销段
INDEX PARTITION	索引分区段		

下面介绍其中几种主要的段类型。

（1）数据段又称表段，用于存放表中的数据。当用户创建表时，Oracle 系统自动在该用户的默认表空间中为该表分配一个与表名称相同的表段，用来存放该表的所有数据。在一个表空间中创建了多个表，相应就会在该表空间有几个表段。

（2）索引段用于存放用户建立的索引数据。当用户创建索引时，Oracle 系统自动在该用户的默认表空间中为该索引创建一个与索引名称相同的索引段，用来存放索引数据。

（3）临时段用于存放临时数据，如排序操作所产生的临时数据等。当 SQL 语句需要临时空间时，将建立临时段。一旦执行完毕，临时段占用的空间将被释放。在 Oracle 系统中，每一个用户都有一个用于分配临时段的临时表空间。所有用户的默认临时表空间都是 TEMP 表空间。也可以创建其他的临时表空间分配给用户使用。

（4）回滚段用于存储数据修改之前的位置和值，用来回滚未提交的事务，以确保事务的一致性。

（5）撤销段也用来存储数据修改之前的位置和值。由于回退段的原理和实现都较为复杂，在 Oracle 11g 中基本都用撤销段（UNDO）来管理，回退段仅为考虑兼容性而存在。

（6）二进制大对象段，如果表中包含有 CLOB 和 BLOB 等二进制大对象时，Oracle 由 LOB 段来存放。

要查看段的有关信息，可以查看 DBA_SEGMENTS 数据字典。例如：

```
SQL> SELECT DISTINCT SEGMENT_TYPE FROM DBA_SEGMENTS;
SEGMENT_TYPE
---------------------------
LOBINDEX
INDEX PARTITION
TABLE PARTITION
```

```
NESTED TABLE
ROLLBACK
LOB PARTITION
LOBSEGMENT
INDEX
TABLE
CLUSTER
TYPE2 UNDO
```

2.2.3 区

区(Extent)由物理上一系列连续的相邻数据块组成。区是磁盘空间分配的最小单元,即 Oracle 对段空间的分配是以区为单位进行的。一个段由一个或多个区组成。

在创建对象时,Oracle 将会为对象创建一个数据段,并为数据段分配一个初始区。随着数据段内的空间占用越来越多,当剩余空间不足时,Oracle 系统将会为数据段再分配一个区,分配新区的大小由创建对象时的 STORAGE 存储参数子句来指定。

要查看区的有关信息,可以查看 DBA_EXTENTS 数据字典。例如:

```
SQL> SELECT OWNER, SEGMENT_NAME, SEGMENT_TYPE, TABLESPACE_NAME,
BYTES FROM DBA_EXTENTS;
OWNER    SEGMENT_NAME                  SEGMENT_TYPE   TABLESPACE_NAME   BYTES
-------------------------------------------------------------------------------
SYS      SYSTEM                        ROLLBACK       SYSTEM            65536
SYS      SYSTEM                        ROLLBACK       SYSTEM            65536
SYS      SYSTEM                        ROLLBACK       SYSTEM            65536
SYS      SYSTEM                        ROLLBACK       SYSTEM            65536
SYS      SYSTEM                        ROLLBACK       SYSTEM            65536
SYS      SYSTEM                        ROLLBACK       SYSTEM            65536
SYS      SYS_LOB0000052336C00005$$     LOBSEGMENT     SYSTEM            65536
SYS      SYS_LOB0000013507C00003$$     LOBSEGMENT     SYSTEM            65536
...      ...                           ...            ...               ...
```

2.2.4 Oracle 块

Oracle 块又称数据块,是 Oracle 数据库中最小的逻辑存储单位。Oracle 数据库在进行 I/O 操作时,都是以 Oracle 块为单位进行的。在 Oracle 11g 中,允许不同类型的表空间采用不同尺寸的 Oracle 块。SYSTEM 和 SYSAUX 表空间具有相同的块大小,这个数据块的大小由初始化参数 DB_BLOCK_SIZE 指定,但在数据库创建后这个初始化参数不能被改变。

Oracle 块与 OS 块(操作系统块)有所不同,OS 块是操作系统读写的最小单元,而 Oracle 块则是 Oracle 系统读写数据的最小单元。Oracle 块的大小通常为 OS 块大小的整数倍。

2.3　内存结构

内存结构是 Oracle 体系结构中重要的组成部分，内存结构保存了 Oracle 例程的许多重要信息。内存的大小是影响数据库性能的关键因素。按照 Oracle 系统对内存使用方法的不同，Oracle 的内存结构分为系统全局区(SGA)和程序全局区(PGA)。

2.3.1　SGA

SGA(System Global Area)即系统全局区，是一组为 Oracle 系统分配的共享的内存区域。在 Oracle 例程中，SGA 是最重要的存储结构，它是各种进程通信的中心，包含数据维护、SQL 语句分析和重做日志缓存所必需的内存结构，所有的用户进程和服务器进程都可以访问 SGA 内存区域。当创建例程时，为 SGA 分配内存；当例程关闭时，释放 SGA 所占用的内存。

SGA 根据其功能的不同，分成数据缓冲区、日志缓冲区、共享池、大池(Large Pool)和 Java 池等几部分。

1. 数据缓冲区

数据缓冲区(Data Buffer Cache)用于存储最近从数据文件中读取出来的数据块，通常是 SGA 的最大部分。数据库中的数据在查询或修改之前，都必须从磁盘中的数据文件中读取到数据缓冲区中。当用户进程查看的数据在数据缓冲区中时，这样的操作直接就可以在内存中完成。当用户进程需要的信息不在数据缓冲区中时，才从磁盘数据文件中读取数据块，然后放入数据缓冲区供用户进程使用。由于访问内存比从磁盘上读取速度要快得多，所以采用数据缓冲区技术能够提高数据库的执行效率。

数据缓冲区由许多大小相同的缓冲块组成，这些缓冲块与数据块的大小相同。数据缓冲区分为 3 种类型。

(1) 脏缓冲块：其保存的是已经修改过的数据，需要写入到数据文件中。当 SQL 语句将缓冲块中的数据修改后，Oracle 系统将这些缓冲块标记为“脏”的，然后由数据写入进程 DBWR 写入数据文件。

(2) 空闲缓冲块：其不包含任何数据，等待写入。Oracle 将从数据文件中读取的数据存放到缓冲块中。

(3) 命中缓冲块：其是正在被用户访问的数据块。

数据缓冲区的大小对 Oracle 系统的性能有着重要的影响。缓冲区应足够大，以便能够缓冲所有频繁访问的块。如果缓冲区过小，一些频繁访问的数据块没有被缓冲在数据缓冲区中，将导致频繁的磁盘访问，起不到缓冲的目的。但如果过大，缓冲区中将保留一些不经常使用的数据块，将会影响到例程启动的速度。

数据缓冲区的大小由 DB_CACHE_SIZE 初始化参数确定，一般是数据库大小的 1%。默认值是 0，表明数据缓冲区的大小由 Oracle 数据库自动地动态调整。

2. 日志缓冲区

日志缓冲区(Redo Log Buffer)：任何事务在存入日志文件之前都存放在 SGA 的日

志缓冲区内。当发生检查点或日志缓冲区中达到一定数量时，由日志写入进程LGWR将该缓冲区的内容写入联机重做日志文件中。

通过设置初始化参数LOG_BUFFER，决定日志缓冲区的大小。日志缓冲区依赖于SGA的大小、CPU个数以及操作系统是32位还是64位，其范围为5～32 MB。

3. 共享池

共享池(Shared Pool)：共享池是对SQL、PL/SQL程序进行语法分析、编译、执行的内存区域。共享池可以分为库缓冲区(Library Cache)和字典缓冲区(Dictionary Cache)。其中，库缓存区又包括共享SQL区、PL/SQL区等。

库缓冲区包含有SQL语句的分析码、执行计划，用于缓冲执行过的SQL语句和PL/SQL代码。当SQL语句提交时，Oracle首先在共享池的库缓冲区中查询相同的SQL语句是否解析，如果存在，Oracle将利用缓冲区内的SQL语句分析结果和执行计划来执行该语句，而不必重新解析；字典缓冲区包括了从数据字典中得到的表、列定义、权限等，Oracle在字典缓冲区内保留了经常使用的数据字典信息。

共享池的大小对于数据库的性能有着非常重要的影响。共享池的大小由初始化参数SHARED_POOL_SIZE确定。默认值是0，表示共享池的大小由Oracle系统自动地动态调整。

4. 大池

大池用于为大内存操作提供相对独立的内存空间，主要用于备份和恢复、大量数据的排序以及并行化的数据库操作等。大池是一个可选的内存空间，如果没有创建大池，则这些操作所需的缓冲区将由共享池或PGA来完成。

大池的大小由初始化参数LARGE_POOL_SIZE确定。默认值是0，表示大池的大小由Oracle系统自动地动态调整。

5. Java池

Java池是Oracle提供的对Java语句的支持。Java池是可选的内存空间，只有当用户执行数据库中的Java存储过程时，系统才用到Java池，用于存放启动Java对象所需的堆空间。

在Oracle 11g中，Java池的大小可以自动进行动态调整，也可以手工调整。Java池的大小由初始化参数JAVA_POOL_SIZE确定。默认值是0，表示Java池的大小由Oracle系统自动进行动态调整。

用户可以查看当前Oracle系统的内存结构的有关信息，如显示当前SGA信息。

```
SQL> SHOW SGA

Total System Global Area 778387456 bytes
Fixed Size                1374808 bytes
Variable Size           478152104 bytes
Database Buffers        293601280 bytes
Redo Buffers              5259264 bytes
```

```
SQL> SELECT * FROM V$SGA;
NAME                VALUE
----------------------------------------
Fixed Size          1374808
Variable Size       478152104
Database Buffers    293601280
Redo Buffers        5259264
```

下面的语句可以用来查看当前 SGA 的各个组成部分的大小以及范围。

```
SQL> DESC V$SGA_DYNAMIC_COMPONENTS;
名称                       空值          类型
--------------------------------------------------------------------------------
COMPONENT                                VARCHAR2(64)
CURRENT_SIZE                             NUMBER
MIN_SIZE                                 NUMBER
MAX_SIZE                                 NUMBER
USER_SPECIFIED_SIZE                      NUMBER
OPER_COUNT                               NUMBER
LAST_OPER_TYPE                           VARCHAR2(13)
LAST_OPER_MODE                           VARCHAR2(9)
LAST_OPER_TIME                           DATE
GRANULE_SIZE                             NUMBER

SQL> SELECT COMPONENT,CURRENT_SIZE,MIN_SIZE,MAX_SIZE
FROM V$SGA_DYNAMIC_COMPONENTS
COMPONENT                   CURRENT_SIZE    MIN_SIZE     MAX_SIZE
----------------------------------------------------------------------------------
shared pool                 461373440       209715200    461373440
large pool                  8388608         0            8388608
java pool                   8388608         8388608      8388608
streams pool                0               0            0
DEFAULT buffer cache        293601280       293601280    536870912
KEEP buffer cache           0               0            0
RECYCLE buffer cache        0               0            0
DEFAULT 2K buffer cache     0               0            0
DEFAULT 4K buffer cache     0               0            0
DEFAULT 8K buffer cache     0               0            0
DEFAULT 16K buffer cache    0               0            0
DEFAULT 32K buffer cache    0               0            0
Shared IO Pool              0               0            0
ASM Buffer Cache            0               0            0

SQL> SELECT * FROM V$SGAINFO;
NAME                        BYTES           RES
------------------------------------------------------------------------
Fixed SGA Size              1374808         No
Redo Buffers                5259264         No
Buffer Cache Size           293601280       Yes
Shared Pool Size            461373440       Yes
```

```
Large Pool Size                    8388608         Yes
Java Pool Size                     8388608         Yes
Streams Pool Size                  0               Yes
Shared IO Pool Size                0               Yes
Granule Size                       8388608         No
Maximum SGA Size                   778387456       No
Startup overhead in Shared Pool    67108864        No
Free SGA Memory Available          0
```

2.3.2 PGA

每一个连接到 Oracle 数据库的进程都需要自己私有的内存区，即程序全局区(PGA)。PGA 不能共享，用于存放服务器端的数据和控制信息的内存区域。当用户进程连接到 Oracle 数据库时，由 Oracle 自动为每一个用户分配相应的 PGA，当用户进程终止时，Oracle 会自动释放 PGA。

所有服务器进程总计占用的最大 PGA 内存空间由初始化参数 PGA_AGGREGATE_TARGET 确定。下面的语句可以用来查看当前程序全局区 PGA 的有关信息。

```
SQL> SELECT NAME ,VALUE FROM V$PGASTAT;
NAME                                      VALUE
-------------------------------------------------------------------------
aggregate PGA target parameter            511705088
aggregate PGA auto target                 399237120
global memory bound                       102340608
total PGA inuse                           68124672
total PGA allocated                       83724288
maximum PGA allocated                     163198976
total freeable PGA memory                 0
process count                             41
max processes count                       43
PGA memory freed back to OS               0
total PGA used for auto workareas         0
maximum PGA used for auto workareas       55208960
total PGA used for manual workareas       0
maximum PGA used for manual workareas     533504
over allocation count                     0
bytes processed                           39188904960
extra bytes read/written                  112291840
cache hit percentage                      99.71
recompute count (total)                   489157
```

2.4 后台进程

在介绍后台进程之前，先来了解一下用户进程和服务器进程。

所谓用户进程，是指在客户机上运行 SQL * Plus、SQL Developer、OEM 或基于 Oracle 数据库的应用程序时，会启动相应的应用进程向服务器进程请求信息，即用户进程。客户机上的用户进程只发送 SQL 语句和接受 SQL 语句的结果，所有的 SQL 操作由服务器进程执行。

所谓服务器进程，是指在 Oracle 服务器上为用户进程派生一个新进程，接受用户进程发出的请求，并根据请求与数据库通信，完成与数据库的连接操作和 I/O 访问。

后台进程指由 Oracle 数据库服务器隐含执行的进程。后台进程帮助用户进程和服务器进程进行通信，无论是否有用户连接数据库它们都在运行，负责数据库的后台管理工作，这也是称为后台进程的原因。

在启动 Oracle 例程时，Oracle 不仅分配 SGA，还会启动后台进程；在关闭例程时，Oracle 不仅释放 SGA 所占用的内存空间，而且还会释放后台进程所占用的 CPU 和内存资源。Oracle 后台进程有很多，在 Windows 平台上，可以选择"开始"→"程序"→Oracle-OraDb11g_home1→"配置和移植工具"→Administration Assistant for Windows 命令，弹出 Oracle Administration Assistant for Windows 工具软件的界面，右击左边的树状视图中的"ORCL 数据库"图标，在弹出的快捷菜单中选择"进程信息"命令，如图 2-2 所示。

图 2-2 选择"进程信息"命令

在弹出的"ORCL 的进程信息"对话框中，可以看到当前 ORCL 数据库例程的进程信息，包括后台进程、用户进程和服务器进程，如图 2-3 所示。

下面介绍 Oracle 数据库的常用后台进程。

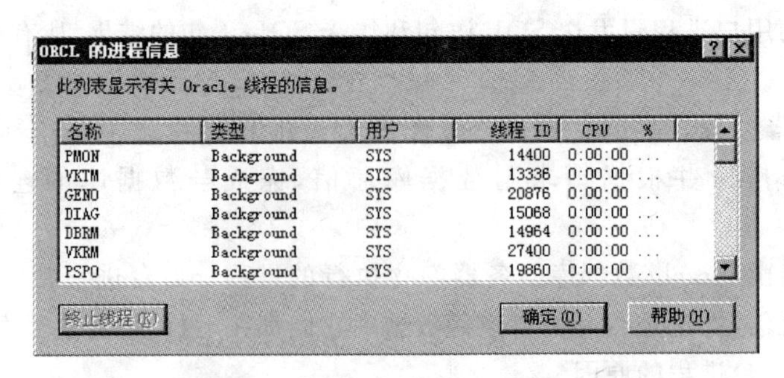

图 2-3 “ORCL 的进程信息”对话框

(1) 系统监视进程(SMON)用于执行例程恢复、合并空间碎片并释放临时段。系统监视进程在数据库系统启动时执行恢复性工作,它可以从联机日志文件恢复崩溃的数据库例程。另外,系统监视进程还周期性地检查数据文件,自动合并数据文件中相邻的自由区,从而形成一个更大的自由空间,提供更有效的空间分配选择。当对 SQL 查询结果进行排序时,占用了大量的临时段,系统监视进程可以清除这些临时段所占用的空间,把它们重新分配。

(2) 进程监视进程(PMON)用于恢复失败的用户进程,并释放该用户占用的所有数据库资源。如用户在没有关闭数据库的情况下,关闭了客户端程序,或者用户会话非正常中止,此时,PMON 后台进程将销毁服务器进程,释放 PGA 内存区域,并回退当前未完成的活动事务。PMON 后台进程和 SMON 进程是数据库中最重要的两个后台进程,如果它们中的任何一个在启动数据库时失败,数据库都将不能启动。

(3) 数据库写入进程(DBWR)主要管理数据缓冲区和字典缓冲区的内容,它从数据文件读取数据,写入到缓冲区中,数据库写入进程不是在每一数据块被修改后就立即写入到数据文件,而是分批将修改后的数据块写回数据文件。一个 Oracle 例程至少有一个 DBWR 后台进程,通过 DB_WRITER_PROCESSES 初始化参数可以设置多个 DBWR 后台进程,这些后台进程的名字为 DBW0、DBW1、DBW3 等。

(4) 日志写入进程(LGWR)用于将缓冲区中的日志信息分批写入到日志文件中。这些日志内容包含了数据库最近修改的记录信息。当用户会话对数据缓冲区内的块进行任何修改时,在其将修改信息更新回数据块之前,先要将修改的信息写入到日志缓冲区中,为了保证不丢失任何数据信息,LGWR 将日志缓冲区的内容实时地写入到联机重做日志文件中。

LGWR 并不是随时都在运行的,那么当什么时候 Oracle 系统会启动 LGWR 后台进程呢?当用户提交事务时,或者日志缓冲区写满 1/3 时或 DBWR 将缓冲数据写入到数据文件中或者每隔 3s 即发生一次超时,Oracle 系统会启动 LGWR。

(5) 归档进程(ARCH):可选的后台进程。当数据库服务器以归档模式运行时,如果发生日志切换,则将已经写满的联机重做日志文件的内容复制到归档日志文件后才发生,以避免已经写满的联机重做日志文件被覆盖。通过 LOG_ARCHIVE_MAX_PROCESSES 初始化参数可以设置多个 ARCH 后台进程,这些后台进程的名字为 ARC0、

ARC1、ARC3 等。

对数据库而言，这是一个可选进程，但对企业来说，ARCH 后台进程通常则是必需的，大多数生产环境下的事务数据库都运行在归档模式下，即在 ARCH 后台进程成功将联机重做日志文件归档到归档日志文件之前，将不允许 LGWR 覆盖相应的联机重做日志文件。

(6) 检查点进程(CKPT)：可选的后台进程。用于减少数据库恢复时间。在一个检查点中，数据库写入进程将缓冲区中的脏数据块写入到数据文件中，并且修改数据文件和控制文件，以记录当前数据库状态。当日志切换时，也将会出现 CKPT 后台进程。

通过将 CHECKPOINT _ PROCESSES 初始化参数设置为 TRUE，可以启动 CKPT 后台进程。DBA 可以为检查点选择一个合适的时间间隔。如果检查点调用的时间间隔太短，将产生过多的 I/O 操作，如果检查点调用的时间间隔过长，则数据库恢复时将耗费更多的时间。Oracle 数据库提供两个初始化参数来控制时间间隔，一是时间间隔参数 LOG_CHECKPOINT_TIMEOUT，每到一定的时间间隔，无论数据库总是否有操作都将产生检查点；二是 LOG_CHECKPOINT_INTERVAL，表示执行一个检查点需要填写的日志文件块数，即在产生多少个日志数据时产生检查点。

(7) 恢复进程(RECO)：可选的后台进程。其用于在分布式数据库环境中恢复失败的分布式事务。当分布式的数据没有保持同步时，将调用该进程恢复。

(8) 锁进程(LCK*n*)：可选的后台进程。当用户在并行服务器模式下时，将出现多个锁进程以确保数据的一致性，这些锁进程有助于数据库通信。

(9) 调度进程(D*nnn*)：可选的后台进程。其是用户进程与共享服务器进程之间的关键进程，每个调度进程负责从所连接的用户进程到可用服务器进程的路由请求，并把响应返回到合适的用户进程。数据库服务器支持的每个协议至少要建立一个调度进程。当启动多个调度进程时，这些调度进程的名称为 D000、D001 和 D003 等。

2.5 Oracle 例程

Oracle 例程与数据库不同，数据库指存储和管理数据文件的集合。Oracle 例程由 SGA 和后台进程集组成，这些后台进程紧密地结合在一起运行，共同访问 SGA 中的内存区域。当启动 Oracle 数据库时，首先启动 Oracle 例程，系统自动分配 SGA，并启动后台进程。

如果在一台计算机上有两个数据库，则该计算机上有两个 Oracle 例程，并分别拥有自己的 SGA 和独立的后台进程。

在并行服务器中，一个 Oracle 数据库可以被多个 Oracle 例程访问。

Oracle 例程的结构如图 2-4 所示。

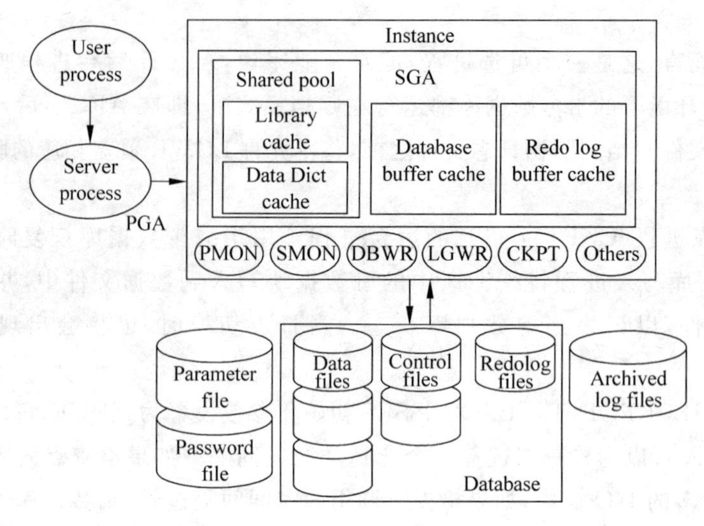

图 2-4 Oracle 例程

思考与练习

1. 简述数据文件和表空间的关系。
2. 简述控制文件的作用。
3. 简述联机重做日志文件和归档日志文件的区别。
4. 简述联机重做日志文件的运作机制。
5. 简述初始化参数文件的作用。
6. 简述 PFile 和 SPFile 初始化参数文件之间的区别。
7. 简述 Oracle 数据库的逻辑存储结构组成。
8. 简述 Oracle 数据库的 Oracle 块和操作系统块的关系。
9. 简述表空间、段、区和 Oracle 块之间的关系。
10. 简述段的几种不同类型。
11. 简述 SGA 和 PGA 的区别。
12. 简述 SGA 各组成部分的作用。
13. 简述大池和 Java 池的作用。
14. 简述 Oracle 数据库的各个后台进程的作用。
15. 简述 Oracle 数据库的后台进程、服务器进程和用户进程之间的关系。
16. 简述 Oracle 例程和 Oracle 数据库之间的区别。

上机实验

1. 在 SQL Developer 工具中，通过语句查询当前 Oracle 数据库的表空间和对应的数据文件。

2. 在 SQL Developer 工具中，通过语句查询当前 Oracle 数据库的控制文件信息。

3. 在 SQL Developer 工具中，通过语句查询当前 Oracle 数据库的日志文件信息。

4. 在 SQL Developer 工具中，通过语句查询当前 Oracle 数据库的 SGA 信息。

5. 在 Oracle 的安装目录下找到当前数据库的初始化参数文件，用记事本打开该文件，查看其中关于 SGA 参数的设置值。

6. 在 Oracle 的安装目录下找出当前数据库的所有数据文件。

7. 在 SQL Developer 工具中，通过语句查询 DBA_EXTENS 数据字典。

8. 在 SQL Developer 工具中，通过语句查询 DBA_SEGMENTS 数据字典。

9. 登录 Oracle Enterprise Manager 工具，查看当前数据库例程的控制文件、数据文件、表空间、SGA 及 PGA 内存分配情况、初始化参数、联机重做日志组等内容。

第3章

数据库管理

本章主要介绍创建、启动、关闭和删除 Oracle 数据库，管理初始化参数文件和控制文件，数据字典，克隆数据库等知识。

3.1 使用 DBCA 创建数据库

数据库配置助手(DataBase Configuration Assistant，DBCA)能够创建数据库、配置现有数据库的数据选项、删除数据库以及管理数据库模板。下面介绍使用数据库配置助手创建数据库的步骤。

选择“开始”→Oracle-OraDb11g_home1→“配置和移植工具”→Database Configuration Assistant 命令，打开数据库配置助手，出现“欢迎使用”对话框，如图 3-1 所示。

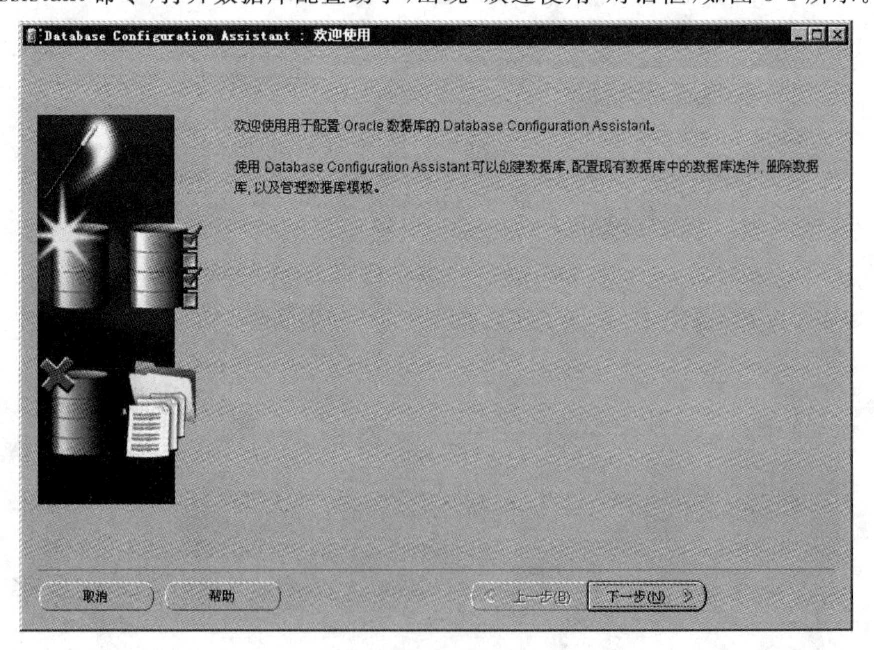

图 3-1 “欢迎使用”对话框

单击“下一步”按钮，出现“操作”对话框。这里可以完成创建数据库、配置数据库选项、删除数据库和管理模板等操作。其中，“配置数据库”选项用来配置从专用服务器更改为共享服务器，还可以添加当前数据库配置没有的数据库选项；“删除数据库”选项用来删除与所选数据库关联的所有文件；“管理模板”选项用来创建和管理数据库模板。DBCA 提供了几种预定义的数据库模板，可以使用这些数据库模板来创建数据库。这里选中“创建数据库”单选按钮，如图 3-2 所示。

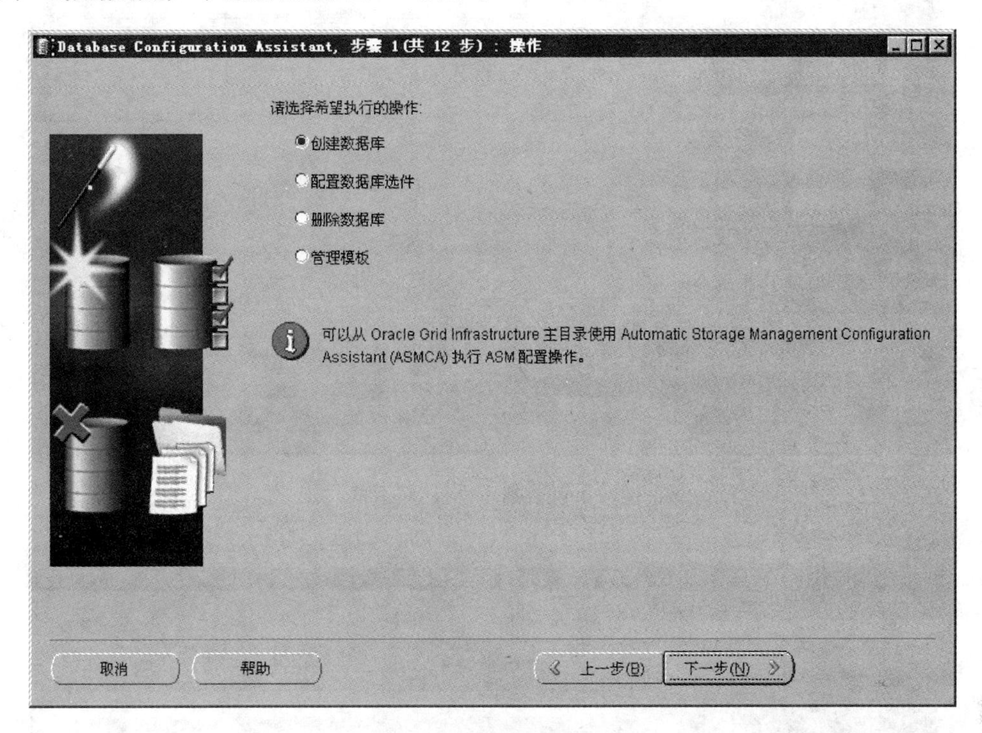

图 3-2　“操作”对话框

单击“下一步”按钮，出现“数据库模板”对话框，可供选择的有“一般用途或事务处理”、“定制数据库”和“数据仓库” 3 种模板。数据库模板用于存储数据库配置信息的 XML 文件，一般包括常用选项、初始化参数、字符集、控制文件和联机重做日志组。使用模板，无须指定所有数据库参数就可以创建重复的数据库，还可以在计算机之间共享模板。

数据库模板不一定包含数据文件。如果选择不包含数据文件的模板，则模板中只包含数据库的结构，可以任意指定和更改数据库参数。如果选择包含数据文件的模板，则可以较快地创建数据库，因为在数据文件中存在方案，自动创建数据库的所有日志文件和控制文件。用户可以选择添加/删除控制文件、日志组，更改数据文件的目标位置和名称。这里选中“一般用途或事务处理”单选按钮，如图 3-3 所示。

单击“下一步”按钮，出现“数据库标识”对话框，全局数据库名称和 SID 可以由用户根据自己的需要指定。全局数据库是唯一标识数据库的名称，系统标识符 SID 用来标识 Oracle 数据库软件的例程，对于任何数据库，都至少有一个引用数据库的例程。这里输入全局数据库名称为 xxgcx，SID 为 xxgcx，如图 3-4 所示。

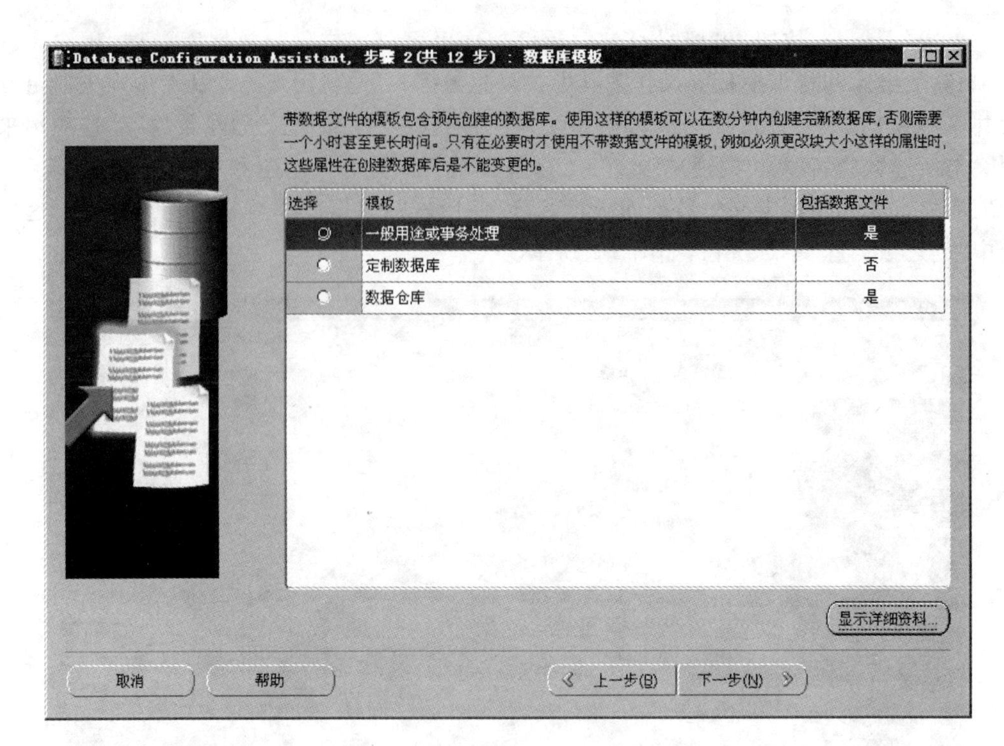

图 3-3 “数据库模板”对话框

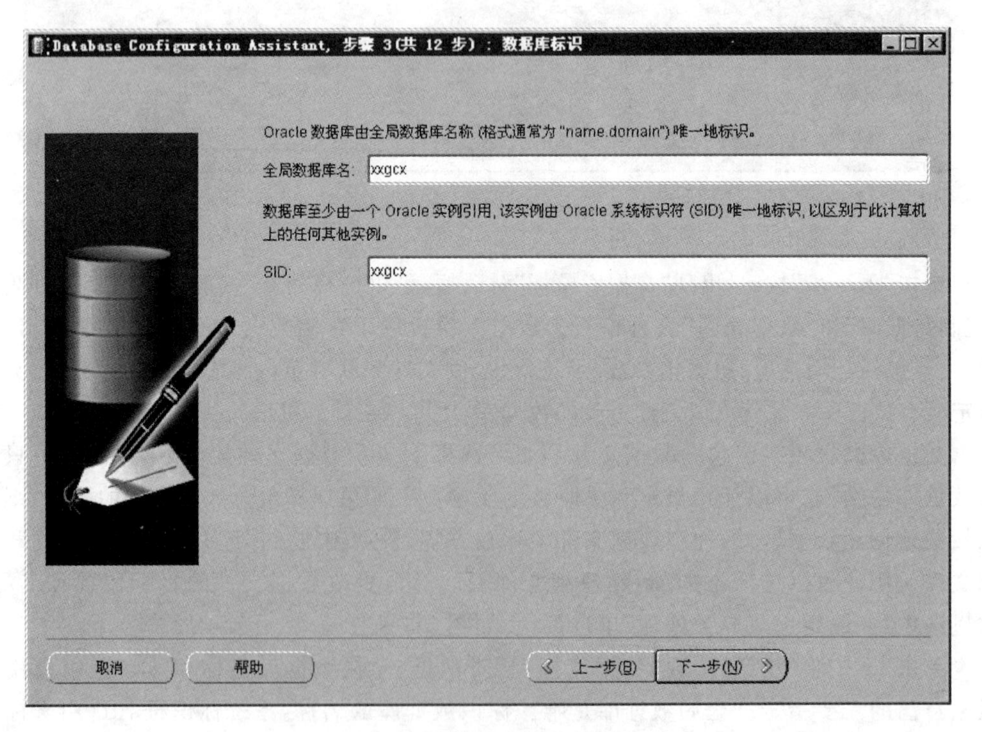

图 3-4 “数据库标识”对话框

单击“下一步”按钮，出现“管理选项”对话框，这里可以设置数据库通过 Oracle Enterprise Manager 进行管理。Oracle Enterprise Manager 为管理各个数据库例程提供了基于 Web 的管理工具，为管理整个 Oracle 环境（包括多个数据库、主机、应用程序服务器和网络组件）提供了集中管理工具。

在启动 DBCA 时，将首先检查主机是否已经安装了 Oracle Management Agent，如果 DBCA 找到 Oracle Management Agent，则可选中“注册到 Grid Control 以实现集中管理”单选按钮，并从下拉列表中选择一个服务。在数据库创建完成后，将自动成为 Oracle Enterprise Manager Grid Control 中的管理对象。

如果希望 Oracle 系统在指定情形的度量值达到严重阈值或警告阈值时，SYSMAN 用户收到预警通知，则可选中“启用预警通知”复选框。

在“自动维护任务”选项卡中，可以优化程序统计信息收集和主动指导报告，方便对各种数据库维护任务。

如果使用 Database Control 的方式来管理数据库，即不是集中管理 Oracle 数据库时，会自动安装基于 Web 的 Oracle Enterprise Manager Database Control，监视和管理单例程或集群数据库，如图 3-5 所示。

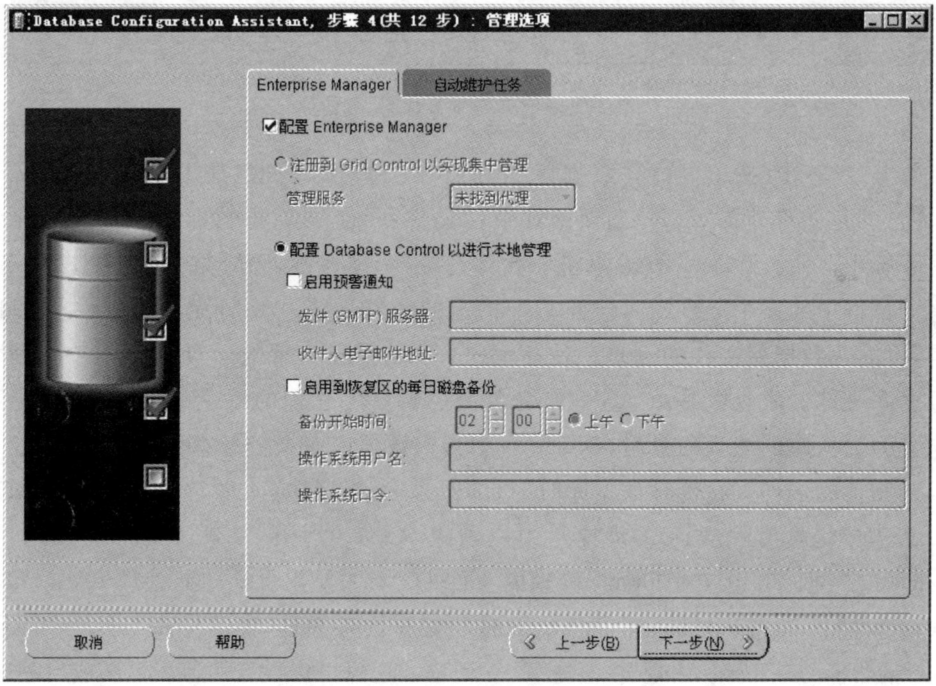

图 3-5 “管理选项”对话框

单击“下一步”按钮，出现“数据库身份证明”对话框，这里可以选择将所有用户账号设置为相同的密码，也可以选择为不同的账号设置不同的密码，如图 3-6 所示。

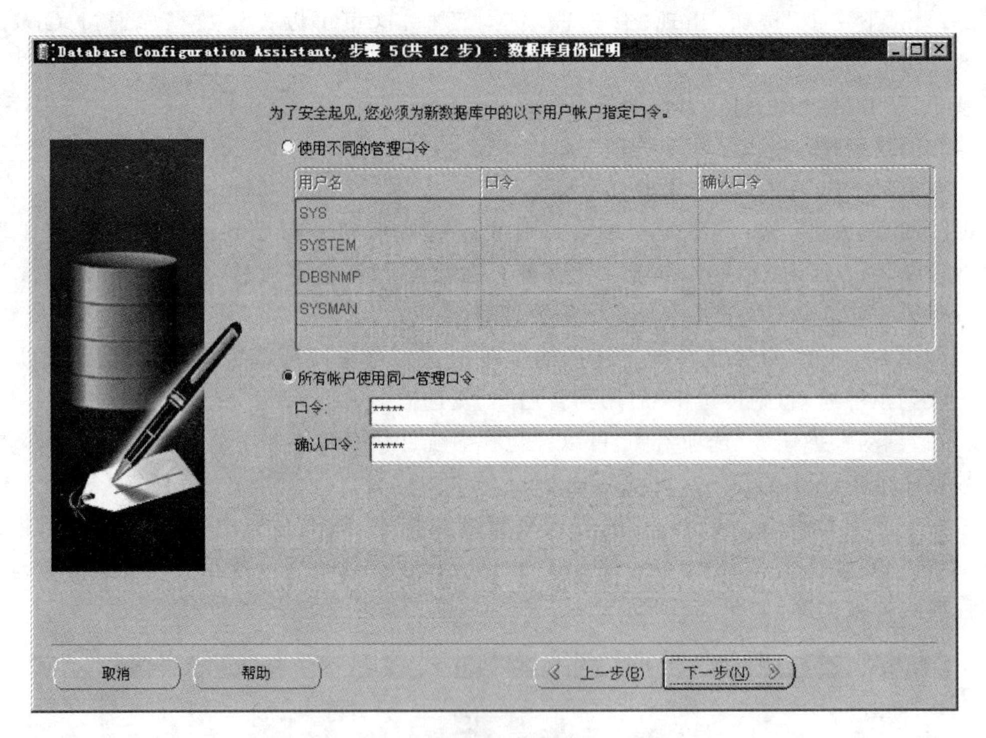

图 3-6　“数据库身份证明”对话框

单击“下一步”按钮,出现“数据库文件所在位置”对话框,这里可以选择“文件系统”、“自动存储管理(ASM)”选项。其中,“文件系统”选项指数据库文件保存在当前文件系统中;对于 Oracle RAC 来讲,“文件系统”选项将被 ASM 取代,集群文件系统允许一个集群中的多个节点同时访问某个指定的文件系统;ASM 是 Oracle 数据库的新功能,可简化数据库文件的管理。使用 ASM 只需管理少量的磁盘组而无须管理众多的数据库文件。磁盘组是由 ASM 作为单个逻辑单元管理的一组磁盘设备,将某磁盘组定义为数据库的默认磁盘组,Oracle 自动为该数据库对象分配存储空间,并创建或删除与其相关的文件。在管理数据库时,只须通过名称而不是文件名即可引用数据库对象。在选择此选项后,DBCA 将提示用户创建 ASM 例程和装载 ASM 磁盘组。对于 Oracle 11g 数据库,建议对 Oracle 管理的文件(OMF)使用自动存储管理(ASM),或对 RAC(Real Application Clusters)的 OMF 使用集群文件系统,如图 3-7 所示。

单击“下一步”按钮,出现“恢复配置”对话框。这里可以设置快速恢复区或启动归档。快速恢复区可以用于恢复数据,以免系统发生故障时丢失数据。快速恢复区是由 Oracle 管理的目录、文件系统或“自动存储管理”磁盘组,提供备份文件和恢复文件的集中磁盘位置。归档模式是一种最安全的数据库运行模式。要使数据库能够从磁盘故障中恢复,必须启用归档,如图 3-8 所示。

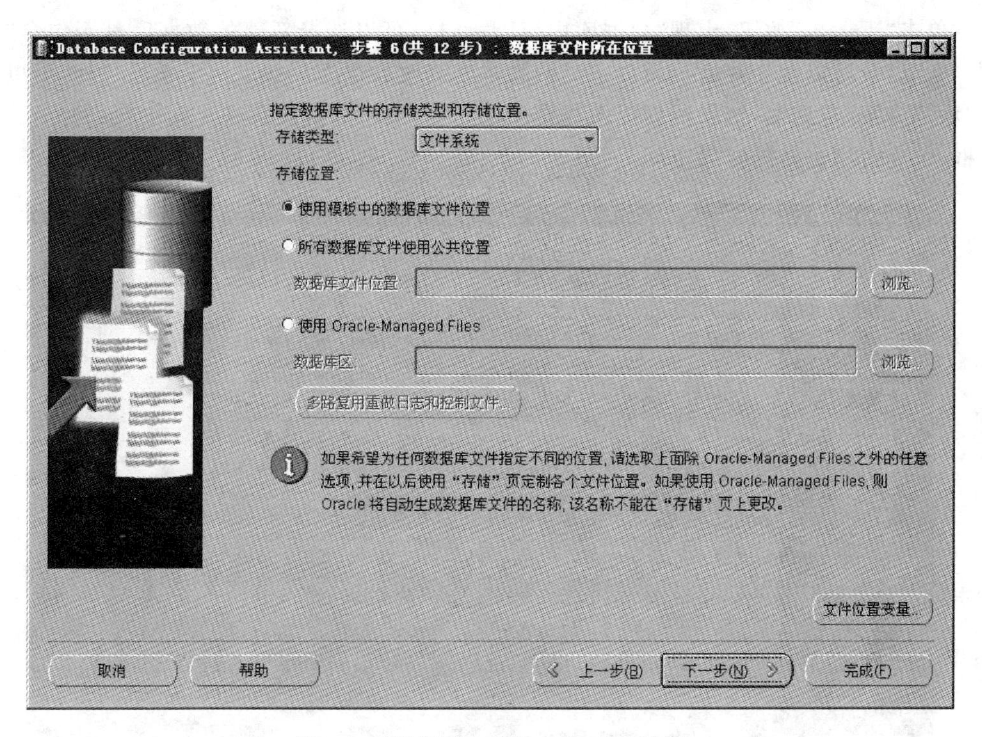

图 3-7　“数据库文件所在位置”对话框

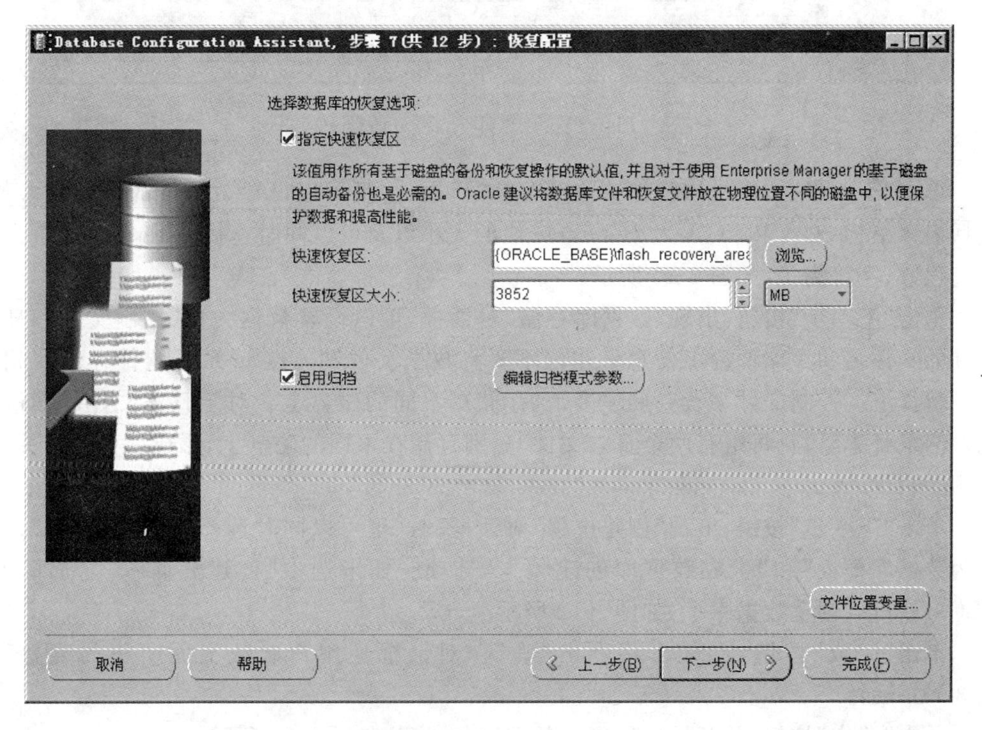

图 3-8　“恢复配置”对话框

单击“下一步”按钮，出现“数据库内容”对话框，可以选择新建的数据库是否包含“示例方案”以及可以创建并运行用户定义的脚本来修改数据库。如果用于学习目标，可以选中“示例方案”复选框，如果所创建的数据库用于生产目标，则没有必要选中“示例方案”复选框，以免占用更多的磁盘空间，如图 3-9 所示。

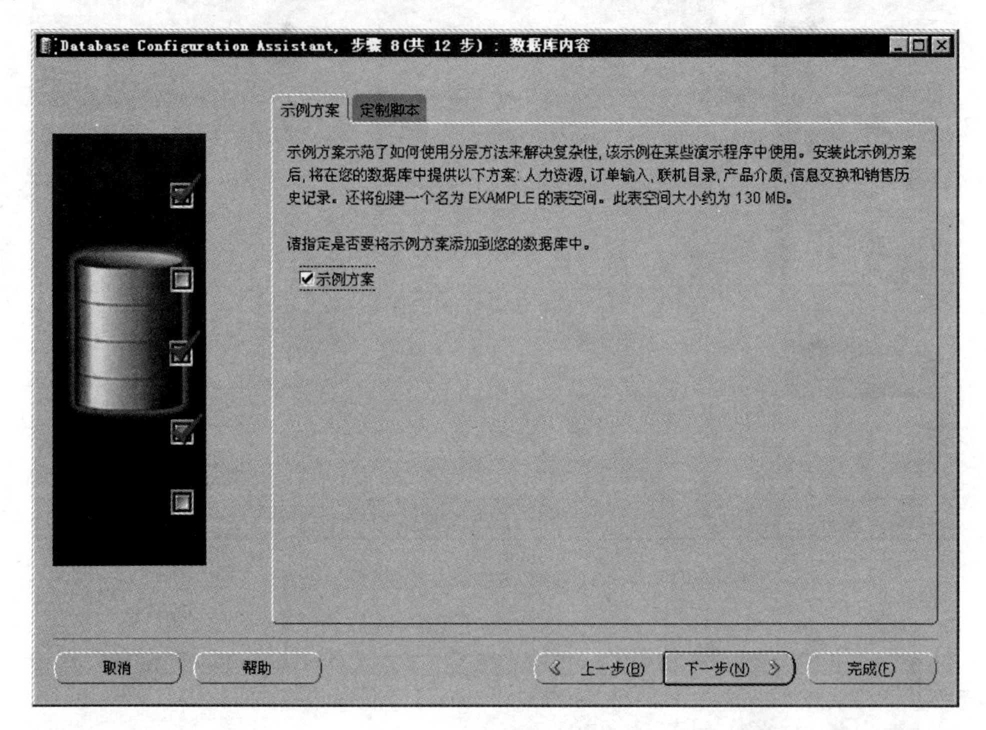

图 3-9 “数据库内容”对话框

单击“下一步”按钮，出现“初始化参数”对话框，这里可以设置数据库的初始化参数，包括内存结构 SGA 和 PGA 大小、Oracle 块的大小以及可以同时连接到 Oracle 的最大用户进程数、字符集等，如图 3-10 所示。

单击“下一步”按钮，出现“数据库存储”对话框，可以设置数据文件、控制文件和日志文件的文件名和存储位置等信息。建议不要将数据文件和 Oracle 系统软件存储在相同的逻辑盘上。控制文件一般要创建多个，存储在不同的磁盘上。对于日志文件一般最好创建两组日志组，且每组有两个日志文件，分别存储在不同的磁盘上，形成一种映像关系，如图 3-11 所示。

单击“下一步”按钮，出现“创建选项”对话框。这里可以同时选择“创建数据库”、“另存为数据库模板”和“生成数据库创建脚本”选项。如果选中“创建数据库”复选框，则 DBCA 就可以创建数据库了，如图 3-12 所示。

单击“完成”按钮，DBCA 将弹出“确认”对话框让用户确认上面所作的配置，如图 3-13 所示。

单击“确定”按钮，就开始执行创建数据库的过程，如图 3-14 所示。

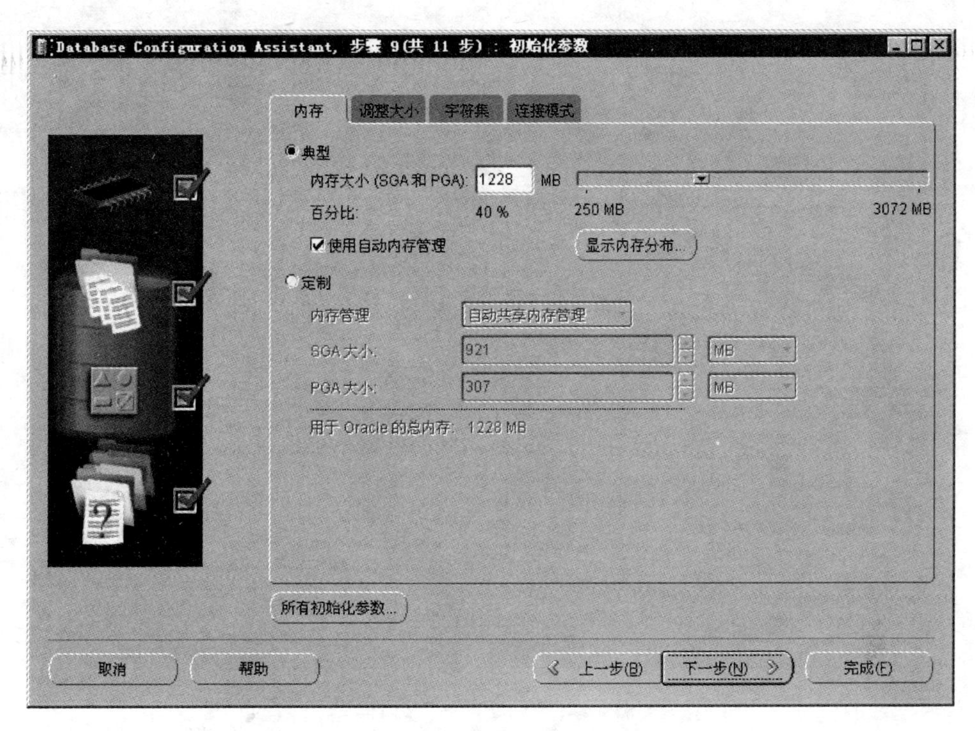

图 3-10　“初始化参数”对话框

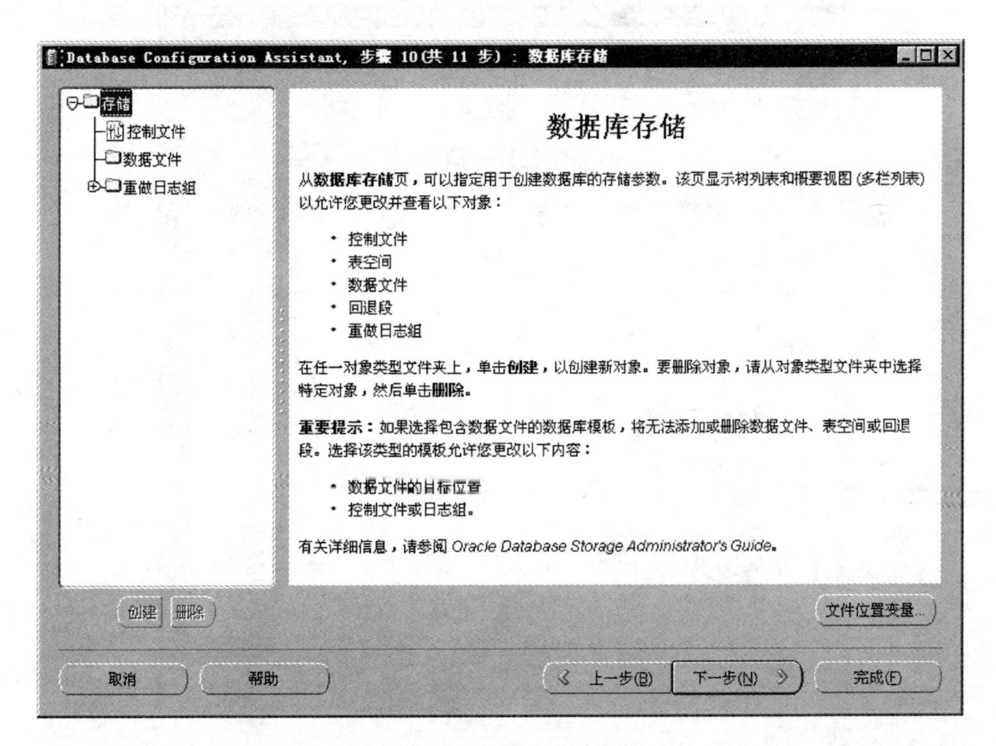

图 3-11　“数据库存储”对话框

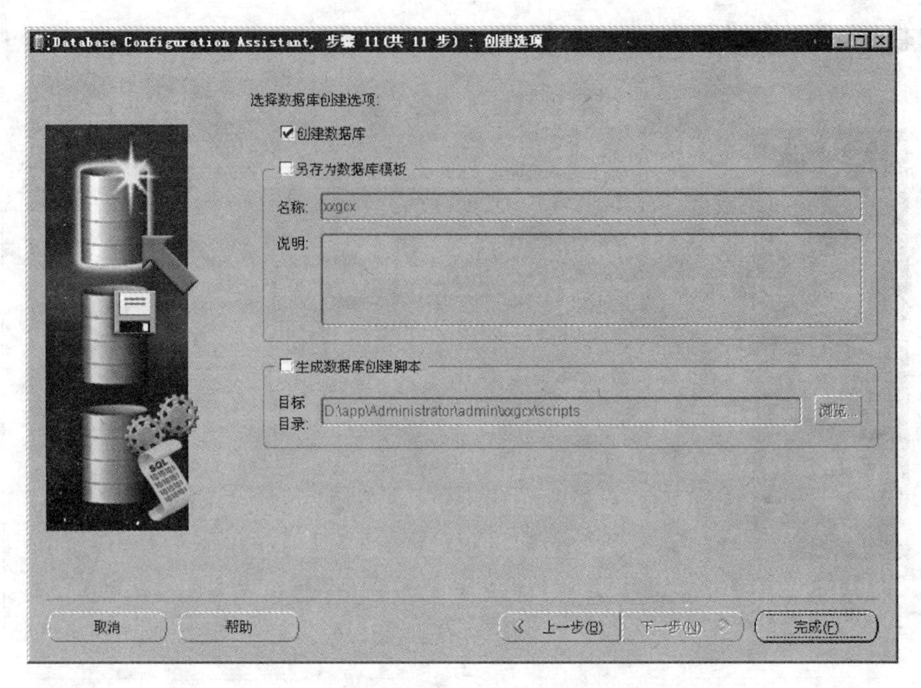

图 3-12 “创建选项”对话框

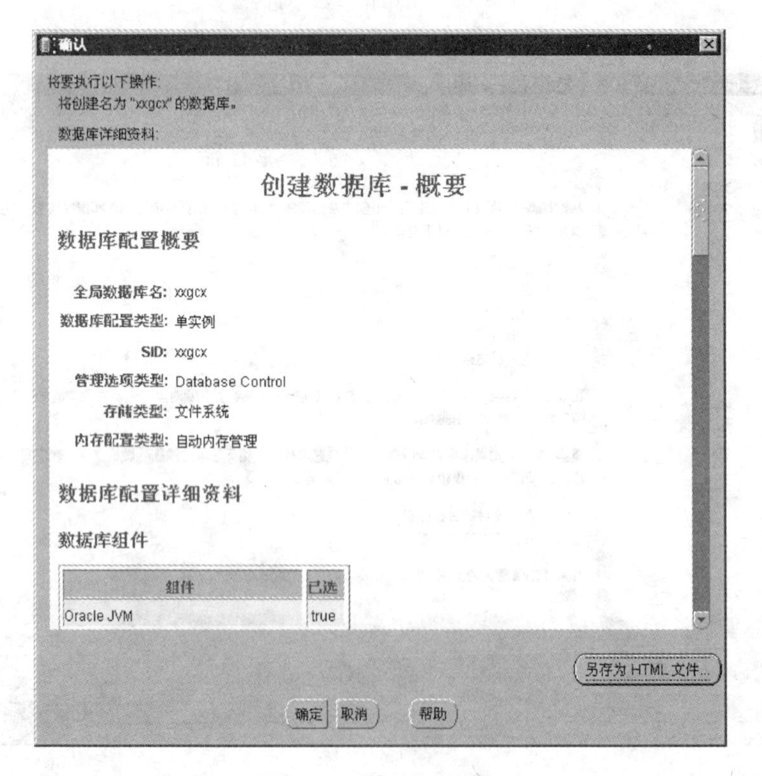

图 3-13 “确认”对话框

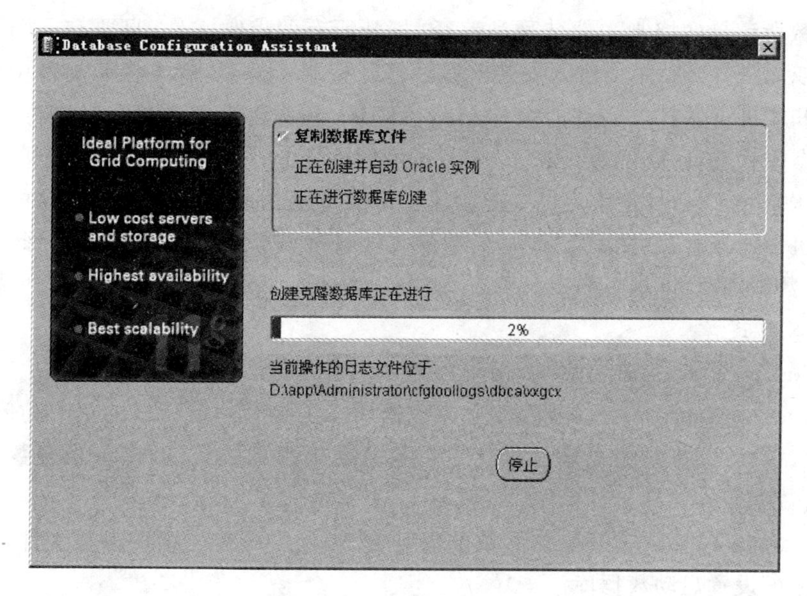

图 3-14 创建数据库进程

3.2 启动和关闭数据库

3.2.1 启动数据库

Oracle 11g 数据库在使用之前，必须启动数据库。Oracle 数据库安装后默认是启动状态，但有时候用户须关闭数据库，然后重启数据库。用户必须具备 SYSDBA 或 SYSOPER 的系统权限，以 SYSDBA 身份登录，才能手动启动数据库。Oracle 11g 数据库的启动过程分为 3 个阶段，包括例程的启动、数据库的加载和打开。

(1) 创建 Oracle 例程(非安装阶段)：Oracle 系统将为例程创建一系列的后台进程和服务器进程，并且在内存中创建 SGA 和 PGA 等内存结构。这时只是启动了 Oracle 例程，还没有安装数据库。例程的启动依赖于初始化参数文件，如果初始化参数文件设置错误，例程将无法启动。

(2) 加载数据库(安装阶段)：Oracle 系统读取控制文件中的数据文件、日志文件等有关内容，为下一步打开数据库做准备。如果控制文件找不到或出现错误，将无法加载数据库。

(3) 打开数据库(打开阶段)：在加载数据库后就可以打开数据库，此时打开所有处于联机状态的数据文件和重做日志文件，使得 Oracle 数据库对所有用户可用。如果数据文件和重做日志文件出现任何错误，将无法打开数据库。

启动数据库的命令是 STARTUP，该命令有多个不同选项，分别介绍如下。

(1) Startup Nomount(非安装阶段)：此阶段根据初始化参数文件中的参数值，启动数据库例程。此阶段数据库管理员(DBA)可以执行创建数据库的脚本或重建控制文件。

(2) Startup Mount(安装阶段)：此阶段 Oracle 例程根据参数文件中的 CONTROL_

FILES 参数所记录的控制文件名称和路径，打开所有的控制文件，只要有一个控制文件格式错误或无法打开就不能进入安装阶段。打开控制文件后，获取控制文件中所记录的数据文件和联机重做日志文件的名称和路径信息，但不会检查这些文件是否真正存在。此阶段数据库管理员(DBA)可执行一些数据库管理任务，如数据文件的恢复等。

(3) Startup Open：正常启动。此阶段 Oracle 例程打开控制文件中记录的所有数据文件和联机重做日志文件，只要有一个文件无法打开，就不能进入该阶段。此阶段完成后，Oracle 数据库就可以向用户提供访问服务。如 Startup 后面没有指定其他选项，默认使用 OPEN 方式。

(4) Startup Force：强制启动，用于数据库正常启动无法完成时。

(5) Startup Restrict：限制启动，此时数据库只供具有一定特权的用户访问，其他用户暂时无法访问，此方式数据库管理员可以执行数据库的维护工作，以减轻数据库的负荷，如执行数据导入和导出等操作。

(6) Startup PFile：带初始化参数的启动方式，此方式首先读取参数文件，然后按照参数文件中的设置启动数据库。

启动 Oracle 11g 数据库可以采用以下工具。

(1) 在 Oracle Enterprise Manager 平台上启动数据库。在浏览器中打开 OEM 后，在“主目录”选项卡上的一般信息单击“启动”按钮，打开数据库。

(2) 在 Oracle Administration Assistant for Windows 中启动数据库。选择“开始”→“程序”→Oracle - OraDb11g_home1→“配置和移植工具”→Administration Assistant for Windows 命令，启动 Administration Assistant for Windows 工具，在展开树节点后，选中“数据库”图标，右击可以完成以下一些任务，如“连接数据库”、“启动服务”、“断开连接”、“停止服务”、“启动/关闭选项”等，如图 3-15 所示。

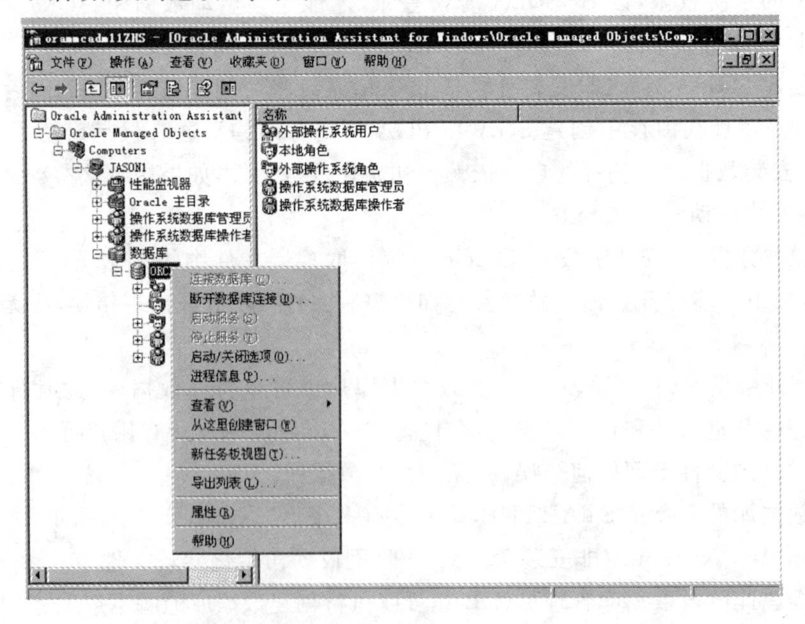

图 3-15 Oracle Administration Assistant for Windows 工具

(3) 在 SQL * Plus 中启动 Oracle 数据库。在 DOS 命令行模式下执行 sqlplus / as sysdba 命令登录 SQL * Plus，然后执行 STARTUP 命令启动数据库。

(4) 在 Windows 系统选择"控制面板"→"管理工具"→"服务"命令，启动 Oracle 11g 的有关服务，包括以下内容：OracleServiceSID 为 Oracle 例程的后台服务，其中 SID 为 Oracle 系统标识符；OracleORACLE_HOMETNSListener 为监听程序的后台服务；OracleDBConsoleSID 为企业管理器的后台服务，如图 3-16 所示。

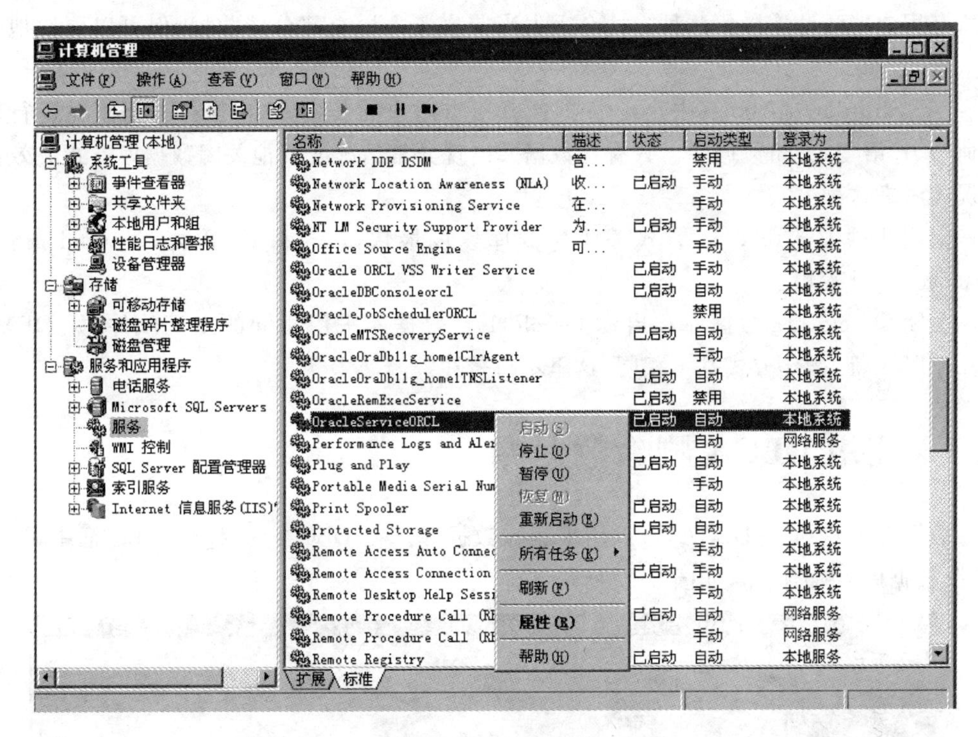

图 3-16 Oracle 服务

3.2.2 关闭数据库

数据库服务器在运行过程中，由于种种原因，有时需要关闭。用户必须具备 SYSDBA 或 SYSOPER 的系统权限，以 SYSDBA 身份登录，才能手动关闭数据库。

Oracle 11g 关闭数据库时，也分为 3 个阶段。

(1) Oracle 将重做缓冲区里的内容写入重做日志文件。其将数据库缓冲区内被更改的数据写入数据文件，关闭数据文件和重做日志文件，此时控制文件仍然打开，但数据库不能进行一般性的访问操作。

(2) 关闭数据库例程，卸载数据库，关闭控制文件，但 SGA 内存和后台进程仍在执行。

(3) 关闭 Oracle 例程，释放 SGA 内存，结束所有后台进程。

一般说来，Oracle 11g 数据库服务器有 4 种关闭方式。

(1) Shutdown Normal(正常)：默认关闭方式，等待当前活动的所有用户断开数据库连接后才能关闭数据库，同时，自 SHUTDOWN NORMAL 命令发出后，禁止建立任何新的连接。采用这种方式关闭数据库往往由于当前连接用户没有退出连接，而须等待较长时间。

(2) Shutdown Transactional(事务性关闭)：在等待当前所有事务处理完成后，断开所有用户连接，再关闭数据库。这种方式既保证了用户不丢失当前工作的数据，又可以尽可能快的关闭数据库。

(3) Shutdown Immediate(立即)：当前活动的任何未提交的事务处理被回退，并断开所有用户的活动连接。这种方式会丢失当前事务未提交部分的数据，但可以更快地关闭数据库。

(4) Shutdown Abort(中止)：立即断开所有用户的连接，终止执行当前正在运行的任何 SQL 语句，关闭数据库。只有在数据库出现异常情况或其他关闭数据库方式失效的情况才考虑这种方式。

上面几种方式，Abort 方式关闭数据库速度最快，Immediate 次之，Normal 最慢，Transactional 较慢。

关闭 Oracle 11g 数据库和启动 Oracle 11g 数据库采用相同的工具软件，如 OEM、SQL * Plus 等，操作方式基本相同，这里不再赘述。

3.3 使用 DBCA 删除数据库

数据库创建助手(DBCA)可以用来删除数据库。在 DBCA 的"操作"对话框中，选中"删除数据库"单选按钮，如图 3-17 所示。

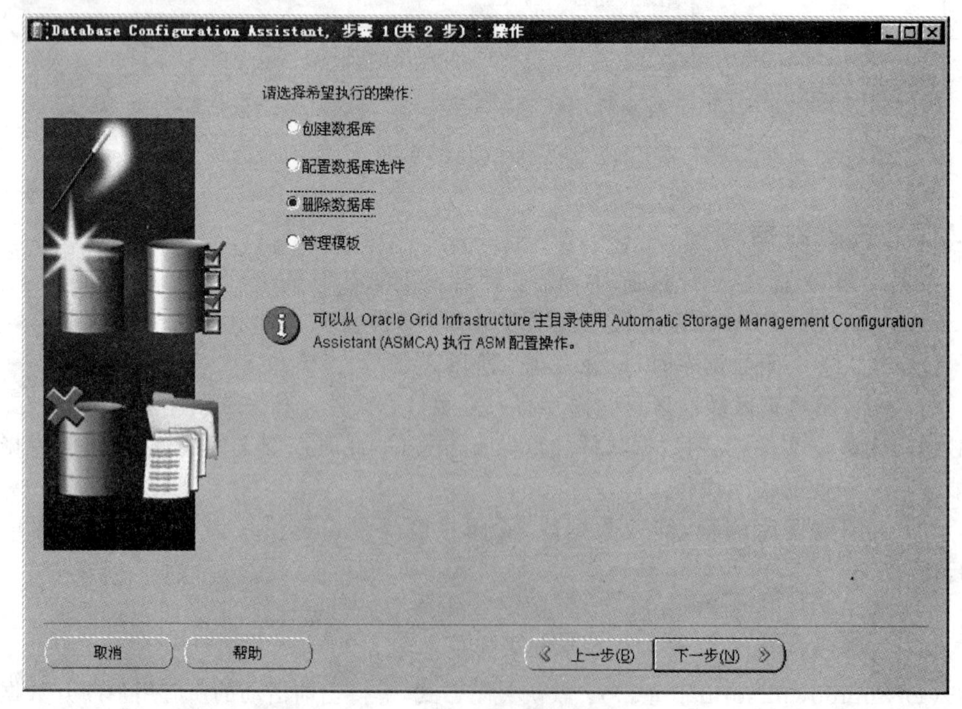

图 3-17 "操作"对话框

在随后出现的"数据库"窗口中选择要删除的数据库进行删除操作即可,如图3-18所示。

图3-18 选择要删除的数据库

3.4 管理初始化参数文件

数据库启动时需要从参数文件中读取初始化参数。在Oracle 11g数据库中,当执行没带PFile选项的STARTUP命令时,Oracle例程启动时自动使用服务器参数文件SPFile,并从中读取初始化参数的设置。如果服务器参数文件未找到,则查找文本初始化参数。如果希望使用文本初始化参数的设置,则需在启动数据库时,使用带有PFile选项的STARTUP命令。

服务器参数文件可以通过CREATE SPFILE语句从文本参数文件中创建。在使用数据库配置助手创建数据库时也会自动生成服务器参数文件。对服务器参数文件中的初始化参数修改,即使例程关闭后也是永久保留的。

对初始化参数文件的管理主要包括在PFile和SPFile文件之间相互转换、修改初始化参数等。

3.4.1 设置启动数据库的初始化参数文件

在查看初始化参数之前,首先确定当前Oracle例程使用的初始化参数文件,语句如下。

```
SQL> SHOW PARAMETER PFILE;
NAME        TYPE        VALUE
------------------------------------------------------------------------------------
SPFILE      STRING      D:\APP\ADMINISTRATOR\PRODUCT\11.2.0\DBHOME_1\
                        DATABASE\SPFILEORCL.ORA
```

在 Oracle 11g 中，以上命令可以换成 SHOW PARAMETER SPFILE，执行结果一样的，都是 SPFile 文件，表明 Oracle 数据库默认使用的是 SPFile 参数文件。

SPFile 和 PFile 这两种参数文件可以相互转换。由于服务器参数文件 SPFile 是一个二进制文件，不能直接使用文本编辑器修改文件。

在创建 PFile 文件时，使用 CREATE PFILE FROM SPFILE 命令。其基本语法如下。

```
CREATE PFILE [=文件路径] FROM SPFILE [=文件路径]
```

在创建 SPFile 文件时，使用 CREATE SPFILE FROM PFILE 命令。其基本语法如下。

```
CREATE SPFILE [=文件路径] FROM PFILE [=文件路径]
```

其中，这里可以指定 PFile 和 SPFile 文件的文件名称和存放路径，如果没有指定将使用 SPFile 或 PFile 文件的默认文件名称和路径。SPFile 文件默认存放在%ORACLE_HOME%\database\目录下，本书 Oracle 安装环境下的 SPFile 文件存放在目录 D:\app\Administrator\product\11.2.0\dbhome_1\database 下。不管是否使用默认文件名称和路径，如果要创建的参数文件存放路径处已经有了一个相同名称的文件，那个该文件将会被重写覆盖，而不会有任何提示信息。这两条命令与 Orcle 例程是否启动没有关系，也就是说可以在 Oracle 例程未启动的情况下创建参数文件。

如下面的例子由 SPFile 文件创建 PFile 文件。

```
SQL> CREATE PFILE FROM SPFILE;
文件已创建。
SQL> CREATE PFILE='D:\20121209PFILE.ORA' FROM SPFILE;
文件已创建。
```

下面的语句，由 PFile 文件创建 SPFile 文件。

```
SQL> CREATE SPFILE FROM PFILE;
文件已创建。
SQL> CREATE SPFILE FROM PFILE='D:\ 20121209PFILE.ORA';
文件已创建。
```

需要注意的是，由于 Oracle 例程默认运行时使用 SPFile 文件，上面的语句执行时会提示不成功。需在 Oracle 例程未启动的情况下，方可由 PFile 文件创建 SPFile 文件。

在文本编辑器如记事本中打开 PFile 文件 20121209PFILE.ORA，内容如下。

```
orcl.__db_cache_size=285212672
orcl.__java_pool_size=8388608
orcl.__large_pool_size=8388608
```

```
orcl.__oracle_base='D:\app\Administrator '#ORACLE_BASE set from environment
orcl.__pga_aggregate_target=511705088
orcl.__sga_target=780140544
orcl.__shared_io_pool_size=0
orcl.__shared_pool_size=461373440
orcl.__streams_pool_size=8388608
*.audit_file_dest='D:\app\Administrator\admin\orcl\adump'
*.audit_trail='db'
*.compatible='11.2.0.0.0'
*.control_files='D:\app\Administrator\oradata\orcl\control01.ctl','D:\app\Administrator\
flash_recovery_area\orcl\control02.ctl'
*.db_block_size=8192
*.db_domain=''
*.db_name='orcl'
*.db_recovery_file_dest='D:\app\Administrator\flash_recovery_area'
*.db_recovery_file_dest_size=4039114752
*.diagnostic_dest='D:\app\Administrator'
*.dispatchers='(PROTOCOL=TCP) (SERVICE=orclXDB)'
*.memory_target=1288699904
*.open_cursors=300
*.processes=150
*.remote_login_passwordfile='EXCLUSIVE'
*.undo_tablespace='UNDOTBS1'
```

其中，该文件中每行前面带有 * 的表示该初始化参数对所有例程都有效。orcl 表示仅对名为 orcl 的例程有效。

在创建了 PFile 文本参数文件后，就可以使用该参数文件启动数据库。例如：

```
SQL>STARTUP PFILE='D:\ 20121209PFILE.ORA';
```

在数据库启动完成后，可以看到当前数据库例程使用的参数文件已经是文本参数文件了。

```
SQL> SHOW PARAMETER SPFILE;
NAME       TYPE       VALUE
-----------------------------------------------------
SPFILE     STRING
```

其中，VALUE 属性值为空，表示当前数据库使用了 PFile 参数文件启动。

如果当前数据库例程在运行，也可以使用内存中的当前初始化参数来创建一个服务器参数文件。例如：

```
SQL>CREATE SPFILE FROM MEMORY;
```

如果在非默认位置创建了一个 SPFile 文件，那么则需创建一个 PFile 文件来指向这个服务器参数文件 SPFile。

3.4.2　更改初始化参数

初始化参数文件中有两种类型的初始化参数：动态初始化参数和静态初始化参数。

(1) 动态初始化参数：可以在当前的 Oracle 例程中修改，更改后立即生效。

(2) 静态初始化参数：不能在当前例程中修改，必须在 PFile 和 SPFile 文件中修改这些参数，并且在修改后必须重新启动数据库。

ALTER SYSTEM 语句可以用来初始化参数。如果当前使用的是 PFile 文件，那么使用 ALTERSYSTEM 语句修改的参数值只影响到当前运行的例程，例程重启后被修改的参数值将失效。

下面是 ALTER SYSTEM 命令的语法格式。

```
ALTER SYSTEM SET PARAM_NAME=PARAM_VALUE
[COMMENT 'text'][SCOPE={MEMORY | SPFILE | BOTH}][SID={'SID' | '*'}]
```

其中，PARAM_NAME 为所要设置的参数名；PARAM_VALUE 为参数值；COMMENT 是注释文本。

SCOPE 表示要设置的参数的作用范围见表 3-1。

表 3-1 SCOPE 的设置值

参数名称	说　明
MEMORY	只对动态初始化参数修改有效。修改后的初始化参数立即生效且只对当前运行的例程有效，如当前例程关闭后重启还是使用修改前的参数
SPFILE	只对静态初始化参数修改有效。将修改后的参数写入到服务器参数文件，且对当前运行的例程无效，只有在例程重启后才能有效并永久保留
BOTH	修改后的初始化参数不仅对当前例程有效，而且还将该参数写入到服务器参数文件中永久保留

SID 表示对哪一个例程生效，对于只有一个例程的数据库来说，该选项可以不用指定，对于 RAC 环境下，可以选择配置对那一个例程生效，如果选择"*"则表示对所有例程都生效。

例如，下面的语句修改初始化参数 SGA_TARGET 为 600MB。

```
SQL> ALTER SYSTEM SET SGA_TARGET=600M SCOPE=BOTH;
系统已更改。
SQL> SHOW PARAMETER SGA_TARGET
NAME                          TYPE          VALUE
------------------------------------------------------------------------
sga_target                    big integer 600M
```

值得注意的是，执行 ALTER SYSTEM 命令的用户须具有 SYSDBA 权限，如 SYS 用户。

Oracle 系统还支持使用带有 RESET 选项的 ALTER SYSTEM 语句来清除 SPFile 中任何初始化参数的设置值。其基本语法如下。

```
ALTER SYSTEM RESET 参数名称;
```

当清除 SPFile 中的初始化参数值后，下次 Oracle 数据库启动时将使用该参数的默认值。

在 Oracle Enterprise Manager 平台上，可以查看和修改初始化参数。选择“服务器”窗口中的“初始化参数”选项，可以打开“初始化参数”界面，如图 3-19 所示。

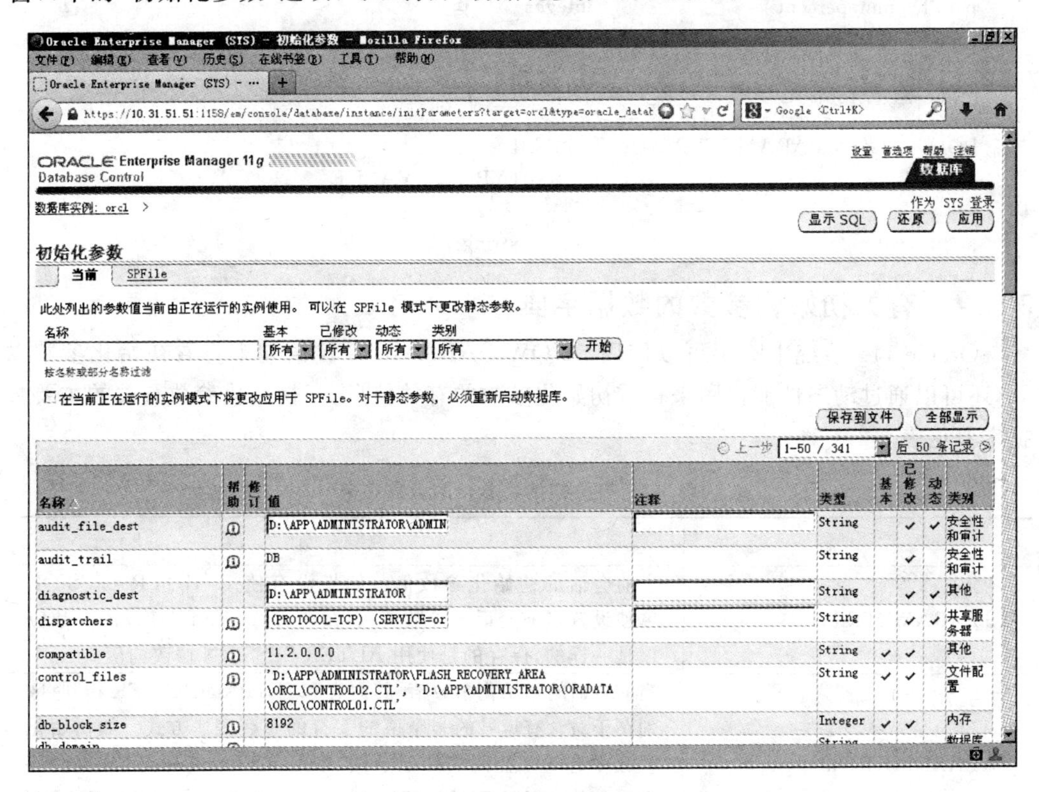

图 3-19　“初始化参数”界面

在“初始化参数”窗口上有“当前”和 SPFile 两个选项卡。“当前”选项卡显示用于当前数据库例程的所有当前有效的初始化参数设置。在“当前”选项卡中修改参数后只对当前会话有效，当数据库关闭和重新打开数据库时，这些设置又恢复到原始值。如果有些初始化参数被标记为“动态”，则该参数修改后立即就可以生效。SPFile 选项卡中显示的参数被修改后是永久性的，即使数据库被关闭和重新启动后仍将被保留。

3.4.3　查看初始化参数

查询所有初始化参数的类型和设置值的语句如下。

```
SQL> SHOW PARAMETER
NAME                              TYPE        VALUE
------------------------------------------------------------------------
...                               ...         ...
parallel_automatic_tuning         Boolean     FALSE
parallel_degree_limit             string      CPU
parallel_degree_policy            string      MANUAL
parallel_execution_message_size   integer     16384
parallel_force_local              Boolean     FALSE
parallel_instance_group           string
```

```
parallel_io_cap_enabled                Boolean     FALSE
parallel_max_servers                   integer     40
parallel_min_percent                   integer     0
…                                      …           …
```

例如，查看初始化参数 audit_trail 的语句如下。

```
SQL> SHOW PARAMETER AUDIT_TRAIL
NAME                                   TYPE      VALUE
------------------------------------------------------------------------
audit_trail                            string    DB
```

3.4.4 有关初始化参数的数据字典

Oracle 11g 系统中除了可以使用 SHOW PARAMETER 语句来查看初始化参数以外，还可以通过动态性能视图来查看初始化参数的有关信息，与初始化参数有关的主要数据字典见表 3-2。

表 3-2 有关初始化参数的数据字典

名　称	说　明
V$PARAMETER	当前会话的初始化参数值。如果没有使用 ALTER SESSION 单独设置当前会话的参数值，那么默认和 SYSTEM 级的参数应该是一样的，保存的是使用 ALTER SESSION 修改的值
V$PARAMETER2	当前会话的初始化参数值，其内容和 V$PARAMETER 相同，区别在于对含有逗号的多个值的字符的参数表达方式。如初始化参数中有 3 个控制文件记录，那么在 V$PARAMETER 仅会存在一条关于 CONTROL_FILES 的记录，而在 V$PARAMETER2 中则会存在 3 条关于 CONTROL_FILES 的记录
V$SYSTEM_PARAMETER	SYSTEM 级的参数，保存的是使用 ALTER SYSTEM 修改的值(SCOPE=BOTH 或者 SCOPE=MEMORY)
V$SYSTEM_PARAMETER2	SYSTEM 级的参数，其内容和 V$SYSTEM_PARAMETER 相同，区别在于对含有逗号的多个值的字符的参数表达方式
V$SPPARAMETER	保存在 SPFILE 中的参数值(SCOPE=SPFILE)

下面以 V$PARAMETER 为例来查看控制文件信息。

```
SQL>DESC V$PARAMETER
名称                                  是否为空？  类型
-----------------------------------------------------------------
NUM                                               NUMBER
NAME                                              VARCHAR2(80)
TYPE                                              NUMBER
VALUE                                             VARCHAR2(4000)
DISPLAY_VALUE                                     VARCHAR2(4000)
ISDEFAULT                                         VARCHAR2(9)
ISSES_MODIFIABLE                                  VARCHAR2(5)
ISSYS_MODIFIABLE                                  VARCHAR2(9)
ISINSTANCE_MODIFIABLE                             VARCHAR2(5)
```

```
ISMODIFIED                    VARCHAR2(10)
ISADJUSTED                    VARCHAR2(5)
ISDEPRECATED                  VARCHAR2(5)
ISBASIC                       VARCHAR2(5)
DESCRIPTION                   VARCHAR2(255)
UPDATE_COMMENT                VARCHAR2(255)
HASH                          NUMBER

SQL> SELECT NAME FROM V$PARAMETER;
NAME
--------------------------------------------------
lock_name_space
processes
sessions
timed_statistics
timed_os_statistics
resource_limit
license_max_sessions
license_sessions_warning
cpu_count
...
已选择341行。
```

3.5 管理控制文件

为了保障数据库的安全,数据库管理员可以对控制文件进行管理,如创建、备份、重定位、恢复和删除控制文件等。其中控制文件的备份和恢复将在第8章中介绍,这里重点介绍如何创建、重定位和删除控制文件等操作。

3.5.1 创建控制文件

控制文件在数据库创建时自动创建,保存了数据库名称、数据文件名称和位置、日志文件和位置、表空间名称等重要信息,在数据库物理结构发生变化时其内容会自动更新。控制文件的大小由创建数据库时的MAX子句所决定,包括MAXLOGFILES、MAXLOGMEMBERS、MAXLOGHISTORY、MAXDATAFILES和MAXINSTANCES参数。

当数据库中的控制文件丢失或损坏时,就需创建一个控制文件,或者为了修改MAXLOGFILES、MAXLOGMEMBERS、MAXLOGHISTORY、MAXDATAFILES和MAXINSTANCES参数,也可以通过创建控制文件的方式完成参数修改。

创建控制文件会用到CREATE CONTROLFILE语句,因为这个语句比较复杂,通常都是通过TRACE跟踪文件来获取创建脚本来执行。

首先,在SQL * PLus中查看当前Oracle例程是否打开跟踪功能。

```
SQL>SHOW PARAMETER SQL_TRACE
NAME          TYPE          VALUE
--------------------------------------------------
SQL_TRACE     BOOLEAH       FALSE
```

其中，如 VALUE 属性为 FALSE，表示当前 Oracle 例程没有打开跟踪功能，即不会产生 TRACE 文件，则需修改该属性为 TRUE，从而打开跟踪功能。

```
SQL>ALTER SYSTEM SET SQL_TRACE=TRUE;
系统已更改。
```

此时，通过下面的语句生成包含创建控制文件脚本的 TRACE 文件。

```
SQL> ALTER DATABASE BACKUP CONTROLFILE TO TRACE
数据库已更改。
```

接着通过下面的语句获得 TRACE 文件的存放路径。

```
SQL>SELECT VALUE FROM V$PARAMETER WHERE NAME = 'USER_DUMP_DEST';
VALUE
-------------------------------------------------------
d: \app\administrator\diag\rdbms\orcl\orcl\trace
```

在上面的目录中找到 TRACE 文件，用文本编辑器打开该文件，找到其中的创建控制文件脚本。

上面的语句可以为数据库 ORCL 创建一个新的控制文件。值得注意的是，创建控制文件需要数据库运行在 NOMOUNT 状态下。如当前的数据库处于启动状态，可以使用 SHUTDOWN IMMEDIATE 命令先关闭数据库，再执行上面的脚本即可。

创建一个新的控制文件通常需要按照下面的步骤去完成。

(1) 获取数据库的所有数据文件和联机重做日志文件的列表，可以通过下面的 SQL 语句或由 TRACE 跟踪文件获取该文件列表。

```
SQL>SELECT MEMBER FROM V$LOGFILE;
SQL> SELECT NAME FROM V$DATAFILE;
SQL> SELECT VALUE FROM V$PARAMETER WHERE NAME='CONTROL_FILES';
```

(2) 立即方式关闭数据库。

```
SQL> SHUTDOWN IMMEDIATE
```

(3) 在操作系统级别备份所有数据文件和联机重做日志文件。

(4) 启动数据库到非装载状态。

```
SQL>STARTUP NOMOUNT
```

(5) 使用 CREATE CONTROLFILE 语句创建控制文件。

```
SQL> CREATE CONTROLFILE REUSE DATABASE "ORCL" NORESETLOGS
        NOARCHIVELOG
        MAXLOGFILES 16
        MAXLOGMEMBERS 3
        MAXDATAFILES 100
        MAXINSTANCES 8
        MAXLOGHISTORY 292
    LOGFILE
    GROUP 1 'D:\APP\ADMINISTRATOR\ORADATA\ORCL\REDO01.LOG' SIZE 50M
```

```
BLOCKSIZE 512,
  GROUP 2 'D:\APP\ADMINISTRATOR\ORADATA\ORCL\REDO02.LOG' SIZE 50M
BLOCKSIZE 512,
  GROUP 3 'D:\APP\ADMINISTRATOR\ORADATA\ORCL\REDO03.LOG' SIZE 50M
BLOCKSIZE 512
-- STANDBY LOGFILE
  DATAFILE
    'D:\APP\ADMINISTRATOR\ORADATA\ORCL\SYSTEM01.DBF',
    'D:\APP\ADMINISTRATOR\ORADATA\ORCL\SYSAUX01.DBF',
    'D:\APP\ADMINISTRATOR\ORADATA\ORCL\UNDOTBS01.DBF',
    'D:\APP\ADMINISTRATOR\ORADATA\ORCL\USERS01.DBF',
    'D:\APP\ADMINISTRATOR\ORADATA\ORCL\EXAMPLE01.DBF'
  CHARACTER SET AL32UTF8
  ;
控制文件已创建。
```

(6) 在操作系统级别对控制文件进行备份。

(7) 修改初始化参数文件中的 CONTROL_FILES 参数，使之包括所有的新创建的控制文件列表。

```
SQL>ALTER SYSTEM SET CONTROL_FILES=
  'D:\APP\ADMINISTRATOR\ORADATA\ORCL\CONTROL01.CTL',
  'D:\APP\ADMINISTRATOR\FLASH_RECOVERY_AREA\ORCL\CONTROL02.CTL'
SCOpe=spfile;
```

(8) 打开数据库。

```
SQL>ALTER DATABASE OPEN;
```

3.5.2　重定位控制文件

控制文件的重定位即是指将现有的控制文件复制到新位置，并且在初始化参数文件中更新有关控制文件列表的信息，以便能够指向新位置的控制文件。在此过程中，还可以对移动的控制重命名。具体可以按照下面的步骤来完成。

(1) 关闭数据库。

(2) 在操作系统级别将控制文件复制到新的存放位置。

(3) 编辑初始化参数文件中的 CONTROL_FILES 初始化参数，使之包含新位置的控制文件名，或者更改现有控制文件的名称。

(4) 在确保操作系统存放位置中的控制文件名称和数量与 CONTROL_FILES 初始化参数内容一致时，可以启动数据库。

3.5.3　删除控制文件

在确保数据库至少拥有两个控制文件的情况下，可以从当前数据库中删除控制文件，如存放位置不合适时，可以删除控制文件。删除控制文件的执行步骤如下。

(1) 关闭数据库。

(2) 编辑初始化参数文件中的 CONTROL_FILES 初始化参数，删除其中不再使用的控制文件名称。

（3）在操作系统级别删除不再使用的控制文件。

（4）打开数据库。

3.5.4 有关控制文件的数据字典

Oracle 11g 系统中可以通过动态性能视图来查看控制文件的有关信息，与控制文件有关的主要数据字典请见表 3-3。

表 3-3 有关控制文件的数据字典

名称	说明
V$DATABASE	当前数据库的有关信息，包括控制文件的有关内容
V$CONTROLFILE	包括控制文件名称列表
V$PARAMETER	包括初始化参数 CONTROL_FILES，能够显示控制文件名称列表
V$CONTROLFILE_RECORD_SECTION	有关控制文件的记录段信息

下面以 V$CONTROLFILE 为例来查看控制文件信息。

```
SQL>DESC V$CONTROLFILE
名称                                是否为空？      类型
------------------------------------------------------------------------
STATUS                                              VARCHAR2(7)
NAME                                                VARCHAR2(513)
IS_RECOVERY_DEST_FILE                               VARCHAR2(3)
BLOCK_SIZE                                          NUMBER
FILE_SIZE_BLKS                                      NUMBER

SQL> SELECT NAME FROM V$CONTROLFILE;
NAME
------------------------------------------------------------------------
D:\APP\ADMINISTRATOR\ORADATA\ORCL\CONTROL01.CTL
D:\APP\ADMINISTRATOR\FLASH_RECOVERY_AREA\ORCL\CONTROL02.CTL
```

3.6 数据字典

数据字典存储当前数据库例程信息的一些数据库对象。数据字典通常在创建数据库时被创建，是 Oracle 数据库系统工作的基础，没有数据字典的支持，Oracle 数据库系统就不能进行任何工作。

数据字典由数据字典表和动态性能视图组成，可以像处理其他表或视图一样进行查询，但不能进行任何修改。

3.6.1 数据字典表

数据字典表和用户创建的表没有什么区别，不过数据字典表里的数据是 Oracle 系统存放的系统数据，而普通表存放的是用户的数据而已。数据字典表属于 SYS 用户。

在创建数据库时，会自动调用%ORACLE_HOME%\rdbms\admin\sql.bsq 脚本文

件，在该脚本文件中又列出若干脚本，用来完成不同的创建数据库任务，主要是生成数据字典表，其名称中多含有"$"特殊符号。

为了便于用户对数据字典表的查询，Oracle 对这些数据字典都分别建立了用户视图。并以 USER_、ALL_和 DBA_作为前缀来命名。其中，这 3 种命名的用户视图包含的内容如下。

(1) USER_前缀的数据库字典视图，包括当前用户所拥有的对象的信息。

(2) ALL_前缀的数据库字典视图，包括当前用户可以使用的对象的信息。

(3) DBA_前缀的数据库字典视图，包括所有数据库对象的信息。

在默认状况下，只有 SYS 用户和拥有 DBA 系统权限的用户可以查询所有视图，非 DBA 权限的用户可以查询 USER_和 ALL_视图，但不能查询 DBA_视图。

表 3-4 列出了 Oracle 数据库的一些常用数据字典表。

表 3-4　常用的数据字典表

名　称	说　明
DBA_OBJECTS	所有用户对象的基本信息，如表、视图、索引等
DBA_TABLES	所有用户的表信息
DBA_INDEXES	所有用户的索引信息
DBA_VIEWS	所有用户的视图信息
DBA_ROLES	所有用户的角色信息
DBA_PROFILES	所有用户的概要文件信息
DBA_PROCEDURES	所有用户的存储过程信息
DBA_SOURCE	所有用户的存储过程的代码信息
DBA_TRIGGERS	所有用户的触发器信息
DBA_JOBS	所有用户的作业信息
DBA_DATA_FILES	所有数据文件信息
DBA_TABLESPACES	所有表空间信息
DBA_TEMP_FILES	所有临时文件信息
USER_TABLES	当前用户所拥有的所有表信息
USER_INDEXES	当前用户所拥有的所有索引信息
ALL_TABLES	当前用户可以使用的表的信息
DUAL	获取系统函数返回值
SYN	当前用户所拥有的同义词和同义词所对应的数据库对象名
TABS	当前用户所拥有的表、视图和索引等
CAT	当前用户可以使用的所有基表
SEQ	当前用户所拥有的所有序列
IND	当前用户拥有的所有索引和索引统计信息
OBJ	当前用户所拥有的所有对象
GLOBAL_NAME	当前数据库的全名
DICT	所有数据字典表的信息

Oracle 为了便于汇总数据字典表的信息，把所有的数据字典表都汇集到 DICTIONARY 视图中，通过查询这个视图，可以很方便地列出数据库提供的数据字典表。

下面的语句列出 DICTIONARY 视图结构，然后查询对象名称中含有“INDEX”字符串的数据字典表。

```
SQL> DESC DICTIONARY;
名称                                          空值   类型
-----------------------------------------------------------------------
TABLE_NAME                                          VARCHAR2(30)
COMMENTS                                            VARCHAR2(4000)

SQL> SELECT TABLE_NAME FROM DICT WHERE TABLE_NAME LIKE '%INDEX%'
TABLE_NAME
------------------------------------------
DBA_INDEXES
DBA_INDEXTYPES
DBA_INDEXTYPE_ARRAYTYPES
DBA_INDEXTYPE_COMMENTS
DBA_INDEXTYPE_OPERATORS
DBA_PART_INDEXES
DBA_XML_INDEXES
USER_INDEXES
...
已选择 25 行。
```

3.6.2 动态性能视图

数据字典中还有一些视图中主要是 SYS 用户所拥有保存了内部磁盘和内存结构数据的信息，称为动态性能视图。通过查询这些视图，便于对系统进行管理与优化。动态性能视图的内容在数据库运行时就会不断更新。一旦数据库例程关闭，则视图内容就会消失。虽然这些视图很像普通的数据库表，但它们不允许用户对其直接进行修改。

动态性能视图由前缀 V_$ 标识。Oracle 为动态性能视图都创建了同义词，以 V$ 开头。数据库管理员或用户应该访问 V$ 对象，而不是访问 V_$ 对象。

就像所有的数据字典表名称都存放在 DICTIONARY 视图中一样，所有的动态性能视图名称都存放在 V$FIXED_TABLE 中。

表 3-5 列出了 Oracle 数据库的一些常用动态性能视图。

表 3-5 常用的动态性能视图

名称	说明
V$ACCESS	显示数据库中当前锁定的对象及访问它们的会话
V$ARCHIVE	此视图包含需要归档的重做日志文件的信息
V$ARCHIVE_DEST	对于当前实例，此视图描述所有归档日志目标、当前值、模式
V$ARCHIVE_PROCESSES	提供实例的各种 ARCH 进程的状态信息
V$BACKUP	显示所有联机数据文件的备份状态
V$BACKUP_DEVICE	显示支持设备的设备的有关信息
V$BUFFER_POOL	显示实例可用的所有缓冲池的相关信息

续表

名　　称	说　　明
V$CONTEXT	显示当前会话中设置的属性
V$LOCK	显示锁的信息
V$SQLAREA	显示共享池中存储的 SQL 和一些相关的信息
V$SESSION	显示当前 SESSION 的信息
V$PROCESS	显示操作系统进程的信息
V$SORT_USAGE	显示临时表空间的使用情况
V$SYSSTAT	显示所有 INSTANCE 的统计信息

下面的语句列出 V$FIXED_TABLE 视图结构，然后查询对象名称中含有“SESSION”字符串的动态性能视图。

```
SQL>DESC V$FIXED_TABLE;
名称                                        空值        类型
-----------------------------------------------------------------------------------------

NAME                                                    VARCHAR2(30)
OBJECT_ID                                               NUMBER
TYPE                                                    VARCHAR2(5)
TABLE_NUM                                               NUMBER
SQL>SELECT NAME FROM V$FIXED_TABLE WHERE NAME LIKE'%SESSION%'
NAME
------------------------------------------------
X$KSDHNG_SESSION_BLOCKERS
X$LOGMNR_SESSION
X$XS_SESSION_ROLES
X$HS_SESSION
GV$SESSION
V$SESSION
GV$RSRC_SESSION_INFO
V$RSRC_SESSION_INFO
GV$PX_SESSION
…
已选择 48 行。
```

思考与练习

1. 简述文本参数文件和服务器参数文件的区别。
2. 简述启动 Oracle 数据库的 3 个阶段。
3. 简述关闭 Oracle 数据库的 3 个阶段。
4. 简述启动 Oracle 数据库的不同方式。
5. 简述关闭 Oracle 数据库的几种方式。
6. 简述控制文件的作用。

7. 简述数据字典的作用。

8. 简述动态性能视图与数据字典表的不同。

上机实验

1. 使用DBCA创建一个名为TEST的Oracle数据库，并将创建数据库过程保存为模板。

2. 在SQL*Plus中，将SPFile文件导出为PFile文件。

3. 在SQL*Plus中，将PFile文件转换为SPFile文件。

4. 在SQL*Plus中，将当前例程的内存参数和控制文件中的有关信息保存为SPFile文件。

5. 在SQL*Plus中，启动ORACLE数据库，分别使用带有NOMOUNT、MOUNT选项，并比较这几种启动数据库方式的不同。

6. 在SQL*Plus中，关闭ORACLE数据库，分别使用带有NORMAL、IMMEDIATE等选项，并比较这几种关闭数据库方式的不同。

7. 在SQL*Plus中，根据Oracle系统的跟踪文件创建一个控制文件。

8. 在SQL*Plus中，将当前Oracle系统中的控制文件之一复制到其他路径，并在初始化参数文件中重定位控制文件，并使之生效。

9. 在SQL*Plus中，查看所有的数据字典表名称。

10. 在SQL*Plus中，查看所有的动态性能视图名称。

第 4 章

数据管理

本章主要介绍 SQL 语言基础以及 SQL * Plus 工具的使用。

4.1 SQL 语言

4.1.1 概述

SQL(Structure Query Language,结构化查询语言)于 1975 年由 Boyce 和 Chamberlin 提出,用来实现关系运算中查询、选择等操作,是一种功能极强又简单易学的语言。作为关系数据库操作的标准语言,目前已被 ANSI(美国国家标准化组织)正式批准为数据库的工业标准。

SQL 语言功能极强,可以完成数据库整个生命周期的全部活动。SQL 是一种面向集合的操作语言,即操作对象和操作结果都是元组的集合。SQL 语句可以在 Oracle 提供的 SQL * Plus 或 SQL Developer 等工具中直接执行,并返回执行结果。SQL 还可以嵌入到其他高级程序设计语言中,进行前端程序的设计,实现对后台数据库的访问。

SQL 语言按照功能可以分为 3 类:DDL、DML 和 DCL,分别介绍如下。

1. DDL

DDL(Data Definition Language,数据定义语言)用于新建、修改和删除数据库对象,常用的一些 SQL 语句如下。

(1) CREATE DATABASE:创建数据库。

(2) CREATE TABLESPACE:创建表空间。

(3) CREATE TABLE:创建表。

(4) CREATE VIEW:创建视图。

(5) CREATE INDEX:创建索引。

(6) ALTER DATABASE:修改数据库。

(7) ALTER TABLESPACE:修改表空间。

(8) ALTER TABLE:修改表。

(9) DROP DATABADE:删除数据库。

(10) DROP TABLESPACE:删除表空间。

(11) DROP TABLE:删除表。

(12) DROP VIEW：删除视图。

(13) DROP INDEX：删除索引。

2. DML

DML(Data Manipulation Language,数据操纵语言)用于对数据库中的数据进行操作,包含的 SQL 语句如下。

(1) SELECT：查询数据库中的数据。

(2) INSERT：把数据插入到数据库。

(3) UPDATE：更新数据库中的数据。

(4) DELETE：删除数据库中的数据。

3. DCL

DCL(Data Control Language,数据控制语言)用于控制对数据库的访问,包含的一些 SQL 语句如下。

(1) GRANT：授权用户对数据库对象的操作权限。

(2) REVOKE：撤销对用户的授权。

(3) COMMIT：提交事务,用于事务处理。

(4) ROLLBACK：回滚事务,用于事务处理。

(5) LOCK：锁定数据库的某一部分,直到某一个事务完成,用于并发控制。

下面重点介绍 DML 语句,即 SELECT 语句、INSERT 语句、UPDATE 语句和 DELETE 语句。关于 DDL 和 DCL 将在有关章节中介绍。

4.1.2 使用 SELECT 语句查询数据

SQL 语言使用 SELECT 语句实现对表的任何查询,包括选择符合条件的行或列及其他操作等。常用的 SELECT 语法如下。

```
SELECT 字段 1,字段 2,...
    FROM 表 1 [ ,表 2 ]...
    WHERE 查询条件
    GROUP BY 分组字段 1[,分组字段 2]... HAVING 分组条件
    ORDER BY 列 1 [,列 2 ]...
```

其中,SELECT 表示要选取的字段,FROM 表示从哪个表查询,可以是多个表(或视图),WHERE 指查询条件,GROUP BY 用于分组查询,HAVING 指分组条件,ORDER BY 用于对查询结果进行排序。

1. 单表查询

单表查询指从一个表中查询数据。在 SQL * Plus 中执行下面的语句可查询 DEPT 表中的所有数据。

```
SQL>SELECT * FROM SCOTT.DEPT;
DEPTNO              DNAME          LOC
------------------------------------ ------------------------
10                  ACCOUNTING     NEW YORK
20                  RESEARCH       DALLAS
```

```
30                  SALES          CHICAGO
40                  OPERATIONS     BOSTON
```

其中，“*”表示查询表中的所有字段。

下面的语句可查询 EMP 表的雇员编号、雇员姓名和工资信息。

```
SQL>SELECT EMPNO, ENAME, SAL FROM SCOTT.EMP;
EMPNO        ENAME        SAL
-----------------------------------------------
7100         Mary
7369         SMITH        880
7499         ALLEN        1760
7521         WARD         1375
7566         JONES        3272.5
7654         MARTIN       1375
7698         BLAKE        3448.5
7782         CLARK        2695
7788         SCOTT        3300
7839         KING         5500
7844         TURNER       1650
7876         ADAMS        1210
7900         JAMES        1045
7902         FORD         3300
7934         MILLER       1430
已选择15行。
```

本例只对 EMP 表中的部分字段进行查询。

下面的语句可查询 EMP 表中的工作种类(Job)，并且去掉重复的记录。

```
SQL>SELECT DISTINCT JOB FROM SCOTT.EMP;
JOB
----------------------------
ANALYS
CLERK
SALESMAN
PRESIDENT
MANAGER
ANALYST
已选择6行。
```

其中，DISTINCT 关键字用于去掉重复记录，与之相对应的 ALL 关键字将保留全部记录，默认为 ALL 关键字。

下面的语句查询雇员姓名(ENAME)为 BLAKE 的雇员编号、姓名、工作和雇用日期。

```
SQL>SELECT * FROM SCOTT.EMP WHERE ENAME= 'BLAKE';
EMPNO   ENAME    JOB        MGR    HIREDATE    SAL    COMM   DEPTNO
---------------------------------------------------------------------------------
7698    BLAKE    MANAGER    7839   01-5月-81   2850          30
```

其中，WHERE 关键字用来指定查询条件。

表 4-1 列举了一些常用的查询条件运算符。

表 4-1 常用的查询条件运算符

名　称	说　明
=,>,<,!=(<>),>=,<=	比较运算符,分别是等于、大于、小于、不等于、大于等于、小于等于
IN,NOT IN	是否属于集合
BETWEEN A AND B,NOT BETWEEN A AND B	是否存在于 A 和 B 之间,包括 A 和 B
LIKE,NOT LIKE	是否与查询字段模式匹配,%表示任意长度的字符串,_下划线表示一个长度的字符串
IS NULL,IS NOT NULL	是否为空
ALL	满足子查询中所有值的记录
ANY	满足任一查询条件为真的记录
EXISTS	总存在一个值满足条件
SOME	满足集合中的某一个值

下面的语句可查询 EMP 表中雇员姓名以“S”开头的雇员姓名。

```
SQL>SELECT ENAME FROM SCOTT.EMP WHERE ENAME LIKE 'S%';
ENAME
----------------
SMITH
SCOTT
```

下面的语句可查询 EMP 表中的雇员清单,并对姓名按字母升序排列。

```
SQL> SELECT ENAME FROM SCOTT.EMP ORDER BY ENAME ASC;
ENAME
----------------
ADAMS
ALLEN
BLAKE
CLARK
FORD
JAMES
JONES
KING
MARTIN
MILLER
SCOTT
SMITH
TURNER
WARD
已选择 14 行。
```

其中,ORDER BY 关键字实现对查询结果排序,ASC 选项按升序排列,DESC 选项按降序排列,默认是升序排列。

下面的语句可以按照工作种类(JOB)分组统计 EMP 表中各部门的员工人数。

```
SQL> SELECT JOB,COUNT(*) FROM SCOTT.EMP GROUP BY JOB;
JOB           COUNT(*)
--------------------------------
CLERK         4
SALESMAN      4
PRESIDENT     1
MANAGER       3
ANALYST       1
已选择 5 行。
```

其中,COUNT 函数用来统计符合条件的记录行数。GROUP BY 语句还可以使用 HAVING 子句来检查分组的各组记录是否满足条件。HAVING 只能配合 GROUP BY 语句使用,用来筛选出满足条件的组,即在分组之后过滤数据,条件中经常包含聚合函数,而 WHERE 语句在对查询结果进行分组前,将不符合 WHERE 条件的行去掉,即在分组之前过滤数据,条件中不能包含聚合函数。

下面的语句带有 HAVING 子句,能够筛选出工资总额 9000 以上的部门编号及工资总额,可以看出 HAVING 条件中包含聚合函数 SUM。

```
SQL> SELECT DEPTNO,SUM(SAL) FROM SCOTT.EMP GROUP BY DEPTNO
HAVING SUM(SAL)>9000;
DEPTNO              SUM(SAL)
----------------------------------------------------
30                  9400
20                  10875
```

如在 WHERE 条件中包含 SUM 函数,执行时就会出错,如下面的语句。

```
SQL>select deptno,sum(sal) from scott.emp where sum(sal)>9000
第 1 行出现错误:
ORA-00934: 此处不允许使用分组函数
```

2. 多表查询

多表查询是指从多个有关联的表中查询数据,其基本语法跟单表查询类似。一般来说,多表查询的表要用等值连接联系起来,如果没有连接,则查询结果是这多个查询表的笛卡儿积。

下面的语句可查询雇员姓名和所在部门名称。

```
SQL> SELECT ENAME , DNAME FROM SCOTT.EMP A, SCOTT.DEPT B
WHERE A.DEPTNO=B.DEPTNO;
ENAME           DNAME
-------------------------------------------
MILLER          ACCOUNTING
CLARK           ACCOUNTING
KING            ACCOUNTING
JONES           RESEARCH
SMITH           RESEARCH
```

```
ADAMS              RESEARCH
FORD               RESEARCH
SCOTT              RESEARCH
JAMES              SALES
TURNER             SALES
MARTIN             SALES
WARD               SALES
ALLEN              SALES
BLAKE              SALES
已选择 14 行。
```

其中,上例为每个查询表指定了别名,便于 SQL 语句的书写。

下面的语句可查询 SALES 部门的雇员姓名。

```
SQL> SELECT ENAME FROM SCOTT.EMP A, SCOTT.DEPT B
WHERE A.DEPTNO=B.DEPTNO AND B.DNAME='SALES';
ENAME
--------------------
JAMES
TURNER
MARTIN
WARD
ALLEN
BLAKE
已选择 6 行。
```

3. 嵌套查询

嵌套查询指一个 SELECT 查询中包含一个以上的子查询,所谓子查询,是指嵌套在另一个 SELECT、INSERT、UPDATE 或 DELETE 语句中的 SELECT 查询语句。子查询的语法与 SELECT 语法类似,但有所限制,如子查询不能含有 ORDER BY 和 INTO 等关键字。

下面的语句也可以查询 SALES 部门的雇员姓名。

```
SQL>SELECT ENAME FROM SCOTT.EMP WHERE DEPTNO IN
(SELECT DEPTNO FROM SCOTT.DEPT WHERE DNAME='SALES');
ENAME
---------------
JAMES
TURNER
MARTIN
WARD
ALLEN
BLAKE
已选择 6 行。
```

下面的语句可在 EMP 表中查询比平均工资高的雇员名单。

```
SQL>SELECT ENAME FROM SCOTT.EMP WHERE SAL >
(SELECT AVG(SAL) FROM SCOTT.EMP);
```

```
ENAME
---------------
JONES
BLAKE
CLARK
SCOTT
KING
FORD
已选择6行。
```

上例中的AVG函数用来计算平均工资。

4. 函数查询

SELECT查询语句可以使用函数,表4-2列出了SQL语句中常用的一些函数。

表4-2 常用的函数

类 别	名 称	说 明
集合函数	MIN	计算最小值
	MAX	计算最大值
	AVG	计算平均值
	SUM	求和
	COUNT	计算符合条件的记录总数
数值函数	ABS(X)	计算X的绝对值
	MOD(X, Y)	计算X除以Y的余数
	CEIL(X)	计算大于等于参数X的最小整数
	FLOOR(X)	计算小于等于参数X的最大整数
	POWER(X, Y)	计算以X为底的Y次幂
	EXP(X)	计算e的X次幂(e=2.71828183...)
	SQRT(X)	计算X的平方根
	LN(X)	计算X的自然对数
	ROUND(X)	四舍五入
	SIN(X)	计算X的正弦值
	COS(X)	计算X的余弦值
	SIGN(X)	符号函数。当X为正数,返回1;X为负数,返回-1;X为0,返回0
字符串函数	LENGTH(S)	获取字符串S的长度
	CONCAT(S1, S2)	字符串连接,返回将S2添加到S1后面形成的字符串
	LOWER(S)	将字符串S全部小写
	UPPER(S)	将字符串S全部大写
	SUBSTR(S, m , n)	截取子串,返回S中从m位置开始,长度为n的子串
	REPLACE(S1,S2,S3)	将字符串S1中出现的S2都替换成S3,然后返回剩余的字符串,S3默认NULL,则所有S1中的S2字符都被删除
	INSTR(S, c)	获取字符c在字符串S中首次出现的位置

续表

类　别	名　　称	说　　明
日期函数	SYSDATE	获取日期和时间
	MONTHS_BETWEEN	获取两个日期之间的月份间隔
	ADD_MONTHS	在指定日期上添加月份
	NEXT_DAY	指定日期的下一天
	LAST_DAY	每月的最后一天
类型转换函数	TO_NUMBER	转化为数值类型
	TO_DATE	转化为日期类型
	TO_CHAR	转化为字符类型
	HEX_TO_RAW	十六进制转化为二进制
	RAW_TO_HEX	二进制转化为十六进制

下面的语句可查询雇员总人数。

```
SQL>SELECT COUNT(*) FROM SCOTT.EMP;
COUNT(*)
----------------
15
```

上例使用 COUNT 函数计算雇员总人数。

下面的语句可以把查询出来的部门名称以小写字符显示出来。

```
SQL>SELECT LOWER(DNAME) AS "部门名称" FROM SCOTT.DEPT;
部门名称
----------------
accounting
research
sales
operations
```

上例使用 LOWER 函数把查询到的部分名称转化为小写英文字符，还使用 AS 关键字为查询字段指定了别名“部门名称”。

下面的语句可以查询“2010/01/01”和“2011/05/10”两个日期之间的月份间隔。

```
SQL>SELECT MONTHS_BETWEEN(TO_DATE('2010/01/01', 'yyyy/mm/dd'),
TO_DATE( '2011/05/10' , 'yyyy/mm/dd' ) ) AS "月份间隔" FROM DUAL;
月份间隔
------------------------------
-16.290323
```

上例使用 TO_DATE 类型转换函数，将字符串转换为日期型数据。

下面的语句可以将 TO_NUMBER 函数用于求和。

```
SQL>SELECT TO_NUMBER ('100')+ TO_NUMBER ('200') AS "计算结果" FROM DUAL;
计算结果
----------------------------------
300
```

4.1.3　使用 INSERT 语句插入数据

SQL 语言用 INSERT 语句在表中插入数据。INSERT 语句的常用语法有以下两种。

```
INSERT INTO 表名 [字段 1,字段 2,...] VALUES (值 1,值 2,...)
INSERT INTO 表名 [字段 1,字段 2,...] SELECT (字段 1,字段 2,...) FROM 其他表名
```

其中,INSERT INTO 指明要插入的表以及表中的字段,VALUES 指明要插入相应字段的值。第一条 INSERT 语句用于向表中插入单条记录,第二条 INSERT 语句用于把从其他表中查询出来的数据插入到当前表中,用于多条记录的插入。无论是哪一种用法,都应该注意要插入的值与要插入的字段相互对应。

1. 单行记录的插入

下面的语句可以在 EMP 表中插入一条记录。

```
SQL>INSERT INTO SCOTT.EMP
VALUES(7700,'John','ANALYS',7902,'08-9 月 -81',2500,'0',20);
已创建 1 行。
```

上例在 EMP 表中插入一条记录,要注意 VALUES 子句中的插入数据与表中的字段顺序相对应。因此,上例对 EMP 表中所有字段都插入数据,故可在 EMP 表名称后面省略字段列表。

如果只对 EMP 表中的部分字段插入数据,则需在表名称后面添加相应的字段,VALUES 子句中的数据也要保持一致。

下面的语句可以在 EMP 表中部分字段插入数据。

```
SQL>INSERT INTO SCOTT.EMP (EMPNO,ENAME,JOB)
VALUES(7100,'Mary','ANALYS')
已创建 1 行。
```

2. 多行记录的插入

下面的语句可新建 NEWEMP 表,使之与 EMP 表具有相同的结构,并将 EMP 表中全部数据插入 NEWEMP 表中。

```
SQL> CREATE TABLE scott.NEWEMP
(
    EMPNO                    NUMBER(5,0) NOT NULL,
    ENAME                    VARCHAR2(10),
    JOB                      VARCHAR2(9),
    MGR                      NUMBER(5,0),
    HIREDATE                 DATE,
    SAL                      NUMBER(7,2),
    COMM                     NUMBER(7,2),
    DEPTNO                   NUMBER(2,0)
)
表已创建。
```

然后执行下面的 INSERT 语句，将会把 EMP 表中的所有数据插入新表 NEWEMP。

```
SQL> INSERT INTO SCOTT.NEWEMP SELECT * FROM SCOTT.EMP;
已创建 16 行。
```

此时，如查看 NEWEMP 表中的记录，可以发现与 EMP 表中的记录完全相同。

下面的语句可以将 EMP 表中的部分字段的所有数据插入到新表 NEWEMP 中。

```
SQL> INSERT INTO SCOTT.NEWEMP(EMPNO) SELECT EMPNO FROM SCOTT.EMP;
已创建 16 行。
```

4.1.4 使用 UPDATE 语句更新数据

SQL 语言使用 UPDATE 语句对表中符合更新条件的记录进行更新。UPDATE 语句的常用语法如下。

```
UPDATE 表名 SET 字段 1=值 1 [, 字段 2=值 2] ... WHERE 条件表达式;
```

其中，UPDATE 后的表名指定要更新的表，SET 指定要更新的字段及其相应的值，WHERE 指定更新条件，如果没有指定更新条件，则对表中所有记录进行更新。

下面的语句可以表示雇员 BLAKE 加薪 10%。

```
SQL>UPDATE SCOTT.EMP SET SAL =SAL * 1.1 WHERE ENAME ='BLAKE';
已更新 1 行。
```

下面的语句可以表示 EMP 表中的所有雇员加薪 10%。

```
SQL> UPDATE SCOTT.EMP SET SAL=SAL  * 1.1;
已更新 16 行。
```

4.1.5 使用 DELETE 语句删除数据

1. 使用 DELETE 语句删除记录

SQL 语言使用 DELETE 语句删除表中的记录，语法如下。

```
DELETE FROM 表名 [WHERE 条件];
```

其中，FROM 后面的表名指定要删除数据的表，WHERE 子句指定要删除数据的条件。如果没有 WHERE 子句，则删除表中的所有记录。值得注意的是，在使用 DELETE 语句删除表中数据时，并不能释放被占用的数据块空间，它只是把那些被删除的数据块标记为无效(UNUSED)，将来还可以使用回滚(ROLLBACK)操作恢复过来。

下面的语句可以删除 NEWEMP 表中的雇员姓名为 Mary 的记录。

```
SQL>DELETE FROM SCOTT.NEWEMP WHERE ENAME ='Mary';
已删除 1 行。
```

下面的语句可以删除 NEWEMP 表中的所有记录。

```
SQL> DELETE FROM SCOTT.NEWEMP;
已删除 16 行。
```

2. 使用 TRUNCATE 语句删除所有记录

SQL 语言还可以使用 TRUNCATE 语句全部清空表中的数据但保留表结构。使用 TRUNCATE 语句删除表中的数据可以释放掉那些占用的数据块，不能进行回退操作。因此在进行此操作时，一定要慎重。TRUNCATE 语句的语法如下。

```
TRUNCATE TABLE 表名；
```

下面的语句可删除 NEWEMP 表中的所有记录。

```
SQL> TRUNCATE TABLE SCOTT.NEWEMP；
表已截掉。
```

如再执行下面的语句，可以看到表中的数据已全部被清空。

```
SQL>SELECT * FROM SCOTT.NEWEMP；
未选定行。
```

4.1.6　事务控制命令

1. 事务概述

事务(TRANSACTION)是由一系列相关的 SQL 语句组成的最小逻辑工作单元。Oracle 系统以事务为单位来处理数据，用以保证数据的一致性。对于事务中的每一个操作要么全部完成，要么全部不执行。如果数据库发生例程故障造成正在执行事务的不一致，那么在重新启动数据库服务器时，Oracle 系统会自动恢复事务的一致性。

事务从执行一条 SQL 语句开始，当遇到以下情况时事务结束。

(1) 执行 COMMIT 或 ROLLBACK 命令；

(2) 执行 DDL 命令；

(3) LOGOFF；

(4) 程序异常结束。

如果一个程序没有遇到以上几种情况，则在程序正常结束时将整个程序作为一个事务提交。如在 SQL * Plus 中正常退出时，系统会自动提交最后一个事务。

事务可以是一组 SQL 命令，也可以是一条 SQL 语句。这些 SQL 语句只能是 DML 语句，对于其他 SQL 语句，如 CREATE TABLE 语句，一旦执行就立即提交给数据库，不可能回滚。

事务控制的命令有以下几种：提交事务(COMMIT)、设置保留点(SAVEPOINT)、回滚事务(ROLLBACK)和设置事务(SET TRANSACTION)等。

在对数据库发出 DML 操作时，只有当事务提交后才确保操作完成。在事务提交前所作的修改只有操作者本人可以查看操作结果，其他用户只有在事务提交后才能够看到。

2. 提交事务

提交事务有以下 3 种类型。

(1) 自动提交

设置 AUTOCOMMIT 为 ON 时，自动提交事务，语句如下。

```
SQL>SET AUTOCOMMIT ON
```

如果要取消自动提交事务，使用下面的语句。

```
SQL>SET AUTOCOMMIT OFF
```

因为 Oracle 系统维护自动提交所消耗的系统资源较多，建议取消自动提交功能。

(2) 显式提交

显式提交指使用 COMMIT 命令显式提交事务，语句如下。

```
SQL>COMMIT;
```

下面的语句显式提交记录插入事务。

```
SQL> INSERT INTO SCOTT.EMP VALUES(7777,'BUTTON','MASTER');
SQL> COMMIT;
```

(3) 隐式提交

隐式提交指通过执行一些 SQL 命令间接提交事务。这些 SQL 命令包括 ALTER、AUDIT、CONNECT、CREATE、DISCONNECT、DROP、EXIT、GRANT、NOAUDIT、QUIT 和 REVOKE 等。

3. 设置保留点

保留点是设置在事务中的标记，并把一个较长的事务划分为若干个短事务。通过设置保留点，在事务需要回滚操作时，可以只回滚到某个保留点。

设置保留点的语法如下。

```
SAVEPOINT 保留点名
```

下面的语句可设置保留点 SP1。

```
SQL>SAVEPOINT SP1;
```

下面的语句可设置两个保留点 SP1 和 SP2。

```
SQL> INSERT INTO SCOTT.EMP(EMPNO,ENAME,JOB)
     VALUES(7878,'JOHN','PROGRAMEE');
SQL> SAVEPOINT SP1;
SQL> SELECT * FROM SCOTT.EMP;
SQL> SAVEPOINT SP2;
SQL> DELETE FROM SCOTT.EMP WHERE ENAME= 'BUTTON';
SQL> COMMIT;
```

4. 回滚事务

有时用户在事务提交前取消所作的修改或由于系统故障等原因，Oracle 系统将恢复到执行事务执行前的一致性状态，这称为回滚事务。Oracle 系统允许回滚整个事务，也可以只回滚到某个保留点，但不能回滚已经被提交的事务。回滚到某个保留点的事务将撤销保留点之后的所有修改，而保留点之前的所有操作不受影响。同时，Oracle 系统还删除该保留点之后的所有保留点，而该保留点还保留，以便多次回滚到同一保留点。

例如，下面的语句将回滚整个事务。

```
SQL>ROLLBACK;
```

下面的语句将事务回滚到指定的保留点SP1。

```
SQL>ROLLBACK TO SP1;
```

下面的语句用来演示回滚事务。

```
SQL> INSERT INTO SCOTT.EMP(EMPNO,ENAME,JOB)
     VALUES(7878,'JOHN','PROGRAMEE');
SQL> SAVEPOINT TO SP1;
SQL> SELECT * FROM SCOTT.EMP;
SQL> SAVEPOINT TO SP2;
SQL> DELETE FROM SCOTT.EMP WHERE ENAME= 'BUTTON';
SQL> ROLLBACK TO SP2;
```

本例表示事务回滚到保留点SP2，SP2保留点之后的所有操作将被撤销。

5. 设置事务

设置事务用于指定事务是读写事务还是只读事务。一般情况下，读写事务可以包含任何SQL语句，如查询、修改和删除的DML语句。只读事务只能包含查询语句，可以使用的SQL命令如SELECT(不含FOR UPDATE子句)、LOCK TABLE、SET ROLE、ALTER SESSION、ALTER SYSTEM语句等。默认情况下的Oracle事务为读写事务。

设置事务的语法如下。

```
SET TRANSACTION [READ WRITE | READ ONLY][USE ROLLBACK SEGMENT 回滚段]
```

其中，READ WRITE设置事务为读写事务，READ ONLY设置事务为只读事务。USE ROLLBACK SEGMENT设置事务使用的回滚段。对于只读事务由于不使用回滚段，所以不必指定回滚段。

下面的语句设置事务为读写事务。

```
SQL> SET TRANSACTION READ WRITE;
```

下面的语句设置事务为只读事务。

```
SQL>SET TRANSACTIOn READ ONLY;
```

4.2 SQL * Plus 工具

4.2.1 SQL * Plus 工具简介

在Oracle系统中，SQL * Plus工具用于执行SQL或PL/SQL语言，是数据库管理员操作数据库中数据并执行各种数据库管理最直接和有效的工具，可以满足Oracle数据库管理员的大部分需求。SQL * Plus工具在服务器端和客户端都可以使用，在安装Oracle服务器端或客户端软件时都会自动安装SQL * Plus工具。

SQL * Plus 工具的主要功能如下。

(1) 启动关闭数据库实例。

(2) 编辑、执行 SQL 或 PL/SQL 语句。

(3) 创建、编辑和执行脚本文件。

(4) 格式化输出结果。

(5) 设置环境参数。

4.2.2 登录和退出 SQL * Plus

本节主要介绍启动和退出 SQL * Plus 以及获取 SQL * Plus 命令的帮助信息。在使用 SQL * Plus 工具之前，首先要登录 SQL * Plus 工具。

选择"开始"→"程序"→Oracle-OraDb11g_home1→"应用程序开发"→SQL Plus 命令，输入默认的数据库用户 system 和相应的口令。当出现 SQL>提示符后，就可以使用 SQL * Plus 工具了，如图 4-1 所示。

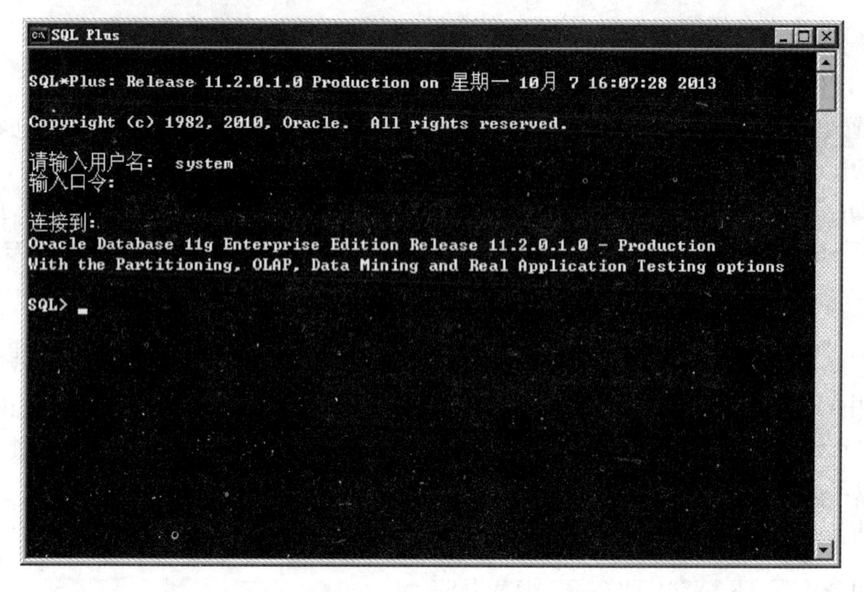

图 4-1 登录 SQL * Plus

如输入查询语句"SELECT * FROM SCOTT.DEPT;"，其中，SCOTT 用户为系统默认安装的数据库用户，是 DEPT 表的拥有者。在 SQL 语句中，英文状态下的分号(;)是 SQL 语句的结束标志，此语句的查询结果如图 4-2 所示。

在登录 SQL * PLUS 后，输入 HELP 命令，可以获取 SQL * Plus 命令的使用方法。例如，要查看 SQL * Plus 的命令列表，可以使用下面的语句。

```
SQL> HELP INDEX
Enter Help [topic] for help.
@             COPY          PAUSE                   SHUTDOWN
@@            DEFINE        PRINT                   SPOOL
/             DEL           PROMPT                  SQLPLUS
ACCEPT        DESCRIBE      QUIT                    START
```

```
APPEND          DISCONNECT  RECOVER                         STARTUP
ARCHIVE LOG     EDIT        REMARK                          STORE
ATTRIBUTE       EXECUTE     REPFOOTER                       TIMING
BREAK           EXIT        REPHEADER                       TTITLE
BTITLE          GET         RESERVED WORDS (SQL)            UNDEFINE
CHANGE          HELP        RESERVED WORDS (PL/SQL)         VARIABLE
CLEAR           HOST        RUN                             WHENEVER OSERROR
COLUMN          INPUT       SAVE                            WHENEVER SQLERROR
COMPUTE         LIST        SET
CONNECT         PASSWORD    SHOW
```

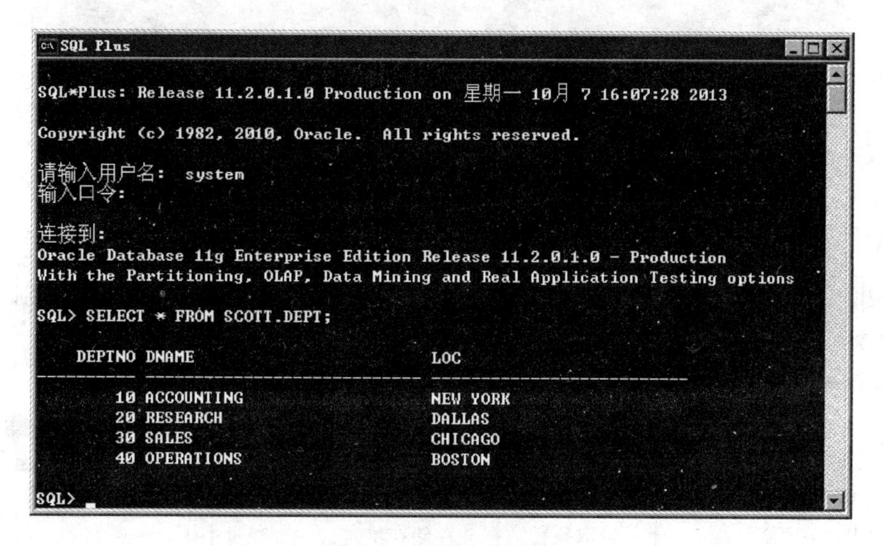

图 4-2 执行查询语句

获取某命令具体用法的语法格式如下。

```
HELP 命令名称
```

例如,执行下面的语句可以查看 CLEAR 命令的用法。

```
SQL> HELP CLEAR
CLEAR
---------
Resets or erases the current value or setting for the specified option.
CL[EAR] option ...
where option represents one of the following clauses:
     BRE[AKS]
     BUFF[ER]
     COL[UMNS]
     COMP[UTES]
     SCR[EEN]
     SQL
     TIMI[NG]
CLEAR SCREEN is not available in iSQL * Plus
```

类似地，也可以使用 HELP 命令获取其他命令的用法。

当不再使用 SQL * Plus 时，可以在 SQL>命令提示符后面输入 QUIT 或 EXIT 命令，然后按 Enter 键即可退出 SQL * Plus 工具，如图 4-3 所示。

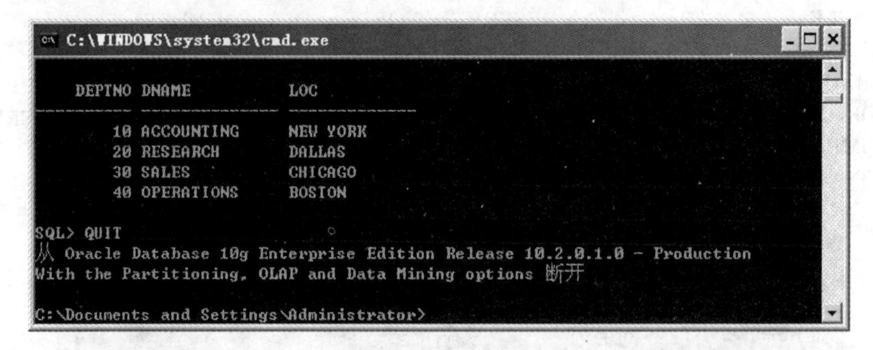

图 4-3　退出 SQL * Plus

4.2.3　交互式命令

SQL * Plus 命令大致可以分为交互式命令、编辑命令和报表命令。下面分别介绍这几类命令。

SQL * Plus 工具常用的交互命令见表 4-3。

表 4-3　SQL * Plus 常用交互式命令

命令(缩写)	说　明
ACCEPT(ACC)	读取整行数据并存储在给定的一个变量中
CLEAR (CI)	重置或清除当前值或某些特定选项，如清除缓冲区或屏幕内容等
CONNECT(CONN)	连接到数据库
DISCONNECT(DISC)	断开到数据库的连接
DESCRIBE(DESC)	列出表、视图或同义词的列信息以及函数和过程的定义信息
EDIT(ED)	打开文本编辑器
HOST(HOS)	在 SQL * Plus 环境中执行主机命令
PAUSE(PAU)	输出一行信息，并等待用户输入回车
PROMPT (PRO)	输出提示信息或空行
SQLPLUS	在命令提示符下启动 SQL * Plus 工具
SET	修改 SQL * Plus 工具的系统变量值和环境变量值
SHOW(SHO)	显示 SQL * Plus 工具的系统变量或当前环境参数值
STARTUP	启动 Oracle 数据库命令
SPOOL	将查询结果存储到一个文件中
SHUTDOWN	关闭数据库
EXIT 或 QUIT	退出 SQL * Plus

下面介绍几种常用的交互式命令。例如，下面的语句用来连接到数据库。

```
SQL> CONN system/ ****** @orcl;
已连接。
```

其中，system 为用户名，"******"为要输入的口令，orcl 为数据库实例名。这里使用 CONN 为 CONNECT 命令的缩写，用来连接数据库服务器，该命令的格式如下。

```
<用户名>/<口令>@服务名
```

下面的语句可以显示当前的登录用户。

```
SQL> SHOW USER;
USER 为"SYSTEM"
```

下面的语句可以显示系统的当前时间。

```
SQL> SELECT SYSDATE FROM DUAL;
SYSDATE
-------------
05-1 月 -12
```

其中，DUAL 是 Oracle 系统的一个特殊表，任何用户均可读取，常用在没有目标表的 SELECT 语句块中。

下面的语句可以查看当前系统中的所有用户。

```
SQL> SELECT * FROM ALL_USERS;
USERNAME          USER_ID   CREATED
--------------------------------------------
BI                90        05-9 月 -13
PM                89        05-9 月 -13
SH                88        05-9 月 -13
IX                87        05-9 月 -13
OE                86        05-9 月 -13
HR                85        05-9 月 -13
SCOTT             84        02-4 月 -10
...               ...       ...
```

其中，ALL_USERS 是 Oracle 的数据字典表，存放 Oracle 数据库系统当前所有的用户。

下面的语句可以显示 SGA（系统全局区）的大小及分配情况。

```
SQL> SHOW SGA;
Total System Global Area      778387456 bytes
Fixed Size                    1374808 bytes
Variable Size                 486540712 bytes
Database Buffers              285212672 bytes
Redo Buffers                  5259264 bytes
```

其中，SGA 指系统全局区。

下面的语句将查询结果发送到一个文件中，同时在屏幕上显示，即假脱机输出。

```
SQL>SPOOL D:\file.txt           --开始假脱机输出
SQL>SHOW SGA
Total System Global Area        118255568 bytes
Fixed Size                      282576 bytes
Variable Size                   83886080 bytes
```

```
Database Buffers                33554432 bytes
Redo Buffers                    532480 bytes
SQL> SPOOL OFF                  --假脱机结束
```

上面的语句只有在执行完 SPOOL OFF 语句后，才把查询语句和查询结果都保存到指定的文件 D:\file.txt 中。

在使用 SPOOL 命令将一个大表中的内容输出到一个文件中时，将内容输出在屏幕上会耗费较长的时间，而在设置 SET TERMOUT OFF 后，输出的内容只会保存在输出文件中，不会显示在屏幕上，可以极大地提高输出速度。

下面的语句可以关闭当前数据库的连接。

```
SQL> DISCONNECT
从 Oracle Database 11g Enterprise Edition Release 11.2.0.1.0 - Production
With the Partitioning, OLAP, Data Mining and Real Application Testing options 断开
```

此命令将断开 SQL * Plus 与当前 Oracle 实例的连接。

4.2.4 编辑和运行语句

SQL * Plus 的编辑命令可以用来编辑和运行 SQL 和 PL/SQL 语句。SQL * Plus 常用的编辑命令见表 4-4。

表 4-4 SQL * PLus 常用的编辑命令

命令(缩写)	说　明
APPEND(A)	在缓冲区中当前行的后面添加文本
CHANGE(C)	用新文本代替旧文本
DEL	删除缓冲区的一行或多行 SQL 语句
GET	调用 SQL 文件，载入缓冲区
LIST(L)	列出缓冲区的 SQL 命令
RUN(R)	执行当前缓冲区的命令
SAVE(SAV)	把缓冲区的内容保存为 SQL 脚本文件
@<脚本名>	载入 SQL 脚本并执行
START	执行 SQL 脚本文件
EXECUTE	执行 PL/SQL 过程和程序包

下面的语句表示以 HR 用户的身份新建 BOOK 表。BOOK 表的结构见表 4-5。

表 4-5 BOOK 表结构

字　段	类　型	说明
NO	CHAR(8)	编号
TITLE	VARCHAR2(50)	书名
AUTHOR	VARCHAR2(20)	作者
PUBLISH	VARCHAR2(30)	出版社
PUB_DATE	DATE	出版日期
PRICE	NUMBER(6,2)	价格

首先，如果当前Oracle系统中的HR用户处于锁定状态，须执行下面的语句将该用户解锁。

```
SQL>CONN SYSTEM/ORCL AS SYSDBA;
SQL> ALTER USER HR ACCOUNT UNLOCK;
SQL> ALTER USER HR IDENTIFIED BY HR;
SQL> CONN HR/HR
已连接。
```

接着以HR用户的身份登录，在SQL * Plus中执行以下语句。

```
SQL> CREATE TABLE BOOK (
    NO              CHAR(8) PRIMARY KEY,
    TITLE           VARCHAR2(50) NOT NULL,
    AUTHOR          VARCHAR2(20),
    PUBLISH         VARCHAR2(30),
    PUB_DATE        DATE,
    PRICE           NUMBER(6,2));
表已创建。
```

上面的语句中，使用CREATE TABLE命令创建一个名为BOOK的图书表，所有字段信息用括号括起来，每一个字段用逗号隔开，在每行按Enter键之后，系统会自动在每行前面加上行号，语句结束用分号(;)表示命令结束，系统会马上执行，同时系统会显示执行的状态。

如果用户在输入上面的语句时，少输了最后的右括号，执行时就会出错。例如：

```
SQL> CREATE TABLE BOOK (
    NO              CHAR(8) PRIMARY KEY,
    TITLE           VARCHAR2(50) NOT NULL,
    AUTHOR          VARCHAR2(20),
    PUBLISH         VARCHAR2(30),
    PUB_DATE        DATE,
    PRICE           NUMBER(6,2);
```

错误信息显示如下：

```
          PRICE     NUMBER(6,2)
                              *
第7行出现错误：
ORA-00907：缺少右括号
```

下面用SQL * Plus的编辑命令修改此错误。先用LIST命令列出发生错误的第7行。

```
SQL> L7
7 *      PRICE              NUMBER(6,2)
```

再用CHANGE命令修改发生错误的地方，命令格式是"C/<旧文本>/<新文本>"。

```
SQL> C/)/))
7 *      PRICE              NUMBER(6,2))
```

接着再用LIST命令列出缓冲区的全部语句。

```
SQL>L
  1  CREATE TABLE BOOK (
  2         NO              CHAR(8) PRIMARY KEY,
  3         TITLE           VARCHAR2(50) NOT NULL,
  4         AUTHOR          VARCHAR2(20),
  5         PUBLISH         VARCHAR2(30),
  6         PUB_DATE        DATE,
  7 *       PRICE           NUMBER(6,2))
```

用 RUN 命令重新执行如下。

```
SQL> R
  1  CREATE TABLE BOOK (
  2         NO              CHAR(8) PRIMARY KEY,
  3         TITLE           VARCHAR2(50) NOT NULL,
  4         AUTHOR          VARCHAR2(20),
  5         PUBLISH         VARCHAR2(30),
  6         PUB_DATE        DATE,
  7 *       PRICE           NUMBER(6,2))
表已创建。
```

接着，在 BOOK 表中插入表 4-6 中的数据。

表 4-6 BOOK 表的数据

编 号	书 名	作 者	出版社	出版日期	价格
10000001	Oracle 9i 数据库系统管理	李代平等	冶金工业出版社	2003/01/01	38.00
10000002	Oracle 9i 中文版入门和提高	赵松涛	人民邮电出版社	2002/07/01	35.00
10000003	Oracle 9i 开发指南：PL/SQL 程序设计	Joan Casteel	清华大学出版社	2004/04/03	49.00
10000004	Oracle 11g 宝典	路川等	电子工业出版社	2009/01/01	108.00
10000005	Oracle Database 11g DBA 手册	刘伟琴译	清华大学出版社	2009/01/01	78.00

在 SQL * Plus 中执行下面的语句。

```
SQL>INSERT INTO BOOK VALUES('10000001','Oracle 9i 数据库系统管理','李代平等',
    '冶金工业出版社',TO_DATE('2003/01/01','yyyy/mm/dd'),38.00);
已创建 1 行。
SQL> INSERT INTO BOOK VALUES('10000002','Oracle 9i 中文版入门和提高','赵松涛',
    '人民邮电出版社',TO_DATE('2002/07/01','yyyy/mm/dd'),35.00);
已创建 1 行。
SQL> INSERT INTO BOOK VALUES('10000003','Oracle 9i 开发指南：PL/SQL 程序设计',
    'Joan Casteel', '清华大学出版社',TO_DATE('2004/04/03','yyyy/mm/dd'),49.00);
已创建 1 行。
SQL> INSERT INTO BOOK VALUES('10000004',' Oracle 11g 宝典','路川等', '电子工业出版
    社',TO_DATE('2009/01/01','yyyy/mm/dd'),108.00);
已创建 1 行。
SQL> INSERT INTO BOOK VALUES('10000005',' Oracle Database 11g DBA 手册','刘伟琴译',
    '清华大学出版社',TO_DATE('2009/01/01','yyyy/mm/dd'),78.00);
已创建 1 行。
```

其中，TO_DATE 是数据类型转换函数，用于将字符串转换为日期型。

下面的语句可以用来查询 BOOK 表中的所有记录，并且将查询语句保存到 BOOK.SQL 脚本文件中，并调用该脚本文件。

```
SQL> SELECT * FROM BOOK;
NO          TITLE                              AUTHOR       PUBLISH        PUB_DATE    PRICE
-----------------------------------------------------------------------------------------------
10000001  Oracle 9i 数据库系统管理              李代平等     冶金工业出版社 01-1 月 -03     38
10000002  Oracle 9i 中文版入门和提高            赵松涛       人民邮电出版社 01-7 月 -02     35
10000003  Oracle 9i 开发指南：PL/SQL 程序设计   Joan Casteel 清华大学出版社 03-4 月 -04     49
10000004  Oracle 11g 宝典                       路川等       电子工业出版社 01-1 月 -09    108
10000005  Oracle Database 11g DBA 手册          刘伟琴译     清华大学出版社 01-1 月 -09     78
已选择 5 行。
SQL>SAVE d:\book.SQL
已创建文件 d:\book.SQL
SQL> DEL       清除缓冲区的内容
SQL> R         执行缓冲区的内容
SP2-0103：SQL 缓冲区中无可运行的程序。
SQL> GET d:\book.SQL
  1 * SELECT * FROM BOOK;
SQL> R
  1 *  SELECT * FROM BOOK;
NO       TITLE                                 AUTHOR       PUBLISH        PUB_DATE    PRICE
-----------------------------------------------------------------------------------------------
10000001  Oracle 9i 数据库系统管理              李代平等     冶金工业出版社 01-1 月 -03     38
10000002  Oracle 9i 中文版入门和提高            赵松涛       人民邮电出版社 01-7 月 -02     35
10000003  Oracle 9i 开发指南：PL/SQL 程序设计   Joan Casteel 清华大学出版社 03-4 月 -04     49
10000004  Oracle 11g 宝典                       路川等       电子工业出版社 01-1 月 -09    108
10000005  Oracle Database 11g DBA 手册          刘伟琴译     清华大学出版社 01-1 月 -09     78
已选择 5 行。
SQL> @d:\book.SQL
NO       TITLE                                 AUTHOR       PUBLISH        PUB_DATE    PRICE
-----------------------------------------------------------------------------------------------
10000001  Oracle 9i 数据库系统管理              李代平等     冶金工业出版社 01-1 月 -03     38
10000002  Oracle 9i 中文版入门和提高            赵松涛       人民邮电出版社 01-7 月 -02     35
10000003  Oracle 9i 开发指南：PL/SQL 程序设计   Joan Casteel 清华大学出版社 03-4 月 -04     49
10000004  Oracle 11g 宝典                       路川等       电子工业出版社 01-1 月 -09    108
10000005  Oracle Database 11g DBA 手册          刘伟琴译     清华大学出版社 01-1 月 -09     78
已选择 5 行。
```

在 SQL * Plus 中使用 EDIT 命令可以打开文本编辑器，在这里对缓冲区内的 SQL 语句进行修改并且保存后，可以使用 R 命令或者"/"命令执行。

4.2.5　格式化输出

SQL * Plus 支持对查询结果进行格式化输出，使用户在查看时更直观。SQL * Plus 工具中常用的报表命令见表 4-7。

表 4-7 SQL * PLus 常用的报表命令

命　令	说　明
COLUMN(COL)	设置查询结果中列的输出格式
TTITLE(TTI)	设置页的标题格式
BTITLE(BTI)	设置页的页尾格式
REPHEADER(REPH)	设置报表的标题格式
REPFOOTER(REPF)	设置报表的页尾格式

1. COLUMN 命令

COLUMN 命令可以修改列标题名称、显示宽度以及列标题的对齐格式等。COLUMN 命令对列进行格式化后，其输出效果一直有效，直到重新设置该列的输出格式或者退出 SQL * Plus。

COLUMN 命令的 FORMAT 子句用来定义列的宽带和显示格式，如果字段是字符型数据，则用 A*n* 对其进行格式化，其中的 *n* 指定宽度，如果是数值型数据，格式化字符见表 4-8。

表 4-8 FORMAT 子句的格式化字符

格式化字符	说　明
9	禁止显示前导 0
0	强制显示前导 0
$	显示美元符号
.	确定小数点位置
,	显示千分割符
S	符号位，正数前加"＋"号，负数前加"－"号

其中，COLUMN 命令的 HEADING 子句用来定义列标题。JUSTIFY 子句表示对齐方式，可以选择的对齐方式有 LEFT、CENTER 和 RIGHT。

如果要还原列的默认输出格式，则可以使用 COLUMN 命令的 CLEAR 子句，如还原 TITLE 字段的输出格式命令如下。

```
SQL>COLUMN TITLE CLEAR
```

如果要还原所有列的默认输出格式，则使用如下命令。

```
SQL>CLEAR COLUMN
```

下面的语句用来查询 BOOK 表中的书名(TITLE)和作者(AUTHOR)字段，分别显示列标题为"书名"和"作者"，显示列宽为 30 个字符和 20 个字符。其中 TITLE 字段的对齐方式为右对齐，AUTHOR 字段对齐方式为左对齐。

```
SQL>COL TITLE FORMAT A30 HEADING '书名' JUSTIFY RIGHT;
SQL>COL AUTHOR FORMAT A20 HEADING '作者'JUSTIFY LEFT;
SQL> SELECT TITLE,AUTHOR FROM BOOK;
```

```
                                     书名          作者
-------------------------------------------------------
           Oracle 9i 数据库系统管理                李代平等
          Oracle 9i 中文版入门和提高               赵松涛
Oracle 9i 开发指南：PL/SQL 程序设计                Joan Casteel
                     Oracle 11g 宝典               路川等
          Oracle Database 11g DBA 手册             刘伟琴译
```

2. REPHEADER 和 REPFOOTER 命令

SQL * Plus 工具使用 REPHEADER 命令设置报表的标题，REPFOOTER 命令设置报表的脚注。报表指一个完整的查询结果。

下面的语句用来查询 BOOK 表的所有记录，设置报表的标题为"图书信息表"，报表的脚注为"制表人：孟欣"。

```
SQL>REPH CENTER '图书信息表';
SQL>REPF RIGHT '制表人：孟欣';
SQL> SELECT title,author,publish FROM BOOK;
                                    图书信息表
TITLE                               AUTHOR              PUBLISH
--------------------------------------------------------------------------
Oracle 9i 数据库系统管理            李代平等            冶金工业出版社
Oracle 9i 中文版入门和提高          赵松涛              人民邮电出版社
Oracle 9i 开发指南：PL/SQL 程序设计 Joan Casteel        清华大学出版社
Oracle 11g 宝典                     路川等              电子工业出版社
Oracle Database 11g DBA 手册        刘伟琴译            清华大学出版社

                                                        制表人：孟欣
```

3. TTITLE 和 BTITLE 命令

SQL * Plus 工具使用 TTITLE 命令设置每页的页标题格式，BTITLE 命令设置每页的页尾格式。每页所能显示的行数由"SET PAGESIZE *n*"命令来指定，当报表的行数超过了页的行数 *n* 时，一个报表就由多页组成。

下面的语句用来查询 HR 用户的 EMPLOYEES 表的 FIRST_NAME，LAST_NAME 字段，并设置每页的标题为"雇员表信息"，每页的页尾为"每页页尾"。

```
SQL>TTITLE CENTER '雇员表信息';
SQL>BTITLE RIGHT '每页页尾';
SQL>SET PAGESIZE 120;
SQL>SELECT FIRST_NAME FROM HR.EMPLOYEES;
                              雇员表信息
FIRST_NAME
--------------------------

Hermann
Shelli
Amit
Elizabeth
Sarah
```

```
...
Peter
Clara
Shanta
Alana
Matthew
Jennifer
Eleni

                                        制表人：孟欣
                                          每页页尾
已选择 107 行。
```

SQL * Plus 工具可以使用 ON 或 OFF 来打开或关闭报表和页的标题及脚注的设置，即分别执行下面的命令。

```
SQL>TTITLE ON
SQL>TTITLE OFF
SQL>BTTILE ON
SQL>BTTILE OFF
SQL>REPHEADER ON
SQL>REPHEADER OFF
SQL>REPFOOTER ON
SQL>REPFOOTER OFF
```

4.2.6 自定义 SQL * Plus 环境

SQL * Plus 的环境参数有很多，可以通过 SET 命令来设置参数。SET 命令通过设置系统变量的值更改 SQL * Plus 的环境设置。下面介绍使用 SET 命令设置环境参数的几个实例。

1. ECHO

当用 START 命令执行一个命令文件时，如果先执行 SET ECHO ON，则显示出文件中的每条命令和该命令执行的结果，如果设为 SET ECHO OFF，则只显示命令执行的结果，而不显示命令本身。

2. PAGESIZE

用来控制每页显示的行数，包括 TTITLE、BTITLE、列标题以及显示的空行。默认值为 14。如果查询的结果超过 14 行，SQL * Plus 就会分页显示数据。例如，下面的语句设置每页显示 30 行。

```
SQL>SET PAGESIZE 30
```

3. LINESIZE

用来控制每行显示的字符数。默认为 80 个字符。例如，下面的语句设置每行显示 100 个字符。

```
SQL> SET LINESIZE 100
```

4. SERVEROUTPUT

SQL * Plus 用来控制是否输出 PL/SQL 块或存储过程的执行结果。即在调用 DBMS_OUTPUT 包中的 PUT_LINE 方法时是否将结果显示在屏幕上，默认值是 OFF。设置允许输出的命令为 SET SERVEROUTPUT ON，如果不允许输出，可以使用语句 SET SERVEROUTPUT OFF。

```
SQL>SET SERVEROUTPUT ON
SQL>SET SERVEROUTPUT OFF
```

5. TRIMSPOOL

用于将假脱机输出中每行后面多余的空格去掉，默认值是 OFF。当设置为 ON 时可以去掉多余的空格。

```
SQL>SET TRIMSPOOL ON
```

6. TIMING

用于控制是否显示 SQL 语句执行时间，默认值是 OFF。当设置为 ON 时将显示语句的执行时间。

```
SQL>SET TIMING ON
```

4.3 SQL Developer 工具

SQL Developer 为数据库开发人员提供了图形化界面工具，包括用于操作数据库对象的图形对话框、SQL 工作表、PL/SQL 编辑器以及一个报表工具。SQL Developer 基于 Oracle JDeveloper Java IDE 设计，具有直观的树状导航结构。

4.3.1 调试和运行 SQL 语句

在使用 SQL Developer 之前，首先要建立数据库连接。这里创建名为 HR-ORCLS 的数据库连接，连接用户为 HR。连接数据库之后，在 SQL Developer 中就可以调试和运行 SQL 语句，完成对数据对象的有关操作。

默认情况下 HR 用户是被锁定的，则需要以 SYS 用户执行下面的语句将 HR 用户解锁并设置口令。

```
SQL>ALTER USER HR UNLOCK ACCOUNT;
SQL>ALTER USER HR IDENTIFIED HR;
```

1. 查询数据

在 SQL Developer 中查询数据时，可以直接在工作区窗口输入 SQL 语句，如“SELECT * FROM EMPLOYEES;”，然后单击“执行”按钮▶或按 F9 键。查询结果显示在“结果”选项卡中，如图 4-4 所示。

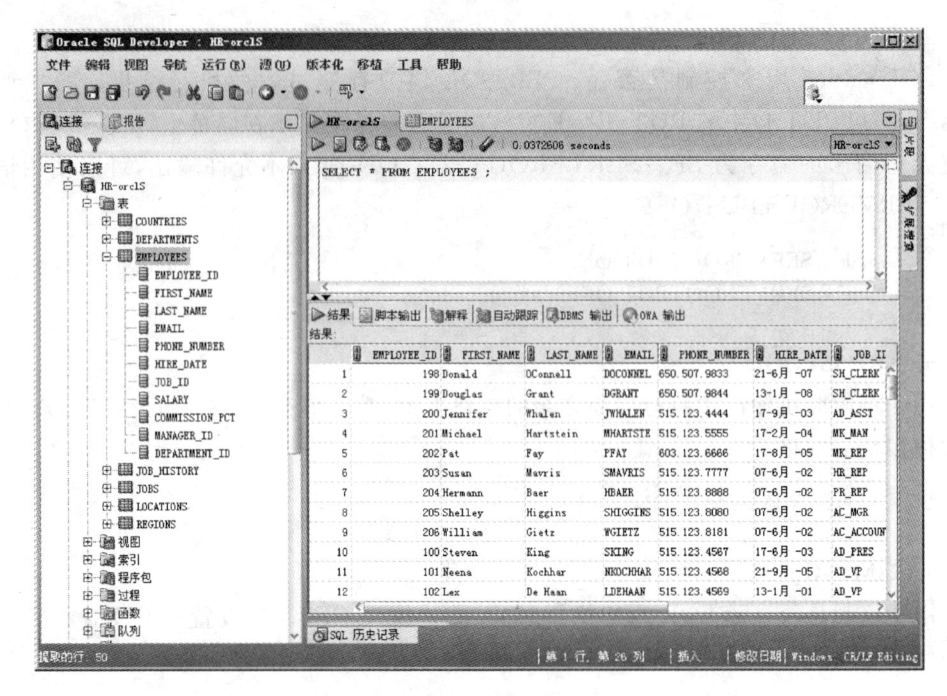

图 4-4 输入并执行查询语句

其实，用户还可以直接从左边的连接导航器中拖动要查询的表名，拖至工作区中，系统将会自动生产查询该表的所有字段的 SQL 语句，用户接着可根据需要删减无须显示的字段。如将 JOBS 表拖至工作区自动生成的 SQL 语句，如图 4-5 所示。

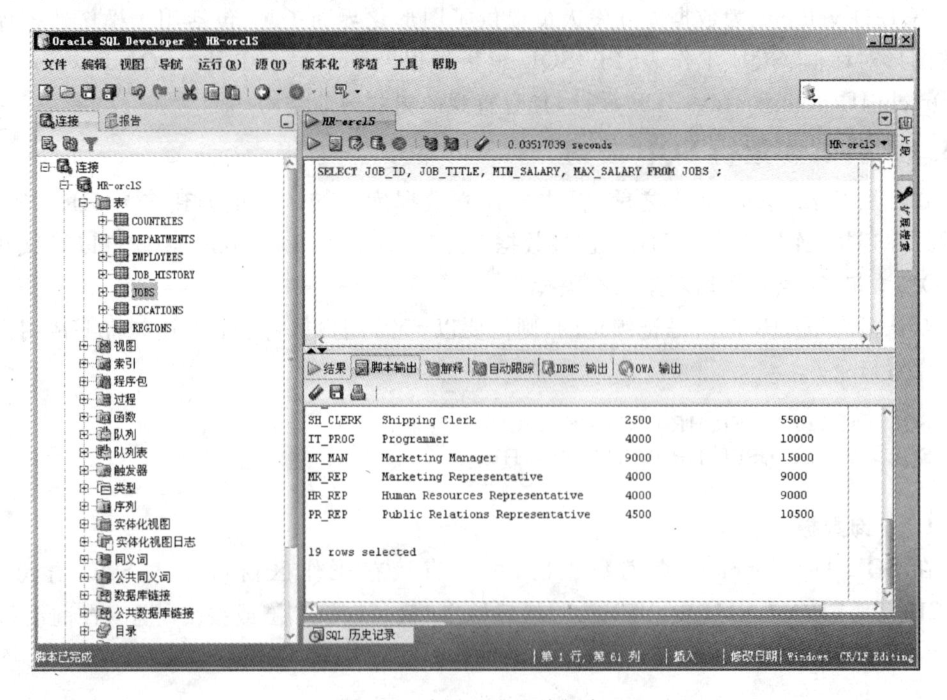

图 4-5 自动生成查询语句

SQL Developer 还提供了查询构建器功能，在工作区右击，在弹出的快捷菜单中选择“查询构建器”命令，如图 4-6 所示。

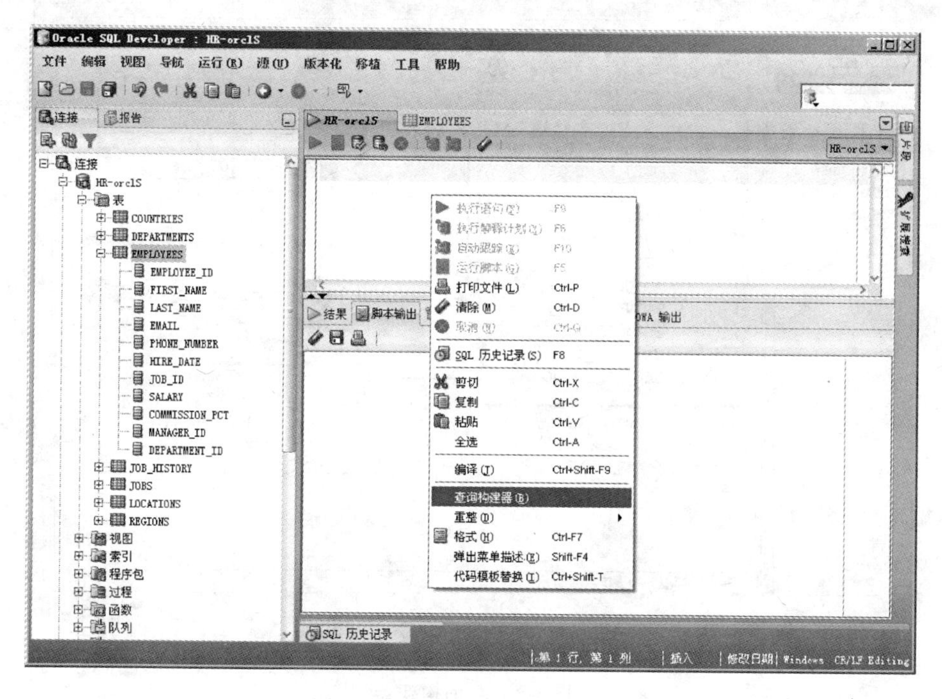

图 4-6　选择“查询构建器”命令

在查询构建器中，可以通过拖动表名称、字段名等操作生成 SQL 语句，以提高编写 SQL 查询语句的效率。如将 HR 用户的 EMPLOYEES、JOBS 和 DEPARTMENTS 这 3 个表拖动到邮编工作区中，系统将按照这几个表之间的主键、外键关系生成连接。此时选择要查询显示的字段名，如这里分别选择了 EMPLOYEES. FIRST_NAME、JOBS. JOB_TITLE、DEPARTMENTS. DEPARTMENT_NAME 这 3 个字段，如图 4-7 所示。

此时还可以在“创建 Where 子句”选项卡中，继续添加查询条件 WHERE 子句，查看自动生成的 SQL 语句，或查看 SQL 查询结果。如确认无误，就可以单击下面的“应用”按钮，所生成的 SQL 语句将显示在工作区中，然后就可以执行该语句，如图 4-8 所示。

2. 新增数据

在 SQL Developer 中新增数据时，可以在工作区中直接输入 SQL 语句，例如，执行以下 INSERT 语句的结果如图 4-9 所示。

```
INSERT INTO BOOK
    VALUES(
        '10000002','Oracle 9i 数据库系统管理','李代平等',
        '冶金工业出版社',TO_DATE('2003/01/01','yyyy/mm/dd'),38.00);
```

其实，还可以直接打开表新增数据，如这里选中 JOBS 表，在工作区中出现的 JOBS 表中选择“数据”选项卡，单击其中的“插入行”按钮，在表中最后一行则可以直接输入数据，然后再单击“提交”按钮，如图 4-10 所示。

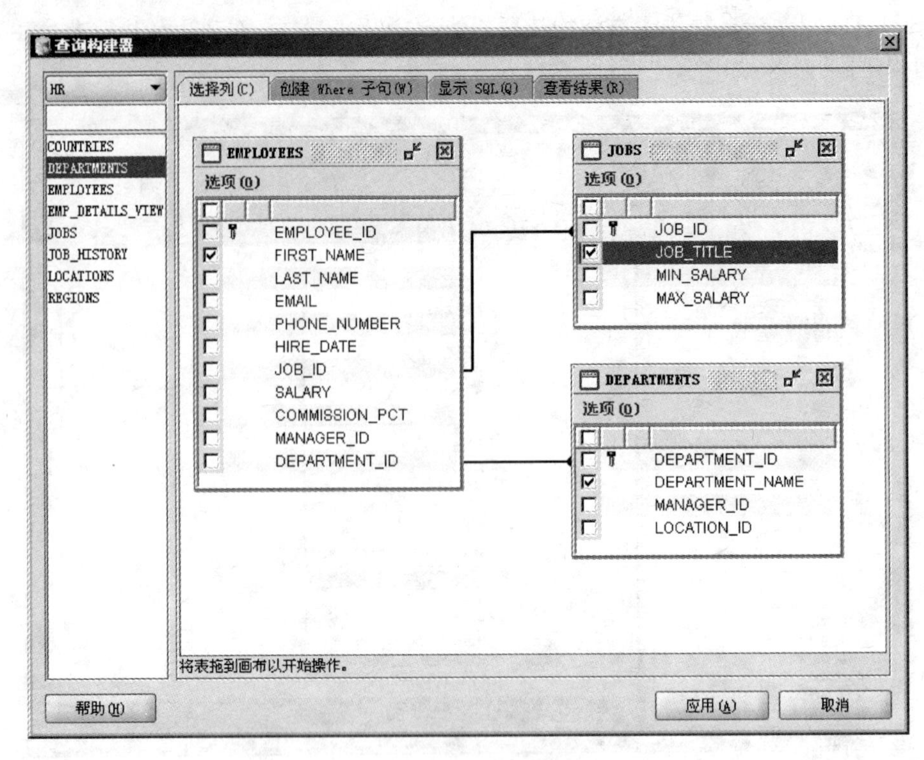

图 4-7　查询构建器

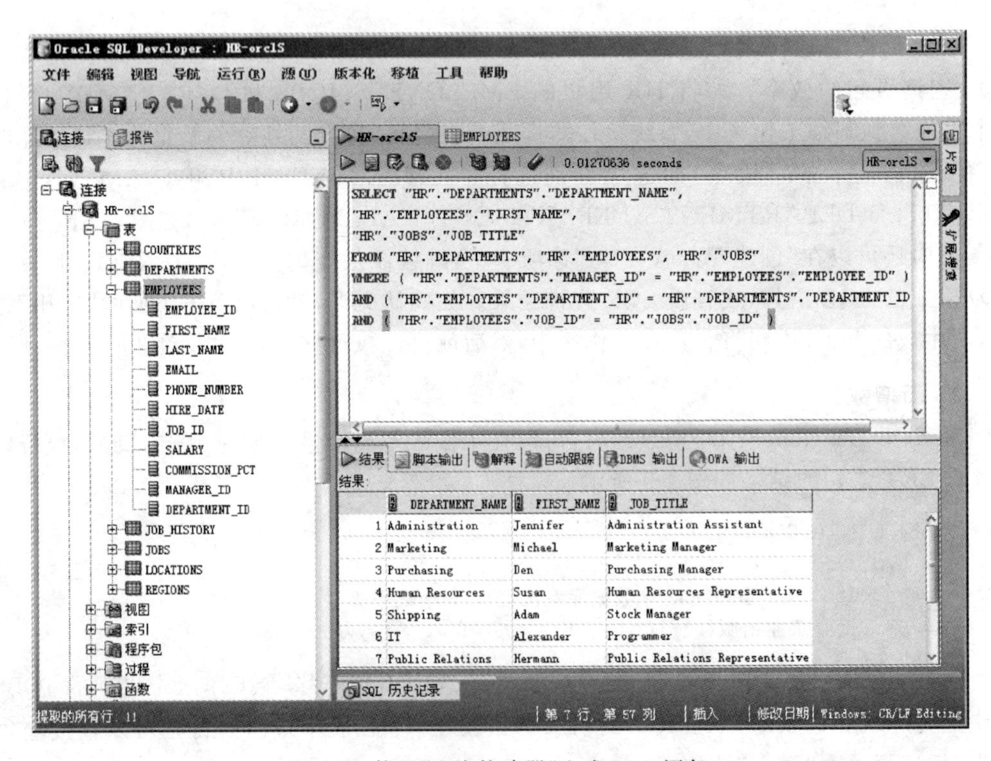

图 4-8　使用“查询构建器”生成 SQL 语句

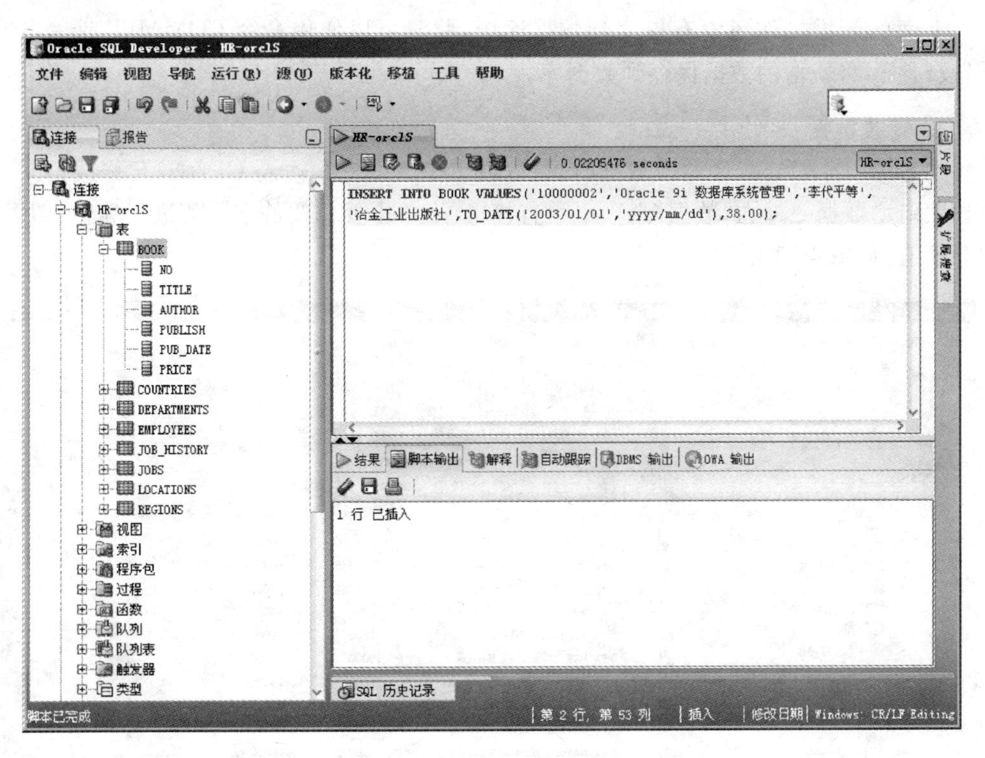

图 4-9　执行 INSERT 语句

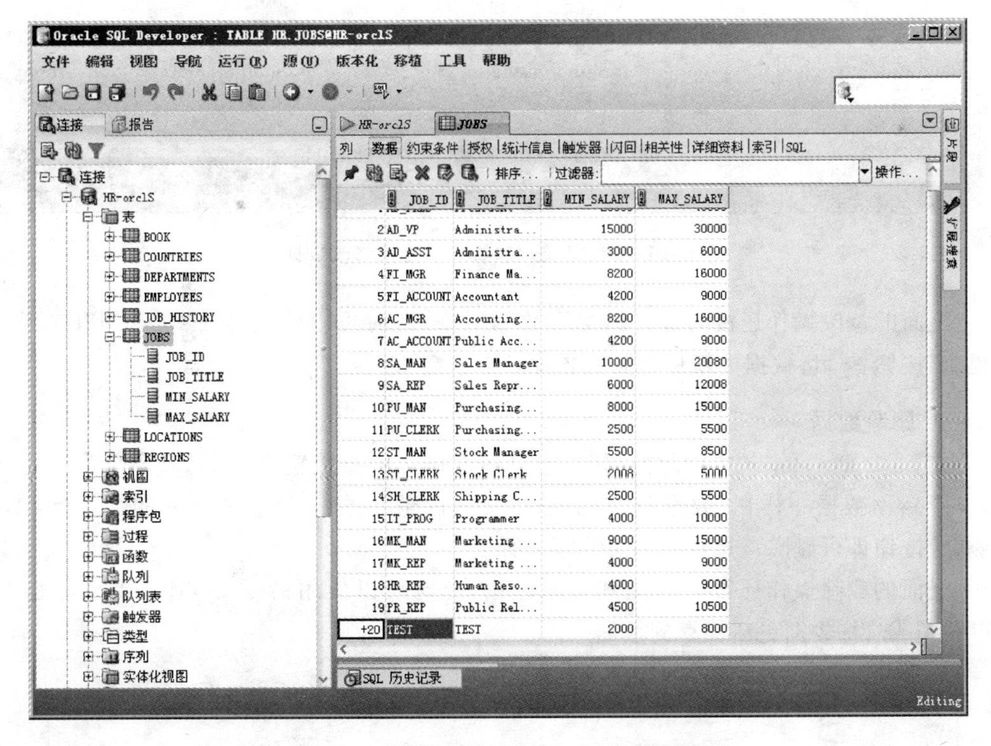

图 4-10　在“数据”选项卡中直接新增数据

上面的新增操作还没有提交到数据库中，此时可以使用命令 COMMIT 或单击“提交”按钮，将新增的数据保存到数据库。

3. 修改数据

在 SQL Developer 中修改数据时，可以在工作区中直接输入 UPDATE 修改语句，也可以跟新增数据一样在“数据”选项卡中直接操作，单击要修改的字段值进行编辑，即可以更新该值，如图 4-11 所示。

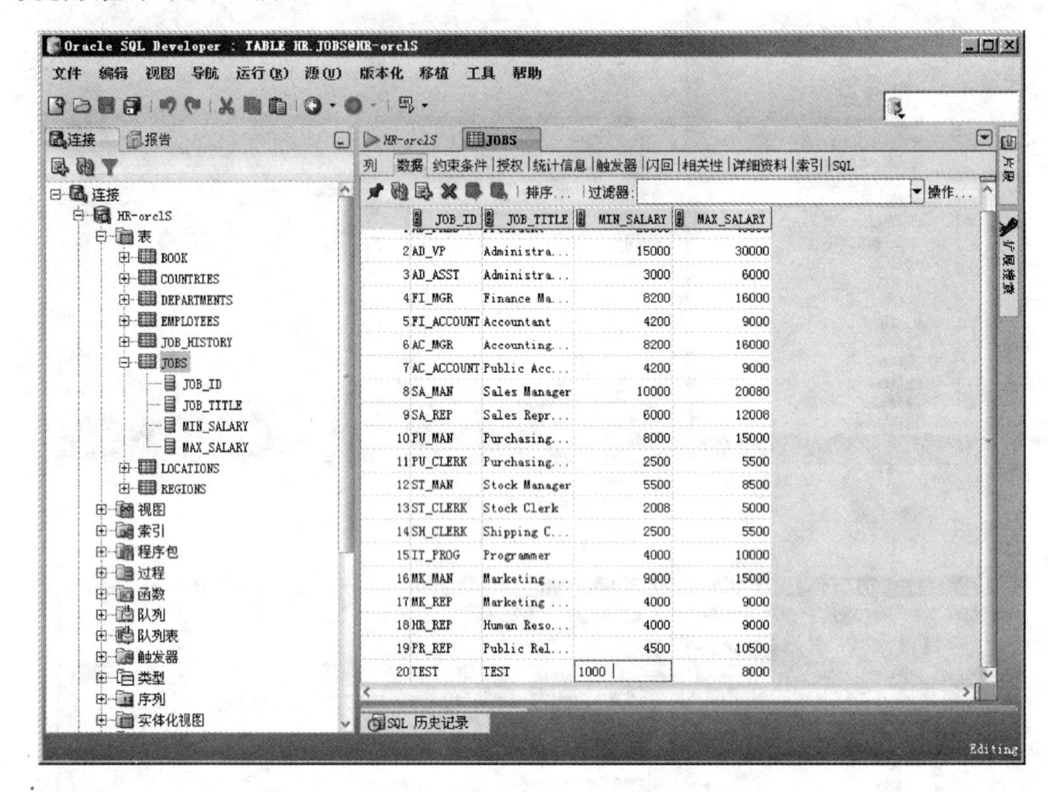

图 4-11 在“数据”选项卡中直接修改数据

上面的修改操作还没有真正提交到数据库中，此时可以使用命令 COMMIT 或单击“提交”按钮，将数据更新保存到数据库。

4. 删除数据

在 SQL Developer 中删除数据时，可以在工作区中直接输入 DELETE 修改语句，也可以跟新增数据一样在“数据”选项卡中直接进行删除操作，选中要删除的数据行，单击“删除”按钮即可删除该选定行，如图 4-12 所示。

上面的删除操作还没有提交到数据库中，此时可以使用命令 COMMIT 或单击“提交”按钮，将数据更新保存到数据库。

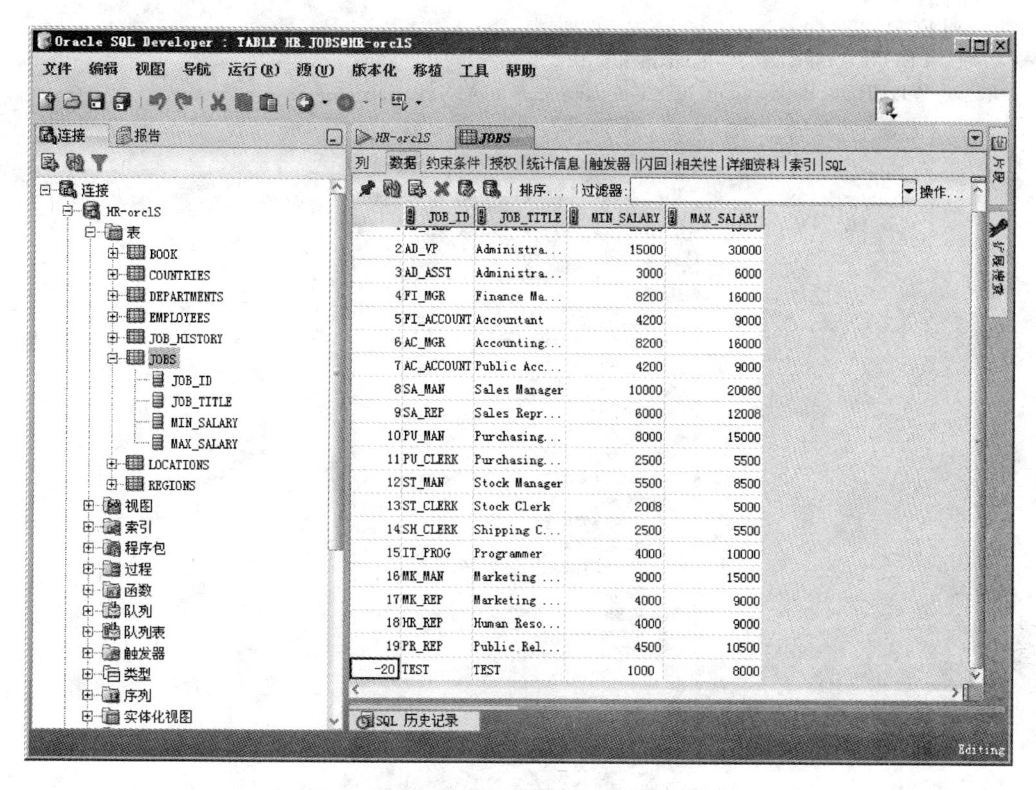

图 4-12　在"数据"选项卡中直接删除数据

4.3.2　创建报告

SQL Developer 的报告允许在 Oracle 提供的数据字典报告中直接使用，也支持用户创建一个自定义报告。

1. Oracle 提供的数据字典报告

在 SQL Developer 中，切换到"报告"选项卡，此时所有报告以树状视图方式呈现，即表现为文件夹和文件。单击数据字典报告(Data Dictionary Reports)旁边的加号，列出了 Oracle 提供的预定义数据字典报告集合，如图 4-13 所示。

如选择"数据字典报告"→"数据库管理"→"所有参数"命令，在运行该报告时就会列出所有的数据库初始化参数，如图 4-14 所示。

当运行某个报告时，有时会让用户选择连接，在选择所使用的数据库连接后，单击"确定"按钮，如图 4-15 所示。

2. 用户自定义报告

单击"报告"选项卡中的最后一个节点"用户定义的报告"。右击弹出快捷菜单，选择其中的"添加报告"命令，如图 4-16 所示。

在出现的创建报告的对话框中，可以输入报告名称以及 SQL 语句等，例如，输入以下 SQL 语句。

```
SELECT e.first_name,e.last_name, d.department_name
    FROM employees e, departments d
    WHERE e.department_id=d.department_id AND d.department_name='Sales';
```

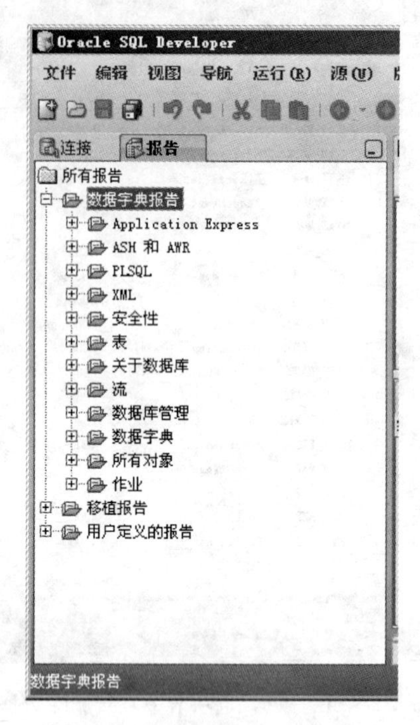

图 4-13 Oracle 提供的预定义数据字典报告

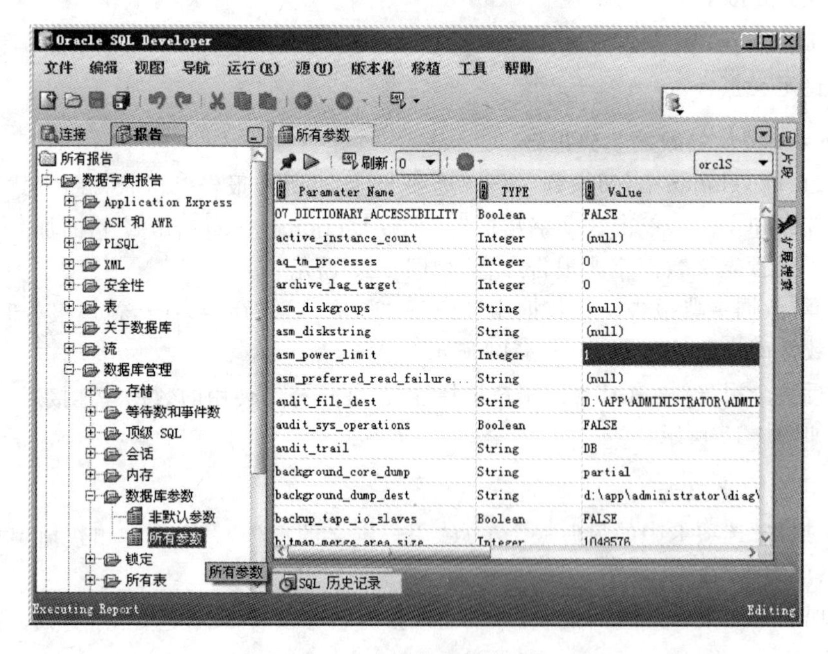

图 4-14 查看数据字典报告

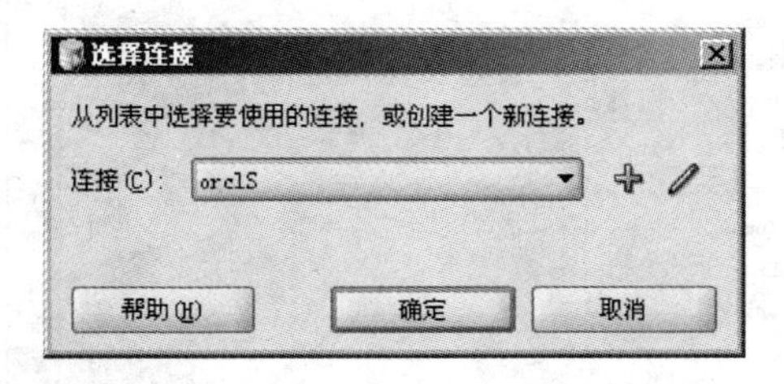

图 4-15　选择连接

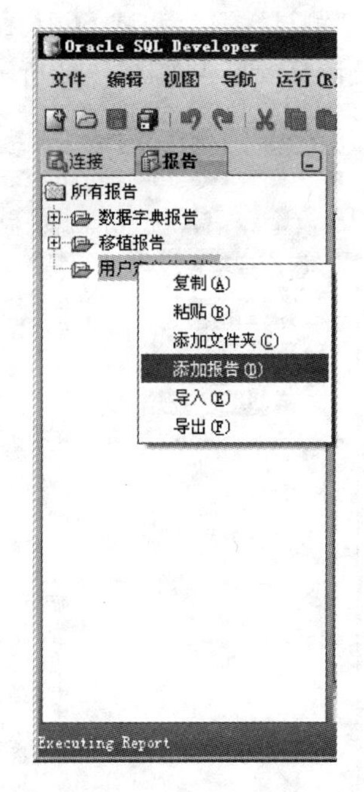

图 4-16　添加报告

这里输入的报告名称为“销售部雇员清单”,“说明”、“工具提示”输入框中也可以输入相关内容,如图 4-17 所示。

创建报告
主体
名称　销售部雇员清单　样式　Table
说明　HR模式的employees和Departments表
工具提示　销售部雇员清单
SQL

```
SELECT e.first_name,e.last_name, d.department_name
FROM employees e, departments d
where e.department_id=d.department_id
and d.department_name='Sales'
```

添加子级　测试　加载
详细资料　列　绑定　高级　Table 详细资料
帮助(H)　应用(A)　取消

图 4-17　设计报告

单击“测试”按钮，测试 SQL 无误后，然后再单击“应用”按钮，将设计好的报告保存。打开刚设计好的报告如图 4-18 所示。

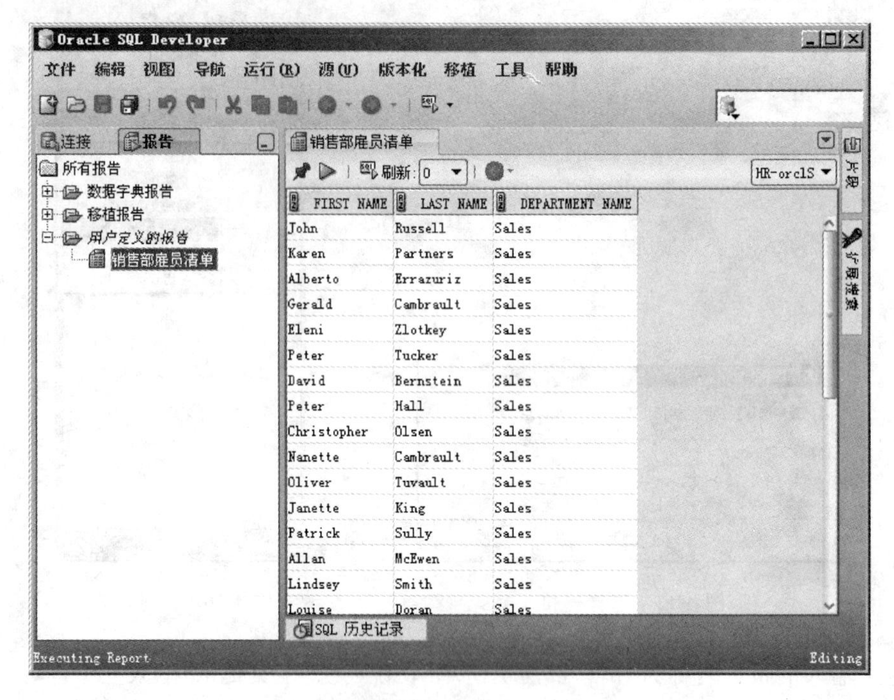

图 4-18　打开报告

右击用户自定义的报告，在弹出的快捷菜单中还可以选择相应的命令以编辑、删除用户自定义报告，或者将报告导出到一个 XML 格式文件。

4.3.3　导出数据

SQL Developer 可导出模式中的对象定义以及这些对象中存储的数据。下面以导出 HR 模式的 EMPLOYEES 表中数据为例，首先要打开数据库连接，右击要导出数据的 EMPLOYEES 表，在弹出的快捷菜单中选择“导出数据”命令，在导出时可以选择导出格式，包括 csv、html、insert、loader、text、xls 和 xml，如图 4-19 所示。

这里选择 insert 命令，出现“导出数据”对话框。这里可以设置导出格式、导出列、导出条件以及导出文件的保存路径等，如图 4-20 所示。

这里接受默认的所有列和记录，即导出 EMPLOYEES 表中的所有记录。单击“应用”按钮，将创建一个包括 INSERT 语句的导出文件，文件后缀默认为 SQL。

SQL Developer 还可以将对象定义导出到脚本文件中，下面仍以导出 HR 模式的 EMPLOYEES 表为例。右击要导出数据的 EMPLOYEES 表，在弹出的快捷菜单中选择“导出 DDL”子菜单，在其中可以选择“保存到文件”、“保存到工作表”和“保存到剪切板”命令，这里选择“保存到文件”命令，如图 4-21 所示。

在稍后出现的“选择目录”对话框中为导出文件选择保存路径，然后单击“选择”按钮。在导出 DDL 操作完成后，可在资源管理器中查看导出文件，如图 4-22 所示。

SQL Developer 功能非常强大，除了以上介绍的功能以外，还可以完成如数据导入、数据库导出、数据库复制、数据库移植、资料库结构比对(Diff)、监视会话和 SQL 等，在此不再一一赘述。

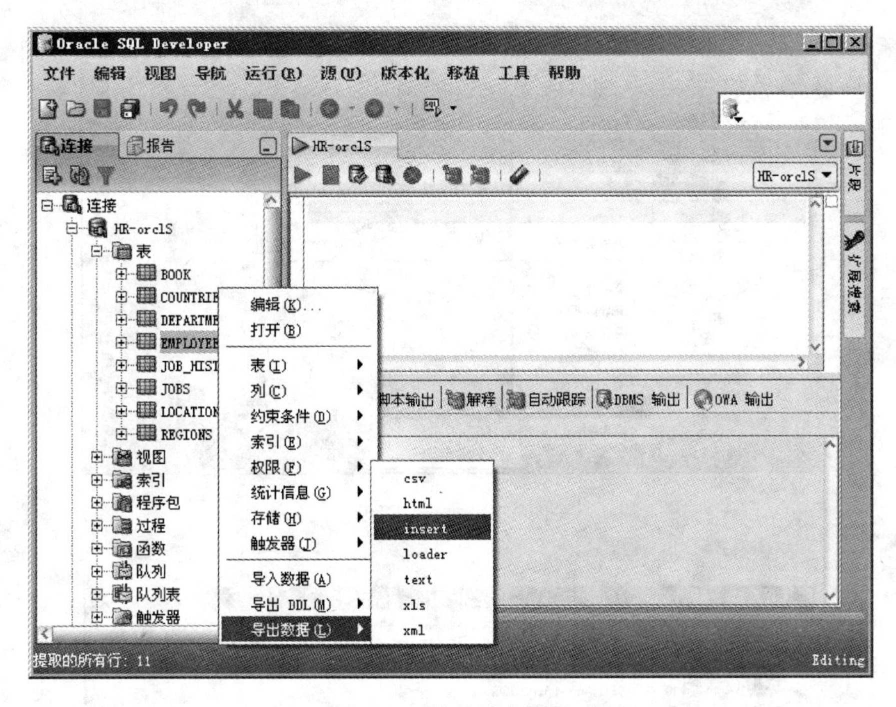

图 4-19　选择导出数据

图 4-20　“导出数据”对话框

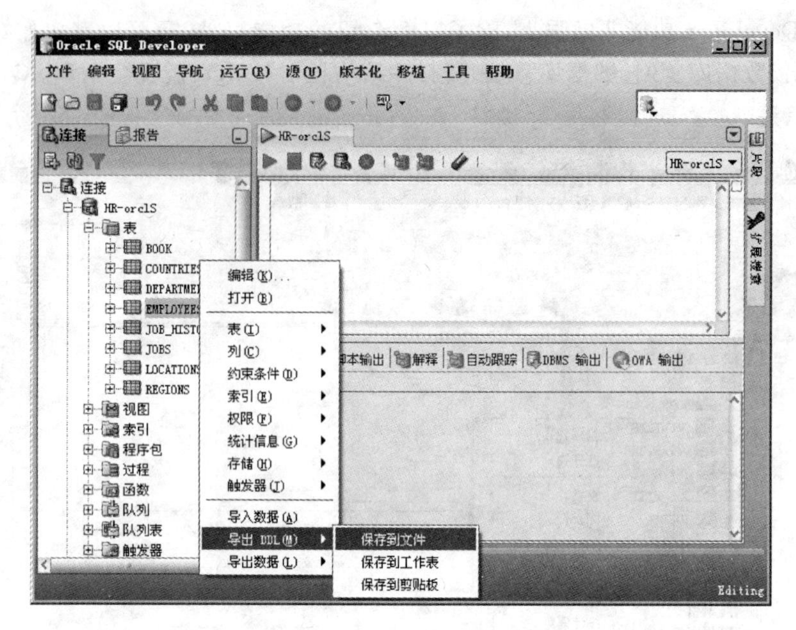

图 4-21　导出 DDL

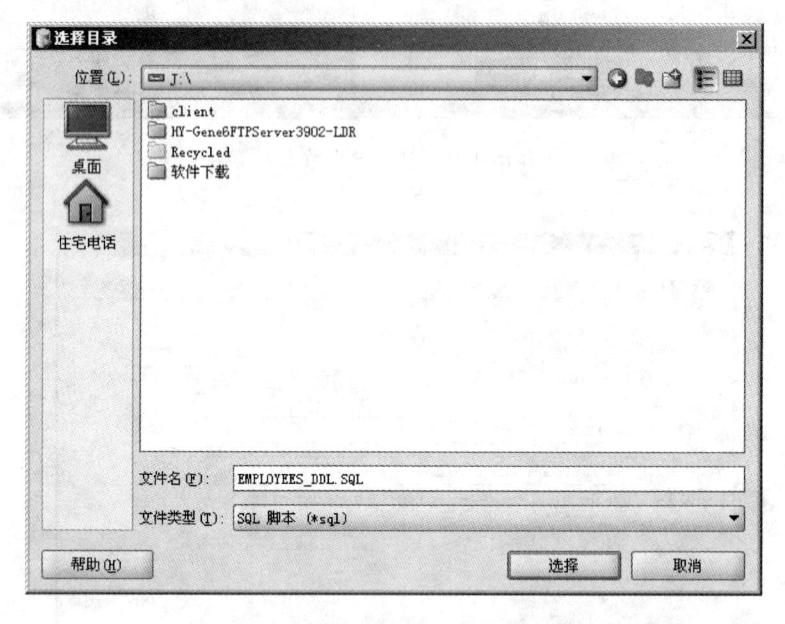

图 4-22　选择导出 DDL 文件的保存路径

思考与练习

1. 简述 SQL * Plus 的主要功能。
2. 简述 SQL Developer 的主要功能。

3. 简述 SQL * Plus 中几种常用的格式化输出命令。

4. 简述 SQL * Plus 中如何实现假脱机输出。

5. 简述 SQL 语言的分类。

6. 列举 DDL、DML 和 DCL 的作用以及常用语句。

7. 简述 DELETE 语句和 TRUNCATE 语句的区别和联系。

8. 简述什么是事务。

9. 简述什么是保留点，以及保留点的作用。

10. 事务控制命令有哪些？

11. 事务提交有几种类型？

12. 在 SQL Developer 中创建自定义报告的主要步骤。

13. 在 SQL Developer 中导出某表的全部数据的主要步骤。

上机实验

在 SQL * Plus 工具中完成下面的实验。

1. 使用立即方式关闭 Oracle 数据库。

2. 使用正常方式启动 Oracle 数据库。

3. 查询 HR 模式的 EMPLOYEES 表中的所有记录，并设置报表标题、脚注以及报表中每页的页标题及页尾。

4. 设置 SQL * Plus 每页显示 50 行，每行显示 120 个字符。

5. 将上面第 3 小题中的查询语句保存为 SQL 脚本文件，并再次调用执行。

6. 将查询 HR 模式的 EMPLOYEES 表的语句及查询结果保存到一个假脱机文件中。

7. 使用 SQL * Plus 中的 EDIT 命令，编辑缓冲区内的命令并执行。

8. 在 SQL Developer(或 SQL * Plus)中，新建 BOOK，READER 和 BORROW 表，表结构见表 4-9～表 4-11。

表 4-9　图书表(BOOK)

字段名	数据类型	是否为空	说明
NO	CHAR(6)	主键	图书编号
TITLE	VARCHAR2(50)	否	书名
AUTHOR	VARCHAR2(20)		作者
PUBLISH	VARCHAR2(20)		出版社
PUB_DATE	DATE		出版日期
PRICE	NUMBER(6,2)		价格

表 4-10　读者表(READER)

字段名	数据类型	是否为空	说明
RNO	CHAR(6)	主键	读者编号
RNAME	VARCHAE2(20)	否	读者姓名

表 4-11 借阅表(BORROW)

字段名	数据类型	是否为空	说明
NO	CHAR(6)	主键	图书编号
RNO	CHAR(6)	主键	读者编号
BORROW_DATE	DATE	SYSDATE	借阅日期

9. 分别向 BOOK, READER 和 BORROW 表中插入数据，要插入的数据见表 4-12～表 4-14。

表 4-12 要插入到 BOOK 表中的部分数据

NO	TITLE	AUTHOR	PUBLISH	PUB_DATE	PRICE
100001	Oracle 9i 数据库系统管理	李代平等	冶金工业出版社	2003-01-01	38
100002	Oracle9i 中文版入门和提高	赵松涛	人民邮电出版社	2002-07-01	35
100003	数据库原理辅导与提高	盛定宇	清华大学出版社	2004-03-01	22
100004	Oracle 9i 中文版实用培训教程	赵伯山	清华大学出版社	2002-01-01	33
100005	Oracle8X For WindowsNT 实用教程	翁正科等	清华大学出版社	1999-10-01	42
100006	Oracle11g 宝典	路川等	电子工业出版社	2009-01-01	108

表 4-13 要插入到 READER 表中的部分数据

RNO	RNAME	RNO	RNAME
200001	张俊君	200004	王谢兰
200002	周美林	200005	王玉斌
200003	黄杰	200006	吕秀静

表 4-14 要插入到 BORROW 表中的部分数据

NO	RNO	borrow_DATE
100001	200002	2008-08-10
100002	200004	2008-08-12
100003	200001	2008-08-15
100004	200004	2008-08-16
100005	200005	2008-08-19
100006	200003	2008-08-20

10. 查询所有图书的编号与书名。

11. 显示所有清华大学出版社的图书编号、书名和作者，并按照书名排序。

12. 显示价格在 40 元以上的所有图书信息。

13. 统计 BOOK 表中每家出版社的图书数量。

14. 查询所有图书作者姓“赵”的图书信息。

15. 查询所有图书借阅信息，显示读者姓名、书名和借阅时间。

16. 插入一条图书信息：编号为 100007，书名为《Delphi 5 网络编程》，作者为“窦万峰等”，出版社为“华中理工大学出版社”，出版日期为“2000-08-01”，价格为“28.80”。

17. 修改编号为 100007 的图书价格为 29。

18. 删除编号为 100007 的图书信息。

第 5 章

存储管理

本章主要介绍表空间管理、数据文件、临时表空间、日志文件以及 OMF 等知识。

5.1 表空间

Oracle 数据库把数据物理存储在数据文件中，通过逻辑对象来访问这些数据。表空间在操作系统级映射到一个或多个数据文件，这些数据文件是真正的物理数据库。

表空间有两类，一类是系统表空间 SYSTEM 和辅助系统表空间 SYSAUX，这两个表空间在创建数据库时新建，不能重命名、不能删除，包含了 Oracle 数据库的所有数据字典信息。另一类是非系统表空间，如用户表空间 USERS、临时表空间 TEMP、工具表空间 TOOLS、索引表空间 INDEX 及回退表空间 UNDO 等。

用户在设计数据库时，往往根据应用系统的不同，将数据库划分为若干个不同的表空间。不同的表空间用来存储不同业务逻辑的数据。

5.1.1 创建表空间

在 Oracle 11g 中创建表空间非常容易，可以使用 Oracle Enterprise Manager(OEM)来实现。创建表空间的步骤如下。

首先，在浏览器中登录 OEM 工具，在"服务器"选项卡上的存储中选择"表空间"选项，打开"表空间"界面，如图 5-1 所示。此界面显示数据库中所有表空间信息。

单击"创建"按钮，进入创建"表空间"界面。在此界面的"一般信息"选项卡中，可以管理区管理、表空间类型和当前表空间的状态，可以向表空间添加或从中删除数据文件或者编辑数据文件等，如图 5-2 所示。

下面介绍"创建 表空间"界面的几个重要选项。

1. 区管理

表空间是由段(SEGMENT)组成，表空间的空间管理就是对段的管理，而段空间的分配是以区间为单位进行的。当一个段中的所有区间都写满后，Oracle 就会为该段分配新的区间。这里可以选择"本地管理"和"字典管理"选项。默认安装的所有表空间都是本地管理。

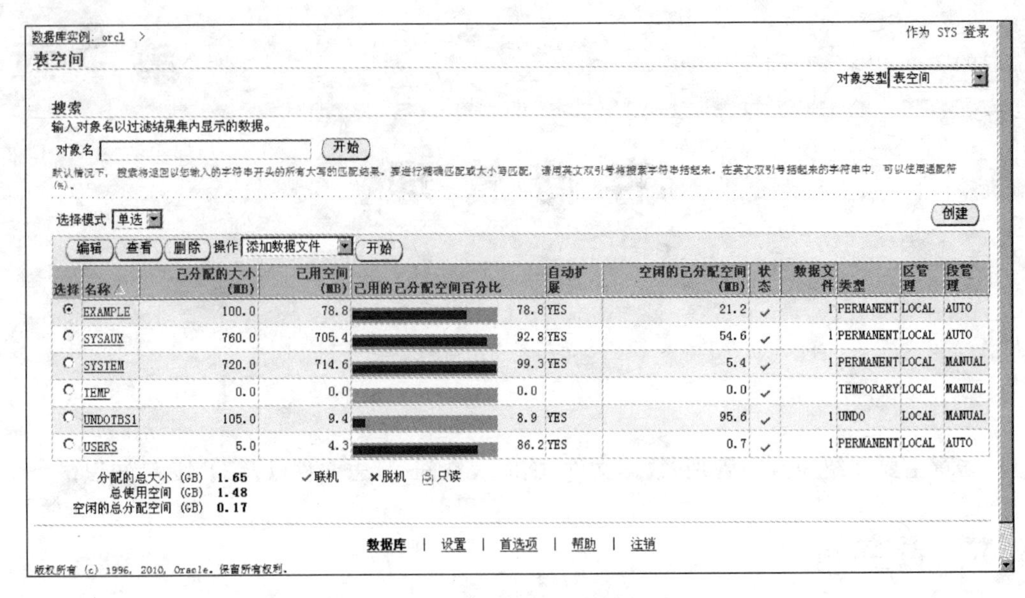

图 5-1 “表空间”界面

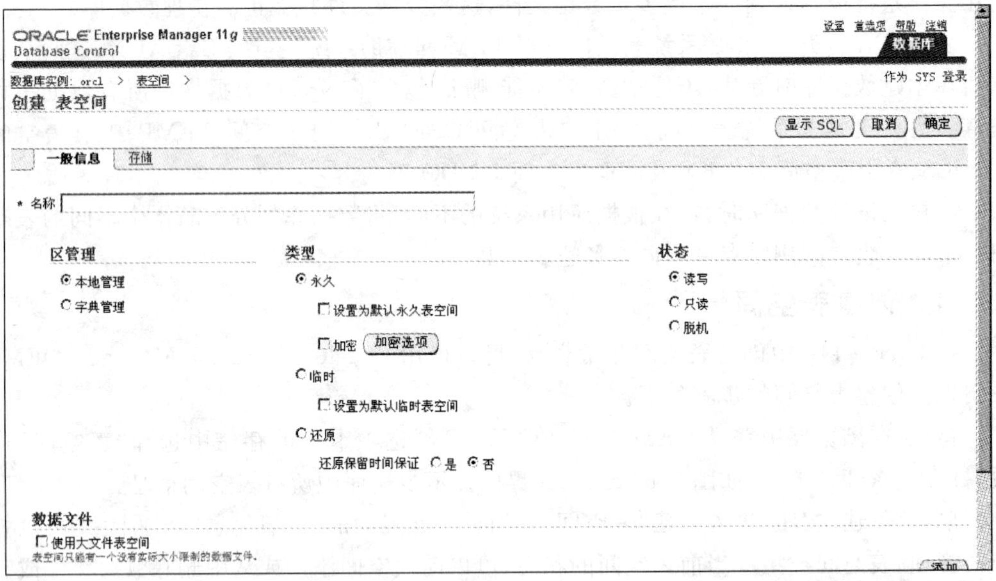

图 5-2 “创建 表空间”界面

2. 类型

这里指定创建表空间的类型，可选择“永久”、“临时”或“还原”选项，分别介绍如下。

(1) “永久”选项，默认值，用于指定表空间用于存放永久性数据库对象。其中的“设置为默认永久表空间”选项，表示如果在创建用户时没有为该用户指定默认的表空间，将使用此表空间作为该用户的默认表空间。在该用户下创建对象时，如果没有明确指定所属的表空间，则把创建的对象存放在此表空间中。如果没有指定数据库的默认永久表空间，同时在创建用户时也没有指定默认永久表空间是哪一个，则会使用系统表空间作为该用户的默认永久表空间。数据库的永久表空间不能被删除，除非指定了另外一个表空间作为默认永久表空间。此处还可选择是否“加密”。

(2)“临时”选项用于指定表空间仅用于存放临时对象，永久性对象都不能存放在临时表空间中。其中的“设置为默认临时表空间”选项，表示如果在创建用户时没有为该用户指定默认临时表空间，将使用此表空间作为该用户的默认临时表空间。该用户进行的排序等操作都将使用此表空间作为临时存储的地方。如果没有指定数据库的默认临时表空间，同时在创建用户时也没有指定默认临时表空间是哪一个，则会使用系统表空间作为该用户的默认临时表空间。数据库的临时表空间不能被删除，除非指定了另外一个临时表空间作为默认临时表空间。

(3)“还原”选项用于为数据库的闪回(Flashback)特性提供撤销数据。

3. 状态

可以选择表空间的状态为“读写”、“只读”和“脱机”，处于“读写”状态时允许用户对表空间进行读写操作，处于“只读”状态时用户只能对表空间进行读取，不能写入；处于“脱机”状态不允许用户访问表空间。

4. 数据文件

这里指定创建表空间所包含的数据文件。如选择“使用大文件表空间”选项，则使用大文件(Bigfile)表空间。其好处是减少了数据文件的数量，方便了数据文件的管理。在选用大文件表空间时，只能有一个数据文件，大文件表空间仅可用于 Oracle 10g 版或更高版本的数据库，且仅在本地管理表空间中才能获得支持。由于大文件表空间最大可达8EB，因此可以显著提高 Oracle 数据库的存储容量。

如果不使用大文件(Bigfile)表空间，则是 Smallfile，此时可以为表空间创建多个数据文件，这种方式为默认方式。

在表空间“名称”文本框中输入“XXGCX”，在区管理中选择“本地管理”选项，状态选择“读写”选项，类型选择“永久”选项。单击“添加”按钮，显示“添加数据文件”界面。

这里，可以为数据文件输入文件名、文件目录以及文件大小等参数。其中，“重用现有文件”选项表示如果输入的文件已经存在将重用该文件；在“存储”选项组中，如果选择“数据文件满后自动扩展(AUTOEXTEND)”选项，则数据文件将会自动增长，同时还需指定最大文件的大小。如果没有选择“数据文件满后自动扩展(AUTOEXTEND)”选项，则可以指定增量大小。如输入文件名为 XXGCX.DBF，文件大小为 100MB，在选择“数据文件满后自动扩展(AUTOEXTEND)”选项后，增量大小为 100KB，并选择最大文件大小为“无限制”，如图 5-3 所示。

单击“继续”按钮返回“创建 表空间”界面。此时可以看到新创建的数据文件，还可以单击“继续”按钮添加数据文件。

在“创建 表空间”界面的“存储”选项卡中，可以选择设置表空间的存储参数。其中，“区分配”组包括“自动”和“统一”两个选项，如果选择“自动”选项，则下一次扩展的区大小由 Oracle 系统自动确定；如果选择“统一”选项，则可以指定区大小。

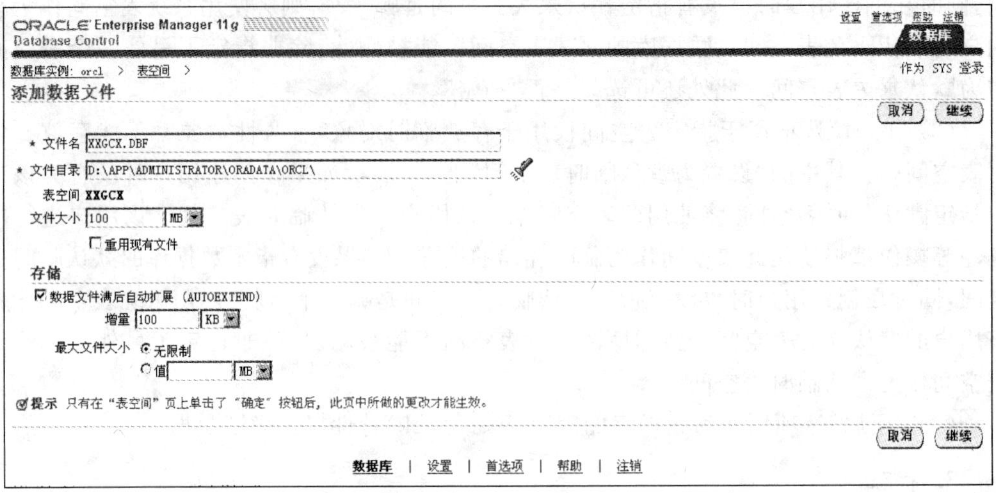

图 5-3 “添加数据文件”界面

“段空间管理”组包括“自动”和“手动”两种选项，决定了当向表中插入数据时，如何在段的区间里选择一个可用的数据块来存放数据。如果选择“自动”选项，则表空间中的对象将自动管理其空闲空间，也称为自动段空间管理(Automatic Segment Space Management，ASSM)，系统通过位图块(Bitmap Block，BMB)的组织结构来实现，这将有效提高空闲空间管理的性能；如果选择“手动”选项，表空间中的对象将使用空闲列表(Freelist)的形式来管理其空闲空间。在创建大文件(Bigfile)的表空间时，段空间管理必须是“自动”，而不能是“手动”，否则系统会提示出错。Oracle 建议使用自动段空间管理(ASSM)方式。

“压缩选项”组决定数据库是否启用数据段压缩，可以有效降低磁盘和高速缓存占用率，适用于在 OLTP 和数据仓库环境中。默认为“不压缩”。

设置好的“存储”选项卡如图 5-4 所示。

此时，创建上述 XXGCX 表空间对应的 SQL 语句如下。

```
CREATE SMALLFILE TABLESPACE "XXGCX"
    DATAFILE 'D:\APP\ADMINISTRATOR\ORADATA\ORCL\XXGCX.DBF'
    SIZE 100M AUTOEXTEND ON NEXT 100K MAXSIZE UNLIMITED LOGGING
    EXTENT MANAGEMENT LOCAL
    SEGMENT SPACE MANAGEMENT AUTO
```

单击“确定”按钮，表空间创建成功。此时查看表空间列表，可以看到新建的 XXGCX 表空间，该表空间大小为 100MB，已经使用 1MB，占用率为 1%，空闲空间为 99.0MB，为在线(ONLINE)状态，类型为 PERMANENT(永久)，区管理为 LOCAL(本地管理)，段管理为 AUTO(自动)，如图 5-5 所示。

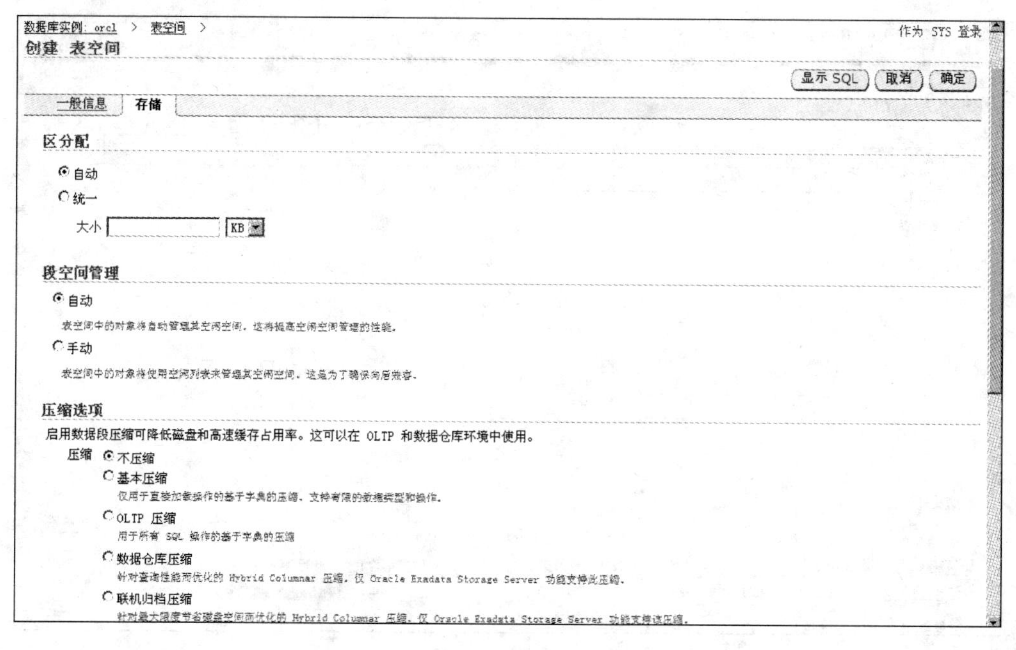

图 5-4 “存储”选项卡

选择模式 单选 　　创建

编辑 查看 删除 操作 添加数据文件 开始

选择	名称	已分配的大小(MB)	已用空间(MB)	已用的已分配空间百分比	自动扩展	空闲的已分配空间(MB)	状态	数据文件	类型	区管理	段管理
○	EXAMPLE	100.0	78.8	78.8	YES	21.2	✓	1	PERMANENT	LOCAL	AUTO
○	SYSAUX	760.0	705.6	92.8	YES	54.4	✓	1	PERMANENT	LOCAL	AUTO
○	SYSTEM	720.0	714.7	99.3	YES	5.3	✓	1	PERMANENT	LOCAL	MANUAL
○	TEMP	0.0	0.0	0.0		0.0	✓		TEMPORARY	LOCAL	MANUAL
○	UNDOTBS1	105.0	9.0	8.6	YES	96.0	✓	1	UNDO	LOCAL	MANUAL
○	USERS	5.0	4.3	86.2	YES	0.7	✓	1	PERMANENT	LOCAL	AUTO
⊙	XXGCX	100.0	1.0	1.0	YES	99.0	✓	1	PERMANENT	LOCAL	AUTO

分配的总大小 (GB) 1.75
总使用空间 (GB) 1.48
空闲的总分配空间 (GB) 0.27

✓联机 ×脱机 只读

图 5-5 查看新建的 XXGCX 表空间

5.1.2 管理表空间

1. 修改表空间

在表空间创建完成后，在 OEM 中可以选择修改表空间。在图 5-5 中选择要修改的表空间，如刚才创建的表空间 XXGCX，然后单击“编辑”按钮对其进行修改，如图 5-6 所示。

在“编辑 表空间”界面中，可以看到只有能够修改的属性才处于编辑状态，一些不能被修改的属性呈灰色。这是因为 Oracle 系统规定表空间的一些属性只能在创建表空间时设置，一旦表空间创建完成就不能被修改。

此时，可以选择修改表空间的名称和状态。通过“操作”下拉列表框，可以进入不同的修改界面，如“添加数据文件”、“类似创建”、“生成 DDL”、“本地管理”、“显示表空间内容”

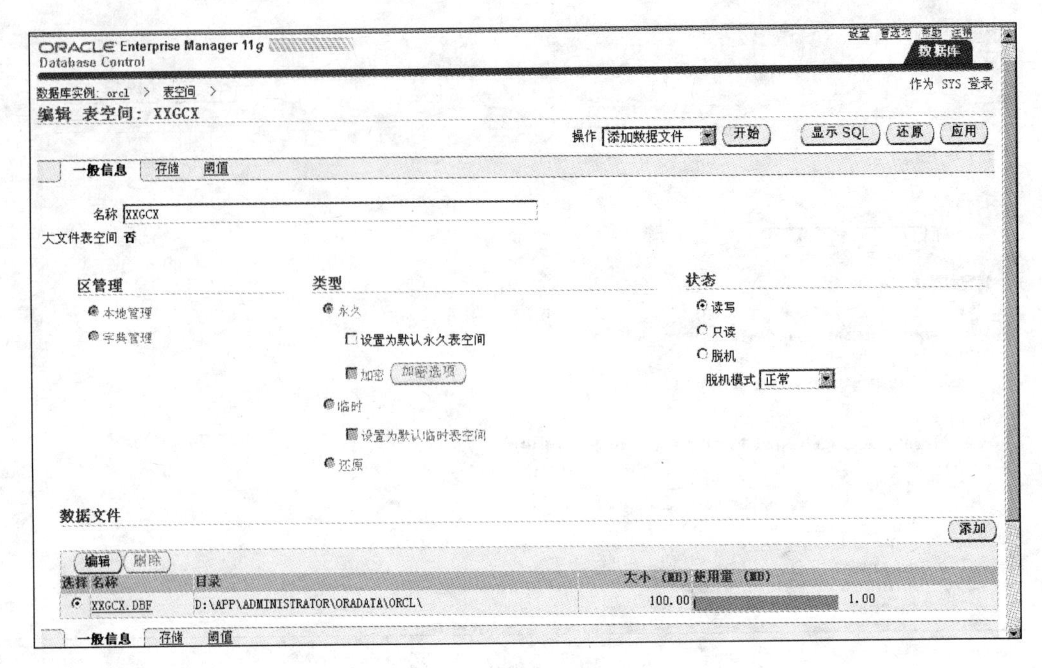

图 5-6　编辑 XXGCX 表空间

和“脱机”等操作。如选择修改“状态”为“脱机”时，有 4 种脱机模式可供选择。

(1) 正常：在脱机前将执行检查，将要脱机的表空间所对应的数据缓冲区中的“脏”数据写回数据文件，然后才脱机。正常脱机模式不会丢失表空间的数据，表空间下次联机时也无须进行恢复。如果表空间中的所有数据文件都没有错误，则表空间可以正常脱机。

(2) 临时：在脱机前执行检查，脏数据能写入数据文件就写入，不能写入的就不写入。这种脱机模式会损坏表空间中的数据。如果表空间的数据文件因写入错误脱机，然后将表空间临时脱机，在将表空间联机之前需要介质恢复。通常用于表空间中的数据部分损坏或丢失的情况。

(3) 立即：在脱机前不执行检查，脏数据也不写回数据文件。如果数据库运行在非归档(NoArchivelog)模式下，表空间不能立即脱机。立即脱机模式会损坏表空间中的数据，当联机表空间时需要介质恢复。通常用于表空间中的数据全部损坏或丢失的情况。

(4) 用于恢复：将恢复集中的数据库表空间脱机，以便进行时间点恢复。

注意：表空间脱机时尽量采用正常(Normal)方式，这样可以避免将表空间联机时进行介质恢复。

2. 移动表空间

在 Oracle 中如果将表空间所对应的数据文件从一个目录移动到另外一个目录，则使用 OEM 工具是无法完成的，只能使用命令的方式。

如果是系统表空间，如 SYSTEM 表空间，则须依次执行下面的命令。

```
SQL> SHUTDOWN IMMEDIATE
数据库已经关闭。
```

```
已经卸载数据库。
ORACLE 例程已经关闭。
SQL>STARTUP MOUNT
ORACLE 例程已经启动。

TOTAL SYSTEM GLOBAL AREA   778387456 bytes
FIXED SIZE                   1374808 bytes
VARIABLE SIZE              486540712 bytes
DATABASE BUFFERS           285212672 bytes
REDO BUFFERS                 5259264 bytes
数据库装载完毕。
SQL> HOST COPY D:\APP\ADMINISTRATOR\ORADATA\ORCL\SYSTEM01.DBF
     D:\APP\ADMINISTRATOR\ORADATA\SYSTEM01.DBF
已复制 1 个文件。

SQL>ALTER DATABASE RENAME FILE
     'D:\APP\ADMINISTRATOR\ORADATA\ORCL\SYSTEM01.DBF' TO
     'D:\APP\ADMINISTRATOR\ORADATA\SYSTEM01.DBF';
数据库已更改。
SQL>ALTER DATABASE OPEN;
数据库已更改。
```

此时，通过下面的命令查看 SYSTEM 表空间的存储路径，可以发现已经发生了更改。

```
SQL> SELECT NAME FROM V$DATAFILE;
NAME
--------------------------------------------------------------------------------
D:\APP\ADMINISTRATOR\ORADATA\SYSTEM01.DBF
D:\APP\ADMINISTRATOR\ORADATA\ORCL\SYSAUX01.DBF
D:\APP\ADMINISTRATOR\ORADATA\ORCL\UNDOTBS01.DBF
D:\APP\ADMINISTRATOR\ORADATA\ORCL\USERS01.DBF
D:\APP\ADMINISTRATOR\ORADATA\ORCL\EXAMPLE01.DBF
D:\APP\ADMINISTRATOR\ORADATA\ORCL\XXGCX.DBF
已选择 6 行。
```

如果是非系统表空间，如 XXGCX 表空间，则无须关闭数据库，直接执行下面的命令即可以完成移动操作。

```
SQL> ALTER TABLESPACE xxgcx OFFLINE;
表空间已更改。
SQL> HOST COPY D:\APP\ADMINISTRATOR\ORADATA\ORCL\XXGCX.DBF
     D:\APP\ADMINISTRATOR\ORADATA\XXGCX.DBF
SQL> ALTER TABLESPACE xxgcx RENAME DATAFILE
     'D:\APP\ADMINISTRATOR\ORADATA\ORCL\XXGCX.DBF' to
     'D:\APP\ADMINISTRATOR\ORADATA\XXGCX.DBF';
表空间已更改。
SQL> ALTER TABLESPACE XXGCX ONLINE;
表空间已更改。
```

此时,查看 XXGCX 表空间的存储路径,可以发现已经发生了更改。

```
SQL> SELECT NAME FROM V$DATAFILE;
NAME
--------------------------------------------------------------------------------
D:\APP\ADMINISTRATOR\ORADATA\SYSTEM01.DBF
D:\APP\ADMINISTRATOR\ORADATA\ORCL\SYSAUX01.DBF
D:\APP\ADMINISTRATOR\ORADATA\ORCL\UNDOTBS01.DBF
D:\APP\ADMINISTRATOR\ORADATA\ORCL\USERS01.DBF
D:\APP\ADMINISTRATOR\ORADATA\ORCL\EXAMPLE01.DBF
D:\APP\ADMINISTRATOR\ORADATA\XXGCX.DBF
已选择 6 行。
```

3. 删除表空间

当不再需要表空间时,可以从数据库中删除表空间以及内容。删除表空间的用户,必须具有 DROP TABLESPACE 系统权限。在 Oracle Enterprise Manager 工具中删除表空间,单击"删除"按钮,系统会显示警告信息,如图 5-7 所示。

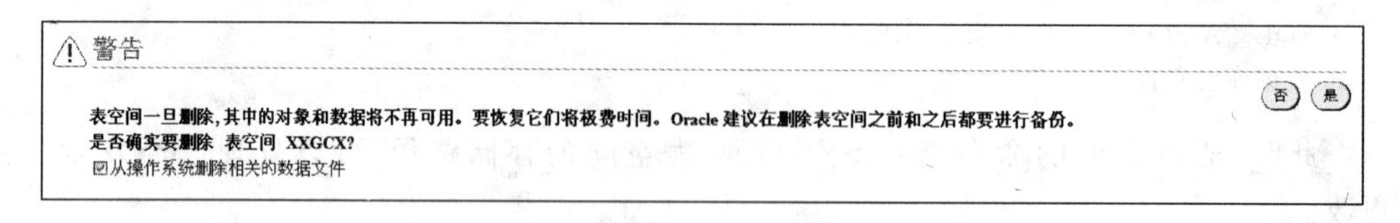

图 5-7 删除表空间的警告信息

如果用户确认要删除,再单击"是"按钮,Oracle 系统将删除此表空间。

通过命令的方式也可以删除表空间和所对应的数据文件。例如:

```
SQL>DROP TABLESPACE XXGCX INCLUDING CONTENTS AND DATAFILES;
```

上面的语句在删除表空间时,同时删除表空间相对关的数据文件。如果希望保留该数据文件,则使用下面的语句。

```
SQL>DROP TABLESPACE XXGCX INCLUDING CONTENTS ;
```

如果删除的表空间不包含表、视图或者其他数据库对象时,则无须指定 INCLUDING CONTENTS 参数,即使用下面的语句。

```
SQL>DROP TABLESPACE XXGCX;
```

注意: 如果删除的表空间非空,则必须使用包含 INCLUDING CONTENTS 参数的 DROP TABLESPACE 语句,否则系统会提示出错。

5.1.3 非标准 Oracle 块大小的表空间

Oracle 11g 在创建表空间时,如果没有指定 BLOCKSIZE 参数,则默认表空间使用 DB_BLOCK_SIZE 初始化参数指定的标准 Oracle 块大小。对于一些用来存储非结构化数据,如图片、文件等的表空间来说,使用标准 Oracle 块大小的表空间在存取数据时的效率较低，可以使用较大的非标准 Oracle 块大小的表空间，此时就需要创建非标准 Oracle 块小大的表空间。

在 Oracle 11g 中创建非标准 Oracle 块大小的表空间时，需设定 DB_nK_CACHE_SIZE 系列初始化参数，指定非标准 Oracle 块大小的所使用的缓冲区大小，否则无法创建非标准 Oracle 块大小的表空间。

下面的例子显示标准 Oracle 块大小为 8KB，如果希望创建 Oracle 块大小为 16KB 的表空间，则必须首先设置 DB_16K_CACHE_SIZE。

```
SQL> SHOW PARAMETER DB_16K_CACHE_SIZE
NAME                     TYPE           VALUE
-----------------------------------------------------------------
db_16k_cache_size        big integer    0
SQL> ALTER SYSTEM SET DB_16K_CACHE_SIZE=16k SCOPE=BOTH;
系统已更改。

SQL> SHOW PARAMETER DB_16K_CACHE_SIZE
NAME                     TYPE           VALUE
-------------------------------------------------------------
db_16k_cache_size        big integer    16M

SQL> CREATE TABLESPACE TS_FILE
DATAFILE 'D:\APP\ADMINISTRATOR\ORADATA\ORCL\TS_FILE.DBF'
SIZE 100M BLOCKSIZE 16K;
表空间已创建。

SQL> DESC DBA_TABLESPACES;
  名称                          空值          类型
  ---------------------------------------------------------------------------
  TABLESPACE_NAME               NOT NULL      VARCHAR2(30)
  BLOCK_SIZE                    NOT NULL      NUMBER
  INITIAL_EXTENT                              NUMBER
  NEXT_EXTENT                                 NUMBER
  MIN_EXTENTS                   NOT NULL      NUMBER
  MAX_EXTENTS                                 NUMBER
  …                             …             …

SQL> SELECT TABLESPACE_NAME,BLOCK_SIZE FROM DBA_TABLESPACES;
TABLESPACE_NAME                 BLOCK_SIZE
---------------------------------------------------------
SYSTEM                          8192
SYSAUX                          8192
UNDOTBS1                        8192
TEMP                            8192
USERS                           8192
```

```
EXAMPLE                    8192
XXGCX                      8192
TS_FILE                   16384
已选择 8 行。
```

5.1.4 表空间的联机和脱机

表空间在联机状态下,用户可以访问表空间中的所有数据文件;表空间在脱机状态下,用户无法访问该表空间中的所有数据文件。在有些情况下,需要将表空间脱机来完成某些操作,如下面的一些情况。

(1) 部分数据库不可用,而允许正常访问数据库的其他部分。

(2) 执行表空间的备份,尽管表空间联机状态下也可以进行备份。

(3) 使某个应用程序对应的表在更新或维护该应用程序时暂时不可用。

Oracle 系统中的 SYSTEM 和 SYSAUX 表空间不能脱机,其余表空间都可以将数据文件脱机,在完成某些操作后,再将表空间联机。同时要求在将表空间联机时,这些数据文件必须全部存在。

Oracle 系统可以使用 ALTER TABLESPACE 语句来实现表空间的联机和脱机。例如,下面的语句将 USERS 表空间脱机。

```
SQL>ALTER TABLESPACE USERS OFFLINE;
```

要将表空间联机,使用下面的语句。

```
SQL> ALTER TABLESPACE USERS ONLINE;
```

注意: 为了使用 ALTER TABLESPACE 语句将表空间联机或脱机,用户必须具有 ALTER TABLESPACE 或 MANAGE TABLESPACE 的系统权限。

在 OEM 工具中执行联机或脱机表空间的操作比较简单,在表空间界面中选择"操作"下拉列表框中的"脱机"或"联机"选项,单击"开始"按钮。其中在脱机时一般选择"正常"脱机模式,如图 5-8 所示。

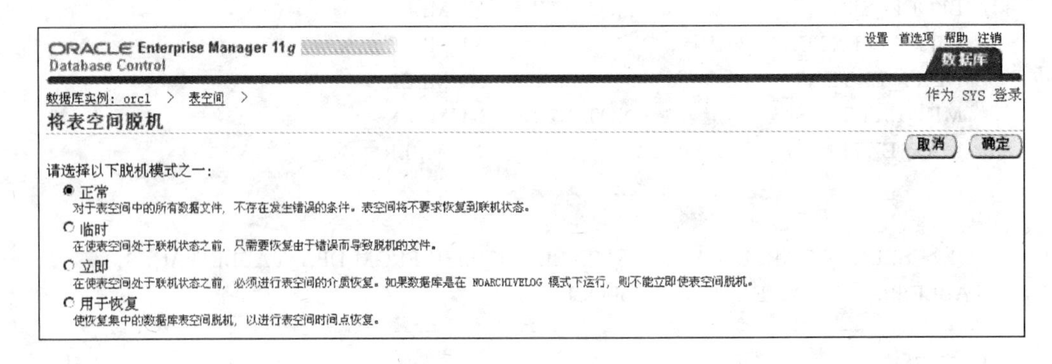

图 5-8 正常脱机模式

5.1.5 与表空间相关的数据字典

Oracle 11g 系统中与表空间相关的主要数据字典见表 5-1。

表 5-1　有关表空间的数据字典

名　称	说　明
DBA_TABLESPACES	所有表空间信息
USER_TABLESPACES	当前用户可用的表空间信息
DBA_DATA_FILES	所有表空间和所对应的数据文件信息
DBA_TEMP_FILES	所有临时表空间和所对应的临时文件信息
DBA_USERS	所有用户的默认表空间和临时表空间等信息
V$TABLESPACE	所有表空间的名称和数量以及是否大文件格式等信息
V$DATAFILE	所有表空间对应的数据文件,包括名称、块大小、创建时间等信息
V$TEMPFILE	所有临时文件信息

下面以 V$DATAFILE 为例说明数据字典使用方法。

```
SQL> DESC V$DATAFILE;
  名称                                      空值     类型
  ---------------------------------------------------------
  FILE#                                              NUMBER
  CREATION_CHANGE#                                   NUMBER
  CREATION_TIME                                      DATE
  TS#                                                NUMBER
  RFILE#                                             NUMBER
  STATUS                                             VARCHAR2(7)
  ENABLED                                            VARCHAR2(10)
  CHECKPOINT_CHANGE#                                 NUMBER
  CHECKPOINT_TIME                                    DATE
  UNRECOVERABLE_CHANGE#                              NUMBER
  UNRECOVERABLE_TIME                                 DATE
  LAST_CHANGE#                                       NUMBER
  LAST_TIME                                          DATE
  OFFLINE_CHANGE#                                    NUMBER
  ONLINE_CHANGE#                                     NUMBER
  ONLINE_TIME                                        DATE
  BYTES                                              NUMBER
  BLOCKS                                             NUMBER
  …                                                  …
SQL> SELECT NAME,BLOCKS,BYTES FROM V$DATAFILE;
NAME                                                    BLOCKS    BYTES
--------------------------------------------------------------------------
D:\APP\ADMINISTRATOR\ORADATA\ORCL\SYSTEM01.DBF          92160     754974720
D:\APP\ADMINISTRATOR\ORADATA\ORCL\SYSAUX01.DBF          97280     796917760
D:\APP\ADMINISTRATOR\ORADATA\ORCL\UNDOTBS01.DBF         13440     110100480
D:\APP\ADMINISTRATOR\ORADATA\ORCL\USERS01.DBF             640     5242880
D:\APP\ADMINISTRATOR\ORADATA\ORCL\EXAMPLE01.DBF         12800     104857600
D:\APP\ADMINISTRATOR\ORADATA\ORCL\XXGCX.DBF             12800     104857600
已选择 6 行。
```

5.2 数据文件

数据文件是 Oracle 数据库存储所有数据库数据的物理文件。表空间的物理组成元素就是数据文件,一个表空间可以包含多个数据文件,并且每个数据文件只能属于一个表空间。对数据文件的管理包括创建数据文件、向表空间添加数据文件、改变数据文件的大小以及数据文件的联机脱机等操作。

5.2.1 创建数据文件

在 Oracle 11g 中创建数据文件可以使用 OEM 工具来实现。创建数据文件的步骤如下。

(1) 在 OEM 的主界面中的服务器选项卡的存储部分中选择“数据文件”选项,打开“数据文件”界面,如图 5-9 所示。此界面显示数据库中所有数据文件信息。

创建

编辑 查看 删除 操作 类似创建 开始

选择	文件名	表空间	状态	大小 (MB)	使用量 (MB)	占用率 (%)	自动扩展
◉	D:\APP\ADMINISTRATOR\ORADATA\ORCL\EXAMPLE01.DBF	EXAMPLE	ONLINE	100.000	78.750	78.75	YES
○	D:\APP\ADMINISTRATOR\ORADATA\ORCL\SYSAUX01.DBF	SYSAUX	ONLINE	760.000	709.875	93.40	YES
○	D:\APP\ADMINISTRATOR\ORADATA\ORCL\SYSTEM01.DBF	SYSTEM	SYSTEM	720.000	714.688	99.26	YES
○	D:\APP\ADMINISTRATOR\ORADATA\ORCL\UNDOTBS01.DBF	UNDOTBS1	ONLINE	105.000	8.500	8.10	YES
○	D:\APP\ADMINISTRATOR\ORADATA\ORCL\USERS01.DBF	USERS	ONLINE	5.000	4.313	86.25	YES
○	D:\APP\ADMINISTRATOR\ORADATA\ORCL\XXGCX.DBF	XXGCX	ONLINE	100.000	1.000	1.00	YES

数据库 | 设置 | 首选项 | 帮助 | 注销

版权所有 (c) 1996, 2010, Oracle. 保留所有权利。
Oracle, JD Edwards, PeopleSoft 和 Retek 是 Oracle Corporation 和/或其子公司的注册商标。其他名称可能是其各自所有者的商标。
关于 Oracle Enterprise Manager

图 5-9 “数据文件”界面

(2) 单击“创建”按钮,进入“创建 数据文件”界面。在此界面中可以输入创建数据文件的名称、文件目录、所在表空间、文件大小和存储参数等信息,如图 5-10 所示。

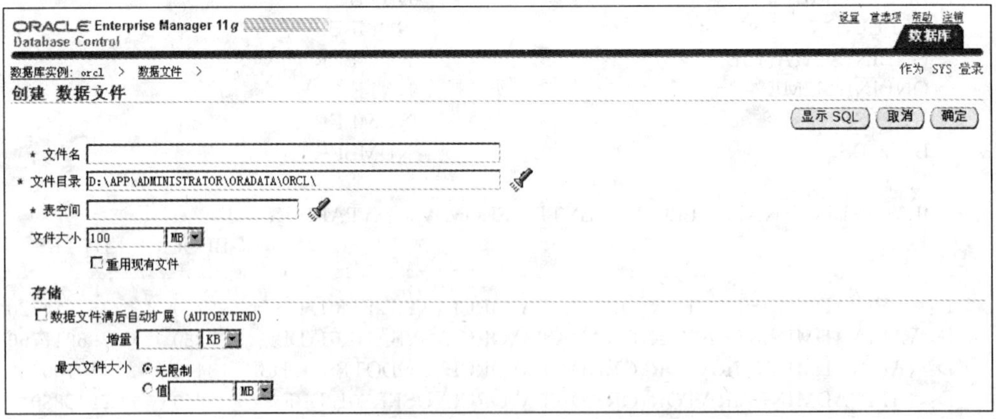

ORACLE Enterprise Manager 11g
Database Control
设置 首选项 帮助 注销
数据库
数据库实例: orcl > 数据文件 >
作为 SYS 登录
创建 数据文件
显示 SQL 取消 确定
* 文件名
* 文件目录 D:\APP\ADMINISTRATOR\ORADATA\ORCL\
* 表空间
文件大小 100 MB
☐ 重用现有文件
存储
☐ 数据文件满后自动扩展 (AUTOEXTEND)
增量 KB
最大文件大小 ◉ 无限制
○ 值 MB

图 5-10 “创建 数据文件”界面

其中，创建数据文件的各项参数设置可以参考 5.1.1 小节在创建表空间时添加数据文件的操作。这里不再赘述。

采用命令形式来创建数据文件也比较容易。例如，可以用下面的语句来创建 TEST 表空间的数据文件 TEST.DBF，其实就是在创建表空间的同时创建了对应的数据文件。

```
SQL> CREATE TABLESPACE TEST DATAFILE
     'D:\APP\ADMINISTRATOR\ORADATA\ORCL\TEST.DBF' SIZE 10M REUSE;
表空间已创建。
```

对于创建临时表空间的数据文件，可以采用下面的语句。

```
SQL> CREATE TEMPORARY TABLESPACE TS_TEMP TEMPFILE
     'D:\APP\ADMINISTRATOR\ORADATA\ORCL\TS_TEMP.DBF' SIZE 10M REUSE;
表空间已创建。
```

注意： 创建临时表空间的命令为 CREATE TEMPORARY TABLESPACE，后面的 DATAFILE 参数也变成 TEMPFILE。

5.2.2　向表空间添加数据文件

创建表空间的同时将创建数据文件，Oracle 系统也允许在表空间创建以后再向表空间中添加数据文件。通过向表空间中添加数据文件，可以达到改变表空间大小的目的。

通过命令的方式可以向表空间添加数据文件。Oracle 系统提供了 ALTER TABLESPACE 命令来完成此操作。例如，执行下面的语句可以向 USERS 表空间添加一个大小为 5MB 的数据文件。

```
SQL>ALTER TABLESPACE USERS ADD DATAFILE
     'D:\APP\ADMINISTRATOR\ORADATA\ORCL\USERS02.DBF' SIZE 5M
     AUTOEXTEND ON NEXT 5M MAXSIZE 20M;
表空间已更改。
```

其中，SIZE 值为文件大小，NEXT 值为文件扩展时的最小尺寸，MAXSIZE 值为文件能够自动扩展的最大尺寸。

查看添加的数据文件，可以打开 D:\APP\ADMINISTRATOR\ORADATA\ORCL\文件夹，发现该目录下存在一个新的数据文件 USERS02.DBF，文件大小为 5MB。在 OEM 工具里查看表空间 USERS，同样也发现已经新增了名为 USERS02.DBF 的数据文件，如图 5-11 所示。

选中数据文件 USERS02.DBF，单击“编辑”按钮，可以编辑数据文件 USERS02.DBF 的有关属性，包括是否脱机、文件大小以及存储方式等，如图 5-12 所示。

向表空间添加数据文件也可以直接在 OEM 工具中完成，选中要添加数据文件的表空间，在“操作”下拉列表框中选择“添加数据文件”选项，单击“开始”按钮，在随后出现的“添加数据文件”界面中输入必要的参数。

注意： 对于大文件表空间来说，因为大文件表空间只能有一个数据文件，所以不允许向大文件表空间添加数据文件。但可以使用 ALTER DATABASE 语句来改变大文件表空间的数据文件大小。

创建

编辑 查看 删除 操作 类似创建 开始

选择	文件名	表空间	状态	大小(MB)	使用量(MB)	占用率(%)	自动扩展
◉	D:\APP\ADMINISTRATOR\ORADATA\ORCL\EXAMPLE01.DBF	EXAMPLE	ONLINE	100.000	78.750	78.75	YES
○	D:\APP\ADMINISTRATOR\ORADATA\ORCL\SYSAUX01.DBF	SYSAUX	ONLINE	760.000	709.875	93.40	YES
○	D:\APP\ADMINISTRATOR\ORADATA\ORCL\SYSTEM01.DBF	SYSTEM	SYSTEM	720.000	714.688	99.26	YES
○	D:\APP\ADMINISTRATOR\ORADATA\ORCL\TEST.DBF	TEST	ONLINE	10.000	1.000	10.00	NO
○	D:\APP\ADMINISTRATOR\ORADATA\ORCL\TS_TEMP.DBF	TS_TEMP	ONLINE	10.000	0.000	0.00	NO
○	D:\APP\ADMINISTRATOR\ORADATA\ORCL\UNDOTBS01.DBF	UNDOTBS1	ONLINE	105.000	8.438	8.04	YES
○	D:\APP\ADMINISTRATOR\ORADATA\ORCL\USERS01.DBF	USERS	ONLINE	5.000	4.313	86.25	YES
○	D:\APP\ADMINISTRATOR\ORADATA\ORCL\USERS02.DBF	USERS	ONLINE	5.000	1.000	20.00	YES
○	D:\APP\ADMINISTRATOR\ORADATA\ORCL\XXGCX.DBF	XXGCX	ONLINE	100.000	1.000	1.00	YES

图 5-11 向表空间添加数据文件

ORACLE Enterprise Manager 11g
Database Control
设置 首选项 帮助 注销
数据库
数据库实例: orcl > 数据文件 >
作为 SYS 登
编辑 数据文件: USERS02.DBF
操作 类似创建 开始 显示 SQL 还原 应用
文件名 USERS02.DBF
文件目录 D:\APP\ADMINISTRATOR\ORADATA\ORCL\
表空间 USERS
状态 ◉联机 ○脱机
文件大小 5 MB
存储
☑ 数据文件满后自动扩展 (AUTOEXTEND)
增量 5 MB
最大文件大小 ○无限制
◉值 20 MB

图 5-12 编辑数据文件

5.2.3 改变数据文件的大小

在创建表空间完成后,通过向表空间中添加数据文件可以改变表空间的大小,也可以直接改变现有数据文件的大小或存储方式,同样可以达到改变表空间大小的目的。

Oracle 系统可以使用 ALTER DATABASE 语句来改变数据文件的大小。对于有些数据库中的数据文件数量达到数据库所允许的最大数量时,使用这种方法非常有效。

例如,下面的语句将数据文件 USERS02.DBF 大小由 5MB 增加为 10MB。

```
SQL> ALTER DATABASE DATAFILE
     'D:\APP\ADMINISTRATOR\ORADATA\ORCL\USERS01.DBF' RESIZE 10M;
数据库已更改。
```

下面的语句将数据文件 USERS02.DBF 大小由 5MB 减少为 2MB。

```
SQL> ALTER DATABASE DATAFILE
     'D:\APP\ADMINISTRATOR\ORADATA\ORCL\USERS02.DBF' RESIZE 2M;
数据库已更改。
```

注意: 减小表空间的大小后,表空间的大小不能少于表空间中所存储的数据容量,否则 Oracle 系统会提示错误信息。

改变数据文件的大小还可以通过修改数据文件的存储方式来实现。将数据文件设置为自动扩展，这样当表空间的容量使用完时可以不用 DBA，而立即进行手工干涉，以确保应用程序不会因表空间的容量不够而导致系统中止。

在 Oracle 11g 中，可以在 ALTER DATABASE、ALTER TABLESPACE、CREATE DATABASE、CREATE TABLESPACE 语句中指定 AUTOEXTEND ON 子句来启用自动扩展，或指定 AUTOEXTEND OFF 子句来取消自动扩展。

例如，下面的语句取消了 USERS02.DBF 文件的自动扩展。首先查看 DBA_DATA_FILES 数据字典来确定数据文件是否自动扩展。

```
SQL> SELECT TABLESPACE_NAME,FILE_NAME,AUTOEXTENSIBLE
     FROM DBA_DATA_FILES;
TABLESPACE_NAME FILE_NAME                                           AUT
-------------------------------------------------------------------------
USERS           D:\APP\ADMINISTRATOR\ORADATA\ORCL\USERS01.DBF       YES
SYSAUX          D:\APP\ADMINISTRATOR\ORADATA\ORCL\SYSAUX01.DBF      YES
UNDOTBS1        D:\APP\ADMINISTRATOR\ORADATA\ORCL\UNDOTBS01.DBF     YES
SYSTEM          D:\APP\ADMINISTRATOR\ORADATA\ORCL\SYSTEM01.DBF      YES
EXAMPLE         D:\APP\ADMINISTRATOR\ORADATA\ORCL\EXAMPLE01.DBF     YES
USERS           D:\APP\ADMINISTRATOR\ORADATA\ORCL\USERS02.DBF       YES
XXGCX           D:\APP\ADMINISTRATOR\ORADATA\ORCL\XXGCX.DBF
TEST            D:\APP\ADMINISTRATOR\ORADATA\ORCL\TEST.DBF
已选择 8 行。

SQL>ALTER DATABASE DATAFILE
     'D:\APP\ADMINISTRATOR\ORADATA\ORCL\USERS02.DBF' AUTOEXTEND OFF;
数据库已更改。

SQL>SELECT TABLESPACE_NAME,FILE_NAME,AUTOEXTENSIBLE
     FROM DBA_DATA_FILES WHERE TABLESPACE_NAME='USERS';
TABLESPACE_NAME   FILE_NAME                                         AUT
-------------------------------------------------------------------------
USERS           D:\APP\ADMINISTRATOR\ORADATA\ORCL\USERS01.DBF       YES
USERS           D:\APP\ADMINISTRATOR\ORADATA\ORCL\USERS02.DBF       NO
```

可以看到 USERS02.DBF 数据文件的自动扩展已经被禁用。

下面的语句在 USERS 表空间中添加一个自动扩展的数据文件 USER03.DBF。

```
SQL>ALTER TABLESPACE USERS ADD DATAFILE
     'D:\APP\ADMINISTRATOR\ORADATA\ORCL\USERS03.DBF' SIZE 5M
     AUTOEXTEND ON NEXT 5M MAXSIZE 20M;
表空间已更改。
```

5.2.4　数据文件的联机和脱机

数据文件在联机状态下，用户可以访问数据库中的数据，数据文件在脱机状态下，用户无法访问数据库中的数据。通常情况下，将数据文件脱机的目的如下。

（1）脱机备份数据文件。

（2）移动或重命名数据文件，先将该数据文件脱机，或将包含数据文件的表空间脱机。

（3）数据库载入数据文件时出错，并自动将该数据文件脱机。此时，DBA 可以在解决问题后，手工将该数据文件联机。

（4）某个数据文件损坏或丢失，在打开数据库前必须将该数据文件脱机。

值得注意的是，在将数据文件所属的表空间脱机后，该表空间所属的所有数据文件将默认脱机。而将数据文件联机后，其所属的表空间并不会自动联机。

Oracle 系统可以使用 ALTER DATABASE 语句来实现数据文件的联机和脱机，如下面的语句将 USERS02.DBF 数据文件脱机。

```
SQL>ALTER DATABASE DATAFILE
    'D:\APP\ADMINISTRATOR\ORADATA\ORCL\USERS02.DBF'
    OFFLINE;
```

要将数据文件联机，可以使用下面的语句。

```
SQL>ALTER DATABASE DATAFILE
    'D:\APP\ADMINISTRATOR\ORADATA\ORCL\USERS03.DBF'
    ONLINE;
```

为了使数据文件联机或脱机，用户必须具有 ALTER DATABASE 系统权限。

值得注意的是，在使用 ALTER DATABASE 语句将数据文件脱机时，数据库必须处于归档（ARCHIVELOG）模式，如果在非归档（NOARCHIVELOG）模式下，数据文件脱机系统会提示错误信息“ORA-01145：除非启用了介质恢复，否则不允许立即脱机”。

在数据文件脱机/联机时需要介质恢复，而表空间联机则不需要进行介质恢复。这是因为表空间脱机需要作一次检查点，之后表空间的数据将不再改变，所以联机时不需要进行恢复操作，只需要更新一下检查点。数据文件由于是表空间的一部分，整个表空间的数据仍然在改变，所以当数据文件时脱机/联机时，需要对它进行恢复，以便于和其他的数据文件保持一致。

在 OEM 中执行数据文件的联机或脱机操作时，在数据文件界面中选择“操作”下拉列表框中的“脱机”或“联机”选项，单击“开始”按钮。其中，脱机时选择“正常”的脱机模式。

5.3 临时表空间

Oracle 临时表空间主要是用来存放一些查询所产生的临时数据，其内容如下。

（1）SQL 查询操作所产生的中间排序数据；

（2）临时表和临时索引数据；

（3）临时的 LOB 数据；

（4）临时的 B-TREE 数据；

（5）一些异常情况的数据。

默认情况下，Oracle数据库创建时会自动创建一个TEMP临时表空间，并将其作为整个Oracle数据库和用户的默认临时表空间。一个临时表空间可以被多个用户使用，而永久表空间不能作为临时表空间使用。

下面的语句可以查询当前数据库使用的默认临时表空间。

```
SQL>DESC DATABASE_PROPERTIES;
名称                       空值          类型
--------------------------------------------------------------------------
PROPERTY_NAME             NOT NULL      VARCHAR2(30)
PROPERTY_VALUE                          VARCHAR2(4000)
DESCRIPTION                             VARCHAR2(4000)

SQL>SELECT PROPERTY_NAME,PROPERTY_VALUE
    FROM DATABASE_PROPERTIES
    WHERE PROPERTY_NAME='DEFAULT_TEMP_TABLESPACE';
PROPERTY_NAME                PROPERTY_VALUE
--------------------------------------------------------------------------
DEFAULT_TEMP_TABLESPACE TEMP
```

5.3.1 创建临时表空间

创建临时表空间可以使用CREATE TEMPORARY TABLESPACE语句。

```
SQL>CREATE TEMPORARY TABLESPACE TEST_TEMP
    TEMPFILE'D:\APP\ADMINISTRATOR\ORADATA\ORCL\TEST_TEMP01.DBF'
    SIZE 20M AUTOEXTEND ON NEXT 10M MAXSIZE 2048M
    EXTENT MANAGEMENT LOCAL;
表空间已创建。
```

创建临时表空间完成后，就可以将创建的临时表空间分配给用户使用，或者设为数据库的默认临时表空间。例如，下面的语句可以将临时表空间TEST_TEMP设置为数据库的默认临时表空间。

```
SQL> ALTER DATABASE DEFAULT TEMPORARY TABLESPACE TEST_TEMP;
数据库已更改。
```

下面的语句表示在创建TEST用户时，已经分配了TEST_TEMP临时表空间。

```
SQL>CREATE USER TEST IDENTIFIED BY TEST
    DEFAULT TABLESPACE USERS
    TEMPORARY TABLESPACE TEST_TEMP;
用户已创建。
```

如果在创建用户时没有指定DEFAULT TEMPORARY TABLESPACE子句，那么用户将使用数据库的默认临时表空间作为用户的默认临时表空间。当然，用户创建以后，可以通过ALTER USER语句来修改用户的临时表空间。

5.3.2 创建临时表空间组

临时表空间组(Temporary TableSpace Group，TTSG)允许用户在不同的会话中同时利用多个临时表空间。在数据库中可以存在多个临时表空间和多个临时表空间组，可以给用户分配单独的临时表空间或临时表空间组作为该用户的默认临时表空间。

临时表空间组的主要特征如下。

(1) 一个临时表空间组必须至少由一个临时表空间组成。

(2) 如果删除了一个临时表空间组的所有成员，该组也自动被删除。

(3) 临时表空间的名字不能与临时表空间组的名字相同。

(4) 在给用户分配一个临时表空间时，可以使用临时表空间组的名字代替实际的临时表空间名；在给数据库分配默认临时表空间时也可以使用临时表空间组的名字。

使用临时表空间组而非普通的临时表空间，可以带来以下好处。

(1) 由于 SQL 查询可以并发使用几个临时表空间进行排序操作，而在 SQL 查询时很少会出现排序空间超出，因此可以避免当临时表空间不足时所引起的磁盘排序问题。

(2) 可以在数据库级指定多个默认临时表空间。

(3) 并行服务器将有效地利用多个临时表空间。

(4) 一个用户在不同会话中可以同时使用多个临时表空间。

创建临时表空间组是在创建临时表空间时通过指定 GROUP 子句创建的。临时表空间组无法显式创建，当第一个临时表空间分配给该组时自动创建，当组内所有临时表空间被移除时自动删除。

下面的语句创建了两个临时表空间，注意其中的 GROUP 子句。

```
SQL>CREATE TEMPORARY TABLESPACE "TEMP02"
    TEMPFILE 'D:\APP\ADMINISTRATOR\ORADATA\ORCL\TEST_TEMP01A.DBF'
    SIZE 20M REUSE
    AUTOEXTEND ON NEXT 10M MAXSIZE 2048M
    EXTENT MANAGEMENT LOCAL
    TABLESPACE GROUP TEMP_GROUP1;

SQL> CREATE TEMPORARY TABLESPACE "TEMP03"
    TEMPFILE 'D:\APP\ADMINISTRATOR\ORADATA\ORCL\TEST_TEMP01B.DBF'
    SIZE 20M REUSE
    AUTOEXTEND ON NEXT 10M MAXSIZE 2048M
    EXTENT MANAGEMENT LOCAL
    TABLESPACE GROUP TEMP_GROUP1;

SQL>CREATE TEMPORARY TABLESPACE "TEMP04"
    TEMPFILE 'D:\APP\ADMINISTRATOR\ORADATA\ORCL\TEST_TEMP02A.DBF'
    SIZE 20M REUSE
    AUTOEXTEND ON NEXT 10M MAXSIZE 2048M
    EXTENT MANAGEMENT LOCAL
    TABLESPACE GROUP TEMP_GROUP2;

SQL> CREATE TEMPORARY TABLESPACE "TEMP05"
    TEMPFILE 'D:\APP\ADMINISTRATOR\ORADATA\ORCL\TEST_TEMP02B.DBF'
    SIZE 20M REUSE
    AUTOEXTEND ON NEXT 10M MAXSIZE 2048M
    EXTENT MANAGEMENT LOCAL
    TABLESPACE GROUP TEMP_GROUP2;
```

下面通过查看 DBA_TABLESPACE_GROUPS 数据字典确定当前数据库系统存在的临时表空间组和所包含的临时表空间。

```
SQL> DESC DBA_TABLESPACE_GROUPS;
 名称                     是否为空?     类型
 -------------------------------------------------------------
 GROUP_NAME               NOT NULL      VARCHAR2(30)
 TABLESPACE_NAME          NOT NULL      VARCHAR2(30)

SQL> SELECT * FROM DBA_TABLESPACE_GROUPS;
GROUP_NAME     TABLESPACE_NAME
-------------------------------------------------------------
TEMP_GROUP1    TEMP02
TEMP_GROUP1    TEMP03
TEMP_GROUP2    TEMP04
TEMP_GROUP2    TEMP05
```

在 OEM 中，也可以查看到上面创建的两个临时表空间组，如图 5-13 所示。

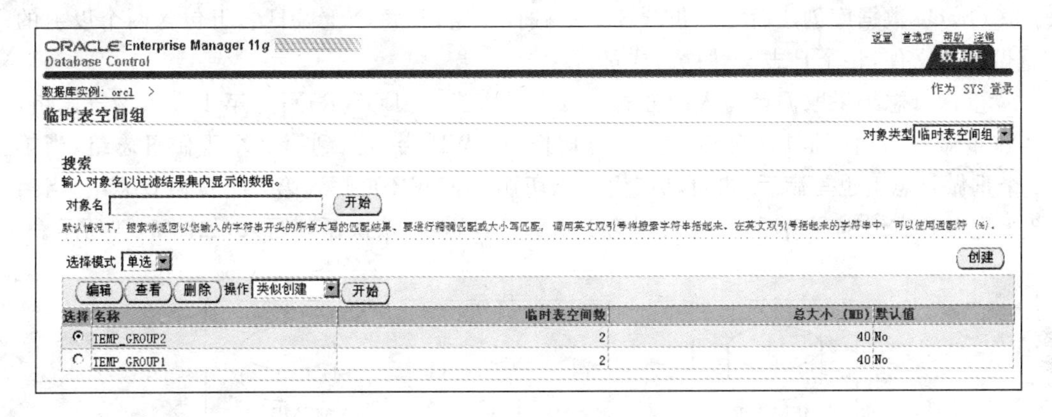

图 5-13　临时表空间组

5.3.3　管理临时表空间组

在管理临时表空间组的成员时，可以往组里添加新的表空间，或将一个表空间从一个组移动另一个组，或是从一个组中删除临时表空间。

下面的语句可以将表空间 TEST_TEMP 添加到临时表空间组 TEMP_GROUP1 中。

```
SQL> ALTER TABLESPACE TEST_TEMP TABLESPACE GROUP TEMP_GROUP1;
表空间已更改。
```

下面的语句可以将临时表空间组 TEMP_GROUP1 中的临时表空间 TEST_TEMP 移动到临时表空间组 TEMP_GROUP2 中。

```
SQL> ALTER TABLESPACE TEST_TEMP TABLESPACE GROUP TEMP_GROUP2;
表空间已更改。
```

下面的语句可以将临时表空间 TEST_TEMP 从临时表空间组 TEMP_GROUP2 中

删除。

```
SQL> ALTER TABLESPACE TEST_TEMP TABLESPACE GROUP '';
表空间已更改。
```

删除后的临时表空间 TEST_TEMP 仍然存在并可以供用户使用，只是不属于临时表空间组而已。

下面的语句使数据库使用默认临时表空间组 TEMP_GROUP1。

```
SQL> ALTER DATABASE DEFAULT TEMPORARY TABLESPACE TEMP_GROUP1;
数据库已更改。
```

5.4　日志文件

日志文件将数据库中所有数据库的变化都记录下来，日志文件的内容就是重做记录，又称重做项，每个重做项由一个系统修改号码(SCN)标记。日志文件分为重做日志文件和归档日志文件。重做日志文件的主要目的就是为了进行恢复。

Oracle 数据库创建后一般包含 3 组重做日志组，且每个重做日志组包含两个以上的重做日志文件，每个日志文件称为成员。

重做日志组采取循环写入的方式。日志写入进程(LGWR)写入第 1 个重做日志组，当该重做日志组写满后，自动产生日志切换，LGWR 会写入到第 2 个重做日志组，当第 2 个重做日志组也写满后，再自动产生日志切换，LGWR 再写入第 3 个重做日志组，当第 3 个重做日志组也写满后，再写入到第 1 个重做日志组，依次循环写入，如图 5-14 所示。

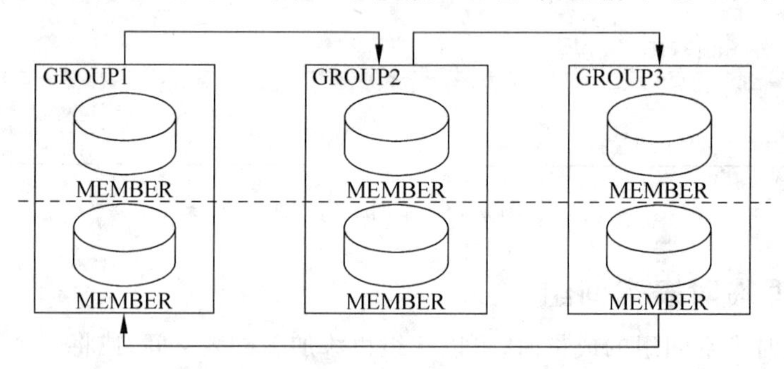

图 5-14　LGWR 循环写入重做日志组

Oracle 系统支持多路复用重做日志文件，即将重做日志文件的多个副本保存在不同的物理磁盘上或者同一个磁盘的不同位置上，LGWR 将重做日志同步写入到多个副本的重做日志文件中，并自动维护这些副本，可以大大减少 Oracle 系统因磁盘 I/O 失败或文件丢失而出错的可能性。Oracle 系统建议将重做日志组成员放置在不同的物理磁盘上，这样即使单一磁盘访问失败，那么只要有一个日志组成员能够正常被 LGWR 访问，Oracle 系统仍然可以正常运行。

注意：如果 Oracle 系统运行在归档模式下，可以将重做日志文件和归档日志文件存放在不同的磁盘上，以避免 LGWR 和 ARCn 后台进程对重做日志文件的争用。另外，数据文件和重组日志文件也应该存放在不同的磁盘，以减少数据块和重做日志之间的 I/O 冲突。

5.4.1 创建重做日志组及成员

Oracle 要求至少包含两个重做日志组。有时需要增加重做日志组。如果重做日志组内只有一个成员，则需要增加成员，以便多个成员形成一个映像关系。

增加日志组的语句有 ALTER DATABASE 的 ADD LOGFILE 子句。例如，下面的语句增加了一个日志组 GROUP4，且该组有两个成员。

```
SQL> ALTER DATABASE
     ADD LOGFILE GROUP 4(
     'D:\APP\ADMINISTRATOR\ORADATA\ORCL\REDO4A.LOG',
     'D:\APP\ADMINISTRATOR\ORADATA\ORCL\REDO4A.LOG')
     SIZE 51200K;
数据库已更改。
```

下面的语句为当前数据库系统的每组重做日志组添加一个日志成员。

```
SQL>ALTER DATABASE
     ADD LOGFILE MEMBER
     'D:\APP\ADMINISTRATOR\ORADATA\ORCL\REDO1B.LOG' TO GROUNP 1,
     'D:\APP\ADMINISTRATOR\ORADATA\ORCL\REDO2B.LOG' TO GROUNP 2,
     'D:\APP\ADMINISTRATOR\ORADATA\ORCL\REDO3B.LOG' TO GROUNP 3,
     'D:\APP\ADMINISTRATOR\ORADATA\ORCL\REDO4B.LOG' TO GROUNP 4;
数据库已更改。
```

注意：在添加联机重做日志文件时不用指定大小，因为每个重做日志组中的文件都是相互冗余的，因此文件大小必须一致。实际上每一个重做日志组都可以拥有不同于其他重做日志组的大小，不过 Oracle 建议数据库中每组重做日志文件都拥有相同的大小。

5.4.2 移动重做日志文件

如果希望将重做日志文件从一个磁盘移动到另一个磁盘以减少磁盘访问冲突，则可以使用操作系统命令移动重做日志文件，然后使用带有 RENAME FILE 子句的 ALTER DATABSE 语句重定位日志文件的路径。

移动重做日志文件的主要步骤如下。

(1) 关闭数据库，完整备份数据库。

(2) 复制要移动的重做日志文件到新的位置。

(3) 启动并装载数据库，但不打开数据库。

(4) 使用带有 RENAME FILE 子句的 ALTER DATABASE 语句重定位重做日志文件的路径。

(5) 打开数据库，备份控制文件。

下面的语句将当前数据库系统中存在的3个重做日志组的其中各1个日志成员移动到其他位置。

```
SQL> SHUTDOWN IMMEDIATE
数据库已经关闭。
```

```
已经卸载数据库。
ORACLE 例程已经关闭。
SQL> HOST COPY D:\APP\ADMINISTRATOR\ORADATA\ORCL\REDO1B.LOG
        D:\ORADATA\REDO1B.LOG
SQL> HOST COPY D:\APP\ADMINISTRATOR\ORADATA\ORCL\REDO2B.LOG
        D:\ORADATA\REDO2B.LOG
SQL> HOST COPY D:\APP\ADMINISTRATOR\ORADATA\ORCL\REDO3B.LOG
        D:\ORADATA\REDO3B.LOG

SQL> STARTUP MOUNT
ORACLE 例程已经启动。
Total System Global Area   778387456 bytes
Fixed Size                   1374808 bytes
Variable Size              486540712 bytes
Database Buffers           285212672 bytes
Redo Buffers                 5259264 bytes
数据库装载完毕。

SQL> ALTER DATABASE RENAME FILE
        'D:\APP\ADMINISTRATOR\ORADATA\ORCL\REDO1B.LOG',
        'D:\APP\ADMINISTRATOR\ORADATA\ORCL\REDO2B.LOG',
        'D:\APP\ADMINISTRATOR\ORADATA\ORCL\REDO3B.LOG'
        TO
        'D:\ORADATA\REDO1B.LOG',
        'D:\ORADATA\REDO2B.LOG',
        'D:\ORADATA\REDO3B.LOG';
数据库已更改。

SQL> ALTER DATABASE OPEN;
数据库已更改。

SQL>SELECT GROUP#,TYPE ,MEMBER FROM V$LOGFILE;
GROUP# TYPE MEMBER
--------------------------------------------------------------------------
3 ONLINE D:\APP\ADMINISTRATOR\ORADATA\ORCL\REDO03.LOG
2 ONLINE D:\APP\ADMINISTRATOR\ORADATA\ORCL\REDO02.LOG
1 ONLINE D:\APP\ADMINISTRATOR\ORADATA\ORCL\REDO01.LOG
1 ONLINE D:\ORADATA\REDO1B.LOG
2 ONLINE D:\ORADATA\REDO2B.LOG
3 ONLINE D:\ORADATA\REDO3B.LOG
```

在 OEM 中查看重做日志文件信息，发现日志文件的存放位置的确已发生改变。

5.4.3 删除重做日志组及成员

在使用 ALTER DATABASE DROP LOGFILE 命令删除重做日志组时，不能删除当前系统正在使用(Current)或活动(Active)状态的重做日志组。删除重做日志组必须具有 ALTER DATABASE 的系统权限。

例如，要删除日志组 GROUP 4，可以使用下面的语句。

```
SQL>ALTER DATABASE DROP LOGFILE GROUP 4;
数据库已更改。
```

值得注意的是在 Oracle 系统没有使用 Oracle 管理文件(OMF)功能时,ALTER DATABASE DROP LOGFILE 命令只删除该重做日志组在数据字典中的定义,不会删除操作系统中对应的物理文件,如果需要删除对应的物理文件,DBA 必须手动通过操作系统命令进行删除。如果 Oracle 系统使用 OMF 功能,则 Oracle 将自动完成对物理文件的清理工作。

Oracle 系统还支持删除重做日志成员,可以使用 ALTER DATABASE DROP LOGFILE MEMBER 语句。但要确保删除后该重做日志组中至少还拥有一个组员,不然系统会提示删除错误,系统会提示"ORA-00361:无法删除最后一个日志成员"。

下面的语句删除日志组 GROUP 4 中的一个日志成员。

```
SQL>ALTER DATABASE DROP LOGFILE MEMBER
      'D:\APP\ADMINISTRATOR\ORADATA\ORCL\REDO4C.LOG';
数据库已更改。
```

如果要删除一个当前活动的日志成员,首先必须进行日志切换。

5.4.4 日志切换

在默认情况下,当重做日志文件写满后 Oracle 系统会自动发生日志切换。此时,Oracle 系统将向下一个要写入的重做日志产生一个新的 SCN 号,执行一个检查点。

Oracle 允许用户强制执行日志切换,使当前活动组变成非活动组,以便 DBA 能够执行某项管理和维护的工作,如删除一个当前活动的日志成员,首先必须进行日志切换。

强制日志切换的语句是 ALTER SYSTEM SWITCH LOGFILE,执行此项操作必须具有 ALTER SYSTEM 系统权限。

下面的语句可以删除当前重做日志组 GROUP 3 的日志成员,系统提示当前正在使用,此时进行强制日志切换,再删除就可以了。

```
SQL> SELECT GROUP#,MEMBERS,STATUS FROM V$LOG;
    GROUP#         MEMBERS  STATUS
-------------------------------------------------
             1           2          INACTIVE
             2           2          INACTIVE
             3           2          CURRENT

SQL>ALTER DATABASE DROP LOGFILE MEMBER 'D:\ORADATA\REDO3B.LOG';
  ALTER DATABASE DROP LOGFILE MEMBER 'D:\ORADATA\REDO3B.LOG'
*
第 1 行出现错误:
ORA-01609:日志 3 是线程 1 的当前日志 - 无法删除成员
ORA-00312:联机日志 3 线程 1:
'D:\APP\ADMINISTRATOR\ORADATA\ORCL\REDO03.LOG'
ORA-00312:联机日志 3 线程 1:'D:\ORADATA\REDO3B.LOG'
```

```
SQL> ALTER SYSTEM SWITCH LOGFILE;
系统已更改。

SQL> ALTER DATABASE DROP LOGFILE MEMBER 'D:\ORADATA\REDO3B.LOG';
数据库已更改。
```

5.4.5 清除重做日志文件

在数据库实例处于打开状态时，重做日志文件可能发生损坏而不能归档，导致数据库停止提供服务。此时，可以在不关闭数据库的情况下使用 ALTER DATABASE CLEAR LOGFILE 语句清除重做日志文件的内容。

下面的语句清除 GROUP 3 中的日志文件内容。

```
SQL>ALTER DATABASE CLEAR LOGFILE GROUP 3;
数据库已更改。
```

此时，该重做日志组的 STATUS 为 UNUSED，序列号为 0。

如果受到损坏的重做日志文件还没有归档，则可以使用下面的语句。

```
SQL>ALTER DATABASE CLEAR UNARCHIVED LOGFILE GROUP 3;
```

这样，可以清除损坏没有归档的重做日志，并避免归档这些日志。

Oracle 系统规定当系统中仅存在两个重做日志组或者受到损坏的重做日志文件处于当前组时不能清除重做日志。

5.4.6 设置数据库为归档模式

Oracle 数据库可以运行在两种模式下：归档模式和非归档模式。Oracle 数据库默认运行在非归档模式下。归档就是 Oracle 自动将写满（或被切换）的联机重做日志文件复制到指定路径下，并按照相应规则重命名。归档模式能提高 Oracle 数据库的可恢复性。在开发和测试环境中，数据库一般运行在非归档模式下，有利于系统应用的调整，也避免生成大量的归档日志文件占用额外的磁盘空间。但生产数据库都应该运行在归档模式下，因为这将有效预防灾难，保证系统安全。

归档模式应该和相应的备份策略相结合，通过定时备份数据库和在两次备份间隔之间的日志文件，可以有效地恢复这段时间的任何时间点的数据，在很多时候采用这种方法可以挽回或最大可能地减少数据丢失。

下面介绍如何将数据库设置为归档模式。首先查看当前数据库的运行模式。

```
SQL> ARCHIVE LOG LIST
数据库日志模式          非存档模式
自动存档                禁用
存档终点                USE_DB_RECOVERY_FILE_DEST
最早的联机日志序列      158
当前日志序列            160
```

或者使用下面的语句查看数据库的运行模式。

```
SQL> SELECT NAME,LOG_MODE FROM V$DATABASE;
```

```
NAME      LOG_MODE
------------------------------
ORCL      NOARCHIVELOG
```

在切换归档模式之前应关闭正在运行的数据库。

```
SQL> SHUTDOWN IMMEDIATE;
数据库已经关闭。
已经卸载数据库。
ORACLE 例程已经关闭。
```

启动并装载数据库，但不打开数据库。

```
SQL> STARTUP MOUNT
ORACLE 例程已经启动。
Total System Global Area   778387456 bytes
Fixed Size                   1374808 bytes
Variable Size              486540712 bytes
Database Buffers           285212672 bytes
Redo Buffers                 5259264 bytes
数据库装载完毕。
```

修改数据库的运行模式为归档模式，如果要将归档模式切换为非归档模式，则使用ALTER DATABASE NOARCHIVELOG 语句。

```
SQL> ALTER DATABASE ARCHIVELOG;
数据库已更改。
```

接下来打开数据库。

```
SQL> ALTER DATABASE OPEN;
数据库已更改。
```

此时，查看数据库的运行模式，发现已经是归档模式。

```
SQL> ARCHIVE LOG LIST;
数据库日志模式          存档模式
自动存档                启用
存档终点                USE_DB_RECOVERY_FILE_DEST
最早的联机日志序列      158
下一个存档日志序列      160
当前日志序列            160
```

在归档模式下，当重做日志文件被重用前，Oracle 首先需要确认该重做日志是否已经被归档，如果没有，那么首先必须对该重做日志进行归档，而后才能重用该联机重做日志文件。虽然每个联机重做日志文件组中可以有多个成员，不过归档时，每组仅会生成一个归档文件。

在默认情况下，ARCn 后台进程会在联机重做日志文件被写满之后再触发归档操作，当然 DBA 也可以通过手动进行归档。下面的语句可对所有未归档的重做日志归档。

```
SQL>ALTER SYSTEM SYSTEM ARCHIVE LOG ALL;
```

5.4.7 LogMiner 工具的使用

LogMiner 是 Oracle 系统用于分析日志文件的工具，包括对重做日志文件和归档日志文件进行分析，并将分析结果保存到 V$LOGMNR_CONTENTS 中，以及用户可以通过查询该视图从而获取对 Oracle 数据库操作的历史信息。

1. 安装 LogMiner

调用下面的脚本安装 LogMiner。

```
SQL> @? /RDBMS/ADMIN/DBMSLM.SQL
程序包已创建。
授权成功。
同义词已创建。
SQL> @? /RDBMS/ADMIN/DBMSLMD.SQL
程序包已创建。
同义词已创建。
```

这样，LogMiner 工具就安装好了。其中，DBMSLM.SQL 是用来创建 DBMS_LOGMNR 的系统包，这个包是用来分析日志的。DBMSLMD.SQL 是用来创建 DBMS_LOGMNR_D 的系统包，这个包是用来创建数据字典文件的。注意以上两个包的创建用户须具有 SYSDBA 系统权限。

2. 创建数据字典文件

在安装好 LogMiner 之后，为了能够正常使用 LogMiner，还需创建数据字典文件，用于日志分析需要。在初始化参数文件 SPFILE 中，通过设定 UTL_FILE_DIR 参数来指定数据字典文件的位置目录。

下面的语句用来设置 UTL_FILE_DIR 参数并创建数据字典文件。

```
SQL> SHOW PARAMETER SPFILE;
NAME TYPE VALUE
------------------------------------------------------------
SPFILE   STRING   D:\APP\ADMINISTRATOR\PRODUCT\11.2.0\
                          DBHOME_1\DATABASE\SPFILEORCL.ORA
SQL>ALTER SYSTEM SET UTL_FILE_DIR='D:\ORACLE' SCOPE=SPFILE;
系统已更改。
```

重启数据库系统后，该参数才能生效，且需执行下面的语句。

```
SQL> SHUTDOWN IMMEDIATE;
SQL> STARTUP
SQL> SHOW PARAMETER UTL_FILE_DIR
NAME              TYPE              VALUE
------------------------------------------------------------------
UTL_FILE_DIR      STRING            D:\ORACLE
```

接着开始创建数据字典。

```
SQL>EXEC DBMS_LOGMNR_D.BUILD(DICTIONARY_FILENAME=>'DICT.ORA',
     DICTIONARY_LOCATION=>'D:\ORACLE');
```

```
PL/SQL 过程已成功完成。
```

此时，查看D盘下的Oracle目录，可以发现已经存在DICT.ORA文件。至此，数据字典文件也已经创建成功。

3. 添加分析列表中的日志文件

可以用来添加需要进行分析的日志文件列表的语句如下。

```
SQL> SELECT MEMBER FROM V$LOGFILE;
MEMBER
--------------------------------------------------------------------------------
D:\APP\ADMINISTRATOR\ORADATA\ORCL\REDO01.LOG
D:\APP\ADMINISTRATOR\ORADATA\ORCL\REDO02.LOG
D:\APP\ADMINISTRATOR\ORADATA\ORCL\REDO03.LOG
已选择3行。
```

这里，将日志成员添加到分析列表，语句如下。

```
SQL>EXEC DBMS_LOGMNR.ADD_LOGFILE(
       LOGFILENAME=>'D:\APP\ADMINISTRATOR\ORADATA\ORCL\REDO01.LOG',
       OPTIONS=>DBMS_LOGMNR.ADDFILE);
PL/SQL 过程已成功完成。

SQL>EXEC DBMS_LOGMNR.ADD_LOGFILE(
       LOGFILENAME=>'D:\APP\ADMINISTRATOR\ORADATA\ORCL\REDO02.LOG',
       OPTIONS=>DBMS_LOGMNR.ADDFILE);
PL/SQL 过程已成功完成。

SQL>EXEC DBMS_LOGMNR.ADD_LOGFILE(
       LOGFILENAME=>'D:\APP\ADMINISTRATOR\ORADATA\ORCL\REDO03.LOG',
       OPTIONS=>DBMS_LOGMNR.ADDFILE);
PL/SQL 过程已成功完成。
```

查看V$LOGMNR_LOGS动态性能视图，可以看到分析列表中目前的日志成员。

```
SQL> SELECT FILENAME FROM V$LOGMNR_LOGS;
FILENAME
--------------------------------------------------------------------------------
D:\APP\ADMINISTRATOR\ORADATA\ORCL\REDO01.LOG
D:\APP\ADMINISTRATOR\ORADATA\ORCL\REDO02.LOG
D:\APP\ADMINISTRATOR\ORADATA\ORCL\REDO03.LOG
```

如果需要从分析列表里去掉一个文件用如RED002.LOG，可执行下面的语句。

```
SQL> EXEC DBMS_LOGMNR.REMOVE_LOGFILE(
'D:\APP\ADMINISTRATOR\ORADATA\ORCL\REDO02.LOG');
PL/SQL 过程已成功完成。

SQL> SELECT FILENAME FROM V$LOGMNR_LOGS;
FILENAME
--------------------------------------------------------------------------------
D:\APP\ADMINISTRATOR\ORADATA\ORCL\REDO01.LOG
```

```
D:\APP\ADMINISTRATOR\ORADATA\ORCL\REDO03.LOG
```

4. 分析并查询日志的分析结果

利用 LogMiner 进行日志分析会用到 DBMS_LOGMNR 系统包中的 START_LOGMNR 过程。

```
SQL>EXEC DBMS_LOGMNR.START_LOGMNR(
    DICTFILENAME=>'D:\ORACLE\DICT.ORA');
PL/SQL 过程已成功完成。
```

START_LOGMNR 过程可以指定要分析的时间范围，如下面的语句。

```
SQL> EXEC DBMS_LOGMNR.START_LOGMNR(
    OPTIONS=>DBMS_LOGMNR.DICT_FROM_ONLINE_CATALOG,
    ENDTIME=>TO_DATE('2012-10-14','YYYY-MM-DD'));
PL/SQL 过程已成功完成。
```

分析完毕后所有分析的内容都保存到了 GV$LOGMNR_CONTENTS 和 V$LOGMNR_CONTENTS 动态性能视图里，首先查看 V$LOGMNR_LOGS 的结构信息。

```
SQL> DESC V$LOGMNR_LOGS;
 名称                    是否为空     类型
 -----------------------------------------------------------------
 LOG_ID                               NUMBER
 FILENAME                             VARCHAR2(512)
 LOW_TIME                             DATE
 HIGH_TIME                            DATE
 DB_ID                                NUMBER
 DB_NAME                              VARCHAR2(8)
 RESET_SCN                            NUMBER
 RESET_SCN_TIME                       DATE
 THREAD_ID                            NUMBER
 THREAD_SQN                           NUMBER
 LOW_SCN                              NUMBER
 NEXT_SCN                             NUMBER
 …                                    …
```

同样，可以查看 GV$LOGMNR_CONTENTS 的结构信息。

接着就可以查询感兴趣的内容。例如：

```
SQL>SELECT SCN,TIMESTAMP, SESSION#, SQL_REDO FROM V$LOGMNR_CONT-
ENTS;
SCN     TIMESTAMP  SESSION# SQL_REDO
-----------------------------------------------------------------
5190145 14-10月-12    0         set transaction read write;
5190145 14-10月-12    0
5190145 14-10月-12    0
5190146 14-10月-12    0         commit;
5190146 14-10月-12    0         set transaction read write;
```

```
5190148 14-10 月-12    0    commit;
5190161 14-10 月-12    0    ALTER DATABASE DROP LOGFILE MEMBER
                            'D:\APP\ADMINISTRATOR\ORADATA\ORCL\
                            REDO4A.LOG';
5190164 14-10 月-12    0    commit;
5190165 14-10 月-12    0    set transaction read write;
5190165 14-10 月-12    0
5190166 14-10 月-12    0    ALTER DATABASE DROP LOGFILE MEMBER
                            'D:\APP\ADMINISTRATOR\ORADATA\ORCL\
                            REDO4B.LOG';
5190169 14-10 月-12    0    commit;
...     ...            ...  ...
已选择 18 行。
```

当分析结束后，应当把 V$LOGMNR_CONTENTS 关闭，释放内存。

```
SQL> EXEC DBMS_LOGMNR.END_LOGMNR;
PL/SQL 过程已成功完成。
```

5.5 OMF

5.5.1 什么是 OMF

从 Oracle 9i 数据库开始，Oracle 系统可以使用 OMF(Oracle Manage File)技术管理物理文件。OMF 就是让 Oracle 来管理文件而无须手动指定文件名称、大小以及存放位置等信息。

使用 OMF 需要配置以下两个初始化参数。

(1) DB_CREATE_FILE_DEST 用于指定数据文件和临时文件默认的存放位置，该目录必须是已经存在，可以通过 ALTER SESSION 或者 ALTER SYSTEM 命令动态地改变这个参数。

(2) DB_CREATE_ONLINE_LOG_DEST_*n*：用于指定联机重做日志和控制文件的默认存放位置，该目录必须已经存在。对于多路复用的联机重做日志和控制文件，*n* 可以是从 1 到 5 的值。可以通过 ALTER SESSION 或者 ALTER SYSTEM 命令动态地改变这个参数。如果没有指定 DB_CREATE_ONLINE_LOG_DEST_*n* 参数，则联机重做日志和控制文件将以 DB_CREATE_FILE_DEST 作为默认的存放位置。

在 OMF 的文件命名规则中，文件名由默认的文件系统目录、基于文件类型的文件名称模板和唯一字符串三部分组成。其结构见表 5-2。

表 5-2 OMF 文件的命名规则

文件类型	格 式
数据文件	ora_%t_%u.dbf
临时文件	ora_%t_%u.tmp
联机重做日志文件	ora_%g_%u.log
控制文件	ora_%u.ctl

其中：%t 是表空间的名称，%g 是联机重做日志文件的组号，%u 是一个包含 8 个字符的唯一字符串。

对于 OMF 表空间来说，在删除表空间时将自动删除对应的数据文件。

5.5.2 启用 OMF

默认情况下，OMF 功能没有启用。可以通过下面的语句来确认 OMF 是否启用。

```
SQL> SHOW PARAMETER DB_CREATE_FILE_DEST;
NAME                    TYPE       VALUE
-------------------------------------------------------------------------------
DB_CREATE_FILE_DEST     STRING
```

如果 VALUE 为空，则表明 OMF 未启用。

通过更改 DB_CREATE_FILE_DEST 和 DB_CREATE_ONLINE_LOG_DEST_*n* 初始化参数来启动 OMF，如下面的语句。

```
SQL> ALTER SYSTEM SET DB_CREATE_FILE_DEST='D:\ORACLE' SCOPE=BOTH;
系统已更改。
```

其中，D:\ORADATA 目录为数据库用来创建和管理数据文件或者临时文件的目录，要求已经存在。DB_CREATE_FILE_DEST 是一个动态参数，修改时需使用 SCOPE=BOTH 选项，这样修改后立即生效，且在数据库重启后仍然有效。因为 SCOPE=BOTH 这个选项表示在内存中更改这个参数值的同时更改服务器参数文件中的参数值。所以数据库重启后修改会被保存下来。不过需要注意的是，此时数据库采用的必须是服务器参数文件，即二进制参数文件。只有如此，利用 ALTER SYSTEM 语句对数据库系统参数的更改才会保存到数据库的初始化参数文件中，下次重新启动后才会继续生效。如果采用的是文本参数文件，那么利用这个命令更改的配置不会被保存到初始化参数文件中。数据库管理员必须要手工更改文本参数文件。所以，在采取这个命令更改参数时，需要确认这个更改是否需要永远有效。如果需要永远有效的话，那么就需要考虑数据库启动的时候使用的初始化参数文件是服务器参数文件还是文本参数文件。可以通过下面的语句确定数据库采用的初始化参数文件。

```
SQL>SHOW PARAMETER SPFILE
NAME     TYPE       VALUE
-----------------------------------------------
SPFILE   STRING     D:\APP\ADMINISTRATOR\PRODUCT\11.2.0\DBHOME_1
                    \DATABASE\SPFILEORCL.ORA
```

或

```
SQL>SHOW PARAMETER PFILE
NAME     TYPE       VALUE
-----------------------------------------------
SPFILE   STRING     D:\APP\ADMINISTRATOR\PRODUCT\11.2.0\DBHOME_1
                    \DATABASE\SPFILEORCL.ORA
```

如果是服务器参数文件那么只需要采用 SCOPE=BOTH 选项即可。如果不是的话，那么就可能在更改内存中的参数值的同时，在数据库初始化文件中也进行相应的更改。

如果使用 OMF 只对数据文件和临时文件进行管理，则只需设置 DB_CREATE_FILE_DEST 初始化参数；如果只对联机重做日志文件和控制文件进行管理，则只需设置 DB_CREATE_ONLINE_LOG_DEST 初始化参数。另外，如果要管理归档日志文件、回闪日志文件和 RMAN 操作文件的存放位置，则需设置 DB_RECOVERY_FILE_DEST 初始化参数。

默认情况下采用 OMF 建立的表空间，是小文件表空间。如果需要创建的是大文件表空间，那么需要采用关键字 BIGFILE。即使启用了 OMF 方式来管理表空间，其实也可以采用传统的表空间管理方式。如通过 CREATE TABLESPACE TEST DATAFILE 'D：\ORADATA\ORCL\TEST.DBF' SIZE 100M 这种方式来建立表空间与数据文件。也就是说 OMF 和传统的表空间管理方式可以并存。

5.5.3 使用 OMF

下面的语句为使用 OMF 来管理数据文件示例。首先查看当前数据库系统中的 DB_CREATE_FILE_DEST 和 DB_CREATE_ONLINE_LOG_DEST 初始化参数的设置情况，确认当前数据库的 OMF 功能是否启用。

```
SQL> SHOW PARAMETER DB_CREATE_FILE_DEST
NAME                          TYPE          VALUE
--------------------------------------------------------------------------------
DB_CREATE_FILE_DEST           STRING

SQL> SHOW PARAMETER DB_CREATE_ONLINE_LOG_DEST
NAME                               TYPE        VALUE
--------------------------------------------------------------------------------
DB_CREATE_ONLINE_LOG_DEST_1        STRING
DB_CREATE_ONLINE_LOG_DEST_2        STRING
DB_CREATE_ONLINE_LOG_DEST_3        STRING
DB_CREATE_ONLINE_LOG_DEST_4        STRING
DB_CREATE_ONLINE_LOG_DEST_5        STRING
```

以上 VALUE 为空，表明 OMF 未启用，接着设置 DB_CREATE_FILE_DEST 和 DB_CREATE_ONLINE_LOG_DEST 这两个初始化参数。

```
SQL> ALTER SESSION SET DB_CREATE_FILE_DEST="D：\ORACLE"；
会话已更改。
SQL> ALTER SESSION SET DB_CREATE_ONLINE_LOG_DEST_1="D：\ORACLE"；
会话已更改。
SQL> SHOW PARAMETER DB_CREATE_FILE_DEST
NAME                        TYPE         VALUE
--------------------------------------------------------------------------------
DB_CREATE_FILE_DEST         STRING       D：\ORACLE
SQL> SHOW PARAMETER DB_CREATE_ONLINE_LOG_DEST
```

```
NAME                              TYPE     VALUE
-----------------------------------------------------------------------------------------
DB_CREATE_ONLINE_LOG_DEST_1       STRING   D:\ORACLE
DB_CREATE_ONLINE_LOG_DEST_2       STRING
DB_CREATE_ONLINE_LOG_DEST_3       STRING
DB_CREATE_ONLINE_LOG_DEST_4       STRING
DB_CREATE_ONLINE_LOG_DEST_5       STRING
```

经过上面对 DB_CREATE_FILE_DEST 和 DB_CREATE_ONLINE_LOG_DEST 这两个初始化参数的设置,就可以使用 OMF 功能。下面创建一个名为 TEST_OMF 的表空间,OMF 奖自动在指定目录下创建数据文件并对之进行自动管理。

```
SQL> CREATE TABLESPACE TEST_OMF;
表空间已创建。
```

此时,可以在 D:\ORACLE 目录下查看到刚刚创建的数据文件 O1_MF_TEST_OMF_5WHMN8QG_.DBF。

如果删除表空间,将自动删除相应的数据文件。

```
SQL> DROP TABLESPACE TEST_OMF;
表空间已删除。
```

OMF 还允许对一个现有的表空间中添加一个 OMF 文件。

```
SQL> ALTER TABLESPACE USERS ADD DATAFILE SIZE 100M;
表空间已更改。
SQL>SELECT TABLESPACE_NAME,FILE_NAME FROM DBA_DATA_FILES
       WHERE TABLESPACE_NAME='USERS';
TABLESPACE_NAMEFILE_NAME
------------------------------------------------------
USERS     D:\APP\ADMINISTRATOR\ORADATA\ORCL\USERS01.DBF
USERS     D:\APP\ADMINISTRATOR\ORADATA\ORCL\USERS02.DBF
USERS     D:\APP\ADMINISTRATOR\ORADATA\ORCL\USERS03.DBF
USERS     D:\ORACLE\ORCL\DATAFILE\O1_MF_USERS_95SXWQ4W_.DBF
```

可以看到新建的 OMF 文件 O1_MF_USERS_95SXWQ4W_.DBF 已经存在。

思考与练习

1. 简述表空间的区间管理有哪几种。
2. 在什么情况下,需要将表空间脱机?
3. 在添加联机重做日志文件时需要指定文件大小吗?
4. 简述改变表空间大小有几种不同的方式。
5. 简述临时表空间的内容。
6. 简述临时表空间组的用途。
7. 简述 Oracle 数据库的两种运行模式的不同。
8. 简述将 Oracle 数据库运行模式设置为归档模式的步骤。

9. 简述 OMF 的优点所在。

10. 设置 Oracle 数据库使用 OMF 的主要步骤。

11. 简述移动非系统表空间和系统表空间的不同。

上机实验

1. 在 SQL * Plus 中创建表空间 MYTBS，初始大小为 20MB，当该表空间的容量不够时自动扩展，且每次扩展的大小为 5MB，最大容量可以扩展到 100MB。

2. 在 SQL * Plus 中将 MYTBS 表空间立即脱机后，然后再联机。

3. 在 SQL * Plus 中修改 MYTBS 表空间的大小为 200MB。

4. 在 SQL * Plus 中将 MYTBS 表空间对应的数据文件移动到上一级目录，如从 D：\APP\ADMINISTRATOR\ORADATA\ORCL\目录移动到 D：\APP\ADMINISTRATOR\ORADATA\目录下。

5. 在 OEM 中创建名为 TEST 的表空间，初始大小为 10MB，可以无限扩展存储空间。

6. 将 SYSTEM 系统表空间对应的数据文件移动到上一级目录，如从 D：\APP\ADMINISTRATOR\ORADATA\ORCL\目录移动到 D：\APP\ADMINISTRATOR\ORADATA\目录下。

7. 在 SQL * Plus 中移去表空间 MYTBS。

8. 在 SQL * Plus 中通过 SQL 语句列出当前数据库中表空间和数据文件的对应关系。

9. 在 SQL * Plus 中列出当前数据库总共有多少个重做日志组，以及各自的状态。

10. 在 SQL * Plus 中列出当前数据库的重做日志组以及当前日志组和序列号信息。

11. 在 SQL * Plus 中对创建一组重做日志组 GROUP 4。

12. 在 SQL * Plus 中对 GROUP 1 增加一个重做日志文件。

13. 在 SQL * Plus 中将重做日志文件组 GROUP 4 移去，并在资源管理器中查看该重做日志文件是否还存在。

14. 在 SQL * Plus 中执行一次日志切换。

15. 启用 Oracle 数据库的 OMF 功能。

第6章

对象管理

本章主要介绍对常见的 Oracle 对象(如表、视图、索引、同义词、序列和数据库链接等)进行管理的知识。

6.1 表管理

表是数据库中最基本、最重要的对象,是实际存储数据的地方。对数据库的许多操作和管理,实际上就是对表的操作和管理。

6.1.1 表简介

按照存储内容的不同,表分为系统表和用户表。系统表又称数据字典,用于存储管理用户数据和数据库本身的数据,记录数据、口令、数据文件的位置等。用户表是由用户建立的,用于存放用户的数据。

按照数据保存时间的长短,表分为永久表和临时表。永久表指表中的数据可以长期保存,通常所讲的表即指永久表。临时表是指暂时存放在内存中的表,会话结束时临时表由系统自动删除。

按照表的结构不同,表分为普通表、分区表(Partitioned Table)、簇表(Clustered Table)、索引组织表(Index-Organized Table,IOT)等。普通表就是最常见的各种应用系统的数据表;分区表中各分区是独立的,可以单独进行管理和操作;簇表是一组表的集合,这些表具有相同的数据块,共享共同的字段,并且经常在一起使用;索引组织表与普通表不同,它的数据是以主键存储方式存储在 B-Tree 索引结构中。

表在关系数据库中代表实体,表的名称用来确定实体名。在一个数据库中,对于某一个用户,表名是唯一的。表由行和列组成。行又称为记录,行的顺序是任意的,一般按照插入数据的先后顺序存放。行在一个表中应该是唯一的,通常由用户在表中添加主键来保证。列又称字段,代表实体的属性。列的顺序也可以任意的。在一个表中的列有一个唯一的名称和规定的数据类型,但在一个数据库中的不同表中,列名可以是相同的。

表 6-1 列出了 Oracle 数据库的表中的列可以使用的主要数据类型。

表 6-1 列的主要数据类型

名 称	说 明
CHAR(N)	定长字符串，最大长度是 2000B。如果不指定长度，默认为 1B
VARCHAR2(N)	可变长字符串，最大长度是 4000B。如果数据长度没有达到设定的最大值 N，ORACLE 会根据数据大小自动调节字段长度
NCHAR(N)	定长字符串，最大长度是 2000B。UNICODE 数据类型，只能存储 UTF-16 和 UTF-8 的数据
NVARCHAR2(N)	可变长度的字符串，最大长度是 4000B。UNICODE 数据类型，只能存储 UTF-16 和UTF-8 的数据。如果数据长度没有达到设定的最大值 N，ORACLE 会根据数据大小自动调节字段长度
LONG	可变长字符串，最大长度是 2GB。用于不需要作字符串搜索的长串数据，如果要进行字符搜索就要用 VARCHAR2 类型。LONG 将来会逐渐被 BLOB、CLOB、NCLOB 等数据类型所取代
NUMBER(P,S)	数值型，存储整数或浮点数。允许 0、正值及负值，P(1～38)是有效数字位，S(－84～127)是小数点以后的位数。如果数值超出了位数限制就会被截取多余的位数，即真正保存到字段中的数值是有效数字的位数长度的数据
BINARY_FLOAT	32 位浮点数，需 5B 存放
BINARY_DOUBLE	64 位浮点数，需 9B 存放
DATE	存储日期和时间格式的数据。默认格式：DD-MON-YYYY。从公元前 4712 年 1 月 1 日到公元 9999 年 12 月 31 日的所有合法日期
TIMESTAMP (F)	时间戳类型，包括年月日时分秒，用于存储精确时间。F(0～9)指定时间格式，默认值是 6
BLOB	存储二进制数据，最大长度是 2GB。适用于存储图像、视频、音频等
NCLOB	多字节国家字符型数据，最大长度是 4GB。适用于存储超长文本
LOB	单字节字符型数据，最大长度是 4GB。适用于存储超长文本
BFILE	保存在数据库外部的大型二进制对象文件，最大长度是 4GB。只能读取，不能写入
ROWID	数据类型是 ORACLE 数据表中的一个伪列，它是数据表中每行数据内在的唯一的标识

用户在创建表时，通常为了实现业务规则，需要为表添加约束条件(Constraint)。表中的每一行都满足约束条件，约束条件包括以下几种。

(1) 主键(Primary Key)：用于强制表中的某一列或多列非空而且唯一，并且保证表中每一行的唯一性。

(2) 唯一键(Unique)：用于强制列值对于表中的每一行必须是唯一的。唯一键与主键的区别在于唯一键的列值可以为空。

(3) 外键(Foreign key)：被设置为外键的列作为另一个表的主键或唯一键，规定了两个表之间的约束关系。

(4) 检查(Check)：通过用户规定一个强制性条件，确保列值在指定范围内。

(5) 默认值(Default)：为表中的某一列设置默认值。当在表中插入一条记录时，如果该列没有指定值，将使用默认值。

(6) 非空(Not Null)：确保被设置为非空的列有一个值。

6.1.2 创建表

在创建表之前，需要估计表的大小、存储参数设置以及表中的数据量的增长速度，以便用户能够更好地管理磁盘空间和提高应用程序对表的访问效率。

创建表的 SQL 命令是 CREATE TABLE 语句。为了在用户模式下创建表，该用户必须具有 CREATE TABLE 系统权限，如果想在其他用户模式下创建表，该用户必须具有 CREATE ANY TABLE 系统权限。此外还必须具有为该表所在的表空间分配的空间限额，或者具有 UNLIMITED TABLESPACE 系统权限。

在 Oracle 的 OEM 创建表比较容易。首先，在浏览器中登录 OEM，然后在“方案”选项卡上的数据库对象中选择“表”选项，打开“表”界面，如图 6-1 所示。

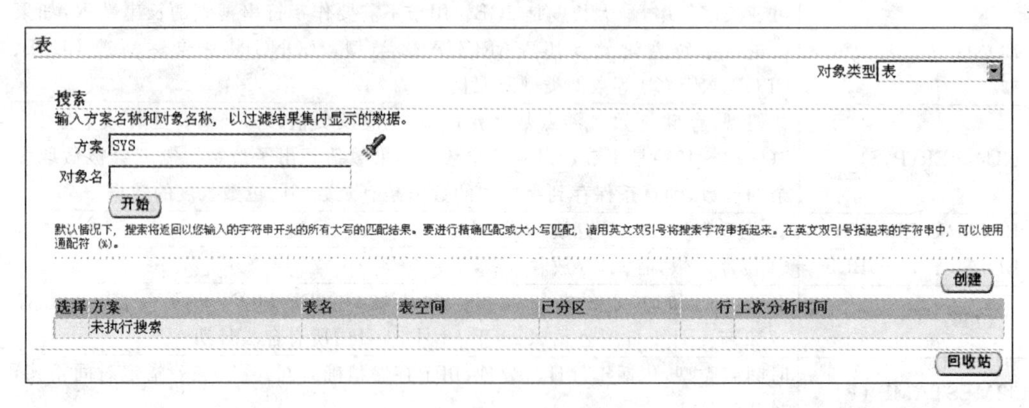

图 6-1 “表”界面

此界面可以用来显示数据库中所有表信息。首先在“方案”文本框中进行选择，默认为 SYS，然后在“对象名”文本框中输入完整或部分的表名称，如输入方案名 HR(或可以通过右边的图标，在打开的“方案选择”界面中进行选择)，对象名保留空白，单击“开始”按钮，在下面的区域将显示查询到的表信息，如图 6-2 所示。

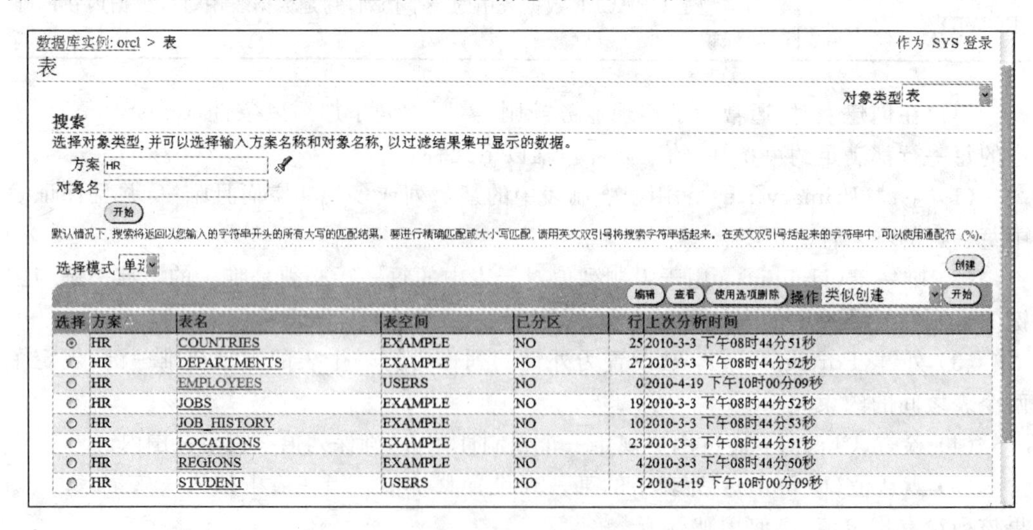

图 6-2 查询到的表信息

在此界面的“一般信息”选项卡中可以完成对表的大部分操作，如创建、编辑、查看和使用选项删除等。这些操作都比较容易，读者可以自行实验。下文中表的管理主要以命令的方式来实现。

1. 创建普通表

创建普通表的操作非常频繁，在各种应用系统中都需要创建大量的普通表用来存储数据。下面的语句在HR模式下创建了一个普通表：EMPLOYEES_DEMO表。

```
SQL>CON HR/HR
已连接。
SQL>CREATE TABLE EMPLOYEES_DEMO
( EMPLOYEE_ID         NUMBER(6),
  FIRST_NAME          VARCHAR2(20) ,
  LAST_NAME           VARCHAR2(25) CONSTRAINT EMP_LAST_NAME NOT NULL,
  EMAIL               VARCHAR2(25) CONSTRAINT EMP_EMAIL NOT NULL,
  PHONE_NUMBER        VARCHAR2(20) ,
  HIRE_DATE DATE DEFAULT SYSDATE CONSTRAINT EMP_HIRE_DATE NOT NULL,
  JOB_ID              VARCHAR2(10) CONSTRAINT EMP_JOB NOT NULL,
  SALARY              NUMBER(8,2) CONSTRAINT EMP_SALARY NOT NULL,
  COMMISSION_PCT      NUMBER(2,2) ,
  MANAGER_ID          NUMBER(6) ,
  DEPARTMENT_ID       NUMBER(4) ,
  DN                  VARCHAR2(300) ,
  CONSTRAINT          EMP_SALARY_MIN_DEMO CHECK (SALARY > 0) ,
  CONSTRAINT          MP_EMAIL_UK_DEMO UNIQUE (EMAIL)
);
表已创建。
```

上面的语句创建了一个包含有12个字段的数据表，并存储在HR用户的默认表空间中，如果想存储在其他表空间中，可以用带有TABLESPACE子句的CREATE TABLE语句来实现。其中，LAST_NAME、EMAIL、HIRE_DATE、JOB_ID、SALARY字段设置了非空的约束条件；HIRE_DATE字段设置了默认值SYSDATE。此外，SALARY字段设置了检查的约束条件，应确保该字段值为正，并将EMAIL字段设置为唯一键。

2. 创建临时表

临时表在应用程序中非常有用，临时表的数据保存在缓存中，当用户退出应用系统时，临时表的数据将自动删除。创建临时表的SQL命令是CREATE GLOBAL TEMPORARY TABLE语句。默认情况下，临时表存储在创建临时表用户的默认临时表空间中，可以通过TABLESPACE子句指定临时表所在的表空间。

创建临时表的重要子句是ON COMMIT，用来指定临时表中的数据存在形式。当ON COMMIT被设置为DELETE ROWS时，临时表中的数据仅在特定事务处理期间存在，事务处理结束后临时表中的数据被自动删除；当ON COMMIT被设置为PRESERVE ROWS时，临时表中的数据仅在特定会话期间存在，会话结束临时表中的数据被自动删除。

下面的语句在HR模式下创建了两个临时表EMPLOYEES_DEMO和TMP_

TEST。

```
SQL>CREATE GLOBAL TEMPORARY TABLE SALARY_LIST
    ON COMMIT PRESERVE ROWS
    AS SELECT EMPLOYEE_ID,LAST_NAME,SALARY FROM EMPLOYEES;
表已创建。

SQL>CREATE GLOBAL TEMPORARY TABLE TMP_TEST(
    ID CHAR(4),
    TITLE VARCHAR2(30))
    ON COMMIT DELETE ROWS;
表已创建。
```

在上面的例子中,第1条语句创建的临时表的数据来自 EMPLOYEES 表,该临时表的数据在会话期间数据存在;第2条语句创建的临时表有两个字段,其数据在特定事务期间有效。

3. 创建分区表

在设计应用系统的数据库时经常会遇到数据量非常大的表,给管理和性能上带来很大的麻烦。假设一个非常大的表分散存储在几个磁盘上,如果其中一个磁盘损坏,就会导致表的数据丢失,并且对于其他损坏的磁盘上的数据也不能访问,当对该表进行备份和迁移时,即使只须对其中的部分数据进行操作,也必须以整个表为单位。再如对这样一个很大的表进行查询时其效率也是非常低的。

分区表可以解决这种情况,可以将该表分割成若干个小表,当再遇到前面所提到的情况时,就能够只对其中的某个或某几个小表进行操作,从而有效地提高了工作效率。Oracle 的分区表可以包括多个分区,且每个分区都是一个独立的段,可以存放到不同的表空间中。分区表对应用系统来说完全透明。在查询时可以通过查询表来访问各个分区中的数据,也可以通过在查询表时直接指定分区的方法来进行查询。

使用分区表的优点如下。

(1) 由于将数据分散到各个分区中,减少了数据损坏的可能性。

(2) 可以对单独的分区进行备份和恢复。

(3) 可以将分区存储到不同的物理磁盘上,来分散 IO 访问。

(4) 提高可管理性、可用性和性能。

创建分区表的 SQL 命令是带有 PARTITION 子句的 CREATE TABLE 语句。Oracle 的分区表可以使用的分区类型有范围分区、哈希分区、列表分区、范围—哈希复合分区、范围—列表复合分区等几种情况,下面分别对这几种分区类型进行介绍。

(1) 范围分区

范围分区(Range Partition)就是根据某列的值的范围进行分区,最典型的范围分区就是根据时间进行分区。例如,下面的语句创建一个范围分区表 SALES。

```
SQL>CREATE TABLE SALES(
    CUSTOMER_ID NUMBER,
    LIST_ID NUMBER,
```

```
    SALE_DATE DATE NOT NULL)
PARTITION BY RANGE (SALE_DATE)
(
    PARTITION P1 VALUES LESS THAN (
          TO_DATE('2005-01-01','YYYY-MM-DD')) TABLESPACE TS_P1,
    PARTITION P2 VALUES LESS THAN (
          TO_DATE('2006-01-01','YYYY-MM-DD')) TABLESPACE TS_P2,
    PARTITION P3 VALUES LESS THAN (
          TO_DATE('2007-01-01','YYYY-MM-DD')) TABLESPACE TS_P3,
    PARTITION P4 VALUES LESS THAN (
          TO_DATE('2008-01-01','YYYY-MM-DD')) TABLESPACE TS_P4,
    PARTITION PMAX VALUES LESS THAN (MAXVALUE) TABLESPACE TS_P5
);
表已创建。
```

上面的例子依据 SALE_DATE 字段创建了范围分区表，将整个 SALES 表分为 5 个分区。其中，2005 年的数据放在 P1 分区，2006 年的数据放在 P2 分区，以此类推，2009 年以后的所有数据放在 PMAX 分区。另外，创建上面的 SALES 分区表，需要先创建好表空间 TS_P1、TS_P2、TS_P3、TS_P4 和 TS_P5，否则系统会提示出错。

(2) 列表分区

当某列的数据为离散值时，可以创建列表分区(List Partition)。假设某列值为 1 时，进入 P1 分区表；为 2 时，进入 P2 分区；为 3 时，进入 P3 分区；为 4 时，进入 P4 分区。例如，下面的语句以销售月份字段 SALE_MONTH 为分区字段，创建了一个列表分区表 SALES。

```
SQL>CREATE TABLE SALES(
       CUSTOMER_ID NUMBER,
       LIST_ID NUMBER,
       SALE_MONTH CHAR(2) NOT NULL)
PARTITION BY LIST (SALE_MONTH)
(
    PARTITION P1 VALUES('01','02','03') TABLESPACE TS_P1,
    PARTITION P2 VALUES('04','05','06') TABLESPACE TS_P2,
    PARTITION P3 VALUES('07','08','09') TABLESPACE TS_P3,
    PARTITION P4 VALUES('10','11','12') TABLESPACE TS_P4
);
表已创建。
```

上面的语句为每一个分区表分配一个表空间。再如下面的语句以 LOCATION 字段为分区字段，创建了一个列表分区表 EMP。

```
SQL>CREATE TABLE EMP (
    EMPNO NUMBER(4),
    ENAME VARCHAR2(30),
    LOCATION VARCHAR2(30))
PARTITION BY LIST (LOCATION)
(
    PARTITION P1 VALUES ('金华','绍兴') TABLESPACE TS_P1,
```

```
    PARTITION P2 VALUES ('杭州','宁波') TABLESPACE TS_P2,
    PARTITION P3 VALUES ('台州','温州') TABLESPACE TS_P3
);
表已创建。
```

(3) 哈希分区

哈希分区(Hash Partition)就是运用哈希函数将数据均匀分布到不同分区,从而使得每个分区存储的数据量大致相同。哈希分区对于一些不太容易划分范围的字段比较合适,如主键值为连续的数值型数据。在创建哈希分区时,分区表的个数应该为2的幂,即2、4、8、16等。

```
SQL>CREATE TABLE EMP (
    EMPNO NUMBER(4),
    ENAME VARCHAR2(30),
    SAL NUMBER)
PARTITION BY HASH (EMPNO)
PARTITIONS 4
STORE IN (TS_P1,TS_P2,TS_P3,TS_P4);
表已创建。
```

上面的语句创建了分区表EMP,包含4个分区,分别存储在4个不同分区。对于哈希分区表,也可以明确指定每个哈希分区的表空间。例如:

```
SQL>CREATE TABLE EMP (
    EMPNO NUMBER(4),
    ENAME VARCHAR2(30),
    SAL NUMBER)
PARTITION BY HASH (EMPNO) (
    PARTITION P1 TABLESPACE TS_P1,
    PARTITION P2 TABLESPACE TS_P2,
    PARTITION P3 TABLESPACE TS_P3,
    PARTITION P4 TABLESPACE TS_P4
);
表已创建。
```

(4) 范围—哈希复合分区

范围—哈希复合分区(Range-Hash Partition)就是先按照范围进行分区,再按照哈希函数进行子分区,如下面的语句先按照HIREDATE字段进行范围分区,再按照EMPNO字段进行哈希子分区。

```
SQL>CREATE TABLE EMP (
    EMPNO NUMBER(4),
    ENAME VARCHAR2(30),
    HIREDATE DATE)
PARTITION BY RANGE (HIREDATE)
SUBPARTITION BY HASH (EMPNO)
SUBPARTITIONS 2 (
    PARTITION P1 VALUES LESS THAN (TO_DATE('2005-01-01','YYYY-MM-DD')),
    PARTITION P2 VALUES LESS THAN (TO_DATE('2008-01-01','YYYY-MM-DD')),
```

```
    PARTITION PMAX VALUES LESS THAN (MAXVALUE)
);
表已创建。
```

(5) 范围—列表复合分区(Range-List Partition)

范围—列表复合分区就是先按照范围进行分区,再按照列表进行子分区,如下面的语句先按照 HIREDATE 字段进行范围分区,再按照 EMPNO 字段进行哈希子分区。

```
SQL>CREATE TABLE EMP (
    EMPNO NUMBER(4),
    ENAME VARCHAR2(30),
    LOCATION VARCHAR2(30),
    HIREDATE DATE)
PARTITION BY RANGE (HIREDATE)
SUBPARTITION BY LIST (LOCATION)
SUBPARTITION TEMPLATE (
    SUBPARTITION P1 VALUES ('金华','绍兴'),
    SUBPARTITION P2 VALUES ('杭州','宁波'),
    SUBPARTITION P3 VALUES ('台州','温州'))
(
    PARTITION P1 VALUES LESS THAN (TO_DATE('2005-01-01','YYYY-MM-DD')),
    PARTITION P2 VALUES LESS THAN (TO_DATE('2008-01-01','YYYY-MM-DD')),
    PARTITION PMAX VALUES LESS THAN (MAXVALUE)
);
表已创建。
```

4. 创建簇表

在创建簇表时,首先要创建簇。簇可以把不同的表的数据存储在同一个物理块中,减少不必要的 IO 操作。对于有主外键关系的表,可以考虑创建簇,把公共的列(字段)放到簇中。但值得注意的是,当进行插入、删除和更新操作时,则会比不建立簇之前要慢,所以要根据应用的实际情况来使用簇。

例如,下面的语句首先创建了一个簇 MY-CLU,然后在簇的基础上创建了一个簇表。

```
SQL>CREATE CLUSTER MY_CLU (DEPTNO NUMBER )
SIZE 1024
TABLESPACE USERS
STORAGE (
    INITIAL 128 K
    NEXT 128 K
    MINEXTENTS 2
    MAXEXTENTS 20
);
簇已创建。
```

在簇建立后,就可以在簇的基础上创建簇表。下面是在 MY_CLU 簇的基础上建立的簇表。

```
SQL>CREATE TABLE DEPT(
```

```
        DEPTNO NUMBER ,
        DNAME VARCHAR2 ( 20 )
) CLUSTER MY_CLU(DEPTNO);
表已创建。

SQL> CREATE TABLE EMP(
        EMPNO NUMBER,
        ENAME VARCHAR2 ( 20 ),
        BIRTH_DATE DATE,
        DEPTNO NUMBER
) CLUSTER MY_CLU(DEPTNO);
表已创建。
```

注意： 其中的簇所在字段与簇表中的公共字段要保持一致。

在簇表建立后，如果想在簇表中插入数据，必须为簇创建索引。为簇创建索引的语句如下。

```
SQL>CREATE INDEX CLU_INDEX ON CLUSTER MY_CLU;
索引已创建。
SQL> INSERT INTO DEPT VALUES(1,'技术部');
已创建 1 行。
```

如果没有为簇建立索引，在直接插入数据时就会出错，错误提示如“ORA-02032：聚簇表无法在簇索引建立之前使用”。

5. 创建索引组织表

索引组织表是一种特殊的表，它将数据和索引存储在一起，以 B 树索引的形式来组织。而普通表采用堆(STACK)来组织，堆是一种无序的组织方式。索引组织表必须指定主键，且表中的数据都存储在主键所在的索引的叶节点中。

索引表是主要用来提高查询效率的一种表，适合于一些通过主键进行查询的表。如果使用普通表，则在通过主键索引查询时，需要访问两个数据块，一个是索引块，另一个是表的数据块；而如果使用索引组织表，则只需访问一个数据块即可，因为表的数据就存储在索引块中。

对于一些表中的数据变化非常频繁，而且需要在非主键的字段上建立索引的普通表来说，并不适合建立索引组织表。

创建索引组织表可以使用带有 ORGANIZATION INDEX 子句的 CREATE TABLE 语句，其基本语法如下。

```
CREATE TABLE 表名
    (列名 数据类型 [,列名 数据类型]...
    CONSTRAINT 约束名 PRIMARY KEY(列名) )
ORGANIZATION INDEX
PCTTHRESHOLD 数值
INCLUDING 列名
TABLESPACE 表空间名
OVERFLOW TABLESPACE 表空间名
STORAGE 子句
```

其中,CONSTRAINT 表明必须指定主键；PCTTHRESHOLD 为在索引数据块中为索引表保留的空间百分比,当超过这一比例时将被存储在溢出数据段中；INCLUDING 指定了哪些非主键列与主键列存储在一起；OVERFLOW TABLESPACE 用于指定溢出数据段所在的表空间。

下面的语句创建一个索引表。

```
SQL> CREATE TABLE EMP (
    EMPNO NUMBER (10),
    ENAME VARCHAR2 (20),
    BIRTH_DATE DATE ,
    DEPTNO NUMBER,
    CONSTRAINT PK_EMP_EMPNO PRIMARY KEY (EMPNO))
ORGANIZATION INDEX
PCTTHRESHOLD 40
INCLUDING DEPTNO
TABLESPACE USERS
OVERFLOW TABLESPACE MYTS;
表已创建。
```

6.1.3　将普通表转变为分区表

Oracle 的普通表不允许通过修改属性的方法直接转变为分区表,必须通过重建的方式进行转变。Oracle 系统可以采用以下 3 种方式将普通表转变为分区表。

1. 利用原表重建

利用原表重建分区表的方法简单易用,它采用 DDL 语句,不会产生 UNDO 操作,且只产生少量 REDO 操作,效率相对较高,而且在建表完成后数据已经在分布到各个分区中了。该方法适用于修改不频繁的表,在空闲时进行操作,以及表的数据量不宜太大的情况。

利用原表重建分区表的基本步骤如下。

(1) 把原表重命名。

(2) 创建跟原表名称相同的分区表。

(3) 将原表上的触发器、主键、索引等应用到分区表上。

(4) 删除原表。

这种方法的不足在于对数据的一致性方面还需要额外的考虑,由于几乎没有办法通过手工锁定表的方式保证一致性,在执行 CREATE TABLE 语句和 RENAME 语句直接修改时可能会丢失数据,如果要保证一致性,需要在执行完语句后对数据进行检查,而这个代价是比较大的。另外在执行两个 RENAME 语句之间执行访问会失败。

下面以 HR 用户的 EMPLOYEES 表为例,将该表转变为分区表。

```
SQL> CREATE TABLE HR.EMPLOYEES_NEW
      PARTITION BY RANGE (HIRE_DATE) (
        PARTITION P1 VALUES LESS THAN (TO_DATE('1998-1-1', 'YYYY-MM-DD')),
        PARTITION P2 VALUES LESS THAN (TO_DATE('1999-1-1', 'YYYY-MM-DD')),
        PARTITION P3 VALUES LESS THAN (TO_DATE('2000-1-1', 'YYYY-MM-DD')),
```

```
        PARTITION P4 VALUES LESS THAN (MAXVALUE))
AS SELECT * FROM EMPLOYEES;
表已创建。

SQL> RENAME EMPLOYEES TO EMPLOYEES_OLD;
表已重命名。

SQL> RENAME EMPLOYEES_NEW TO EMPLOYEES;
表已重命名。
SQL> SELECT COUNT(1) FROM EMPLOYEES;
```

然后，再执行下面的查询语句来对数据进行检查。

```
SQL> SELECT COUNT(1) FROM EMPLOYEES PARTITION (P1);
SQL> SELECT COUNT(1) FROM EMPLOYEES PARTITION (P2);
SQL> SELECT COUNT(1) FROM EMPLOYEES PARTITION (P3);
SQL> SELECT COUNT(1) FROM EMPLOYEES PARTITION (P4);
```

这样，EMPLOYEES 表就转变成分区表。

2. 交换分区

交换分区(Exchange Partition)只对数据字典中分区和表的定义进行了修改，没有数据的修改或复制，即不使用 AS SELECT 子句，效率最高，适用于将包含大数据量的表转到分区表中的一个分区的操作，如果要求数据分布到多个分区中，则需要进行分区的分裂(Split)操作，会增加操作的复杂度，效率也会降低。交换分区方法应尽量在空闲时段进行。

交换分区的一般步骤如下。

(1) 创建分区表。

(2) 交换分区。

(3) 原表重命名。

(4) 将新表重命名为原表名。

(5) 删除原表。

(6) 创建新表触发器和索引。

交换分区的方法仍然存在一致性问题，在交换分区之后重命名原表名之前，查询、更新和删除会出现错误或访问不到数据。

下面的语句使用交换分区的方法将 EMPLOYEES 表转变为分区表。

```
SQL> CREATE TABLE HR.EMPLOYEES_NEW (
        EMPLOYEE_ID NUMBER(6),
        FIRST_NAME VARCHAR2(20),
        LAST_NAME VARCHAR2(25),
        EMAIL VARCHAR2(25),
        PHONE_NUMBER VARCHAR2(20),
        HIRE_DATE DATE,
        JOB_ID VARCHAR2(10),
        SALARY NUMBER(8, 2),
```

```
        COMMISSION_PCT NUMBER(2, 2),
        MANAGER_ID NUMBER(6),
        DEPARTMENT_ID NUMBER(4))
    PARTITION BY RANGE (HIRE_DATE)
    (
        PARTITION P1 VALUES LESS THAN (TO_DATE('2001-1-1', 'YYYY-MM-DD')),
        PARTITION P2 VALUES LESS THAN (MAXVALUE));
表已创建。

SQL> ALTER TABLE EMPLOYEES_NEW
        EXCHANGE PARTITION P1 WITH TABLE EMPLOYEES;
表已更改。
SQL> RENAME EMPLOYEES TO EMPLOYEES_OLD;
表已重命名。
SQL> RENAME EMPLOYEES_NEW TO EMPLOYEES;
表已重命名。
```

这样，EMPLOYEES 表就转变成分区表。

注意：当交换分区时需要删除原表的主键、唯一键等约束条件，当转换分区表完成后，再添加这些约束条件。

3. 在线重定义

在线重定义用到 Oracle 系统包 DBMS_REDEFINITION。这种方法适用于各种情况，能够保证数据的一致性和可用性。

这种方法具有很强的灵活性，对各种不同的应用需要都能够满足。而且可以在切换前进行相应的授权并建立各种约束，可以在做到切换完成后不再需要任何额外的管理操作。不过这种方法实现起来略显复杂。

下面以一个示例来说明在线重定义的使用过程。

```
SQL> CREATE TABLE T (ID NUMBER PRIMARY KEY, TIME DATE);
表已创建。
SQL> INSERT INTO T SELECT ROWNUM, SYSDATE-ROWNUM FROM
    DBA_OBJECTS WHERE ROWNUM <= 2000;
已创建 2000 行。
SQL> COMMIT;
提交完成。

SQL> EXEC DBMS_REDEFINITION.CAN_REDEF_TABLE(USER, 'T');
PL/SQL 过程已成功完成。

SQL> CREATE TABLE T_NEW(ID NUMBER PRIMARY KEY,TIME DATE)
    PARTITION BY RANGE (TIME) (
      PARTITION P1 VALUES LESS THAN (TO_DATE('2009-9-1', 'YYYY-MM-DD')),
      PARTITION P2 VALUES LESS THAN (TO_DATE('2010-1-1', 'YYYY-MM-DD')),
      PARTITION P3 VALUES LESS THAN (TO_DATE('2010-4-1', 'YYYY-MM-DD')),
      PARTITION P4 VALUES LESS THAN (MAXVALUE));
表已创建。
```

```
SQL> EXEC DBMS_REDEFINITION.START_REDEF_TABLE(USER, 'T', 'T_NEW');
PL/SQL 过程已成功完成。
SQL> EXEC DBMS_REDEFINITION.FINISH_REDEF_TABLE(USER, 'T', 'T_NEW');
PL/SQL 过程已成功完成。
```

至此,使用在线重定义的方法来将表转变为分区表的操作完成。

6.1.4 修改和删除表

1. 修改表

修改表的 SQL 命令是 ALTER TABLE 语句,常用的语法格式如下。

(1) 增加字段

```
ALTER TABLE [模式名.]表名 ADD [字段名 数据类型] , ...
```

如下面的语句向 HR 模式下的 EMPLOYEES 表增加一个为 VARCHAR2(100)的 MEMO 字段。

```
SQL>ALTER TABLE EMPLOYEES ADD MEMO VARCHAR2(100);
表已更改。
```

(2) 修改字段

```
ALTER TABLE [模式名.]表名 MODIFY [字段名 数据类型] , ...
```

如下面的语句修改 EMPLOYEES 表中的 MEMO 字段为 VARCHAR2(200)。

```
SQL>ALTER TABLE EMPLOYEES MODIFY MEMO VARCHAR2(200);
表已更改。
```

(3) 删除字段

```
ALTER TABLE [模式名.]表名{
    DROP COLUMN 字段名[CASCADE CONSTRAINTS] | DROP (字段名,...)
} CASCADE CONSTRAINTS
```

或

```
ALTER TABLE [模式.]表名{
    SET UNUSED 字段名[CASCADE CONSTRAINTS] |SET UNUSED (字段名,...)
} CASCADE CONSTRAINTS
```

其中,CASCADE CONSTRAINTS 选项用于删除带有约束条件的单个字段,如主键、外键等;如果删除多个字段,则无论其中的某个字段是否带有约束条件都不需要此选项。

如下面的语句删除 EMPLOYEES 表中的 MEMO 字段。

```
SQL> ALTER TABLE EMPLOYEES DROP COLUMN MEMO;
表已更改。
```

或者使用下面的语句删除 MEMO 字段。

```
SQL>ALTER TABLE EMPLOYEES SET UNUSED ("MEMO") CASCADE CONSTRAINTS;
表已更改。
```

(4) 重命名字段

```
ALTER TABLE [模式名.]表名 RENAME COLUMN 旧字段名 TO 新字段名
```

如下面的语句将 EMPLOYEES 表中的 MEMO 字段重命名为 MEMO1。

```
SQL> ALTER TABLE EMPLOYEES RENAME COLUMN MEMO TO MEMO1;
表已更改。
```

(5) 修改表名称

```
RENAME 旧表名 TO 新表名
```

如下面的语句修改 EMPLOYEE 表名为 EMPLOYEES1,然后再修改回来。

```
SQL>RENAME EMPLOYEES TO EMPLOYEES1;
表已重命名。
SQL>RENAME EMPLOYEES1 TO EMPLOYEES;
表已重命名。
```

2. 删除表

删除表的 SQL 语句是 DROP TABLE 语句,基本的语法如下。

```
DROP TABLE 表名 [ CASCADE CONSTRAINTS ] [ PURGE ] ;
```

其中,CASCADE CONSTRAINTS 选项用来删除表上的主键和唯一键上的引用约束条件。PURGE 选项用来在删除表的同时释放空间。

例如,要删除 HR 模式的 EMPLOYEES 表可以使用下面的语句。

```
SQL>DROP TABLE EMPLOYEES;
表已删除。
```

6.1.5 向表中插入数据

下面的 SQL 语句向 HR 模式下的 STUDENT 表中插入数据。

```
SQL> CONNECT HR/HR@ORCL
已连接。

SQL> CREATE TABLE STUDENT(
    NO              CHAR(8) PRIMARY KEY,
    NAME            VARCHAR2(20) NOT NULL,
    SEX             CHAR(5) CHECK (SEX='男' OR SEX='女'),
    BIRTHDAY        DATE,
    CLASS           VARCHAR2(20));
表已创建。

SQL>INSERT INTO STUDENT VALUES('01203001','王晓英','女',
    TO_DATE('1980-08-01', 'YYYY/MM/DD'),'计算机 2030');
已创建 1 行。
SQL>INSERT INTO STUDENT VALUES('01203002','周成','男',
```

```
    TO_DATE('1981-05-12', 'YYYY/MM/DD'),'计算机 2030');
已创建 1 行。
SQL>INSERT INTO STUDENT VALUES('01203003','张华','女',
    TO_DATE('1980-06-20', 'YYYY/MM/DD'),'计算机 2030');
已创建 1 行。
SQL>INSERT INTO STUDENT VALUES('01203004','谢军','女',
    TO_DATE('1985-06-20', 'YYYY/MM/DD'),'计算机 2030');
已创建 1 行。
SQL>INSERT INTO STUDENT VALUES('02203001','林一文','女',
    TO_DATE('1980-04-15', 'YYYY/MM/DD'),'电子 2030');
已创建 1 行。

SQL>COMMIT;
已提交。

SQL>SELECT * FROM STUDENT;
NO       NAME              SE BIRTHDAY     CLASS
----------------------------------------------------------
01203001 王晓英            女 01-8 月 -80  计算机 2030
01203002 周成              男 12-5 月 -81  计算机 2030
01203003 张华              女 20-6 月 -80  计算机 2030
01203004 谢军              女 20-6 月 -85  计算机 2030
02203001 林一文            女 15-4 月 -80  电子 2030
```

上面的代码首先在 HR 模式下创建了 STUDENT 表，然后使用 INSERT 语句插入测试数据，然后使用 SELECT 语句查询。

6.1.6 有关表的数据字典

Oracle 中有关表的数据字典见表 6-2。

表 6-2 有关表的数据字典

名 称	说 明
DBA_TABLES	数据库中所有表的描述
ALL_TABLES	用户可访问的所有表的描述
USER_TABLES	用户所拥有的表的描述
DBA_CONSTRAINTS	数据库中所有表上约束的描述
USER_CONSTRAINTS	用户所拥有的表的所有约束描述
DBA_TAB_COLUMNS	数据库中所有表、视图、簇的字段描述
ALL_TAB_COLUMNS	用户可访问的所有表、视图、簇的字段描述
USER_TAB_COLUMNS	用户所拥有的表、视图、簇的字段描述
TAB	当前用户的表及视图
TABS	当前用户表的存储及数据的分配信息
CAT	当前用户的表、视图、序列、同义词等对象信息

下面的语句显示 USER_TABLES 表的结构。

```
SQL>DESC USER_TABLES;
名称                是否为空?          类型
------------------------------------------------------------
TABLE_NAME          NOT NULL          VARCHAR2(30)
TABLESPACE_NAME                       VARCHAR2(30)
CLUSTER_NAME                          VARCHAR2(30)
IOT_NAME                              VARCHAR2(30)
PCT_FREE                              NUMBER
PCT_USED                              NUMBER
INI_TRANS                             NUMBER
MAX_TRANS                             NUMBER
INITIAL_EXTENT                        NUMBER
...                 ...               ...
```

可以看出，USER_TABLES 表中有 TABLE_NAME、TABLESPACE_NAME 等字段。

下面的语句显示查看 HR 模式的表信息。

```
SQL>SELECT TABLE_NAME, TABLESPACE_NAME FROM USER_TABLES;
TABLE_NAME                TABLESPACE_NAME
-------------------------------------------------
EMPLOYEES                 USERS
STUDENT                   USERS
COUNTRIES
DEPARTMENTS               EXAMPLE
JOBS                      EXAMPLE
JOB_HISTORY               EXAMPLE
LOCATIONS                 EXAMPLE
REGIONS                   EXAMPLE
已选择 8 行。
```

下面的语句显示 EMPLOYEES 表的字段信息。

```
SQL>SELECT COLUMN_NAME,DATA_TYPE,DATA_LENGTH
      FROM USER_TAB_COLUMNS WHERE TABLE_NAME='EMPLOYEES';
COLUMN_NAME       DATA_TYPE        DATA_LENGTH
------------------------------------------------------------
EMPLOYEE_ID       NUMBER           22
FIRST_NAME        VARCHAR2         20
LAST_NAME         VARCHAR2         25
EMAIL             VARCHAR2         25
PHONE_NUMBER      VARCHAR2         20
HIRE_ DATE        DATE             7
JOB_ID            VARCHAR2         10
SALARY            NUMBER           22
COMMISSION_PCT    NUMBER           22
MANAGER_ID        NUMBER           22
DEPARTMENT_ID     NUMBER           22
```

下面的语句显示 JOBS 表的约束信息。

```
SQL> SELECT CONSTRAINT_NAME,CONSTRAINT_TYPE,TABLE_NAME
     FROM USER_CONSTRAINTS WHERE TABLE_NAME='JOBS';
C CONSTRAINT_NAME            C          TABLE_NAME
-------------------------------------------------------
JOB_TITLE_NN                 C          JOBS
JOB_ID_PK                    P          JOBS
```

6.2 视图管理

6.2.1 视图简介

视图(View)是一种数据库对象,并没有存放数据,而仅仅是一条 SELECT 查询语句。视图允许用户从一个或一组表中通过查询语句创建一个"虚表"。由于视图没有直接相关联的物理数据,所以不能像表那样创建索引。视图创建在表的基础之上,也可以在视图的基础之上再创建视图。

使用视图可以带来以下好处。

1. 附加的安全性

用户在视图上操作不是直接操作表,而是利用视图限制用户访问表中记录的能力,经常使用视图限制用户查看表中的全部数据,还可以限制用户向表中插入数据。

2. 隐藏数据的复杂性

用户可以从多个表中检索数据,但过于复杂烦琐,容易出错。在这种情况下,创建多表查询结果的视图可以方便用户的使用。

3. 更改的灵活性

可以更改组成视图的一个或多个表的内容而不用更改应用程序。例如,在两个表连接的视图中,从一个表中显示 3 列并且从另一个表中显示 4 列。如果前一个表中新增加了 1 列,则对视图的定义不会产生影响,当然也不会影响到建立在此视图基础上的应用程序。

4. 简化编码工作量

一个复杂的视图可以连接多个表中的数据,还可以通过函数等形式来表现实际表中并没有存储的数据,便于在应用程序中查看这些衍生数据,从而可以简化应用程序的编码工作量。在涉及多表操作时,只须处理视图,不必再同时对多表进行操作。

6.2.2 创建视图

创建视图的 SQL 语句是 CREATE VIEW,基本语法如下。

```
CREATE [OR REPLACE] VIEW [模式名.]视图名 [(列名列表)]
    AS
    SELECT 子句
```

```
[WITH READ ONLY]
```

其中,OR REPLACE 选项表示如果已存在同名的视图则替换；列名列表显式定义视图的列,如果省略列名列表,则视图的列名就是 SELECT 子句中涉及的列名称；WITH READ ONLY 子句表示创建的是一个只读视图。

例如,下面的语句在 HR 模式的 EMPLOYEES 表基础上创建视图,且只显示 EMPLOYEES 表中工薪大于 3000 的员工名单。

```
SQL>CREATE OR REPLACE VIEW V_EMPLOYEES AS
    SELECT EMPLOYEE_ID,FIRST_NAME,LAST_NAME,SALARY FROM EMPLOYEES
    WHERE SALARY>=3000;
视图已创建。
```

如果在 OEM 中创建索引,则在 OEM 界面的"方案"选项卡的数据库对象中选择"视图"选项,打开"视图"界面,如图 6-3 所示。

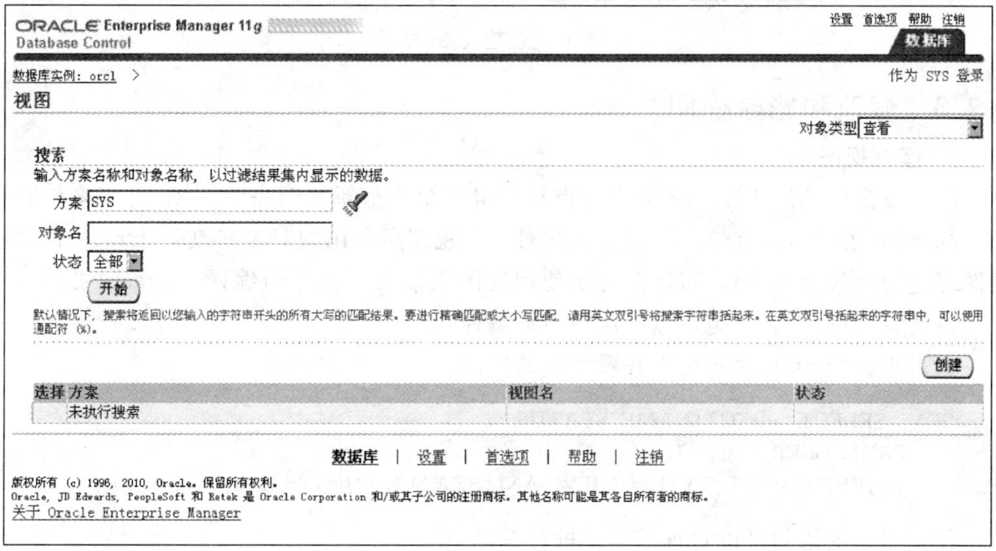

图 6-3　"视图"界面

此界面可以用来显示数据库中所有视图信息。首先在"方案"文本框中进行选择,默认为 SYS,在"对象名"文本框中输入完整或部分的视图名称。如输入方案名 HR(或可以单击右边的图标,在打开的方案选择界面中选择),对象名保留空白,单击"开始"按钮,在下面的区域将显示查询到的视图结果。如果要创建视图,单击"创建"按钮,打开"创建视图"界面,如图 6-4 所示。

如同样创建刚才的视图,可以在名称处输入 V_EMPLOYEES,方案处输入 HR,并选中"替换视图(如果有的话)"复选框,然后在下面的查询文本框中输入"SELECTEMPLOYEE _ ID, FIRST _ NAME, LAST _ NAME, SALARY FROM EMPLOYEES WHERE SALARY>=3000"子句。最后,单击"确定"按钮,视图就将创建成功。

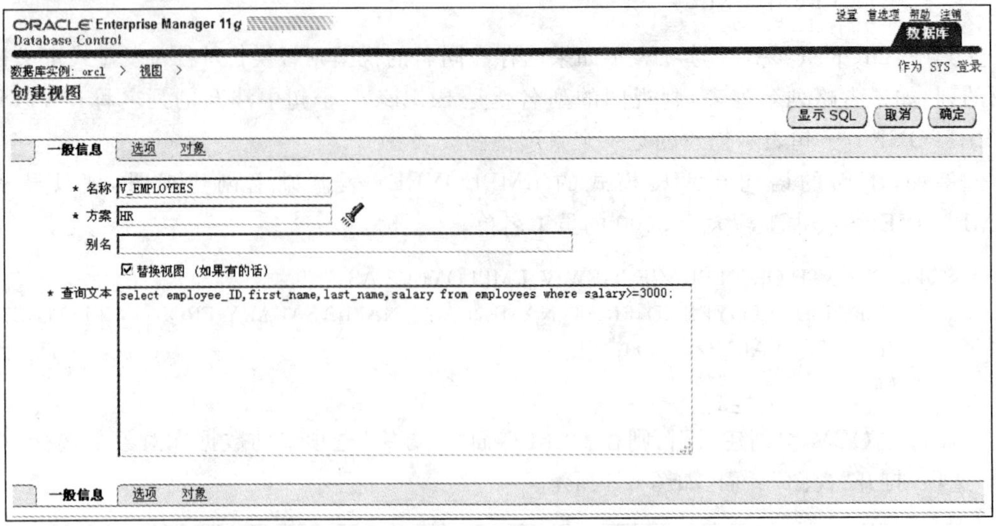

图 6-4 “创建视图”界面

6.2.3 修改和删除视图

1. 修改视图

Oracle 提供 ALTER VIEW 命令重新编辑视图。重新编辑一个视图，可用来检查视图中的 SQL 语句是否有效。任何时候在对一个视图所引用的对象修改时，Oracle 都会将视图标记为无效(Invalid)，而且在再次使用视图之前必须被重新编译。Oracle 可以自动对无效的视图进行编译，也可以由用户手动编译。

通过下面的 SQL 语句可以查看无效的视图。

```
SQL>SELECT OBJECT_NAME,STATUS
    FROM USER_OBJECTS
    WHERE OBJECT_TYPE='VIEW' AND STATUS='INVALID';
```

使用下面的语句可以对视图重新进行编译。

```
ALTER VIEW [SCHEMA.] VIEW_NAME COMPILE;
```

如果要进行任何其他的改变，必须重新创建视图，这就要用到带有 OR REPLACE 选项的 CREATE VIEW 命令。例如下面的 SQL 语句，查询 EMPLOYEES 表中工薪大于 5000 的员工清单，就是对 V_EMPLOYEES 视图的重新创建。

```
SQL>CREATE OR REPLACE VIEW V_EMPLOYEES
    AS
    SELECT EMPLOYEE_ID,FIRST_NAME,LAST_NAME,SALARY
        FROM EMPLOYEES WHERE SALARY>=5000;
```

2. 删除视图

删除视图可以使用 DROP VIEW 命令。例如，删除 V_ EMPLOYEES 视图可用下面的语句。

```
SQL>DROP VIEW V_EMPLOYEES;
```

6.2.4 在视图中操作数据

对于终端用户而言，在视图中操作数据与在表中操作数据是一样的。执行语句“SELECT * FROM HR. V _ EMPLOYEES; ”跟直接在表 EMPLOYEES 上执行“SELECT EMPLOYEE _ ID, FIRST _ NAME, LAST _ NAME, SALARY FROM EMPLOYEES WHERE SALARY>=5000”语句的效果一样。

视图在进行插入、更新和删除数据操作时有所限制。例如，在视图中含有多表连接、集合运算符、DISTINCT 运算符、集合函数、GROUP BY 子句、CONNECT BY 等子句时，通常视图是不能够修改的。例如，下面的语句对带有集合函数 MAX 的视图进行更新操作将失败。

```
SQL>CREATE VIEW V_MAX_MIN_SAL AS SELECT MAX(MAX_SALARY)
    AS "最高工资",MIN(MIN_SALARY) AS "最低工资" FROM JOBS;
视图已创建。
SQL>SELECT * FROM V_MAX_MIN_SAL;
  最高工资        最低工资
----------------------------
  40000          2000

SQL>UPDATE V_MAX_MIN_SAL SET 最高工资=50000,最低工资=3000;
UPDATE V_MAX_MIN_SAL SET 最高工资=50000,最低工资=3000
          *
第 1 行出现错误:
ORA-01732: 此视图的数据操纵操作非法
```

6.2.5 有关视图的数据字典

Oracle 中有关视图的数据字典见表 6-3。

表 6-3 有关视图的数据字典

名　称	说　明
DBA_VIEWS	数据库中所有视图的描述
ALL_ VIEWS	用户可访问的所有视图的描述
USER_ VIEWS	用户所拥有的视图的描述
DBA_TAB_COLUMNS	数据库中所有表、视图、簇的字段描述
ALL_TAB_COLUMNS	用户可访问的所有表、视图、簇的字段描述
USER_TAB_COLUMNS	用户所拥有的表、视图、簇的字段描述

下面在 SQL * Plus 中操作有关视图的数据字典。例如，要查看当前用户 HR 创建的视图信息，先显示 USER_VIEWS 视图结构。

```
SQL> DESC USER_VIEWS;
 名称            是否为空?         类型
 -----------------------------------------------------
 VIEW_NAME       NOT NULL         VARCHAR2(30)
```

```
  TEXT_LENGTH                          NUMBER
  TEXT                                 LONG
  TYPE_TEXT_LENGTH                     NUMBER
  TYPE_TEXT                            VARCHAR2(4000)
  OID_TEXT_LENGTH                      NUMBER
  OID_TEXT                             VARCHAR2(4000)
  VIEW_TYPE_OWNER                      VARCHAR2(30)
  VIEW_TYPE                            VARCHAR2(30)
  SUPERVIEW_NAME                       VARCHAR2(30)
  EDITIONING_VIEW                      VARCHAR2(1)
  READ_ONLY                            VARCHAR2(1)
```

这样可以看出 USER_VIEWS 有视图名称、文本长度、文本(SQL 语句)等字段信息。接着查询当前用户的视图,查询结果显示 V_EMPLOYEES 视图的具体内容。

```
SQL> SELECT VIEW_NAME, TEXT_LENGTH, TEXT FROM USER_VIEWS;
VIEW_NAME          TEXT_LENGTH      TEXT
---------------------------------------------------------------------------------
V_EMPLOYEES        80               SELECT EMPLOYEE_ID,FIRST_NAME,
                                    LAST_NAME,SALARY FROM EMPLOYEES
                                    WHERE SALARY>=5000
```

6.3 索引管理

为了提高查询效率,Oracle 提供了索引这种数据库对象。表中的索引就像一本书的目录,Oracle 据此可以快速找到表中的数据,并返回查询结果。索引(Index)是 Oracle 对象的一种,为了理解索引的概念,先来考虑 SCOTT. DEPT 表中的数据,它包含下面的记录。

```
SQL>SELECT * FROM SCOTT. DEPT;
DEPTNO             DNAME            LOC
----------------------------------------------------
10                 ACCOUNTING       NEW YORK
20                 RESEARCH         DALLAS
30                 SALES            CHICAGO
40                 OPERATIONS       BOSTON
```

如查询部门名称(DNAME)为 SALES 的记录时,一种可能的查询办法就是将记录指针移向表中的第一条记录,然后逐条记录地查询下去,直到找到要查询的记录。由于本表只有 4 行记录,所以这是较快的查询办法,但对于有着成千上万条记录的数据表而言,如果仍然采用这种查询办法,那将会消耗大量的时间,造成系统资源的浪费。

索引表中只保存了索引关键字和记录号,相对于对应的数据表而言小得多,在查询时根据索引关键字,就可以从索引表中找到记录号,根据记录号就可以快速地将记录指针移到与关键字相对应的记录上,从而得到查询结果。

索引表在逻辑上和物理上都独立于数据,任何时候都可以删除和重新创建索引表,而且不影响应用程序。

由于索引表与数据表具有对应关系，所以如果数据表发生改变，索引表也将相应地发生改变。一个数据表可以有多个索引，但也不是索引越多越好，虽然索引可以提高查询速度，但却会降低新增、修改和删除记录的速度，这是因为Oracle系统在完成这些操作时需要同时更新索引，所以数据库表中的索引绝对不是多多益善。

索引的使用还将会占用额外的磁盘空间，因为需要存储表中作为索引关键字的列（字段），如果一个表中有多个索引，还可能导致索引所占用的全部空间超过数据表本身占用的空间。

Oracle支持几种不同类型的索引：B树索引、位图索引、分区索引和基于函数的索引等。

（1）B树索引：默认的普通索引。在索引结构中存储着键值和键值的ROWID（行ID），并且是一一对应的，它用一个倒置的树状结构来加快查询表的速度。

（2）位图索引：其主要针对大量相同值的列而创建，可以在那些数据表中的列值重复较多的情况下创建索引。索引块的一个索引行中存储键值和起止ROWID，以及这些键值的位置编码，而且位置编码中的每一位表示键值对应的数据行的有无。一个位图索引块可能指向的是几十甚至成百上千行数据的位置。这种方式存储数据相对于B树索引，占用的空间非常小，创建和使用非常快。创建位图索引的语法也很简单，就是在普通索引的创建语法中INDEX前添加关键字BITMAP即可。

（3）分区索引：在创建的分区表上创建局部索引。

（4）基于函数的索引：基于函数的索引事先需计算函数或表达式的值，并将计算结果存储在索引里。列表达式可以是SQL函数、用户定义函数、表列或常数。任何SQL函数都可以作为索引关键字使用。

当删除一个表时，与这个表相关的索引也会自动被删除。

下面介绍索引的使用，包括创建索引、重建索引、删除索引以及查阅索引信息等操作。

6.3.1 创建索引

创建视图的SQL语句是CREATE INDEX，基本语法如下。

```
CREATE [BITMAP] INDEX [模式名.]索引名 ON
[模式名.]表名 (列名1 ASC|DESC ，列名2 ASC|DESC ，…)
[TABLESPACE 表空间名]
```

其中，BITMAP选项表示创建的是位图索引，默认创建的是B树索引；列名列表表示创建有多个列的复合索引，还可以指定存储索引块的顺序，注意如按逆序存放时不包括ROWID，默认索引块按升序排列；TABLESPACE指定索引所在的表空间，可以选择将索引与表保存在不同表空间中。

下面的语句在HR模式的EMPLOYEES表中的FIRST_NAME列上创建索引。

```
SQL>CREATE INDEX IDX_FIRST_NAME ON EMPLOYEES(FIRST_NAME);
索引已创建。
```

在OEM中创建索引，则应在OEM界面的“方案”选项卡的数据库对象中选择“索引"选项,打开"索引"界面,如图 6-5 所示。

ORACLE Enterprise Manager 11g
Database Control
设置 首选项 帮助 注销
数据库
数据库实例: orcl >
作为 SYS 登录
索引
对象类型 索引
搜索
输入方案名称和对象名称, 以过滤结果集内显示的数据。
搜索条件 表名
方案 HR
对象名
开始
默认情况下, 搜索将返回以您输入的字符串开头的所有大写的匹配结果。要进行精确匹配或大小写匹配, 请用英文双引号将搜索字符串括起来。在英文双引号括起来的字符串中, 可以使用通配符(%)。
选择模式 单选
创建
编辑 查看 删除 操作 类似创建 开始

选择	表所有者	表	索引列	索引所有者	索引	表类型	表空间	已分区	上次分析时间
◉	HR	MY_CLU	DEPTNO	HR	CLU_INDEX	CLUSTER	USERS	NO	2013-10-16 下午10时00分14秒
○	HR	DEPARTMENTS	DEPARTMENT_ID	HR	DEPT_ID_PK	TABLE	EXAMPLE	NO	2013-9-5 下午01时04分52秒
○	HR	DEPARTMENTS	LOCATION_ID	HR	DEPT_LOCATION_IX	TABLE	EXAMPLE	NO	2013-9-5 下午01时04分52秒
○	HR	EMPLOYEES	DEPARTMENT_ID	HR	EMP_DEPARTMENT_IX	TABLE	EXAMPLE	NO	2013-9-5 下午01时04分52秒
○	HR	EMPLOYEES	EMAIL	HR	EMP_EMAIL_UK	TABLE	EXAMPLE	NO	2013-9-5 下午01时04分52秒
○	HR	EMPLOYEES	EMPLOYEE_ID	HR	EMP_EMP_ID_PK	TABLE	EXAMPLE	NO	2013-9-5 下午01时04分52秒
○	HR	EMPLOYEES	JOB_ID	HR	EMP_JOB_IX	TABLE	EXAMPLE	NO	2013-9-5 下午01时04分52秒
○	HR	EMPLOYEES	MANAGER_ID	HR	EMP_MANAGER_IX	TABLE	EXAMPLE	NO	2013-9-5 下午01时04分52秒
○	HR	EMPLOYEES	LAST_NAME, FIRST_NAME	HR	EMP_NAME_IX	TABLE	EXAMPLE	NO	2013-9-5 下午01时04分52秒
○	HR	EMPLOYEES	FIRST_NAME	HR	IDX_FIRST_NAME	TABLE	USERS	NO	2013-10-18 下午01时23分54秒

图 6-5 "索引"界面

此界面可以用来显示数据库中所有索引信息。首先在"方案"文本框中进行选择,默认为 SYS,在"对象名"文本框中输入完整或部分的索引名称。如输入方案名 HR(或可以通过右边的图标,在打开的方案选择界面中进行选择),对象名保留空白,单击"开始"按钮,在下面的区域将显示查询到的索引结果。如果要创建索引,单击"创建"按钮,打开"创建索引"界面,如图 6-6 所示。

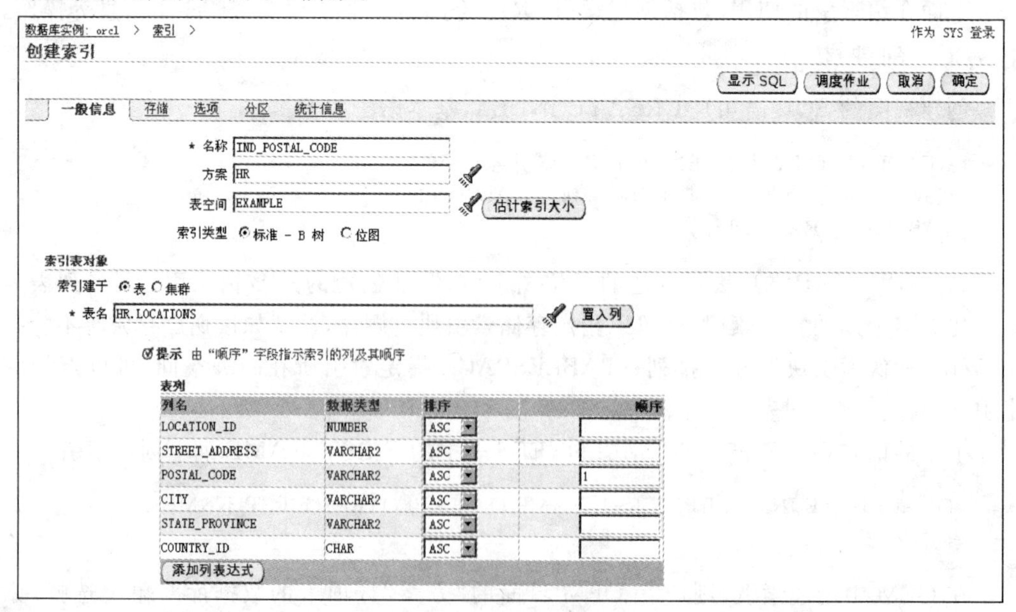

图 6-6 "创建索引"界面

输入索引名称 IND_POSTAL_CODE，选择方案 HR，表空间 EXAMPLE，索引类型为“标准-B 树”。选中“索引建于”选项组中的“表”单选按钮，在“表名”文本框中输入 HR.LOCATIONS，然后在“表列”组中选择 POSTAL_CODE 选项，在“顺序”文本框中输入 1，表明将在 POSTAL_CODE 列创建索引。设置好后单击“确定”按钮。

6.3.2　修改、重建和删除索引

1. 修改索引

修改索引的功能可以使用不同的存储参数重建索引和对索引重命名等，但建议在创建索引后不要做什么修改，Oracle 不允许对一个已经存在的索引增加列，仅限于对其物理存储特性做一些修改。

修改索引的语句是 ALTER INDEX。例如，下面的语句可对索引重命名。

```
SQL>ALTER INDEX IDX_FIRST_NAME RENAME TO IDX_FIR_NAME;
索引已更改。
```

再如，下面的语句使用 COALESCE 选项用来合并索引，即对 B-Tree 树叶子节点中的存储空间碎片进行合并，以减少空间碎片对索引的工作效率造成影响。

```
SQL> ALTER INDEX IDX_FIR_NAME COALESCE;
索引已更改。
```

2. 重建索引

重建索引就是重新建立一个索引，然后删除原来的索引。其最大的好处在于能够减少索引所占的空间大小，合并并消除存储空间碎片。在重建索引时可以利用 TABLESPACE 选项改变索引所在的表空间。

Oracle 中重建索引的语句是“ALTER INDEX 索引名 REBUILD”，该语句可以使用 CREATE INDEX 语句的各种选项。

如下面的语句可以用来重建索引 IND_POSTAL_CODE。

```
SQL> ALTER INDEX IND_POSTAL_CODE REBUILD;
索引已更改。
SQL> ALTER INDEX IND_POSTAL_CODE REBUILD TABLESPACE USERS;
索引已更改。
SQL> ALTER INDEX IND_POSTAL_CODE REBUILD REVERSE;
索引已更改。
```

注意：第 3 条语句中的 REVERSE 选项表示建立反转索引，因一些连续数字不利于查询，如 ORDERID 列，而反转后就不存在这个问题。假如连续的 ORDERID 列的存储的数据为 10031、11032、12033，则反转后依次为 13001、23011、33021。

3. 删除索引

当一个索引不再被需要时，可以删除该索引，以释放该索引所占用的空间。有时当使用 SQL * Loader 工具载入数据时，系统会同时给该表的索引增加数据。为了加快数据的载入速度，可以在载入之前删除所有的索引，然后在载入之后再重建索引。

删除索引可以使用 DROP INDEX 命令。例如：

```
SQL> DROP INDEX IDX_FIR_NAME;
索引已删除。
```

在 OEM 中对索引的修改、重建和删除都在“索引”界面中完成，如图 6-5 所示，这里不再赘述。

6.3.3 有关索引的数据字典

Oracle 中有关索引的数据字典见表 6-4。

表 6-4 有关索引的数据字典

名　称	说　明
DBA_INDEXS	数据库中所有索引的描述
ALL_INDEXS	用户可访问的所有索引的描述
USER_ INDEXS	用户所拥有的索引的描述
DBA_IND_COLUMNS	数据库中所有索引的字段描述
ALL_IND_COLUMNS	用户可访问的所有索引的字段描述
USER_ IND _COLUMNS	用户所拥有的索引的所有字段描述

下面的语句可以查看 HR 用户所拥有的索引信息。

```
SQL> SELECT INDEX_NAME,INDEX_TYPE,TABLE_NAME,STATUS
     FROM USER_INDEXES WHERE TABLE_OWNER='HR';
INDEX_NAME                INDEX_TYPE    TABLE_NAME     STATUS
------------------------------------------------------------------------
LOC_CITY_IX               NORMAL        LOCATIONS      VALID
LOC_ID_PK                 NORMAL        LOCATIONS      VALID
REG_ID_PK                 NORMAL        REGIONS        VALID
COUNTRY_C_ID_PK           IOT - TOP     COUNTRIES      VALID
LOC_STATE_PROVINCE_IX     NORMAL        LOCATIONS      VALID
LOC_COUNTRY_IX            NORMAL        LOCATIONS      VALID
DEPT_ID_PK                NORMAL        DEPARTMENTS    VALID
DEPT_LOCATION_IX          NORMAL        DEPARTMENTS    VALID
JOB_ID_PK                 NORMAL        JOBS           VALID
JHIST_EMP_ID_ST_DATE_PK   NORMAL        JOB_HISTORY    VALID
JHIST_JOB_IX              NORMAL        JOB_HISTORY    VALID
JHIST_EMPLOYEE_IX         NORMAL        JOB_HISTORY    VALID
JHIST_DEPARTMENT_IX       NORMAL        JOB_HISTORY    VALID
SYS_C005495               NORMAL        STUDENT        VALID
IND_POSTAL_CODE           NORMAL/REV    LOCATIONS      VALID
```

下面的语句首先显示 USER_IND_COLUMNS 表的结构，然后查看 IND_POSTAL_CODE 索引的信息。

```
SQL>DESC USER_IND_COLUMNS;
名称                      是否为空?     类型
-------------------------------------------------------------------
INDEX_NAME                              VARCHAR2(30)
TABLE_NAME                              VARCHAR2(30)
COLUMN_NAME                             VARCHAR2(4000)
```

```
COLUMN_POSITION                          NUMBER
COLUMN_LENGTH                            NUMBER
CHAR_LENGTH                              NUMBER
DESCEND                                  VARCHAR2(4)
SQL> SELECT INDEX_NAME,COLUMN_NAME,COLUMN_POSITION
      FROM USER_IND_COLUMNS
      WHERE INDEX_NAME = 'IND_POSTAL_CODE';
INDEX_NAME                  COLUMN_NAME      COLUMN_POSITION
--------------------------------------------------------------------
IND_POSTAL_CODE             POSTAL_CODE      1
```

6.4　同义词管理

6.4.1　同义词简介

在 Oracle 中,对象的创建者就是对象的拥有者,其他用户在使用该用户的对象时,必须在该对象名称前加上该对象的拥有者;否则其他用户即使系统管理员也不能访问该对象。例如,以 SYSDBA 身份登录,打开 SQL * Plus,然后执行下面的语句。

```
SQL>SELECT * FROM JOBS
```

命令执行后,系统提示错误信息如下。

```
第 1 行出现错误:
ORA-00942:表或视图不存在
```

可以看出,系统提示表或视图找不到。其实,数据库中的 JOBS 表是存在的,可以在 JOBS 表的名称前面添加拥有者的名称 HR,即使用下面的 SQL 语句。

```
SQL> SELECT * FROM HR.JOBS;
```

再执行,系统则可以正常显示 JOBS 表的数据。

从这个例子可以看出,如果要操作一个表,或其他的 Oracle 对象,都要在其前面加上拥有者的名称作为前缀,这对用户而言是非常麻烦的。

为了方便操作,Oracle 系统使用了同义词(SYNONYM)对象,同义词其实就是一个别名,使用同义词可以让多个用户访问同一个对象而不用添加拥有者的名称作为前缀。为重要的对象创建同义词,可以隐藏对象的实际名称和它所在的方案。同义词只是一个指向 Oracle 对象的指针,本身并不包含数据。

Oracle 不仅可以为表、视图或其他同义词创建同义词,还可以为其他 Oracle 对象创建同义词,如函数、包、过程、Java 类对象等。

使用同义词的优点如下。

(1) 缩写对象名称。在 Oracle 系统内部可能采用较长的对象名称,而使用一个较短的同义词作为该对象的别名就可以避免在编码阶段经常输入较长的对象名称,从而有效地提高编码效率。

(2) 隐藏表信息。使用同义词可以使用户只看到对象的别名,而对象名或拥有者,以及对象的存放位置等信息则被隐藏,有利于数据库系统的安全。

(3) 方便远程数据访问。为链接到另一个数据库中的对象的数据库链接创建同义词时可以使用户像使用本地对象一样对远程对象进行操作,而不需要提供远程网络链接名,从而简化了操纵。

实际上,Oracle 系统已经为大多数的数据字典表都创建了同义词,以便用户访问。用户也可以根据需要为自己的 Oracle 对象创建同义词。

6.4.2 创建同义词

Oracle 允许创建两种类型的同义词:公有同义词和私有同义词。公有同义词由一个特殊的用户 PUBLIC 所拥有,所有用户都可以访问,SYS 用户创建的数据字典就是公有同义词。私有同义词由创建它的用户所拥有。

1. 创建公有同义词

创建公有同义词的用户必须具有 CREATE PUBLIC SYNONYM 系统权限。在 Oracle 安装完成后,默认情况下, SCOTT 和 HR 用户都没有 CREATE PUBLIC SYNONYM 系统权限。

创建公有同义词的语法如下。

```
CREATE [OR REPLACE] PUBLIC SYNONYM 同义词名 FOR [模式名.] 对象名
```

如下面的语句创建了一个公有同义词。

```
SQL> CONN SYSTEM/ORCL@ORCL AS SYSDBA
已连接。
SQL>GRANT CREATE PUBLIC SYNONYM TO HR;
授权成功。
SQL>CONN HR/HR@ORCL
已连接。
SQL>CREATE PUBLIC SYNONYM SYN_JOBS FOR HR.JOBS;
同义词已创建。
```

2. 创建私有同义词

用户要在自己的方案中创建同义词,必须具有 CREATE SYSNONYM 系统权限。在 Oracle 安装完成后,默认情况下 SCOTT 用户没有 CREATE SYSNONYM 系统权限,而 HR 用户具有这个权限。

创建私有同义词的语法如下。

```
CREATE [OR REPLACE] SYNONYM 同义词名 FOR [模式名.] 对象名
```

下面的语句创建了一个公有同义词。

```
SQL>CONN HR/HR@ORCL
已连接。
SQL>CREATE SYNONYM SYN_PRI_JOBS FOR JOBS;
同义词已创建。
```

下面的例子说明公有同义词和私有同义词在使用上的不同。

```
SQL>CONN SCOTT/TIGER
已连接。
SQL>SELECT * FROM SYN_JOBS;
JOB_ID      JOB_TITLE                            MIN_SALARY   MAX_SALARY
---------------------------------------------------------------------------
AD_PRES     PRESIDENT                            20000        40000
AD_VP       ADMINISTRATION VICE PRESIDENT        15000        30000
AD_ASST     ADMINISTRATION ASSISTANT             3000         6000
FI_MGR      FINANCE MANAGER                      8200         16000
...         ...                                  ...          ...
SQL> SELECT * FROM SYN_PRI_JOBS;
SELECT * FROM SYN_PRI_JOBS
              *
第 1 行出现错误:
ORA-00980: 同义词转换不再有效
```

从上例可以看出,SYN_JOBS 属于公有同义词,任何用户都可以访问; SYN_PRI_JOBS 属于私有同义词,其他用户无法访问。

如果要在 OEM 中创建同义词,则在“方案”选项卡的数据库对象中选择“同义词”选项,打开“同义词”界面。此界面可以用来显示数据库中所有同义词信息。首先在“方案”文本框中进行选择,在对象名中输入完整或部分的同义词名称。如输入方案名 PUBLIC(或可以通过右边的图标,在打开的方案选择界面中进行选择),对象名保留空白,单击“开始”按钮,在下面的区域将显示查询到的同义词结果,如图 6-7 所示。

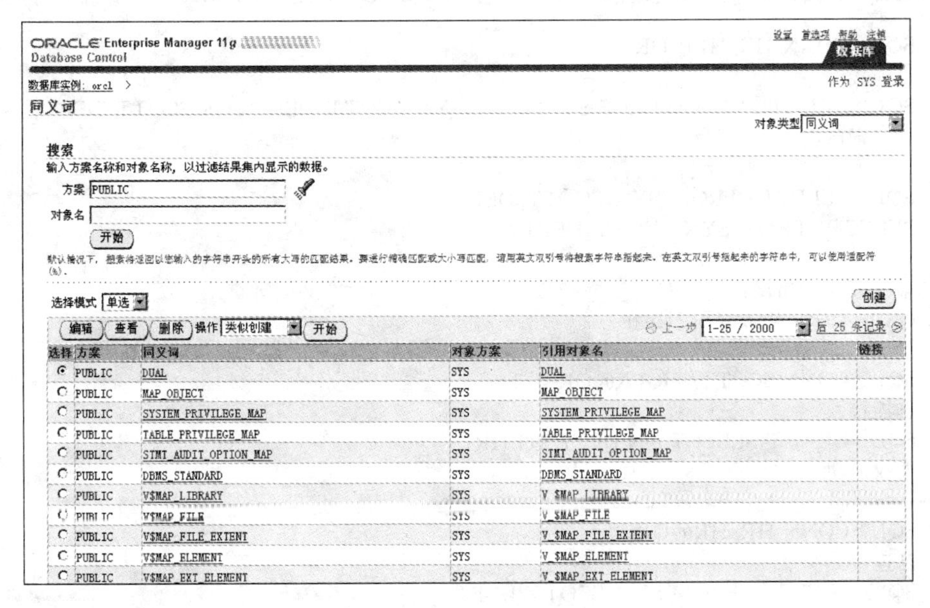

图 6-7　“同义词”界面

如果要创建同义词,单击“创建”按钮,打开“创建同义词”界面,如图 6-8 所示。

在此界面中可以设置要创建同义词的各项基本信息,如在“名称”文本框中输入 SYN_EMPLOYEES,“类型”组中选中“公用”单选按钮。在“数据库”组中选中“本地”单

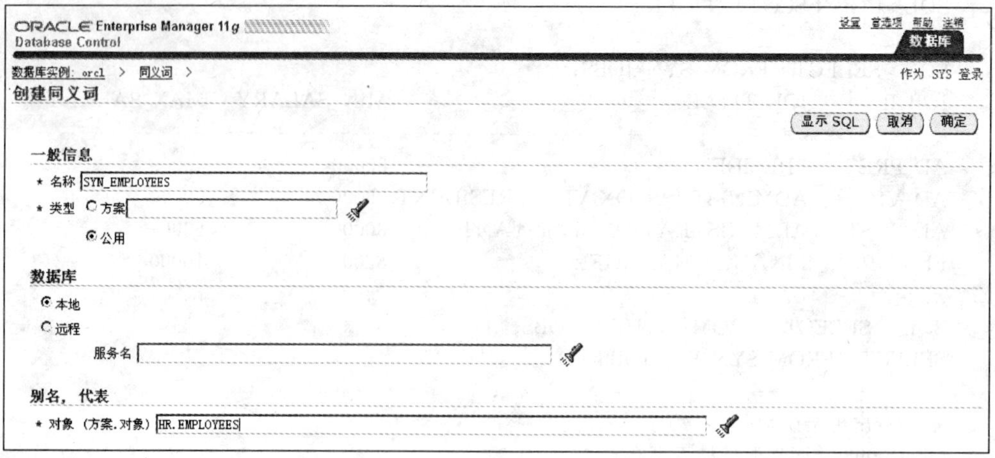

图 6-8 “创建同义词”界面

选按钮，在“对象(方案、对象)”文本框中输入 HR.EMPLOYEES。然后单击“确定”按钮，同义词创建成功。

6.4.3 通过私有同义词访问其他模式中的对象

用户在自己的模式下创建指向其他模式中对象的私有同义词，在被授予了访问该对象的对象权限后，就可以按该对象权限访问该对象。

例如，下面的语句可以使用户 HR 创建访问 SCOTT 用户的 DEPT 表的私有同义词。

```
SQL>CONN HR/HR@ORCL
已连接。
SQL>CREATE OR REPLACE SYNONYM SYN_SCOTT_DEPT FOR SCOTT.DEPT;
同义词已创建。

SQL>SELECT * FROM SYN_SCOTT_DEPT;
SELECT * FROM SYN_SCOTT_DEPT
              *
第 1 行出现错误：
ORA-00942：表或视图不存在

SQL>CONN SCOTT/TIGER@ORCL
已连接。
SQL>GRANT SELECT ON DEPT TO HR;
授权成功。

SQL>CONN HR/HR@ORCL
已连接。
SQL>SELECT * FROM SYN_SCOTT_DEPT;
    DEPTNO  DNAME           LOC
-----------------------------------------
        10  ACCOUNTING      NEW YORK
        20  RESEARCH        DALLAS
        30  SALES           CHICAGO
        40  OPERATIONS      BOSTON
```

6.4.4　删除同义词

删除公有同义词的命令是 DROP PUBLIC SYNONYM 语句。例如，要删除前面创建的 SYN_JOBS 同义词，可用下面的语句。

```
SQL>DROP PUBLIC SYNONYM SYN_JOBS;
同义词已删除。
```

注意： 删除公有同义词的用户必须具有 DROP PUBLIC SYNONYM 系统权限。

删除私有同义词的命令是 DROP SYNOYM 语句。例如，要删除 SYN_SCOTT_DEPT 同义词，可用下面的语句。

```
SQL>DROP SYNONYM SYN_SCOTT_DEPT;
同义词已删除。
```

用户能够删除自己所拥有的任何同义词，但要删除其他用户的同义词，必须具有 DROP ANY SYNONYM 系统权限。

在 OEM 中删除同义词比较方便，选中要删除的同义词，如图 6-9 所示。然后单击"删除"按钮就可以删除同义词。

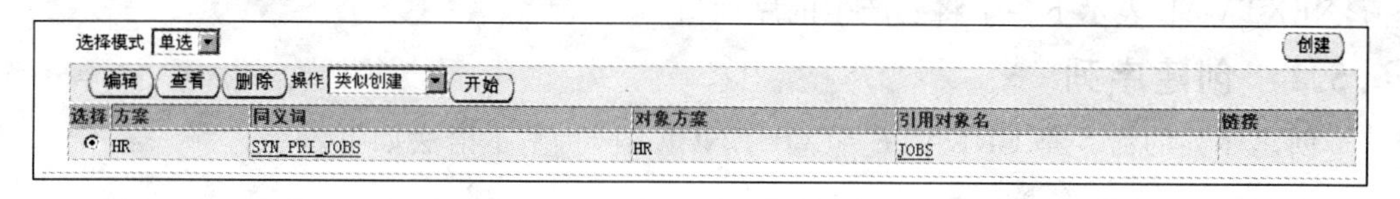

图 6-9　删除同义词

6.4.5　有关同义词的数据字典

Oracle 中有关索引的数据字典见表 6-5。

表 6-5　有关同义词的数据字典

名　称	说　明
DBA_SYNONYMS	数据库中所有同义词的描述
ALL_SYNONYMS	用户可访问的所有同义词的描述
USER_SYNONYMS	用户所拥有的同义词的描述

下面的语句表示查看 HR 用户所拥有的同义词信息。首先显示 DBA_SYNONYMS 的结构。

```
SQL> DESC DBA_SYNONYMS;
 名称                是否为空?     类型
 -----------------------------------------------------
 OWNER               NOT NULL      VARCHAR2(30)
 SYNONYM_NAME        NOT NULL      VARCHAR2(30)
 TABLE_OWNER                       VARCHAR2(30)
 TABLE_NAME          NOT NULL      VARCHAR2(30)
 DB_LINK                           VARCHAR2(128)
```

可以看出,DBA_SYNONYM 包含拥有者、名称、表的拥有者、表名称等字段信息。接着查看同义词 SYN_SCOTT_DEPT 的信息。

```
SQL> SELECT * FROM DBA_SYNONYMS WHERE OWNER='HR';
OWNER      SYNONYM_NAME      TABLE_OWNER      TABLE_NAME      DB_LINK
---------- ----------------------------------------------- ----------------
HR         SYN_PRI_JOBS      HR               JOBS
```

6.5 序列管理

序列(Sequence)是一个连续的数字生成器。序列可以被设置为上升、下降。当序列第一次被调用时,它将返回一个预定值,在随后的查询中序列将产生一个按其指定的增量增长的值。序列可以是循环的,也可以是连续增加的,直到一个限制值为止。

序列常用于产生唯一键(主键)。序列作为表中的附加列,可以避免主键由多个字段组成的情况。

序列有两个伪列:CURRVAL 和 NEXTVAL。其中 CURRVAL 表示当前的序列值,NEXTVAL 表示下一个将要产生的序列值。

6.5.1 创建序列

创建序列的命令是 CREATE SEQUENCE 语句,基本语法如下。

```
CREATE SEQUENCE 序列名
    START WITH 数值
    INCREMENT BY 数值
    MAXVALUE 数值 | NOMAXVALUE
    MINVALUE 数值 | NOMINVALUE
    CACHE 数值 | NOCACHE
    CYCLE | NOCYCLE
    ORDER | NOORDER
```

其中,START WITH 指定序列生成器的生成的第一个序列号,当序列号递增时默认值为序列号的最小值,当序列号递减时默认值为序列号的最大值;INCREMENT BY 指定序列的增量,默认值为 1;MAXVALUE 指定序列生成器能够生成的最大序列号,NOMAXVALUE 指定序列没有上限,最大值可达 10^{27};MINVALUE 指定序列生成器能够生成的最小值,NOMINVALUE 指定序列没有下限,最小值可达 10^{-26};CACHE 指定在缓存中预分配的序列号个数,默认值为 20 个,NOCACHE 则表示不分配;CYCLE 指定序列在达到最大值或最小值时是否循环,默认值为 NOCYCLE;ORDER 指定按顺序生成序列号,默认值是 NOORDER。

例如,下面的语句创建了序列 SQ1。

```
SQL>CREATE SEQUENCE HR.SQ1
    START WITH 1
    INCREMENT BY 1
    MAXVALUE 1.0E28
```

```
    MINVALUE 1
    NOCYCLE
    CACHE 20
    NOORDER;
序列已创建。
```

下面的语句表示利用生成的 SQ1 向表中插入数据。

```
SQL> CREATE TABLE MYSEQ
    (ID         NUMBER(10,0) NOT NULL,
    TEXT         VARCHAR2(10));
表已创建。
SQL>INSERT INTO MYSEQ VALUES(HR.SQ1.NEXTVAL,'FIRST');
已创建 1 行。
SQL> INSERT INTO MYSEQ VALUES(HR.SQ1.NEXTVAL,'SECOND');
已创建 1 行。
SQL> SELECT * FROM MYSEQ;
ID        TEXT
----------------
1         FIRST
2         SECOND
```

从上例可以看出，在插入新记录时，使用 SQ1 序列的 NEXTVAL 伪列，自动增加 1。

如要在 OEM 中创建序列，则在"方案"选项卡的数据库对象中选择"序列"选项，打开"序列"界面。此界面可以用来显示数据库中所有序列信息。首先在"方案"文本框中进行选择方案，在"对象名"文本框中输入完整或部分的同义词名称。如输入方案名 HR(或可以通过右边的图标，在打开的方案选择界面中进行选择)，对象名保留空白，单击"开始"按钮，在下面的区域将显示查询到的序列结果，如图 6-10 所示。

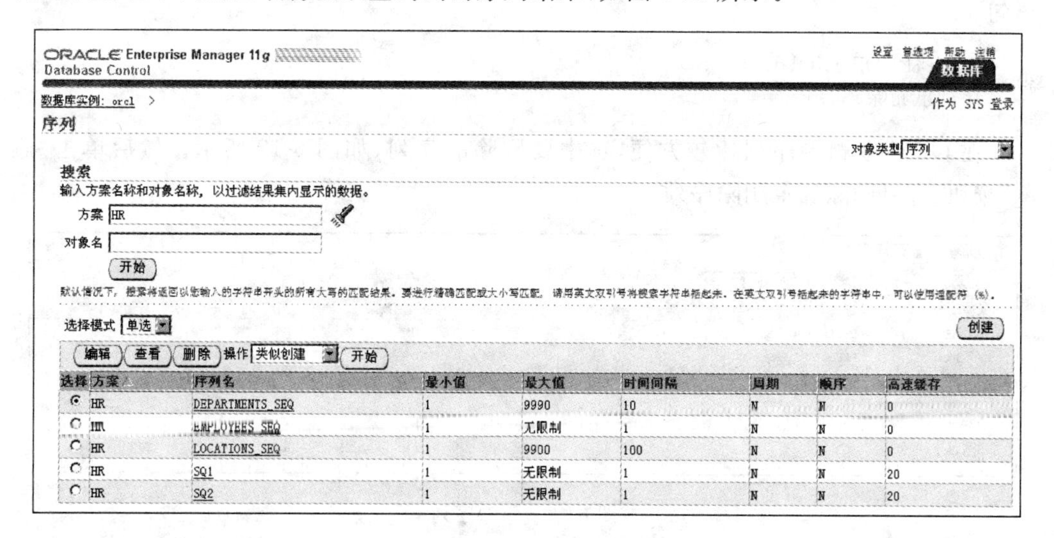

选择	方案	序列名	最小值	最大值	时间间隔	周期	顺序	高速缓存
◉	HR	DEPARTMENTS_SEQ	1	9990	10	N	N	0
○	HR	EMPLOYEES_SEQ	1	无限制	1	N	N	0
○	HR	LOCATIONS_SEQ	1	9900	100	N	N	0
○	HR	SQ1	1	无限制	1	N	N	20
○	HR	SQ2	1	无限制	1	N	N	20

图 6-10　"序列"界面

如果要创建序列，单击"创建"按钮，打开"创建序列"界面，如图 6-11 所示。

这里，输入序列的名称、方案、最大值、最小值、间隔、初始值、是否循环、是否排序以及

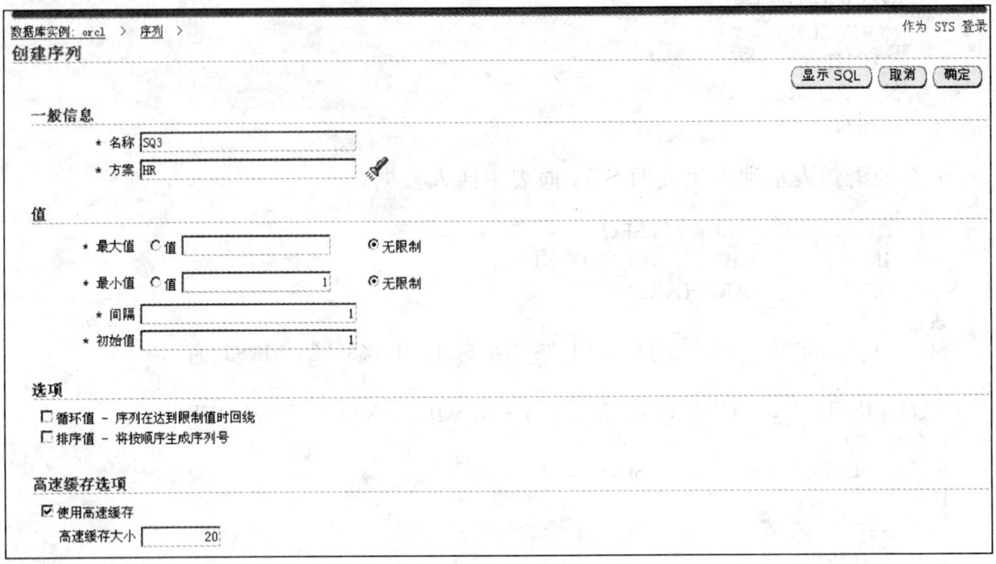
数据库实例: orcl > 序列 >
作为 SYS 登录
创建序列
显示 SQL
取消
确定
一般信息
* 名称 SQ3
* 方案 HR
值
* 最大值 值 无限制
* 最小值 值 1 无限制
* 间隔 1
* 初始值 1
选项
循环值 - 序列在达到限制值时回绕
排序值 - 将按顺序生成序列号
高速缓存选项
使用高速缓存
高速缓存大小 20

图 6-11 “创建序列”界面

是否使用高速缓存。然后单击“确定”按钮,序列 SQ3 将创建成功。

6.5.2 删除序列

用户在删除自己方案中的序列时必须具有 DROP SEQUENCE 系统权限,要删除其他方案中的序列,必须具有 DROP ANY SEQUENCE 系统权限。

删除序列的命令是 DROP SEQUENCE 语句。例如要删除 SQ3 序列,可用下面的语句。

```
SQL>DROP SEQUENCE SQ3
序列已删除。
```

在 OEM 中删除序列比较方便,选中要删除的序列,如图 6-12 所示。然后单击“删除”按钮,即可删除确定删除序列。

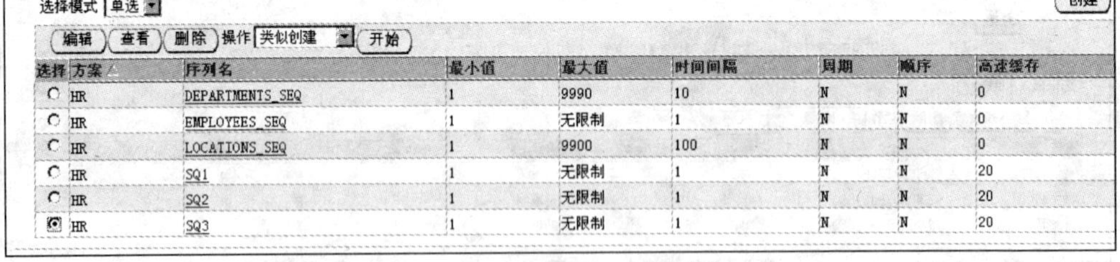
选择模式 单选
创建
编辑 查看 删除 操作 类似创建 开始
选择 方案 序列名 最小值 最大值 时间间隔 周期 顺序 高速缓存
HR DEPARTMENTS_SEQ 1 9990 10 N N 0
HR EMPLOYEES_SEQ 1 无限制 1 N N 0
HR LOCATIONS_SEQ 1 9900 100 N N 0
HR SQ1 1 无限制 1 N N 20
HR SQ2 1 无限制 1 N N 20
HR SQ3 1 无限制 1 N N 20

图 6-12 删除序列

6.5.3 有关序列的数据字典

Oracle 中有关序列的数据字典见表 6-6。

表 6-6　有关序列的数据字典

名　称	说　明
DBA_SEQENCES	数据库中所有序列的描述
ALL_SEQENCES	用户可访问的所有序列的描述
USER_SEQENCES	用户所拥有的序列的描述

下面的语句表示查看用户 HR 所拥有的序列信息。

下面在 SQL * Plus 中操作有关序列的数据字典。首先显示 DBA_SEQUENCES 的结构。

```
SQL> DESC DBA_SEQUENCES;
 名称                    是否为空?      类型
 ------------------------------------------------------------
 SEQUENCE_OWNER          NOT NULL       VARCHAR2(30)
 SEQUENCE_NAME           NOT NULL       VARCHAR2(30)
 MIN_VALUE                              NUMBER
 MAX_VALUE                              NUMBER
 INCREMENT_BY            NOT NULL       NUMBER
 CYCLE_FLAG                             VARCHAR2(1)
 ORDER_FLAG                             VARCHAR2(1)
 CACHE_SIZE              NOT NULL       NUMBER
 LAST_NUMBER             NOT NULL       NUMBER
```

下面的语句可查看 SQ1 序列的信息。

```
SQL>SELECT SEQUENCE_NAME, MIN_VALUE, MAX_VALUE, INCREMENT_BY,
    LAST_NUMBER FROM USER_SEQUENCES WHERE SEQUENCE_NAME='SQ1';
SEQUENCE_NAME   MIN_VALUE   MAX_VALUE   INCREMENT_BY LAST_NUMBER
------------------------------------------------------------------------------
SQ1                     1   1.0000E+28  1            21
```

本查询显示 SQ1 序列的名称、最小值、最大值、增量等信息。

6.6　数据库链接管理

6.6.1　数据库链接简介

数据库链接(Database Link)是在分布式环境下,为了访问远程数据库而创建的数据通信链路。数据库链接隐藏了对远程数据库访问的复杂性。通常,把正在登录的数据库称为本地数据库,另外的一个数据库称为远程数据库。有了数据库链接,可以直接通过数据库链接来访问远程数据库的表等数据库对象。

6.6.2　创建数据库链接

数据库链接常见的形式是访问远程数据库固定用户的对象,即链接到指定的用户的对象,创建这种形式的数据库链接的基本语法如下。

```
CREATE DATABASE LINK 链接名
```

```
CONNECT TO 账户 IDENTIFIED BY 口令
USING 服务名;
```

例如，下面的语句创建了一个访问远程数据库的链接。

```
SQL>CREATE PUBLIC DATABASE LINK "GZ"
    CONNECT TO TECHNBPT IDENTIFIED BY "NBPTEDU999@123456"
    USING '10.31.100.99:1521/technet';
数据库链接已创建。
```

其中，远程数据库服务名为 10.31.100.99:1521/technet，登录账号和口令分别为 TECHNBPT 和 NBPTEDU999@123456。

用户创建数据库链接，需要 CREATE DATABASE LINK 系统权限。

查看创建好的数据库链接，可以在 OEM 中查看，如图 6-13 所示。

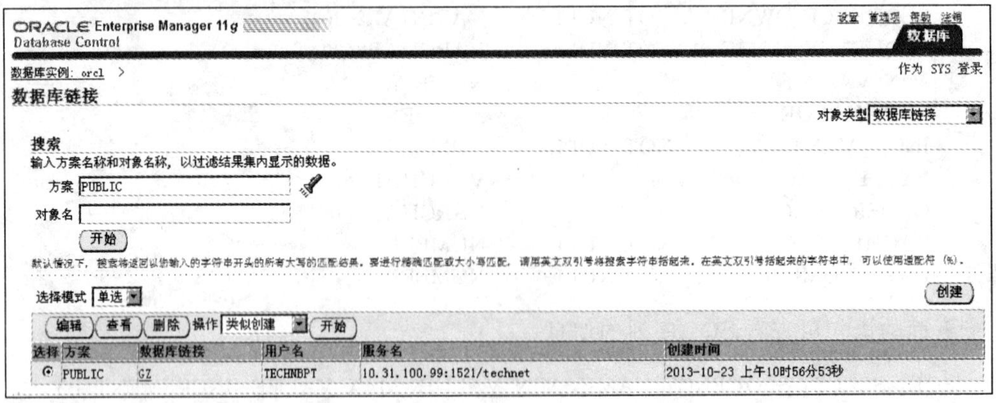

图 6-13 查看数据库链接

数据库链接一旦建立并测试成功，就可以使用以下形式来访问远程用户的表。

```
表名@数据库链接名
```

例如，下面的语句可以访问远程数据库的 WEBHIT 表。

```
SQL>SELECT * FROM WEBHIT@GZ H WHERE H.HITCOUNT>1000000;
```

其中，H 为 WEBHIT@GZ 表的别名。

思考与练习

1. 简述表的分类。
2. 简述列可以使用的常用数据类型。
3. 索引有哪几种类型？
4. 为什么要使用视图？
5. 为什么要使用同义词？
6. 简述公有同义词和私有同义词的区别。

7. 简述序列的作用。
8. 为什么要使用数据库链接？
9. 如何将一个装载数据的普通表转换为一个分区表。
10. 简述分区表的优点。

上机实验

1. 在 SQL * Plus 中，在 HR 模式下来创建下面的表。表结构见表 6-7～表 6-10。

表 6-7　考生信息表(KSXXB)

字段名	数据类型	是否为空	说　明
ZKZH	CHAR(12)	主键	准考证号
SFZH	CHAR(18)	否	身份证号
XM	VARCHAR2(20)	否	姓名
XB	CHAR(1)	默认值 1	性别(男 1,女 2 ,未知 0)
BKZY	VARCHAR2(20)	否	报考专业
IFUPDATE	CHAR(1)	默认值 0	未考

表 6-8　题库表(TKB)

字段名	数据类型	是否为空	说　明
TH	NUMBER(4)	主键	题号
TX	CHAR(1)	默认值 1	题型(1 文本 2 图片)
MK	CHAR(1)	否	所属模块
ZYLB	CHAR(2)	默认值 0	专业类别
TG	VARCHAR2(200)	否	题干
XXA	VARCHAR2(200)	否	选项 A
XXB	VARCHAR2(200)	否	选项 B
XXC	VARCHAR2(200)	否	选项 C
XXD	VARCHAR2(200)	否	选项 D
FZ	NUMBER(2)	否	分值
DA	CHAR(1)	否	答案

表 6-9　成绩表(CJB)

字段名	数据类型	是否为空	说　明
SFZH	CHAR(18)	主键	身份证号
ZDJL	VARCHAR2(200)	否	作答记录
CJ	NUMBER(4)	否	总成绩

表 6-10　报考专业(BKZY)

字段名	数据类型	是否为空	说　明
BKZY	VARCHAR2(20)	否	报考专业
ZYLB	CHAR(2)	否	专业类别(文科类、理工类分别为 1,2)

2. 使用 OEM 中查看第 1 题创建的 4 个表的表结构,并向表中插入测试数据。

3. 在 SQL * Plus 中,通过数据字典查看 HR 模式下的所有表名称。

4. 在 SQL * Plus 中,创建考生信息表(KSXXB)中基于准考证号(ZKZH)字段的索引,索引名为 IDX_KSXXB_ZKZH。

5. 在 SQL * Plus 中,通过数据字典查看 HR 模式下的所有索引名称。

6. 在 SQL * Plus 中,在题库表(TKB)上创建只包含题号、题干和 4 个选项的视图,视图名称为 V_TK。

7. 在 SQL * Plus 中,通过数据字典查看 HR 模式下的所有视图名称。

8. 在 SQL * Plus 中,创建考生信息表的公有同义词 SYN_KSXXB。

9. 在 SQL * Plus 中,通过数据字典查看 HR 模式下的所有同义词名称。

10. 在 SQL * Plus 中,创建一个序列,序列名称为 SQ。SQ 的类型为升序,初始值为 1,每次增量为 1,最大值为 999999,最小值为 1,不循环。每次产生 20 个值。

11. 在 SQL * Plus 中,通过数据字典查看 HR 模式下的所有序列名称。

12. 创建远程数据库的一个数据库链接,并访问远程数据库的数据表。

第 7 章

Oracle 安全管理

本章主要介绍 Oracle 的安全管理，包括用户管理、权限管理、角色管理、概要文件管理以及审计管理。

7.1 用户管理

Oracle 是一个多用户的数据库系统，每一个试图使用 Oracle 数据库系统的用户都必须拥有一个合法的用户名和口令，这样才能进入数据库系统进行相应的操作。

用户管理是实现 Oracle 系统安全性的重要手段，Oracle 系统为不同的用户分配不同的权限或角色，每个用户只能在自己的权限范围内进行操作，任何超越权限范围的操作都被 Oracle 系统视为非法。

用户管理主要包括创建用户、修改用户的设置和口令、锁定和解锁用户、删除用户等。

7.1.1 创建用户

创建用户的 SQL 命令是 CREATE USER，基本语法如下。

```
CREATE USER 用户名 IDENTIFIED BY 口令
[   DEFAULT TABLESPACE 默认表空间名称
    | TEMPORARY TABLESPACE 临时表空间名称
    | QUOTA { 数目 [ K | M ] UNLIMITED } ON 表空间名称
    | PROFILE 用户配置文件
    | PASSWORD EXPIRE
    | ACCOUNT { LOCK | UNLOCK }
]
```

其中，用户名指用户账号名称；IDENTIFIED 关键字指定用户的认证方式，通常为口令方式；DEFAULT TABLESPACE 指定用户的默认表空间名称；TEMPORARY TABLESPACE 指定用户的临时表空间名称；QUOTA 关键字限制用户使用表空间的数量，单位为 KB 或 MB；UNLIMITED 指使用表空间不受限制；PROFILE 关键字指定用户的配置文件；PASSWORD EXPIRE 指定用户的密码已经到期失效，在用户登录时，强制用户更改密码；ACCOUNT 指定锁定或解锁用户账号。

下面的语句创建了一个用户。

```
SQL>CREATE USER "LOTUS"
    IDENTIFIED BY "LOTUS"
    DEFAULT TABLESPACE "USERS"
    QUOTA 10 K ON USERS
    PROFILE "DEFAULT"
    ACCOUNT UNLOCK;
    GRANT "CONNECT" TO "LOTUS";
    GRANT "DBA" TO "LOTUS";
用户已创建。
授权成功。
授权成功。
```

上面语句中的 GRANT 子句用来对 LOTUS 用户授予权限。

如要在 OEM 中创建用户账号，则在“服务器”选项卡上的安全性中选择“用户”选项，打开“用户”界面，如图 7-1 所示。

ORACLE Enterprise Manager 11g
Database Control

设置 首选项 帮助 注销
数据库

数据库实例: orcl >
作为 SYS 登录

用户

对象类型 用户

搜索
输入对象名以过滤结果集内显示的数据。
对象名 开始
默认情况下，搜索将返回以您输入的字符串开头的所有大写的匹配结果。要进行精确匹配或大小写匹配，请用英文双引号将搜索字符串括起来。在英文双引号括起来的字符串中，可以使用通配符 (%)。

选择模式 单选 创建

编辑 查看 删除 操作 类似创建 开始 上一步 1-25 / 39 后 14 条记录

选择	用户名	帐户状态	失效日期	默认表空间	临时表空间	概要文件	创建时间	用户类型
◉	ANONYMOUS	EXPIRED & LOCKED	2010-4-2 下午02时19分33秒	SYSAUX	TEMP_GROUP1	DEFAULT	2010-4-2 下午01时36分53秒	LOCAL
○	APEX_030200	EXPIRED & LOCKED	2010-4-2 下午02时19分33秒	SYSAUX	TEMP_GROUP1	DEFAULT	2010-4-2 下午01时57分16秒	LOCAL
○	APEX_PUBLIC_USER	EXPIRED & LOCKED	2010-4-2 下午02时19分33秒	USERS	TEMP_GROUP1	DEFAULT	2010-4-2 下午01时57分16秒	LOCAL
○	APPQOSSYS	EXPIRED & LOCKED	2010-4-2 下午01时27分34秒	SYSAUX	TEMP_GROUP1	DEFAULT	2010-4-2 下午01时27分34秒	LOCAL
○	BI	EXPIRED & LOCKED	2013-9-5 下午01时09分03秒	USERS	TEMP_GROUP1	DEFAULT	2013-9-5 下午01时04分36秒	LOCAL
○	CTXSYS	EXPIRED & LOCKED	2013-9-5 下午01时09分02秒	SYSAUX	TEMP_GROUP1	DEFAULT	2010-4-2 下午01时36分06秒	LOCAL
○	DBSNMP	OPEN	2014-3-4 下午01时10分13秒	SYSAUX	TEMP_GROUP1	MONITORING_PROFILE	2010-4-2 下午01时27分32秒	LOCAL
○	DIP	EXPIRED & LOCKED	2010-4-2 下午01时20分19秒	USERS	TEMP_GROUP1	DEFAULT	2010-4-2 下午01时20分19秒	LOCAL
○	EXFSYS	EXPIRED & LOCKED	2010-4-2 下午01时35分51秒	SYSAUX	TEMP_GROUP1	DEFAULT	2010-4-2 下午01时35分51秒	LOCAL
○	FLOWS_FILES	EXPIRED & LOCKED	2010-4-2 下午02时19分33秒	SYSAUX	TEMP_GROUP1	DEFAULT	2010-4-2 下午01时57分16秒	LOCAL
○	HR	OPEN	2014-4-6 下午04时27分41秒	USERS	TEMP_GROUP1	DEFAULT	2013-9-5 下午01时04分36秒	LOCAL
○	IX	EXPIRED & LOCKED	2013-9-5 下午01时09分03秒	USERS	TEMP_GROUP1	DEFAULT	2013-9-5 下午01时04分36秒	LOCAL
○	LOTUS	OPEN	2014-4-21 下午01时30分16秒	USERS	TEMP_GROUP1	DEFAULT	2013-10-23 下午01时30分16秒	LOCAL

图 7-1 “用户”界面

此界面可以用来显示数据库中所有用户信息。如果在“对象名”文本框中输入完整或部分的用户名称，再单击“开始”按钮，在下面的区域将显示查询到符合条件的用户列表。如果要创建用户，单击“创建”按钮，打开“创建 用户”界面，如图 7-2 所示。

在“一般信息”选项卡的“名称”文本框中输入用户名 MENGDX，在“概要文件”下拉列表框中选择分配给用户的概要文件，如果没有作选择，默认将分配 DEFAULT 概要文件(关于概要文件的介绍详见 7.4 节)。在“验证”下拉列表框中选择用户身份认证方式，选择认证方式为“口令”。如果选中“口令即刻失效”复选框，则系统在用户第一次登录时将提示更改口令。在“输入口令”和“确认口令”文本框处都输入 MENGDX。在“默认表空间”文本框处选择用户的默认表空间(可以通过右边的图标 ，在打开的方案选择界面

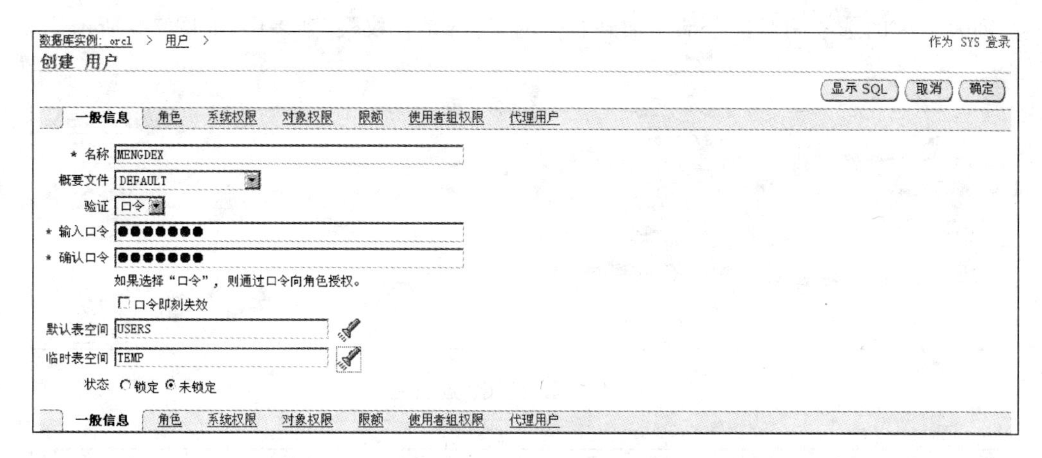

图 7-2　“创建 用户”界面的“一般信息”选项卡

中进行选择)，这里选择 USERS 表空间。在“临时表空间”文本框中输入用户的临时表空间，这里选择 TEMP 临时表空间。在“状态”选项组中选中“未锁定”单选按钮，将解除对用户账号的锁定，允许用户访问数据库，默认选中“未锁定”单选按钮。如果选中“锁定”单选按钮，则锁定用户账号，禁止用户访问数据库。

接着继续设置用户的角色。切换到“角色”选项卡，单击“编辑列表”按钮，打开“修改角色”界面，如图 7-3 所示。在“可用角色”列表框中选择要授予用户的角色，单击“移动”按钮，把它们添加到“所选角色”列表中，还可以通过“删除”按钮撤销已经添加到“所选角色”列表中的角色。默认授予 CONNECT 角色，这是连接数据库的角色。这里，添加 DBA 角色给当前用户。角色是系统权限和对象权限的集合，关于角色的介绍详见 7.3 节。

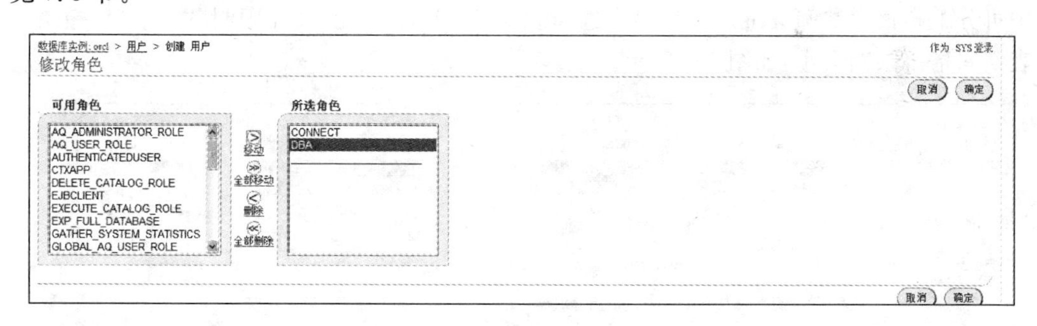

图 7-3　“修改角色”界面

“系统权限”选项卡用于设置用户可以执行某个操作的权限，它不属于某个具体的方案对象。其设置方法类似角色的设置，这里不再赘述。这里选择 UNLIMITED TABLESPACE、CREATE ANY TABLE、ALTER ANY TABLE、SELECT ANY TABLE 和 DROP ANY TABLE 等几种系统权限，如图 7-4 所示。

“对象权限”选项卡用于设置对特定的方案对象进行操作的权限，可以为方案对象添加读取、写入、修改、删除、添加和引用等对象权限。如这里选择对象类型为“表”然后单击“添加”按钮，如选择 HR.JOBS 表，单击“全部移动”按钮，则可以将左边的“可用系统权限”列表框中的选中的对象全部添加到右边的“所选系统权限”列表中，如图 7-5 所示。

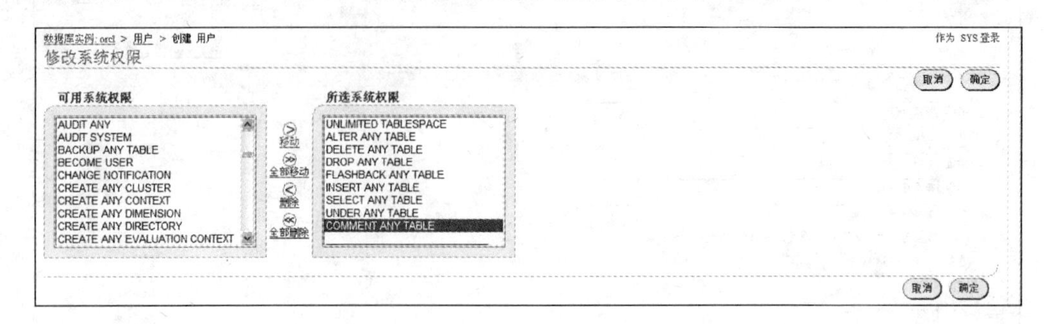

图 7-4 “系统权限”选项卡

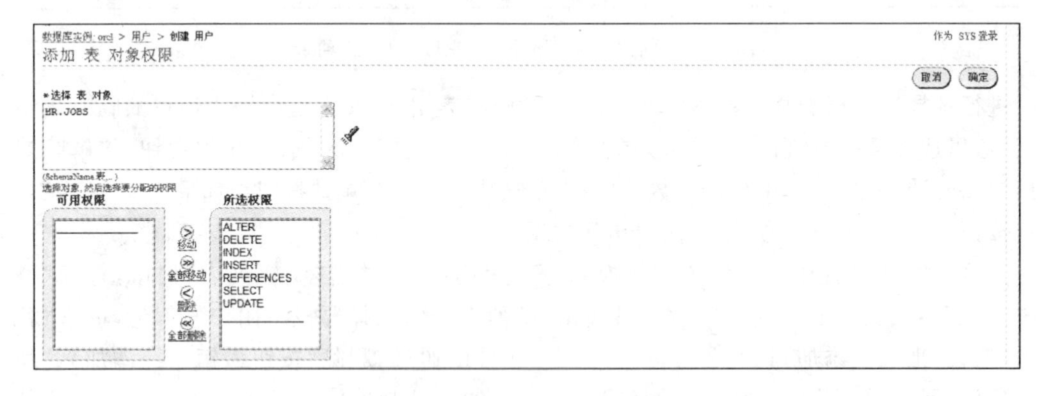

图 7-5 “对象权限”选项卡

在“限额”选项卡中可以指定用户在其中分配空间的表空间，以及用户在每个表空间中可分配的最大空间数量。在列表中选择表空间，并单击“无”、“无限制”或“值”按钮来为表空间指定限额大小，如图 7-6 所示。

显示 SQL　取消　确定

一般信息　角色　系统权限　对象权限　限额　使用者组权限　代理用户

表空间	限额	值	单位
EXAMPLE	无	0	MB
SYSAUX	无	0	MB
SYSTEM	无	0	MB
TEMP	值	0	MB
UNDOTBS1	无	0	MB
USERS (Default)	无限制	0	MB

无　无限制　值　限额

一般信息　角色　系统权限　对象权限　限额　使用者组权限　代理用户

显示 SQL　取消　确定

图 7-6 “限额”选项卡

“使用者组权限”选项卡用于对资源使用者组的权限切换进行管理。其设置方法类似于角色的设置，这里不再赘述。“使用者组权限”选项卡如图 7-7 所示。

在“代理用户”选项卡中可指定代理此用户的用户及此用户可代理的用户，这里指定可代理 MENGDX 用户的用户是 HR，MENGDX 用户可代理的其他用户是 SCOTT，如图 7-8 所示。

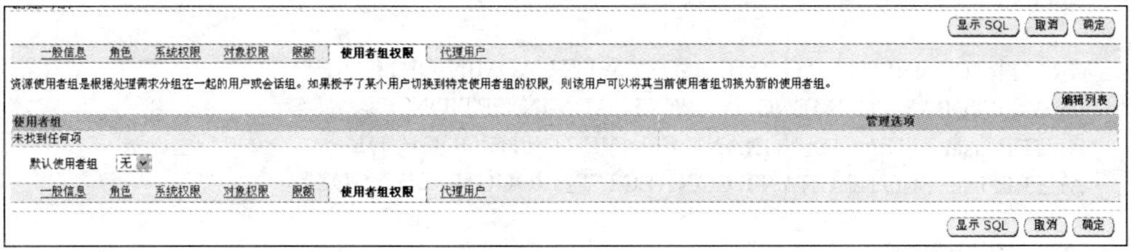

图 7-7　“创建 用户”的“使用者组权限”选项卡

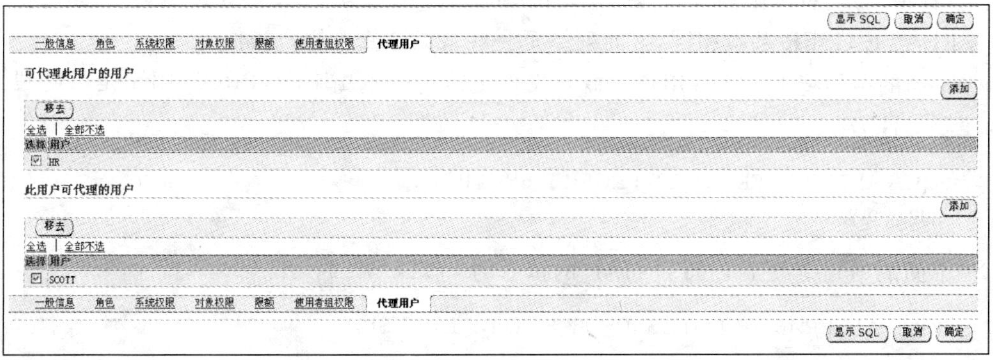

图 7-8　“创建 用户”的“代理用户”选项卡

在上面的步骤都设置完成后，就可以完成创建用户 MENGDX，其相应的 SQL 语句如下。

```
CREATE USER "MENGDX" PROFILE "DEFAULT"
IDENTIFIED BY "MENGDX" DEFAULT TABLESPACE "USERS"
TEMPORARY TABLESPACE "TEMP"
ACCOUNT UNLOCK

GRANT UNLIMITED TABLESPACE TO "MENGDX";
GRANT ALTER ANY TABLE TO "MENGDX";
GRANT COMMENT ANY TABLE TO "MENGDX";
GRANT CREATE ANY TABLE TO "MENGDX";
GRANT DELETE ANY TABLE TO "MENGDX";
GRANT DROP ANY TABLE TO "MENGDX";
GRANT FLASHBACK ANY TABLE TO "MENGDX";
GRANT INSERT ANY TABLE TO "MENGDX";
GRANT SELECT ANY TABLE TO "MENGDX";
GRANT UPDATE ANY TABLE TO "MENGDX";

GRANT ALTER ON "HR"."JOBS" TO "MENGDX";
GRANT DELETE ON "HR"."JOBS" TO "MENGDX";
GRANT INDEX ON "HR"."JOBS" TO "MENGDX";
GRANT INSERT ON "HR"."JOBS" TO "MENGDX";
GRANT REFERENCES ON "HR"."JOBS" TO "MENGDX";
GRANT SELECT ON "HR"."JOBS" TO "MENGDX";
```

```
GRANT UPDATE ON "HR"."JOBS" TO "MENGDX";

GRANT "CONNECT" TO "MENGDX" WITH ADMIN OPTION;
GRANT "DBA" TO "MENGDX" WITH ADMIN OPTION;
ALTER user "MENGDX" GRANT CONNECT THROUGH HR;
ALTER user SCOTT GRANT CONNECT THROUGH "MENGDX";
```

7.1.2　修改用户

Oracle 允许修改用户的概要文件、更改口令、更改用户的默认表空间及临时表空间、锁定/解锁用户、更改限额等。修改用户的 SQL 命令是 ALTER USER 语句,其语法格式与 CREATE USER 基本相同,下面列举了一些常见的修改用户操作。

下面的语句将 LOTUS 用户的概要文件更改为 PROFILE1,PROFILE1 是已经建立的概要文件名。

```
SQL>ALTER USER LOTUS PROFILE PROFILE1;
用户已更改。
```

下面的语句更改了 LOTUS 用户的口令为 LOTUS123。

```
SQL>ALTER USER LOTUS IDENTIFIED BY LOTUS123;
用户已更改。
```

下面的语句更改了 LOTUS 用户的默认表空间为 XXGCX 表空间。

```
SQL>ALTER USER LOTUS DEFAULT TABLESPACE XXGCX;
用户已更改。
```

下面的语句更改了临时表空间为一个新建的临时表空间 TEMP2。

```
SQL>ALTER USER LOTUS TEMPORARY TABLESPACE TEMP2
用户已更改。
```

下面的语句锁定了 LOTUS 用户账号。

```
SQL>ALTER USER LOTUS ACCOUNT LOCK;
用户已更改。
```

另外,解锁用户账号可以用下面的语句。

```
SQL>ALTER USER LOTUS ACCOUNT UNLOCK;
用户已更改。
```

下面的语句将 LOTUS 用户在 USERS 表空间的限额更改为 UNLIMITED(无限)。

```
SQL>ALTER USER LOTUS QUOTA UNLIMITED ON USERS;
用户已更改。
```

如要在 OEM 中修改用户账号,则在"服务器"选项卡的安全性中选择"用户"选项,打开"用户"界面。然后在用户界面中单击"编辑"按钮,打开"编辑 用户"界面,这里的操作与创建用户的操作类似,不再赘述。

7.1.3　删除用户

删除用户的 SQL 命令是 DROP USER 语句，删除上述用户相对应的 SQL 语句如下。

```
SQL>DROP USER LOTUS;
用户已删除。
```

注意：在使用 DROP USER 命令删除用户时，如果没有指定 CASCADE 子句，同时该用户拥有自己的 Oracle 对象，将提示出错信息，而在指定 CASCADE 子句后，将删除该用户拥有的所用对象。另外，不能删除当前正在使用数据库的用户。

在 OEM 中删除用户时，选中要删除的用户，单击“删除”按钮，在随后出现的确认界面中单击“是”按钮，就可以完成删除用户的工作。

7.1.4　有关用户的数据字典

Oracle 系统中与用户信息有关的数据字典见表 7-1。

表 7-1　有关用户的数据字典

名　　称	说　　明
DBA_USERS	数据库中所用用户的账号信息
ALL_USERS	当前用户可以访问的所有用户的账号信息
USER_USERS	当前用户的账号信息
DBA_TS_QUOTAS	数据库中所有用户的表空间配额信息
USER_TS_QUOTAS	当前用户的表空间配额信息
USER_PASSWORD_LIMITS	分配给用户的口令文件参数信息
USER_RESOURCE_LIMITS	分配给用户的资源限制信息
DBA_PROFILES	数据库中所有用户的配置文件和限制信息
RESOURCE_COST	数据库中所有资源的消耗情况信息

下面的语句可以显示数据库中所有用户的账号名称、账号状态及配置文件名。

```
SQL> SELECT USERNAME, ACCOUNT_STATUS,PROFILE FROM DBA_USERS;
USERNAME          ACCOUNT_STATUS     PROFILE
-------------------------------------------------------------
SYS               OPEN               DEFAULT
SYSTEM            OPEN               DEFAULT
DBSNMP            OPEN               DEFAULT
SCOTT             OPEN               DEFAULT
MDX               OPEN               DEFAULT
LOTUS             OPEN               DEFAULT
…                 …                  …
已选择 38 行。
```

下面的语句可以查看 LOTUS 用户的表空间限额。

```
SQL>SELECT * FROM DBA_TS_QUOTAS WHERE USERNAME='LOTUS';
TABLESPACE_NAME USERNAME BYTES MAX_BYTES BLOCKS MAX_BLOCKS DRO
------------------------------------------------------------------------
USERS               LOTUS     0     16384      0        2           NO
```

7.2　权限管理

权限指用户对数据库进行操作的能力，如果不对新建的用户赋予一定的权限，则该用户是不能对数据库进行操作的。Oracle 权限分为系统权限和对象权限两种，系统权限指在 Oracle 数据库系统中执行某项操作的能力，对象权限指在特定数据库对象上执行某项操作的能力。Oracle 系统通过授予和撤销权限，实现对数据库系统安全的访问控制。

7.2.1　系统权限

Oracle 提供了众多的系统权限，每一种系统权限指明用户进行某一种或某类特定的数据库操作。系统权限中带有 ANY 关键字的指明该权限的范围为数据库中的所有方案。

表 7-2 列举了一些常见的系统权限。

表 7-2　常见的系统权限

名　称	说　明
ALTER ANY CLUSTER	修改任何聚簇
ALTER ANY INDEX	修改任何索引
ALTER ANY PROCEDURE	修改任何过程
ALTER ANY ROLE	修改任何角色
ALTER ANY TYPE	修改任何类型
ALTER ANY TRIGGER	修改任何触发器
ALTER ANY TABLE	修改任何表
ALTER ANY SEQUENCE	修改任何序列
ALTER ROLLBACK SEGMENT	修改回滚段
ALTER RESOURCE COST	修改资源代价
ALTER PROFILE	修改配置文件
ALTER DATABASE	修改数据库
ALTER SYSTEM	修改系统参数
ALTER USER	修改用户
ALTER TABLESPACE	修改表空间
ALTER SESSION	修改会话
ANALYZE ANY	分析任何数据库对象
ANALYZE ANY DICTIONARY	分析任何数据库字典
AUDIT ANY	审计任何数据库对象
BACKUP ANY TABLE	备份任何表
CREATE [ANY] CLUSTER	创建聚簇
CREATE [ANY] TABLE	创建表
CREATE [ANY] INDEX	创建索引
CREATE [ANY] PROCEDURE	创建过程
CREATE [ANY] SEQUENCE	创建序列
CREATE [ANY] SYNONYM	创建同义词

续表

名 称	说 明
CREATE [ANY] TRIGGER	创建触发器
CREATE [ANY] TYPE	创建类型
CREATE [ANY] VIEW	创建视图
CREATE ROLE	创建角色
CREATE SESSION	创建会话
CREATE TABLESPACE	创建表空间
CREATE USER	创建用户
DEBUG ANY PROCEDURE	调试任何过程
DELETE ANY TABLE	删除任何表
DROP ANY CLUSTER	删除任何聚簇
DROP ANY INDEX	删除任何索引
DROP ANY PROCEDURE	删除任何过程
DROP ANY ROLE	删除任何角色
DROP ANY SEQUENCE	删除任何序列
DROP ANY SYNONYM	删除任何同义词
DROP ANY TABLE	删除任何表
DROP ANY TRIGGER	删除任何触发器
DROP ANY TYPE	删除任何类型
DROP ANY VIEW	删除任何视图
DROP TABLESPACE	删除表空间
DROP PROFILE	删除配置文件
DROP USER	删除用户
EXCUTE ANY PROCEDURE	执行任何过程
FLASHBACK ANY TABLE	闪回任何表
GRANT ANY PRIVIEGE	授予任何系统权限
GRANT ANY ROLE	授予任何角色
IMPORT FULL DATABASE	导入全库
INSERT ANY TABLE	插入任何表
LOCK ANY TABLE	锁定任何表
RESTRICTED SESSION	限制会话
SELECT ANY DICTIONARY	查询任何数据字典
SELECT ANY SEQUENCE	查询任何序列
SELECT ANY TABLE	查询任何表
SELECT ANY TRANSACTION	查询任何事务
SYSDBA	系统管理员权限
SYSOPER	系统操作员权限
UPDATE ANY TABLE	修改任何表
UNLIMITED TABLESPACE	无限表空间限额

其中,使用带有ANY关键字的系统权限,可以使用户在数据库中的任何模式中创建对象,如CREATE ANY TABLE系统权限允许拥有该系统权限的用户为数据库中的任

何模式创建表。

7.2.2 对象权限

对象权限指在特定数据库对象上执行某项操作的能力。与系统权限相比，对象权限主要指在 Oracle 对象上能够执行的操作，如查询、插入、修改、删除、执行等。Oracle 对象主要包括表、视图、聚簇、索引、序列、快照、过程、函数、包等。不同的 Oracle 对象具有不同的对象权限，如表具有插入的对象权限，序列却没有；序列具有的执行对象权限，表却没有。

相对于数量众多的系统权限，对象权限相对较少。表 7-3 列出了常用的 Oracle 对象及其相关联的对象权限。

表 7-3 常用的 Oracle 对象及其相关联的对象权限

类型	表	视图	序列	过程/函数/包
SELECT	*	*	*	
INSERT	*	*		
UPDATE	*	*		
DELETE	*	*		
EXECUTE				*
ALTER	*		*	
INDEX	*			
REFERENCES	*			

表 7-3 中的"*"表示相应的 Oracle 对象具有相关联的对象权限。

7.2.3 授予和撤销系统权限

在创建用户后，如果没有为用户授予相应的权限，用户是不能对数据库进行操作的，甚至不能登录到数据库上。所以必须为用户授予一定的系统权限。

在 SQL 命令中，使用 GRANT 语句授予权限，使用 REVOKE 语句撤销权限。

1. 授予系统权限

授予系统权限的基本语法如下。

```
GRANT {系统权限列表|角色名} TO {用户名|角色名|PUBLIC}[WITH ADMIN OPTION]
```

其中，PUBLIC 指授予数据库中的所有用户，WITH ADMIN OPTION 选项将使得该用户有能力将其权限再授予其他用户。

下面的语句授予 LOTUS 用户具有建立表、建立视图、建立索引的权限。

```
SQL>GRANT CREATE TABLE,CREATE VIEW,CREATE INDEX TO LOTUS;
```

下面的语句授予 LOTUS 用户具有建立表的系统权限，同时允许 LOTUS 用户管理建立表的系统权限。

```
SQL>GRANT CREATE TABLE TO LOTUS WITH ADMIN OPTION;
```

下面的语句授予数据库中的所有用户使用无限表空间的权限。

```
SQL>GRANT UNLIMITED TABLESPACE TO PUBLIC;
```

2. 撤销系统权限

对于一般数据库用户，授予过高的系统权限可能给 Oracle 数据库系统带来安全问题，作为 DBA，应该经常了解当前数据库用户的权限分配情况，并撤销一些不必要的系统权限。

撤销系统权限的数据库用户不必是最初授予系统权限的用户，任何具有 ADMIN OPTION 权限的数据库用户都可以撤销其他用户的系统权限。另外，在撤销系统权限时，使用 WITH ADMIN OPTION 选项而获得系统权限的用户不受影响。

撤销系统权限的基本语法如下。

```
REVOKE {系统权限列表|角色名} FROM {用户名|角色名|PUBLIC}
```

下面的语句撤销 LOTUS 用户建立表、视图、索引的权限。

```
SQL>REVOKE CREATE TABLE ,CREATE VIEW,CREATE INDEX FROM LOTUS;
```

下面的语句撤销数据库中的所有用户使用无限表空间的权限。

```
SQL>REVOKE UNLIMITED TABLESPACE FROM PUBLIC;
```

如要在 OEM 中对用户授予和撤销系统权限，可以在创建用户或修改用户时完成。在创建用户时系统权限的设置方法详见 7.1.1 小节。

7.2.4 授予和撤销对象权限

1. 授予对象权限

对象权限由该对象的拥有者为其他用户授权，非对象的拥有者不能将对象权限授予其他用户，即使是数据库管理员也不能为其他用户所属的对象授权。

与授予系统权限一样，授予对象权限也用 GRANT 语句，基本语法如下。

```
GRANT {对象权限列表|ALL} ON [模式名.]数据库对象 TO {用户名|角色名|PUBLIC}
[WITH ADMIN OPTION]
```

其中，对象权限列表指选择、插入和删除等，WITH ADMIN OPTION 选项的含义与授予系统权限中的含义相同。

下面的语句表示授予 LOTUS 用户具有查询、修改、删除 STUDENT 表的对象权限。

```
SQL>GRANT SELECT ,UPDATE,DELETE ON STUDENT TO LOTUS;
```

下面的语句表示授予 LOTUS 用户具有对 STUDENT 表所有的操作权限，并且可以把获得的对象权限再授予其他用户。

```
SQL>GRANT ALL ON STUDENT TO LOTUS WITH ADMIN OPTION;
```

2. 撤销对象权限

与撤销系统权限一样，撤销对象权限也用 REVOKE 语句，基本语法如下。

```
REVOKE {对象权限列表|ALL} ON [模式名.]数据库对象 FROM {用户名|角色|PUBLIC}
[CASCADE CONSTRAINTS][FORCE]
```

其中，CASCADE CONSTRAINTS 选项将会导致用 REFERENCES 权限定义的相

关的完整性约束被删除，FORCE 选项将废除用户定义的对象类型的 EXECUTE 权限被删除，并撤销依赖于这些对象类型的表格。

在撤销对象权限时，使用 WITH ADMIN OPTION 选项而获得对象权限的用户会受到影响，即同时被撤销。

下面的语句表示撤销 LOTUS 用户在 STUDENT 表上的查询、修改、删除的对象权限。

```
SQL>REVOKE CREATE ,UPDATE,DELETE ON STUDENT FROM LOTUS;
```

下面的语句表示撤销 LOTUS 用户对 STUDENT 表所有的操作权限。

```
SQL>REVOKE ALL ON STUDENT FROM LOTUS;
```

如要在 OEM 中对用户授予和撤销对象权限，可以在创建用户或修改用户时完成。在创建用户时对象权限的设置方法详见 7.1.1 小节。

7.2.5 有关权限的数据字典

Oracle 系统中与权限有关的数据字典较多，见表 7-4。

表 7-4 有关权限的数据字典

名　称	说　明
DBA_SYS_PRIVS	授予的系统权限信息
DBA_TAB_PRIVS	授予的对象权限信息
DBA_COL_PRIVS	授予表列上的对象权限信息
ALL_TAB_PRIVS	列出所有用户作为被授予者的对象权限信息
ALL_COL_PRIVS	列出列上的授权信息，当前用户或 PUBLIC 是拥有者、授予者或被授予者
USER_SYS_PRIVS	列出被授予的系统权限信息
USER_TAB_PRIVS	列出当前用户读取其他用户对象的权限信息
USER_COL_PRIVS	列出列上的授权信息，当前用户是拥有者、授予者或被授予者
SESSION_PRIVS	列出当前用户在当前会话中拥有的所有权限

下面的语句表示查看 LOTUS 用户拥有的所有系统权限。

```
SQL> SELECT * FROM DBA_SYS_PRIVS WHERE GRANTEE='LOTUS';
GRANTEE          PRIVILEGE            ADM
-----------------------------------------------------
LOTUS            ALTER ANY TABLE      NO
LOTUS            CREATE ANY TABLE     NO
LOTUS            DROP ANY TABLE       NO
LOTUS            SELECT ANY TABLE     NO
```

下面的语句表示查看 LOTUS 用户拥有的所有对象权限。

```
SQL> SELECT * FROM DBA_TAB_PRIVS WHERE GRANTEE='LOTUS';
GRANTEE     OWNER      TABLE_NAME GRANTOR  PRIVILEGE  GRA   HIE
---------------------------------------------------------------------------
LOTUS       MDX        STUDENT    MDX      DELETE     NO    NO
LOTUS       MDX        STUDENT    MDX      SELECT     NO    NO
LOTUS       MDX        STUDENT    MDX      UPDATE     NO    NO
```

7.3　角色管理

角色是对权限的集中管理机制。每个角色都有一个给定的名称，它是一组系统权限和对象权限的集合，当把某角色授予某个用户，该用户就会自动获得该角色包括的所有权限。

使用角色将使得授予和撤销权限都比较方便，通过对一个角色添加或删除权限，从而可以改变被授予该角色的用户组的权限。当需要修改用户的权限时，只需对角色进行修改，不必对单个用户进行修改。角色一旦创建成功后，Oracle 系统自动把该角色及其管理权授予创建该角色的用户，以便修改和删除该角色或将该角色授予其他用户或角色。

角色还可以授予另一个角色，则另一个角色将继承此角色拥有的所有权限。

角色分为系统预定义角色和用户自定义角色。

7.3.1　系统预定义角色

系统预定义角色就是安装 Oracle 数据库后，由系统自动创建的一些角色。这些角色已经被授予了一些权限。常见的一些系统预定义角色如表 7-5 所示。

表 7-5　系统预定义角色

名　称	说　明
CONNECT	连接数据库的角色，可以建立和修改会话，具有创建表、视图和同义词等对象的权限
DBA	拥有管理数据库的最高权限，包含了所有系统权限的角色
EXECUTE_CATALOG_ROLE	执行数据字典函数和过程的权限
EXP_FULL_DATABASE	导出全部数据库的角色
IMP_FULL_DATABASE	导入全部数据库的角色
OEM_MONITOR	Oracle 企业管理器监控的角色
RESOURCE	应用程序开发员的角色，具有创建表、序列、过程、函数、包和触发器等对象的权限
SELECT_CATALOG_ROLE	查询数据字典的角色

从表 7-1 可以看出，系统预定义角色用于一些典型的权限管理情况。在实际应用中，要根据实际需要和实现功能的需要，分配给不同用户的自定义角色，下面介绍如何创建自定义角色。

7.3.2　用户自定义角色

创建用户自定义角色的 SQL 命令是 CREATE ROLE 语句，基本语法如下。

```
CREATE ROLE 角色名
    [NOT IDENTIFIED | IDENTIFIED {BY 口令 | EXTREMELY | GLOBALLY}]
```

其中，角色名不能与数据库中的用户名相同。NOT IDENTIFIED 选项指定无须认证就可以使用该角色。IDENTIFIED 指定角色的认证方式。可以指定的认证方式见表 7-6。

表 7-6 角色的认证方式

名 称	说 明
BY 口令	口令认证，创建本地角色
EXTRENELY	外部认证，创建外部角色，一个外部角色通过操作系统或外部服务才能使用角色
GLOBALLY	全局认证，创建全局角色，一个全局用户通过企业目录服务才能使用角色

下面的语句可以创建角色 LOTUS_ROLE。

```
SQL>CREATE ROLE "LOTUS_ROLE" IDENTIFIED BY "LOTUS";
角色已创建。
```

如要在 OEM 中创建角色，则在“服务器”选项卡的安全性中选择“角色”选项，打开“角色”界面，如图 7-9 所示。

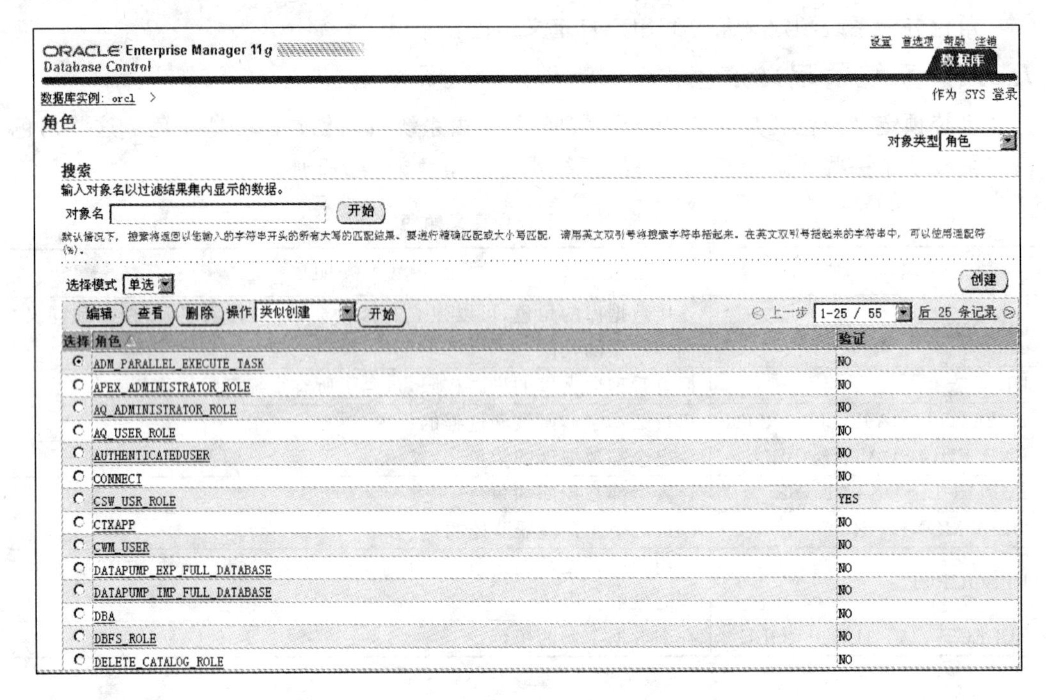

图 7-9 “角色”界面

此界面可以用来显示数据库中所有角色信息。如果在“对象名”文本框中输入完整或部分的角色名称，单击“开始”按钮，在下面的区域将显示查询到的符合条件的角色列表。如果要创建角色，单击“创建”按钮，打开“创建 角色”界面，如图 7-10 所示。

图 7-10 “创建 角色”界面

在“一般信息”选项卡的“名称”文本框中输入角色名 ROLE1，在“验证”下拉列表框中选择用户的认证方式，这里选择“无”；接着在“角色”、“系统权限”、“对象权限”和“使用者组权限”这几个选项卡中分别进行设置。

7.3.3　为角色授予和撤销权限

Oracle 系统通过授予和撤销一个角色的权限，从而改变用户的被授予权限。当需要修改用户的权限时，只需对角色进行修改，不必对单个用户进行修改。

1. 为角色授予权限

在角色创建成功后，为了使用角色，还必须向角色授予一定的权限，然后就可以将角色授予用户或其他角色。向角色授予权限也用 GRANT 语句，其基本语法如下。

```
GRANT 权限名 | 已有角色名 TO 角色名 [WITH ADMIN OPTION]
```

其中，权限名和已有角色名是要授予的权限列表，如果要授予的是对象权限，还需得到对象拥有者的授权；角色名是要被授予的角色列表。

下面的一组语句用来向 LOTUS_ROLE 角色授予权限。

```
SQL>GRANT ALTER ANY TABLE TO "LOTUS_ROLE" WITH ADMIN OPTION;
SQL>GRANT CREATE ANY TABLE TO "LOTUS_ROLE" WITH ADMIN OPTION;
SQL>GRANT DELETE ANY TABLE TO "LOTUS_ROLE" WITH ADMIN OPTION;
SQL>GRANT INSERT ANY TABLE TO "LOTUS_ROLE" WITH ADMIN OPTION;
```

这样，LOTUS_ROLE 角色被创建后就拥有了建立、插入、修改和删除表的系统权限，而且还可以把所获得的权限再授予其他用户或角色。

下面的语句为 LOTUS_ROLE 角色添加 CREATE SESSION 权限。

```
SQL>GRANT CREATE SESSION TO LOTUS_ROLE;
授权成功。
```

下面的语句为 LOTUS_ROLE 角色添加 HR 方案下的 JOBS 表的查询权限。

```
SQL>GRANT SELECT ON HR.JOBS TO LOTUS_ROLE;
授权成功。
```

2. 为角色撤销权限

从角色中撤销权限可以使用 REVOKE 语句，基本语法如下。

```
REVOKE 权限名 | 已有角色名 FROM 角色名
```

其中，如果要撤销的是对象权限，还须得到对象拥有者的授权。

下面的语句表示撤销 LOTUS 角色的 CREATE SESSION 权限。

```
SQL>REVOKE CREATE SESSION FROM LOTUS_ROLE;
撤销成功。
```

下面的语句表示撤销 LOTUS 角色的 HR 方案下的 JOBS 表的查询权限。

```
SQL>REVOKE SELECT ON HR.JOBS FROM LOTUS_ROLE;
撤销成功。
```

下面的语句表示修改 LOTUS_ROLE 角色,去掉口令验证。

```
SQL>ALTER ROLE LOTUS_ROLE NOT IDENTIFIED;
角色已丢弃。
```

7.3.4 将角色授予用户和其他角色

在角色创建好并为角色分配了适当的权限之后,就可以将角色授予其他用户或角色,基本语法如下。

```
GRANT 角色名 TO 用户名|角色名|PUBLIC [WITH ADMIN OPTION ]
```

其中,PUBLIC 选项指将角色授予数据库中的所有用户。

下面的语句将 CONNECT 角色授予数据库中的所有用户。

```
SQL>GRANT CONNECT TO PUBLIC;
授权成功。
```

下面的语句将 RESOURCE 角色授予 LOTUS_ROLE 角色。

```
SQL>GRANT RESOURCE TO LOTUS_ROLE;
授权成功。
```

下面的语句将 LOTUS_ROLE 角色授予 LOTUS 用户,并允许 LOTUS 用户可以将 LOTUS_ROLE 角色授予其他用户或角色。

```
SQL>GRANT LOTUS_ROLE TO LOTUS WITH ADMIN OPTION;
授权成功。
```

7.3.5 删除角色

当不再需要角色时,可以删除角色。这样使用该角色的用户所对应的权限也相应丢失。删除角色可以使用 DROP ROLE 语句,基本语法如下。

```
DROP ROLE 角色名
```

下面的语句可以删除 LOTUS_ROLE 角色。

```
SQL>DROP ROLE LOTUS_ROLE;
角色已删除。
```

在 OEM 中删除角色时,选中要删除的角色,单击"删除"选项,然后在随后出现的确认页面中单击"是"按钮,就可以删除 LOTUS_ROLE 角色。

7.3.6 有关角色的数据字典

Oracle 系统中与角色有关的数据字典见表 7-7。

下面的语句可以查看数据库中的角色列表。

```
SQL> SELECT ROLE FROM DBA_ROLES;
ROLE
------------------------------------------
CONNECT
RESOURCE
```

```
DBA
SELECT_CATALOG_ROLE
EXECUTE_CATALOG_ROLE
DELETE_CATALOG_ROLE
EXP_FULL_DATABASE
WM_ADMIN_ROLE
IMP_FULL_DATABASE
RECOVERY_CATALOG_OWNER
AQ_ADMINISTRATOR_ROLE
...
已选择 34 行。
```

表 7-7　有关角色的数据字典

名　称	说　明
DBA_ROLES	列出数据库中的所有角色
DBA_ROLE_PRIVS	列出所有已被授予用户和角色的角色
USER_ROLE_PRIVS	列出所有已授予当前用户的角色
ROLE_ROLE_PRIVS	列出所有被授予其他角色的角色信息
ROLE_SYS_PRIVS	列出包含授予角色的系统权限的信息
ROLE_TAB_PRIVS	列出包含授予角色的对象权限的信息
SESSION_ROLES	列出当前用户在当前会话中可以使用的角色

下面的语句可以查看 DBA 角色拥有的角色，以及是否能够将所拥有的角色授予其他用户。

```
SQL> SELECT GRANTEE, GRANTED_ROLE, ADMIN_OPTION
      FROM DBA_ROLE_PRIVS WHERE GRANTEE='DBA';
GRANTEE                     GRANTED_ROLE                  ADM
-------------------------   -------------------------     ---
DBA                         OLAP_DBA                      NO
DBA                         SCHEDULER_ADMIN               YES
DBA                         DELETE_CATALOG_ROLE           YES
DBA                         EXECUTE_CATALOG_ROLE          YES
DBA                         WM_ADMIN_ROLE                 NO
DBA                         EXP_FULL_DATABASE             NO
DBA                         SELECT_CATALOG_ROLE           YES
DBA                         JAVA_DEPLOY                   NO
DBA                         GATHER_SYSTEM_STATISTICS      NO
DBA                         JAVA_ADMIN                    NO
DBA                         XDBADMIN                      NO
DBA                         IMP_FULL_DATABASE             NO
DBA                         XDBWEBSERVICES                NO
已选择 13 行。
```

下面的语句可以查看授予 EXP_FULL_DATABASE 角色系统权限的信息。

```
SQL> SELECT * FROM ROLE_SYS_PRIVS WHERE ROLE='EXP_FULL_DATABASE';
ROLE                    PRIVILEGE                          ADM
----------------------------------------------------------------------
EXP_FULL_DATABASE       READ ANY FILE GROUP                NO
EXP_FULL_DATABASE       EXECUTE ANY PROCEDURE              NO
EXP_FULL_DATABASE       RESUMABLE                          NO
EXP_FULL_DATABASE       SELECT ANY TABLE                   NO
EXP_FULL_DATABASE       EXECUTE ANY TYPE                   NO
EXP_FULL_DATABASE       BACKUP ANY TABLE                   NO
EXP_FULL_DATABASE       ADMINISTER RESOURCE MANAGER        NO
EXP_FULL_DATABASE       SELECT ANY SEQUENCE                NO
已选择 8 行。
```

下面的语句用来查看授予 IMP_FULL_DATABASE 角色对象权限的信息。

```
SQL> SELECT ROLE,OWNER,TABLE_NAME FROM ROLE_TAB_PRIVS
     WHERE ROLE='IMP_FULL_DATABASE';
ROLE                    OWNER       TABLE_NAME
----------------------------------------------------------
IMP_FULL_DATABASE       SYS         DBMS_PSWMG_IMPORT
IMP_FULL_DATABASE       SYS         DBMS_AQADM
IMP_FULL_DATABASE       WMSYS       WM$WORKSPACE_PRIV_TABLE
IMP_FULL_DATABASE       SYS         EXPIMP_TTS_CT$
IMP_FULL_DATABASE       SYS         DBMS_RULE_EXIMP
...                     ...         ...
已选择 18 行。
```

7.4 概要文件管理

概要文件是一个对用户使用 Oracle 系统资源进行限制的文件，又称配置文件。概要文件的资源限制将防止用户过度使用数据库系统资源。一个用户不使用概要文件或者概要文件参数设置不合理，都会影响其他用户访问数据库的速度。在将概要文件分配给某个用户后，在用户下次访问数据库时，Oracle 系统将按照概要文件的设置为该用户分配系统资源。

在创建用户时，如果没有显式地指定概要文件，则默认分配给用户的是默认概要文件，该文件对系统资源没有任何限制。因此，DBA 常常根据实际情况建立自定义概要文件。

在数据库中可以创建多个概要文件，然后分配给不同的数据库用户使用。概要文件只能分配给用户使用，而不能分配给角色或其他概要文件使用。

7.4.1 创建概要文件

创建概要文件的 SQL 命令是 CREATE PROFILE 语句，语法如下。

```
CREATE PROFILE 概要文件名 LIMIT [资源参数列表|口令参数列表]
```

其中,资源参数列表的说明见表 7-8,口令参数列表的说明见表 7-9。

表 7-8　概要文件的资源参数

名　称	说　明
CPU_PER_SESSION	一个会话占用 CPU 的时间总量,以 1/100s 为单位
CPU_PER_CALL	一个 SQL 语句调用占用 CPU 的时间总量,以 1/100s 为单位
CONNECT_TIME	一个会话持续时间的最大值,以 min 单位,当连接时间超出时将被断开连接
IDLE_TIME	一个会话处于空闲状态的时间最大值。空闲时间是会话中持续不活动的一段时间,以 min 为单位
SESSIONS_PER_USER	一个用户并行会话的最大数量
LOGICAL_READS_PER_SESSION	一个会话中允许读取数据块的最大数量
LOGICAL_READS_PER_CALL	一个 SQL 语句读取数据块的最大数量
PRIVATE_SGA	一个会话可分配的专用 SGA 空间量的最大值,以千字节(KB)来表示
COMPOSITE_LIMIT	一个会话耗费的资源总量,包括会话占用 CPU 的时间、连接时间、会话中的读取数和分配的专用 SGA 空间量

表 7-9　概要文件的口令参数

名　称	说　明
FAILED_LOGIN_ATTEMPTS	限定用户登录时允许失败的次数,超出此值该用户账户将被锁定
PASSWORD_LIFE_TIME	指定用户口令的有效时间,以天为单位
PASSWORD_REUSE_TIME	限定口令失效后经过多少天才可以重复使用
PASSWORD_REUSE_MAX	指定口令能被重复使用的次数
PASSWORD_LOCK_TIME	当用户登录失败的次数超过 FAILED_LOGIN_ATTEMPTS 时,被锁定的天数
PASSWORD_VERIFY_FUNCTION	一个 PL/SQL 函数,用于校验口令的复杂性

下面的 CREATE PROFILE 语句创建了一个概要文件。

```
SQL>CREATE PROFILE PROFILE1
    LIMIT
    CPU_PER_SESSION              10000
    CPU_PER_CALL                 3000
    CONNECT_TIME                 45
    SESSIONS_PER_USER            10
    LOGICAL_READS_PER_SESSION    DEFAULT
    LOGICAL_READS_PER_CALL       1000
    PRIVATE_SGA                  256K
    FAILED_LOGIN_ATTEMPTS        3;
```

在上述概要文件 PROFILE1 创建成功后,如果将它分配给一个用户,该用户在会话中将受到以下限制。

（1）每个会话可用 100s 的 CPU 时间。

（2）每次调用不能超过 30s 的 CPU 时间。

（3）每次会话的持续时间不能超过 45min。

（4）最多有 10 个并行会话。

（5）在每次会话中，读取的数据块受 DEFAULT 概要文件中相应参数的限制。

（6）每次调用读取的数据块不能超过 1000 个。

（7）每个会话占用的 SGA 资源不能超过 256KB。

（8）在用户登录时允许失败 3 次，超出 3 次该用户账户将被锁定。

如要在 OEM 中创建概要文件，则在“服务器”选项卡的安全性中选择“概要文件”选项，打开“概要文件”界面，如图 7-11 所示。

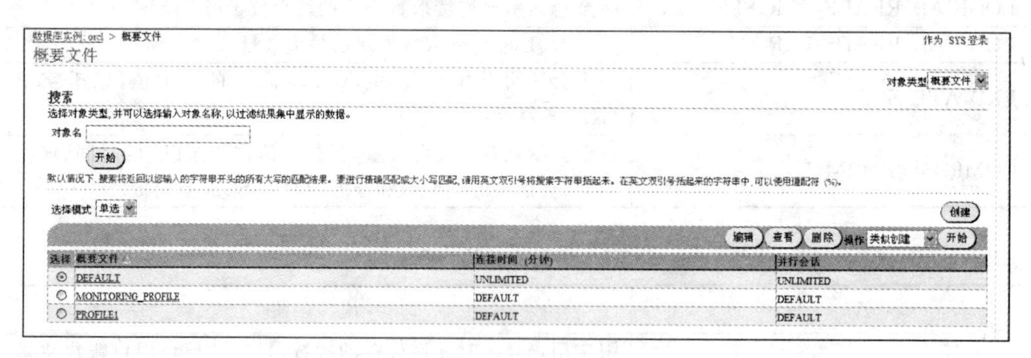

图 7-11　“概要文件”界面

此界面可以用来显示数据库中所有概要文件信息。如果在“对象名”文本框中输入完整或部分的概要文件名，单击“开始”按钮，在下面的区域将显示查询到的符合条件的概要文件列表。如果要创建概要文件，单击“创建”按钮，打开“创建 概要文件”界面。其中，“一般信息”选项卡如图 7-12 所示，“口令”选项卡如图 7-13 所示。

在“一般信息”和“口令”选项卡中分别设置合适的参数值后，单击“确定”按钮就可以完成概要文件的创建了。

数据库实例: orcl > 概要文件 > 创建 概要文件
作为 SYS 登录
创建 概要文件
显示 SQL　取消　确定
一般信息　口令
* 名称 profile3
详细资料
CPU/会话 (秒/100) 10000
CPU/调用 (秒/100) 1000
连接时间 (分钟) 30
空闲时间 (分钟) 15
数据库服务
并行会话数 (每用户) 10
读取数/会话 (块) 1000
读取数/调用 (块) 100
专用 SGA (KB) 200
组合限制 (服务单元) DEFAULT
一般信息　口令

图 7-12　“一般信息”选项卡

数据库实例: orcl > 概要文件 > 创建 概要文件　作为 SYS 登录
创建 概要文件
显示 SQL　取消　确定
一般信息　口令
口令
有效期 (天) 30
最大锁定天数 7
历史记录
保留的口令数 10
保留天数 5
复杂性
复杂性函数 DEFAULT
登录失败
锁定前允许的最大失败登录次数 3
锁定天数 5
一般信息　口令

图 7-13　“口令”选项卡

7.4.2　将概要文件分配给用户

创建完成的概要文件可以分配给用户使用，将概要文件分配给用户的 SQL 语句语法如下。

```
ALTER USER 用户名 PROFILE 概要文件名
```

下面的语句将概要文件 PROFILE1 分配给 LOTUS 用户。

```
SQL>ALTER USER LOTUS PROFILE PROFILE1;
用户已更改。
```

要在 OEM 中将概要文件分配给用户，在“编辑用户”的界面中从“概要文件”下拉列表框中选择所要分配的概要文件即可，如图 7-14 所示。

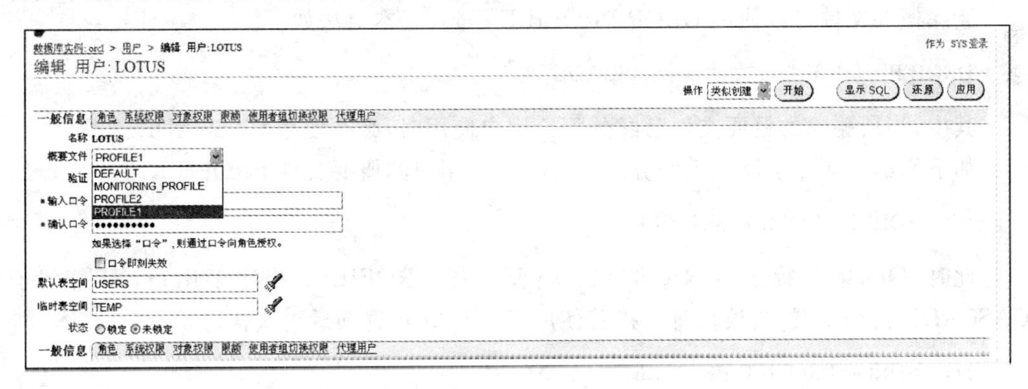

图 7-14　为用户分配概要文件

7.4.3　修改和删除概要文件

1. 修改概要文件

修改概要文件可以使用 ALTER PROFILE 语句，基本语法如下。

```
ALTER PROFILE 概要文件名 LIMIT [资源参数列表|口令参数列表]
```

其中,资源参数列表和口令参数列表与创建概要文件时所用到参数列表的相同。

下面的语句表示修改概要文件 PROFILE1,将其中允许口令登录失败的次数修改为 2,口令的重复使用为无限制。

```
SQL>ALTER PROFILE PROFILE1 LIMIT
    FAILED_LOGIN_ATTEMPTS 3
    PASSWORD_REUSE_MAX UNLIMITED;
配置文件已更改。
```

在 OEM 中修改概要文件,可在"概要文件"界面中选中要修改的概要文件,单击"编辑"按钮,在随后出现的"编辑 概要文件"界面中重设各参数即可,如图 7-15 所示。

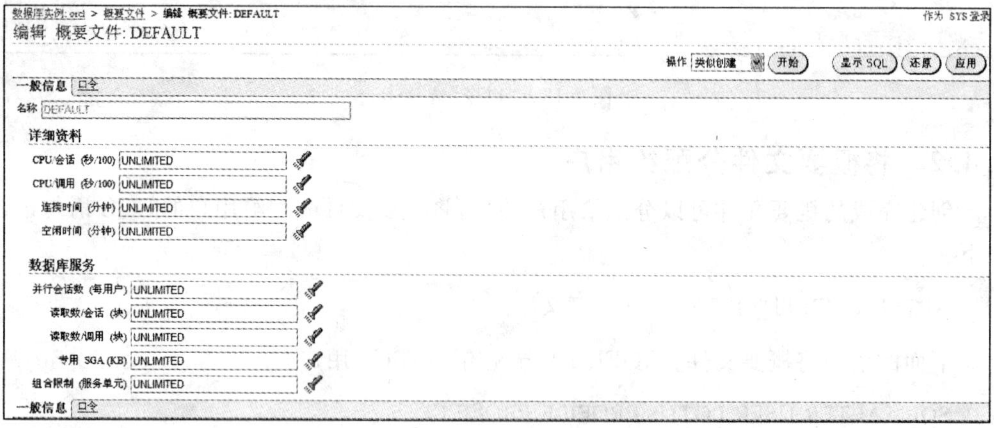

图 7-15　"编辑 概要文件"界面

2. 删除概要文件

删除概要文件可以使用 DROP PROFILE 语句,基本语法如下。

```
DROP PROFILE 概要文件名 [CASCADE]
```

其中,当所删除的概要文件已经分配给用户使用时,必须使用 CASCADE 选项。

如下面的语句表示删除已经分配给 LOTUS 用户的概要文件 PROFILE1。

```
SQL>DROP PROFILE PROFILE1;
```

此时,Oracle 会提示"ORA-02382: 概要文件 PROFILE1 指定了用户, 不能没有 CASCADE 而删除"的错误信息。接着使用 CASCADE 选项后再次执行。

```
SQL>DROP PROFILE PROFILE1 CASCADE;
配置文件已删除。
```

如果删除还没有分配给用户使用的概要文件可以不用 CASCADE 选项。

在 OEM 中删除概要文件,可在"概要文件"界面中选中要删除的概要文件,单击"删除"按钮,在随后出现的确认界面中单击"是"按钮,就可以删除概要文件。

7.4.4 有关概要文件的数据字典

Oracle 系统与概要文件相关的数据字典主要是 DBA_PROFILES，它描述了概要文件的详细信息。

下面的语句可用来查看 PROFILE1 概要文件的详细信息。

```
SQL> SELECT PROFILE, RESOURCE_NAME, LIMIT FROM DBA_PROFILES
     WHERE PROFILE='PROFILE1';
PROFILE          RESOURCE_NAME                LIMIT
------------------------------------------------------------
PROFILE1         COMPOSITE_LIMIT              DEFAULT
PROFILE1         SESSIONS_PER_USER            10
PROFILE1         CPU_PER_SESSION              10000
PROFILE1         CPU_PER_CALL                 3000
…                …                            …
已选择 16 行。
```

上面语句的执行结果说明 DBA_PROFILES 视图将每一个可能的资源限制返回一行，而不管在创建概要文件时是否指定这些参数。

7.5 审计管理

审计是指对所选用户的数据库操作进行监视和记录。利用记录在数据库中的审计信息，可以审查可疑的数据库活动，发现非法用户所进行的操作，或者收集数据库使用的统计信息。作为一种安全机制，审计主要记录发生在服务器内部的操作，如登录注册企图、数据库操作等，而不是记录数据的更新值，插入行和删除行中的具体数据。系统管理员可以在早期发现可疑活动并且能够优化安全响应。

7.5.1 激活审计

设置 AUDIT_TRAIL 初始化参数可以激活审计。AUDIT_TRAIL 可能的设置值见表 7-10。

表 7-10　AUDIT_TRAIL 的设置值

名　称	说　明
NONE	默认值，不开启审计
DB,TRUE	激活审计，将审计结果写入 AUD$ 表中，审计的结果只有连接信息
DB_Extended	激活审计，审计结果里面除了连接信息还包含了当时执行的具体语句
OS	激活审计，将审计结果写入在操作系统文件而不是 AUD$ 表
XML	激活审计，审计结果以 XML 格式存储

从表 7-10 可以看出，在 AUDIT_TRAIL 被设置为非 NONE 值时，都将开启审计功能。在默认情况下，Oracle 11g 系统的 AUDIT_TRAIL 被设置为 DB 选项。

下面的语句可以设置数据库的 AUDIT_TRAIL 参数。

```
SQL> SHOW PARAMETER AUDIT_TRAIL;
```

```
NAME                    TYPE          VALUE
-------------------------------- ------------------
AUDIT_TRAIL             STRING        DB

SQL> ALTER SYSTEM SET AUDIT_TRAIL=TRUE SCOPE=SPFILE;
系统已更改。
```

在审计功能激活后，任何拥有表或视图的普通用户可以进行如下审计操作。

(1) 使用 SQL 语句来选择审计项。

(2) 审计对该用户所拥有的表或视图的成功或不成功的存取操作。

(3) 有选择的审计各种类型的 SQL 操作(选择、更新、插入、删除)。

(4) 控制审计的单位(以 SESSION 还是 ACCESS 为单位)。

另外，对于 DBA 用户还具有以下审计功能。

(1) 对成功的 LOGON、LOGOFF、GRANT、REVOKE 操作进行审计。

(2) 允许或禁止向审计表存储数据。

(3) 为某些数据表设定默认审计项。

7.5.2 审计的类型

Oracle 支持 4 种类型的审计，见表 7-11。

表 7-11 审计的类型

名 称	说 明
语句审计(Statement Auditing)	按类型对 SQL 语句进行审计，不指定具体对象
权限审计(Privilege Auditing)	对执行的系统权限相应的活动进行审计，是只对特定的活动进行的审计，较语句审计更为专一
对象审计(Schema Object Auditing)	对特定的方案对象上的执行语句进行审计
细粒度审计(Fine-Grained Auditing,FGA)	基于数据内容的最为精细的对数据活动的审计，可以使用布尔表达式对列级别的内容进行审计

语句审计可对数据库中指定用户或所有用户进行，例如 AUDIT TABLE 会审计数据库中所有的 CREATE TABLE，DROP TABLE，TRUNCATE TABLE 语句，AUDIT ALTER SESSION BY HR 会审计 HR 用户所有的数据库链接。

权限审计可对数据库中指定用户或所有用户进行。如执行 GRANT SELECT ANY TABLE TO A，当执行了 AUDIT SELECT ANY TABLE 语句后，当用户 A 访问了用户 B 的表时(如 SELECT * FROM B. T)会用到 SELECT ANY TABLE 权限，所以会被审计。

对象审计只对 ON 关键字指定对象的相关操作进行审计，如执行 ADUIT ALTER，DELETE，DROP，INSERT ON HR. T BY SCOTT，则会对 HR. T 表进行审计，且由 SCOTT 用户发起的操作进行审计。对于后面创建的对象，Oracle 则提供 ON DEFAULT 子句来实现自动审计，例如在执行 AUDIT DROP ON DEFAULT BY ACCESS 语句后，对于随后创建的对象的 DROP 操作都会被审计。具体可以分为以下几种情况。

(1) 如果新建对象是表，则会对表上的 ALTER、GRANT、INSERT、UPDATE 或

DELETE操作进行审计。

（2）如果新建对象是视图，则会对视图上的GRANT、INSERT、UPDATE或DELETE操作进行审计。

（3）如果新建对象是序列，则会对序列上的ALTER或GRANT操作进行审计。

（4）如果新建对象是过程、包或函数，则会对过程、包或函数上的ALTER或GRANT操作进行审计。

细粒度审计能够记录SCN号和行级的更改以重建数据，但是它们只能用于SELECT语句，并且以一种非常详细的级别捕获用户行为，但不能用于UPDATE、INSERT和DELETE语句。

假定用户MDX具有更新表的权限，并按如下所示的方式更新了表中的一行数据。

```
SQL>UPDATE SCOTT.EMP SET SALARY = 12000 WHERE EMPNO = 123456;
```

那么，如何在数据库中跟踪这种行为呢？在Oracle较低版本中，审计只能捕获谁执行此操作，而不能捕获执行了什么内容。如只知道用户MDX更新了SCOTT的EMP表，但不会显示更新了该表中员工号为123456的薪水列。要捕获如此详细的更改，必须编写触发器来捕获更改前的值，或使用日志挖掘工具(LogMiner)从归档日志中检索出来。现在通过细粒度审计(FGA)就可以实现。

7.5.3　审计的操作

审计语句AUDIT的基本语法如下。

```
AUDIT {语句选项|对象选项} [ BY SESSION | ACCESS ]
[ WHENEVER [ NOT ] SUCCESSFUL ]
```

其中，BY SESSION是指在一个会话中相同类型SQL语句只向审计表记录一次；BY ACCESS指对于每一个被审计的语句，Oracle系统写入一个审计记录；WHENEVER SUCCESSFUL指定当SQL语句成功执行时才被审计，当有NOT关键字时，只对操作失败的SQL语句进行审计，当省略此选项时，则不管成功或失败都将被审计。

语句选项指对SQL语句进行的语句审计，审计记录包括用户完成的操作、操作类型、操作对象和操作时间。Oracle系统允许审计的一些语句选项见表7-12。

表7-12　Oracle系统允许审计的语句选项

对象名称	审计的SQL语句
CLUSTER	CREATE|ALTER|DROP|TRUNCATE簇
CONTEXT	CREATE|DROP注释
DATABASE LINK	CREATE|DROP数据库链接
DIMENSION	CREATE|ALTER|DROP维
DIRECTORY	CREATE|DROP目录
INDEX	CREATE|ALTER|DROP索引
MATERIALIZED VIEW	CREATE|ALTER|DROP实体化视图(Oracle以前版本称快照)
NOT EXISTS	对象不存在引起的SQL执行失败状态
PROCEDURE	CREATE函数|类库|包|包体|过程，DROP函数|类库|包|包体|过程

续表

对 象 名 称	审计的 SQL 语句
PROFILE	CREATE|ALTER|DROP 概要文件
PUBLIC DATABASE LINK	CREATE|DROP 公共数据库链接
PUBLIC SYNONYM	CREATE|DROP 公共同义词
ROLE	CREATE|ALTER|DROP|SET 角色
ROLLBACK SEGMENT	CREATE|ALTER|DROP 回滚段
SEQUENCE	CREATE|DROP 序列
SESSION	CREATE|DROP 会话
SYNONYM	CREATE|DROP 同义词
SYSTEM AUDIT	AUDIT|NOAUDIT SQL 语句状态
SYSTEM GRANT	GRANT|REVOKE 系统权限或角色
TABLE	CREATE|DROP|TRUNCATE 表
TABLESPACE	CREATE|ALTER|DROP 表空间
TRIGGER	CREATE|ALTER|DROP 触发器
TYPE	CREATE 类型|类型体、ALTER 类型、DROP 类型|类型体
USER	CREATE|ALTER|DROP 用户
VIEW	CREATE|DROP 视图

对象选项指对 Oracle 对象进行的审计，Oracle 对象指表、视图、序列、实体化视图、过程、函数、包和对象类型等。在 Oracle 对象上进行相关操作的审计见表 7-13。

表 7-13 Oracle 对象可以进行的审计

对象 操作	表	视 图	序 列	实体化视图	过程/函数/包	对 象 类 型
ALTER	*		*	*		*
AUDIT	*	*	*	*	*	*
COMMENT	*	*		*		
DELETE	*	*		*		
EXECUTE					*	
GRANT	*	*	*		*	*
INDEX	*			*		
INSERT	*	*		*		
LOCK	*	*		*		
RENAME	*	*			*	
SELECT	*	*	*	*		
UPDATE	*	*		*		

在表 7-13 中，如对 ALTER TABLE 进行审计，则 Oracle 系统对该表所有的 ALTER TABLE 语句都要进行审计。

下面的语句可以对所有的 SQL 命令进行审计。

```
SQL>AUDIT ALL;
审计已成功。
```

下面的语句可以对创建、修改、删除和设置角色的语句进行审计，不管其操作是否成功。

```
SQL>AUDIT ROLE;
审计已成功。
```

下面的语句可以对操作成功的创建、修改、删除和设置角色的语句进行审计。

```
SQL>AUDIT ROLE WHENEVER SUCCESSFUL;
审计已成功。
```

如果要对操作失败的创建、修改、删除和设置角色的语句进行审计，则用下面的语句。

```
SQL>AUDIT ROLE WHENEVER NOT SUCCESSFUL;
审计已成功。
```

下面的语句可以对成功登录的操作进行审计。

```
SQL>AUDIT SESSION WHENEVER SUCCESSFUL;
审计已成功。
```

如果要对登录失败的操作进行审计，则用下面的语句。

```
SQL>AUDIT SESSION WHENEVER NOT SUCCESSFUL;
审计已成功。
```

下面的语句可以对用户 MDX 和 LOTUS 查询和修改表的操作进行审计。

```
SQL>AUDIT SELECT TABLE, UPDATE TABLE BY MDX,LOTUS;
审计已成功。
```

下面的语句可以对 DELETE ANY TABLE 系统权限进行审计。

```
SQL>AUDIT DELETE ANY TABLE;
审计已成功。
```

下面的语句可以对查询 HR.JOBS 表的语句进行审计。

```
SQL>AUDIT SELECT ON HR.JOBS;
审计已成功。
```

下面的语句可以对成功执行查询 HR.JOBS 表的语句进行审计。

```
SQL>AUDIT SELECT ON HR.JOBS WHENEVER SUCCESSFUL;
审计已成功.
```

下面的语句可以对插入和修改 HR.JOBS 表的语句进行审计。

```
SQL>AUDIT INSERT, UPDATE ON HR.JOBS;
审计已成功。
```

下面的语句可以对数据库中新建的 Oracle 对象上的所有操作默认设置为审计。

```
SQL>AUDIT ALTER,GRANT,INSERT,UPDATE,DELETE ON DEFAULT ;
审计已成功。
```

下面的语句可以清除所有审计信息。

```
SQL>DELETE FROM SYS.AUD$;
已删除 11892 行。
```

下面的语句可以清除指定对象上的审计信息。

```
SQL>DELETE FROM SYS.AUD$ WHERE OBJ$NAME='JOBS';
已删除 5 行。
```

7.5.4 停止审计

停止审计可以使用 NOAUDIT 语句，其参数与 AUDIT 语句基本相同。

下面的语句可以停止所有系统中的审计。

```
SQL>NOAUDIT ALL;
```

下面的语句对创建、修改、删除和设置角色的语句停止审计，不管其操作是否成功。

```
SQL>NOAUDIT ROLE;
```

下面的语句对登录失败的操作停止审计。

```
SQL>NOAUDIT SESSION WHENEVER NOT SUCCESSFUL;
```

下面的语句对用户 MDX、LOTUS 查询与修改表的操作停止审计。

```
SQL>NOAUDIT SELECT TABLE, UPDATE TABLE BY MDX, LOTUS;
```

下面的语句对 DELETE ANY TABLE 系统权限停止审计。

```
SQL>NOAUDIT DELETE ANY TABLE;
```

下面的语句对数据库中新建的 Oracle 对象上的所有操作停止审计。

```
SQL>NOAUDIT ALTER, GRANT, INSERT, UPDATE, DELETE ON DEFAULT;
```

7.5.5 关于审计的示例

下面的语句是一个关于审计的完整实例。

1. 查看是否开启审计功能

```
SQL> SHOW PARAMETER AUDIT
NAME                          TYPE       VALUE
------------------------------------------------------------------------------
AUDIT_FILE_DEST               STRING     D:\APP\ADMINISTRATOR\ADMIN\ORCL\
                                         ADUMP
AUDIT_SYS_OPERATIONS          BOOLEAN    FALSE
AUDIT_TRAIL                   STRING     DB
SQL> ALTER SYSTEM SET AUDIT_SYS_OPERATIONS=TRUE SCOPE=SPFILE;
系统已更改。
```

上面的语句审计 SYSDBA/SYSOPER 角色的数据库链接。

2. 开始审计

```
SQL> AUDIT ALL ON T_TEST; -- T_TEST 为表名称
SQL> CONN TEST/TEXT --TEST 为用户名
SQL> SELECT * FROM T_TEST;
SQL> INSERT INTO TEST. T_TEST (C2,C5) VALUES ('TEST1','2');
SQL> COMMIT;
SQL> DELETE FROM TEST. T_TEST;
SQL> COMMIT;
SQL> CONN SYS/SZ AS SYSDBA
SQL>SELECT OS_USERNAME,USERNAME,USERHOST,TERMINAL,TIMESTAMP,
     OWNER,OBJ_NAME,ACTION_NAME,SESSIONID,OS_PROCESS,SQL_TEXT
     FROM DBA_AUDIT_TRAIL;
SQL> AUDIT SELECT TABLE BY TEST BY ACCESS;
SQL> AUDIT DELETE,UPDATE,INSERT ON USER. TABLE BY TEST;
```

3. 撤销审计

```
SQL> NOAUDIT ALL ON TEST;
```

7.5.6 有关审计的数据字典

Oracle 系统关于审计的数据字典见表 7-14。

表 7-14 审计的数据字典

名　　称	说　　明
ALL_DEF_AUDIT_OPTS	列出包含在对象建立时所应用的默认对象审计选项
AUDIT_ACTIONS	列出所有可审计的命令
DBA_AUDIT_TRAIL	列出所有的审计记录
DBA_AUDIT_EXISTS	列出 AUDIT NOT EXISTS 和 AUDIT EXISTS 产生的审计记录
DBA_AUDIT_OBJECT	列出系统中所有对象的审计记录
DBA_AUDIT_SESSION	列出关于 CONNECT 和 DISCONNECT 的所有审计记录
DBA_AUDIT_STATEMENT	列出关于 GRANT、REVOKE、AUDIT、NOAUDIT、ALTER SYSTEM 语句的审计记录
DBA_STMT_AUDIT_OPTS	列出语句审计级别的审计
DBA_OBJ_AUDIT_OPTS	列出一个用户所有对象的审计选项
DBA_PRIV_AUDIT_OPTS	列出通过系统和由用户审计的当前系统特权
USER_AUDIT_TRAIL	列出与用户有关的审计记录
USER_AUDIT_OBJECT	列出关于对象的语句审计记录
USER_AUDIT_SESSION	列出关于用户连接或断开的全部审计记录
USER_AUDIT_STATEMENT	列出用户执行 GRANT、REVOKE、AUDIT、NOAUDIT、ALTER SYSTEM 语句审计记录
USER_OBJ_AUDIT_OPTS	列出用户拥有的表和视图的审计选项

其中，ALL_DEF_AUDIT_OPTS 用来查看数据库用 ON DEFAULT 子句设置了哪些默认对象审计；BA_AUDIT_TRAIL 保存所有的基于数据字典 AUD$ 的视图；其他的视图 DBA_AUDIT_SESSION、DBA_AUDIT_OBJECT、DBA_AUDIT_STATEMENT

都只是 DBA_AUDIT_TRAIL 的一个子集；DBA_STMT_AUDIT_OPTS 可以用来查看语句审计级别的审计操作；DBA_OBJ_AUDIT_OPTS、DBA_PRIV_AUDIT_OPTS 视图功能与之类似。

下面的语句可以查看所有可以被审计的命令。

```
SQL> SELECT * FROM SYS. AUDIT_ACTIONS;
ACTION          NAME
-------------------------------------
0               UNKNOWN
1               CREATE TABLE
2               INSERT
3               SELECT
4               CREATE CLUSTER
5               ALTER CLUSTER
6               UPDATE
7               DELETE
8               DROP CLUSTER
9               CREATE INDEX
10              DROP INDEX
...             ...
已选择 177 行。
```

下面的语句可以从 DBA_AUDIT_TRAIL 中查看 MDX 用户被审计的操作名称信息。

```
SQL>SELECT USERNAME, ACTION_NAME FROM DBA_AUDIT_TRAIL
WHERE USERNAME='MDX';
USERNAME    ACTION_NAME
----------------------------------
MDX         LOGON
MDX         SESSION
MDX         SESSION
...         ...
已选择 21 行。
```

思考与练习

1. 如何更改用户的口令？
2. 如何锁定和解锁用户账号？
3. 简述 Oracle 的权限分类。
4. 什么是预定义角色？
5. 如何创建角色？
6. 简述角色与权限的关系。
7. 如何将一个角色授予用户和其他角色？
8. 简述概要文件的作用。

9. 简述概要文件中的资源参数和口令参数的不同。

10. 什么是审计?

11. Oracle审计有几种类型?

上机实验

1. 在SQL * Plus中创建一个用户,用户名为SUN,密码为SUN。设置其默认表空间为USER,用户状态为"未锁定",限制用户SUN在USER表空间的限额空间为10MB。并向SUN用户授予CONNECT、DBA的系统权限和角色。

2. 在SQL * Plus中授予SUN用户具有建立索引、建立用户的系统权限。

3. 在SQL * Plus中授予SUN用户建立用户的系统权限。

4. 在SQL * Plus中通过数据字典查看数据库中所有用户的账号信息。

5. 在SQL * Plus中授予SUN用户对SCOTT用户的DEPT表所有的操作权限。

6. 在SQL * Plus中查看授予SUN用户的所有系统权限信息。

7. 在SQL * Plus中查看授予SUN用户的所有对象权限信息。

8. 在SQL * Plus中创建一个角色,角色名为RR,密码为RR,为RR角色分配DBA的系统权限,以及能够创建、修改、删除、插入表的所有权限。并将RR角色授予SUN用户。

9. 在SQL * Plus中创建一个概要文件,概要文件名为PP。该概要文件的规定如下。

(1) 每个会话可用无限的CPU时间。

(2) 每次调用不能超过30s的CPU时间。

(3) 每次会话的持续时间不能超过45min。

(4) 最多有10个并行会话。

(5) 每次调用从内存和磁盘中读取的数据块不能超过1000个。

(6) 每个会话占用的SGA资源不能超过256KB。

10. 在SQL * Plus中,将概要文件PP分配给SUN用户使用。

11. 在SQL * Plus中,通过数据字典查看概要文件PP的信息。

第 8 章

备份和恢复

本章主要介绍备份和恢复的基本概念、脱机备份和恢复、联机备份和恢复、导出和导入、数据泵技术、恢复管理器(RMAN)、闪回技术和 SQL * Loader 工具等知识。

8.1 备份和恢复概述

由于计算机系统的故障,数据库有时可能遭到损坏,因此如何尽快恢复数据就成为当务之急。如果平时对数据库做了备份,那么此时恢复数据就显得很容易。因此,Oracle 数据库系统的备份和恢复机制是一项有利措施。

备份和恢复是指为保护数据库免于数据破坏或在发生数据破坏后进行数据重建的各种策略和步骤。备份是指对重建数据库的数据所建立的副本,恢复是指利用备份的数据进行重建数据库的过程。

Oracle 系统提供了物理备份和逻辑备份两种备份方式。物理备份是指对构成数据库的各种物理文件(如数据文件、控制文件及归档日志文件等)建立副本,Oracle 系统允许把物理文件的副本存放在备份设备(用于放置数据库备份的磁带或磁盘等)上。逻辑备份是指导出数据库对象,如表、表空间、过程等。逻辑备份的结果以 Oracle 提供的内部格式写入操作系统支持的二进制文件,在重建数据库时只须把这个二进制文件导入数据库中。

8.1.1 数据库故障类型

Oracle 数据库在运行过程中,可能会因为磁盘错误、用户错误或其他各种错误而引发故障。正确理解数据库的故障类型对于采取相应的恢复策略是至关重要的。下面先介绍数据库在运行过程中的故障类型。

Oracle 数据库可能发生的故障分为系统故障、介质故障和用户故障。

1. 系统故障

系统故障是指系统在运行过程中,由于发生操作系统错误、突然停电等意外情况造成所有正在运行的事务都以非正常方式终止,内存缓冲区中的数据全部丢失,但磁盘、磁带等外设上的数据未受损失。

在系统故障发生时，数据库事务可能有以下两种状态。

(1) 一些未完成的事务对数据的修改信息已经提交到数据库，为保证数据一致性，需要清除这些事务对数据库的修改，可以由恢复程序强制撤销这些未完成的事务，即进行 UNDO 操作。

(2) 已提交的事务对数据的修改信息保存在内存缓冲区中，可能还没有提交给数据库，写回磁盘上的物理数据库中。此时数据库也处于不一致性状态，可以恢复程序重新提交这些已提交事务，即进行 REDO 操作，使数据库恢复到一致状态。

通常情况下，在数据库重新启动时，恢复程序按照日志文件的记录项自动完成恢复操作。因此，系统故障的恢复一般无须用户进行干预。

2. 介质故障

介质故障是指系统在运行过程中，由于硬件设施损坏造成数据库中的数据全部或部分丢失。介质故障的危害性最大，但发生的可能性较小。

在发生介质故障时，由于物理数据库已经遭到破坏，需要重新安装数据库系统，然后才能执行日志文件中的日志项记录，具体操作分为下面两个步骤。

(1) 装入最新的数据库备份，使数据库恢复到一致性状态。

(2) 装入日志文件备份，重新执行日志文件中的事务。

介质故障的恢复需要由 DBA 手工装入最新的数据库备份和日志文件备份，并执行恢复命令。

3. 用户故障

用户故障是指系统在运行过程中，由于应用程序的错误或手动误操作造成数据库中的数据被删除或损坏。例如，删除数据库中的重要的表或者误修改了表中的数据。

用户故障的恢复可以通过设置合理的恢复策略，由系统按照日志文件记录的内容进行恢复，或者使用闪回功能，这都需要 DBA 手动进行干预。

通过对用户设置合理的权限，也可以减少用户故障发生的可能性，避免绝大多数用户故障的发生。

8.1.2　备份与恢复的内容

在恢复数据库时，必须拥有完全恢复数据库所需的文件内容。因此，备份数据库的哪些内容至关重要。一般来说，在 Oracle 数据库系统中，需要备份和恢复下面 4 种文件。

1. 数据文件

Oracle 数据库的逻辑组成单位是表空间，每个 Oracle 数据库由一个或多个表空间组成，每个表空间由一个或多个数据文件组成。数据文件中对存储数据的管理单元是 Oracle 块。Oracle 块是数据库中最小的数据存储单元。修改或新增数据并不是直接写入到数据文件中，而是写入到内存缓冲区中，然后由系统按照一定的时间间隔再写入到数据文件。如果数据库实例失败或意外中止，存储在缓冲区内的数据可能没有及时写入到数据文件，造成了数据文件的不一致，就需要对它进行恢复。

2. 控制文件

控制文件记载数据库的物理结构和数据库的运行状态，保持控制文件的完好对于数据库的正确运行很重要。控制文件主要包含数据库信息、表空间和数据文件信息、日志文件信息、当前日志序列号信息、检查点信息、日志和归档的当前状态信息等。在控制文件丢失的情况下,如果对丢失的数据进行恢复是极其困难的。

控制文件中的内容并不是一直不变的,每当数据库结构发生改变时,控制文件也会相应发生改变。因此,应该在每次数据库结构改变时及时备份控制文件。

3. 各种参数文件

Oracle 数据库中包含多种参数文件,如初始化参数文件、网络配置文件、口令文件等。其中,初始化参数文件设置数据库启动的内存分配参数和控制文件的名称和路径,没有这个文件或者内容错误将无法正常启动数据库。网络配置文件记载数据库的网络连接配置情况和监听程序的设置参数等。口令文件是保证数据库安全性的一个重要文件。

所有这些参数文件在数据库运行期间都发挥着各自不同的作用,对它们的备份可以利用 RMAN 或者操作系统命令把它们复制到一个安全的存储位置。

4. 日志文件

日志文件分为联机重做日志文件和归档日志文件。联机重做日志文件记录数据库运行过程中数据库的改变情况,通常至少要求有两个,以循环的方式写入日志项记录。归档日志文件避免联机重做日志文件的循环写入造成的历史数据变化的记录丢失,它记录数据库的所有更改信息。

以上各种文件具有逻辑上的关联关系,简单的操作系统备份并不能保证数据库逻辑上的一致性,因此可能会导致数据库在恢复后不可用或者造成数据丢失。采用 Oracle 数据库系统提供的备份工具可以避免这一问题。

8.1.3 数据库备份的分类

数据库备份按照备份的方式,可以分为物理备份和逻辑备份。其中物理备份又可以分为脱机备份(冷备份)和联机备份(热备份)。

脱机备份是最简单的一种数据库备份方式,脱机备份必须在关闭数据库的情况下备份,用户不能访问数据库。联机备份在数据库运行期间就可以备份,此时用户仍可以访问数据库。联机备份的实现比较复杂,数据库必须运行在归档模式下。联机备份可以使用脚本来实现或者利用备份向导来实现。

逻辑备份是指将数据库对象以 Oracle 提供的内部格式写入操作系统支持的二进制文件。逻辑备份比较灵活,可以指定对特定对象的备份,通常用于转储数据。逻辑备份用 EXP 命令,逻辑恢复命令为 IMP。此外,Oracle 还提供功能更完善的数据泵技术,即 EXPDP 和 IMPDP 命令。

按照备份工具分类,数据库备份可以分为 OS(操作系统)复制、EXP/IMP、EXPDP/IMPDP、SQL Developer、RMAN 及第三方工具备份。

按备份的增量分类,数据库备份可以分为全库备份、增量备份和累计增量备份。

8.1.4 备份与恢复策略

实际上,计算机系统已经提供了多种备份策略,如 RAID 技术、双机热备、集群技术等,从而保证系统的高可靠性。虽然,很多时候计算机系统提供的备份策略的确能解决数据库备份的问题，如磁盘介质的损坏，往往从镜像上面做简单的恢复或简单地切换机器就可以。但是上面所说的备份策略是从硬件的角度来考虑备份与恢复的问题，如误删一个表后要想恢复该表时，数据库的备份就变得重要了，这仅靠计算机系统的备份是做不到的。

在设计 Oracle 系统的备份与恢复策略时，应注意以下 3 个方面。

(1) 使数据库的损坏次数减到最少，从而使数据库保持最大的可用性。

(2) 当数据库不可避免地损坏后，要使恢复时间减到最少，从而使恢复的效率达到最高。

(3) 当数据库损坏后，要确保尽量少的数据丢失或根本不丢失，从而使数据具有最大的可恢复性。

在具体实施过程中，制定一个切实可行的备份和恢复策略，应把握以下几点。

(1) 在数据库结构发生改变时，应该进行一次数据库备份。

(2) 周期性、有计划地进行数据库备份。备份过程应该保证数据库系统的可恢复性和可用性。如果数据库可有较长的关机时间，则可以每周进行一次冷备份，并归档重做日志，对于关键行业的 24×7 的数据库系统考虑热备份。如果每天都能备份当然会很理想，但要考虑其现实性。

(3) 对于关键行业数据库，选择运行模式为归档模式，对于一般的数据库系统或正处于开发和调试的数据库可以采用非归档模式。归档模式可以在数据库发生故障时最大限度地恢复数据库，保证不丢失任何已提交的数据，而非归档模式只能将数据库恢复到最近的检查点。

(4) 绝对保证备份设备的安全性。无论采用哪种备份方式，备份设备都应该与当前正在运行的数据库系统所在的磁盘分离，这样就可以保证当数据库发生介质故障时，也不会对备份设备上的数据库备份产生影响。

8.2 脱机备份和恢复

8.2.1 脱机备份

脱机备份是一种完全备份，即对整个数据库文件的备份。脱机备份的过程是首先关闭数据库，然后将数据文件、控制文件和参数文件等复制到备份设备上，并重新启动数据库。可以把脱机备份的过程写入脚本文件中自动执行，或者在 RMAN 中实现。下面介绍脱机备份的步骤。

1. 确定要备份的文件名称和路径

在进行脱机备份之前，首先应确认要备份的数据文件、控制文件等的名称和路径。

```
SQL> SELECT FILE_NAME FROM DBA_DATA_FILES;
FILE_NAME
-----------------------------------------------------------------
D:\APP\ADMINISTRATOR\ORADATA\ORCL\EXAMPLE01.DBF
D:\APP\ADMINISTRATOR\ORADATA\ORCL\USERS01.DBF
```

```
D:\APP\ADMINISTRATOR\ORADATA\ORCL\UNDOTBS01.DBF
D:\APP\ADMINISTRATOR\ORADATA\ORCL\SYSAUX01.DBF
D:\APP\ADMINISTRATOR\ORADATA\ORCL\SYSTEM01.DBF

SQL> SELECT NAME FROM V$CONTROLFILE;
NAME
--------------------------------------------------------------------------------
D:\APP\ADMINISTRATOR\ORADATA\ORCL\CONTROL01.CTL
D:\APP\ADMINISTRATOR\FLASH_RECOVERY_AREA\ORCL\CONTROL02.CTL

SQL> SELECT MEMBER FROM V$LOGFILE;
MEMBER
------------------------------------------------------------
D:\APP\ADMINISTRATOR\ORADATA\ORCL\REDO01.LOG
D:\APP\ADMINISTRATOR\ORADATA\ORCL\REDO03.LOG
D:\APP\ADMINISTRATOR\ORADATA\ORCL\REDO02.LOG
```

2. 关闭数据库

关闭数据库包括关闭运行在 Oracle 数据库上的应用程序和所有第三方软件。可以在 Oracle 企业管理器中关闭数据库例程或在 SQL * Plus 中关闭数据库。

```
SQL> CONN SYSTEM/ORCL123@ORCL AS SYSDBA
已连接。
```

注意：这里的登录方式必须是 SYSDBA。

```
SQL>SHUTDOWN IMMEDIATE
数据库已经关闭。
已经卸载数据库。
ORACLE 例程已经关闭。
```

3. 复制数据库文件

复制整个数据库文件到存储介质上，要保证存储介质的安全及与当前数据库所在磁盘的分离。可以使用操作系统命令复制数据库的全部数据文件、控制文件等，将所有这些文件存放到指定的磁盘目录下。假定备份文件暂存在 F:\BACKUP 目录下，则可以使用下面的语句完成复制。

```
SQL> $COPY D:\APP\ADMINISTRATOR\ORADATA\ORCL\EXAMPLE01.DBF
    F:\BACKUP\
SQL> $COPY D:\APP\ADMINISTRATOR\ORADATA\ORCL\USERS01.DBF
    F:\BACKUP\
SQL> $COPY D:\APP\ADMINISTRATOR\ORADATA\ORCL\UNDOTBS01.DBF
    F:\BACKUP\
SQL> $COPY D:\APP\ADMINISTRATOR\ORADATA\ORCL\SYSAUX01.DBF
    F:\BACKUP\
SQL> $COPY D:\APP\ADMINISTRATOR\ORADATA\ORCL\SYSTEM01.DBF
    F:\BACKUP\
SQL> $COPY D:\APP\ADMINISTRATOR\ORADATA\ORCL\CONTROL01.CTL
    F:\BACKUP\
```

```
SQL> $ COPY D:\APP\ADMINISTRATOR\FLASH_RECOVERY_AREA\ORCL\
    CONTROL02.CTL F:\BACKUP\
SQL> $ COPY D:\APP\ADMINISTRATOR\ORADATA\ORCL\REDO01.LOG F:\BACKUP\
SQL> $ COPY D:\APP\ADMINISTRATOR\ORADATA\ORCL\REDO02.LOG F:\BACKUP\
SQL> $ COPY D:\APP\ADMINISTRATOR\ORADATA\ORCL\REDO03.LOG F:\BACKUP\
```

4. 重启数据库

在 SQL * Plus 中重启数据库，可使用下面的语句。

```
SQL> STARTUP
```

经过上面的 3 步，即可完成数据库的脱机备份。

脱机备份的优点在于过程简单。但其缺点也是显而易见的，许多关键行业的数据库运行在 7×24 模式下，数据库不允许停止服务，不适于脱机备份，这就需要做联机备份。

8.2.2　脱机恢复

脱机恢复的步骤比较简单，可以分为以下 3 个步骤。

(1) 采用前面所述的方法关闭数据库。

(2) 将复制到 F:\BACKUP 目录下的文件重新复制到原来的位置。

(3) 重启数据库。

8.3　联机备份和恢复

8.3.1　切换到归档模式

如上所述，数据库实现联机备份和恢复必须运行在归档模式下，如果当前数据没有运行在归档模式下，可以通过下面的步骤切换到归档模式下。

首先，使用下面的命令关闭数据库。

```
SQL>CONNECT SYSTEM/ORCL123@ORCL AS SYSDBA
SQL>SHUTDOWN IMMEDIATE
```

接着，使用 STARTUP MOUNT 命令启动例程，装载数据库。此时数据库还没有打开。在切换数据库的运行模式时，数据库必须处在装载但不打开的状态。

```
SQL>STARTUP MOUNT
```

最后切换到归档模式，并打开数据库。使用下面的命令可以将数据库的运行模式切换到归档模式并打开数据库。

```
SQL>ALTER DATABASE ARCHIVELOG;
SQL>ALTER DATABASE OPEN;
```

在将数据库切换到归档模式后，可以使用下面的语句进行确认。

```
SQL>ARCHIVE LOG LIST;
数据库日志模式          存档模式
自动存档                启用
```

```
存档终点            USE_DB_RECOVERY_FILE_DEST
最早的联机日志序列  215
下一个存档日志序列  217
当前日志序列        217
```

其中,"存档终点"表示归档日志文件所在的路径,归档日志文件默认的存储路径放在快速闪回区中,即显示的"USE_DB_RECOVERY_FILE_DEST"。通过修改初始化参数LOG_ARCHIVE_DEST_*n*,*n*的值为1～10,可以为归档日志文件最多指定10个不同的路径,从而生成10个副本。

8.3.2 用命令方式实现联机备份

在SQL * Plus中使用SQL命令可以实现联机备份。联机备份包括对表空间、控制文件、归档日志文件以及参数文件和口令文件等备份。由于参数文件和口令文件的备份只需直接复制到备份设备即可,下面重点介绍对表空间、控制文件的备份。

1. 为部分或全部表空间备份

联机备份中对于表空间的基本操作步骤如下。

(1) 在为表空间复制文件之前,须设定要备份的表空间为热备份模式,可以通过下面的命令来实现。

```
SQL>ALTER TABLESPACE 表空间名称 BEGIN BACKUP
```

(2) 复制处于热备份模式下的表空间所对应的所有数据文件。

```
SQL>$COPY 数据文件名称 备份目录
```

(3) 在复制完成后,再将该表空间设置为非热备份模式,可以执行下面的命令。

```
SQL>ALTER TABLESPACE 表空间名称 END BACKUP
```

(4) 对每个表空间,依次执行上面的3步。

(5) 强制进行一次日志切换,归档当前的联机重做日志文件。

```
SQL>ALTER SYSTEM SWITCH LOGFILE;
```

(6) 备份所有的归档日志文件。

下面的操作过程对SYSTEM和USER两个表空间进行备份。首先备份SYSTEM表空间。

```
SQL> ALTER TABLESPACE SYSTEM BEGIN BACKUP;
表空间已更改。
SQL> $COPY D:\APP\ADMINISTRATOR\ORADATA\ORCL\SYSTEM01.DBF
    F:\BACKUP\
已复制 1 个文件。
SQL> ALTER TABLESPACE SYSTEM END BACKUP;
表空间已更改。
```

接着备份USER表空间。

```
SQL> ALTER TABLESPACE USER BEGIN BACKUP;
```

```
表空间已更改。
SQL> $COPY D:\APP\ADMINISTRATOR\ORADATA\ORCL\USERS01.DBF F:\BACKUP\
已复制 1 个文件。
SQL> ALTER TABLESPACE USER END BACKUP;
表空间已更改。
```

2. 备份控制文件

备份控制文件要以 SYSDBA 的身份登录数据库。Oracle 对控制文件的备份可以采用下面两种形式。一种是直接复制控制文件；另一种是通过生成一个跟踪文件的方式复制控制文件。

(1) 直接复制控制文件

```
SQL>ALTER DATABASE BACKUP CONTROLFILE TO
      'F:\BACKUP\CONTROL_BAK.CTL' REUSE;
数据库已更改。
```

如果备份的文件已经存在，则必须指定 REUSE 选项。

(2) 以生成跟踪文件的方式复制控制文件

```
SQL> ALTER DATABASE BACKUP CONTROLFILE TO TRACE;
```

此时，Oracle 系统会在 USER_DUMP_DEST 所指定的目录下生成一个跟踪文件。在该文件中就记录了重建控制文件的 SQL 语句。

```
SQL> SHOW PARAMETER USER_DUMP_DEST;
NAME              TYPE        VALUE
---------------------------------------------------------------------------------
USER_DUMP_DEST    STRING      D:\APP\ADMINISTRATOR\DIAG\RDBMS\ORCL\
                              ORCL\TRACE

SQL> SELECT SPID FROM V$PROCESS WHERE ADDR=(SELECT PADDR
   FROM V$SESSION
   WHERE SID=(SELECT SID FROM V$MYSTAT WHERE ROWNUM=1));
SPID
------------
47400
```

在确定了 SPID 后，就可以在 USER_DUMP_DEST 所指定的目录下查找以<SID>_ORA_<SPID>.TRC 命名的跟踪文件，如文件名为 ORCL_ORA_47400.TRC。

使用文本编辑器打开此跟踪文件，可以查找到下面一段。

```
CREATE CONTROLFILE REUSE DATABASE "ORCL" NORESETLOGS ARCHIVELOG
    MAXLOGFILES 16
    MAXLOGMEMBERS 3
    MAXDATAFILES 100
    MAXINSTANCES 8
    MAXLOGHISTORY 292
LOGFILE
    GROUP 1 'D:\APP\ADMINISTRATOR\ORADATA\ORCL\REDO01.LOG'
```

```
    SIZE 50M BLOCKSIZE 512,
  GROUP 2 'D:\APP\ADMINISTRATOR\ORADATA\ORCL\REDO02.LOG'
    SIZE 50M BLOCKSIZE 512,
  GROUP 3 'D:\APP\ADMINISTRATOR\ORADATA\ORCL\REDO03.LOG'
    SIZE 50M BLOCKSIZE 512
-- STANDBY LOGFILE
DATAFILE
  'D:\APP\ADMINISTRATOR\ORADATA\ORCL\SYSTEM01.DBF',
  'D:\APP\ADMINISTRATOR\ORADATA\ORCL\SYSAUX01.DBF',
  'D:\APP\ADMINISTRATOR\ORADATA\ORCL\UNDOTBS01.DBF',
  'D:\APP\ADMINISTRATOR\ORADATA\ORCL\USERS01.DBF',
  'D:\APP\ADMINISTRATOR\ORADATA\ORCL\EXAMPLE01.DBF',
CHARACTER SET AL32UTF8;
```

这就是重建控制文件的 SQL 语句。如果控制文件丢失，则将数据库启动到 MOUNT 阶段，然后执行此 SQL 语句即可重建控制文件。

3. 备份归档日志文件

在备份完所有数据库文件后，还要归档当前的联机日志文件，可以使用下面的语句完成强制日志转换和日志的归档工作。

```
SQL>ALTER SYSTEM ARCHIVE LOG CURRENT;
系统已更改。
```

一旦归档了当前联机的日志文件，最后一步就是备份所有归档日志文件，使用操作系统的 COPY 命令可以完成本操作。

```
SQL>$COPY
D:\APP\ADMINISTRATOR\FLASH_RECOVERY_AREA\ORCL\
ARCHIVELOG\2013_10_24\O1_MF_1_218_96MSCYPG_.ARC F:\BACKUP\
```

可以看出，用命令的方式实现联机备份比较复杂，通常情况下，为了尽可能避免错误，可以把上述命令写入一个脚本文件，在备份时只须执行这个文件让系统自动进行备份。

8.3.3 联机恢复概述

脱机备份的恢复实质上就是文件复制，而联机备份的恢复则比较复杂。联机恢复一般分为两种情况，分别是实例崩溃恢复和介质恢复，其中介质恢复按照恢复的内容又分为完全介质恢复和不完全介质恢复。

实例崩溃恢复用于将数据库从突然断电、应用程序错误等导致的数据库实例、操作系统崩溃等情况下恢复。这时的 Oracle 实例不能正常关闭。而且当崩溃发生时，服务器可能正在进行许多修改数据库信息的事务处理，数据库来不及执行一个检查点，以确保服务器缓冲区内的所有被修改的 Oracle 块被安全写回数据库的数据文件。这样，数据库数据文件中的数据就处于不一致状态。实例和崩溃恢复无须用户参与，在重新启动数据库时，Oracle 系统会自动利用联机日志文件所记载的重做记录，进行数据库的恢复。

介质恢复用于介质损坏时的恢复。介质恢复只有数据库运行在归档模式下才可以进行。如果介质恢复过程中既使用联机重做日志文件又使用归档日志文件，就需要用户的干预。介质损坏的数据文件在进行介质恢复之前是不能联机的。只要有一个介质损坏的数据库文件存在,数据库就不能正常打开。

完全介质恢复是指恢复所有已提交事务工作的操作,将数据库、表空间或数据文件的备份更新到最近的时间点上。完全介质恢复分为数据库恢复、表空间恢复和数据文件恢复几种类型。

(1) 对数据库进行完全介质恢复可以进行下面的操作。

① 登录数据库。

② 确保要恢复的所有文件都联机。

③ 将整个数据库或要恢复的文件复原。

④ 施加联机重做日志文件和归档日志文件。

(2) 对于表空间或数据文件进行完全介质恢复可以进行下面的操作。

① 如果数据库已打开,可将要恢复的表空间或数据文件脱机。

② 将要恢复的数据文件复原。

③ 施加联机重做日志文件和归档日志文件。

不完全介质恢复指利用数据库的备份产生一个数据库的非当前版本,之所以称为不完全,是因为在不完全介质恢复过程中并非所有的联机重做日志都使用,而是由用户指定何时中止恢复过程。不完全介质恢复只能在整个数据库级别实施。

不完全介质恢复分为基于时间的恢复、基于变化的恢复和基于中止的恢复 3 种类型。

(1) 基于时间的恢复即将数据库恢复到某个时间点为止。

(2) 基于变化的恢复即将数据库恢复到指定的 SCN(系统修改号)为止。

(3) 基于中止的恢复即将数据库恢复到某个日志组为止,Oracle 系统会给出建议的归档日志文件名。

由于实例崩溃恢复无须用户干预,下面介绍的联机恢复操作指介质恢复。

8.3.4　用命令方式实现联机恢复

实现介质恢复的命令为 RECOVER,格式如下。

```
RECOVER [ AUTOMATIC ]
    { DATABASE | TABLESPACE 表空间名称 | DATAFILE 数据文件名 }
    [ { UNTIL { CANCEL | TIME 时间 | CHANGE 变化号 }
    USING BACKUP CONTROLFILE } ];
```

其中,如果使用 UNTIL 子句,进行的是不完全介质恢复;如果不使用 UNTIL 子句,则进行的是完全介质恢复。

下面介绍完全介质恢复的步骤。

1. 关闭例程

在 OEM 中关闭数据库,或在 SQL * Plus 中执行下面的语句。

```
SQL> CONN SYSTEM/ORCL123@ORCL AS SYSDBA;
SQL> SHUTDOWN IMMEDIATE
```

2. 在 V$RECOVER_FILE 中查找损坏的文件

查询数据字典的动态视图 V$RECOVER_FILE，确定要复原的文件。然后，使用操作系统的复制命令复原被损坏的文件。

3. 恢复数据库

在恢复数据库时，以 MOUNT 方式启动数据库，但不打开数据库，可以执行下面的命令。

```
SQL>STARTUP MOUNT
```

接着查询 V$DATAFILE 动态视图，列出所有数据文件的状态，确保所有数据文件都处于联机状态。然后，根据恢复的需要，执行不同的 RECOVER 恢复命令。

如果恢复整个数据库，执行以下命令。

```
SQL>RECOVER DATABASE
```

如果恢复某一个表空间，执行以下命令。

```
SQL>RECOVER TABLESPACE 表空间名
```

如果恢复某一个数据文件，执行以下命令。

```
SQL>RECOVER DATAFILE '数据文件名'
```

4. 打开数据库

当系统提示完成完全介质恢复后，可以执行下面的语句打开数据库。

```
SQL>ALTER DATABASE OPEN;
```

在上述完全介质恢复中，如果只对数据文件进行完全介质恢复，也可以在数据库打开时进行，这时没有介质损坏的数据文件仍保持联机状态，用户可以访问。Oracle 系统会自动将损坏的数据文件脱机，但不会将包含受损数据文件的表空间自动脱机。

值得注意的是，受损数据文件不能是 SYSTEM 表空间的数据文件，因为如果 SYSTEM 表空间受损的话，Oracle 系统根本就不能启动。

不完全介质恢复的过程与完全介质恢复的过程基本相似，只不过需要加上 UNTIL 子句。此外还要注意，无论采用哪种类型的不完全介质恢复，在恢复操作成功结束之后，都要使用 RESETLOGS 选项打开数据库。例如：

```
SQL>ALTER DATABASE OPEN RESETLOGS;
```

8.4 导出和导入

利用 Oracle 系统提供的 EXP 及 IMP 命令可以实现数据的导出和导入。其中在用 EXP 命令导出数据时，可以将数据库结构连同数据一起按照逻辑结构导出。由于只导出数据库的内容而不备份物理 Oracle 块，所以也称为逻辑备份。而用 IMP 命令实现导入，就是将由 EXP 导出的 DMP 文件按照逻辑关系载入数据库。

利用 EXP 和 IMP 进行数据的导出和导入,可以将数据从一个版本移植到另外的版本,或者将数据在不同的硬件环境平台之间进行移动。还可以对 Oracle 数据库整体或部分进行逻辑备份和恢复,以达到减少空间碎片的目的。

下面介绍使用 EXP 和 IMP 命令进行导出和导入的具体实现方法。

8.4.1　用 EXP 命令实现导出

用 EXP 命令实现导出非常方便灵活,在 Oracle 中 EXP 支持全库、用户、表 3 种导出方式。

(1) 全库方式:导出整个 Oracle 数据库。

(2) 用户方式:只导出 Oracle 数据库中的一个或几个用户模式下的对象。

(3) 表方式:只导出某用户下的表及其索引约束条件。

在命令行提示符下输入 EXP 命令,输入用户名和密码连接数据库。

设置 EXP 命令的各项参数,并输入数组提取缓冲区大小,默认值是 4096,如果选默认值直接按 Enter 键即可。然后设置导出文件名,默认值是 EXPORT.DMP,设置为 D:\EXP001.DMP,DMP 文件是一个二进制文件。接着选择导出数据库的方式,这里选择按 U 方式即用户方式导出。最后选择导出权限、导出表数据及压缩区选项。

在参数设置完毕后,就开始执行备份操作,最后系统提示成功终止导出,如图 8-1 所示。

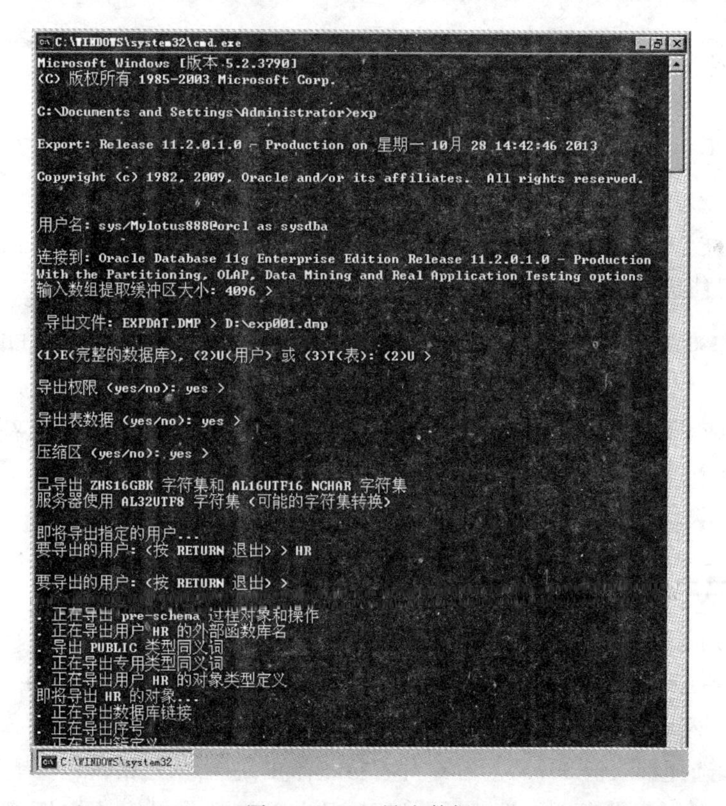

图 8-1　EXP 导出数据

除了上面交互式执行 EXP 命令以外，还可以将各个参数直接写在 EXP 命令后面。例如，下面的命令导出了整个数据库。

```
C:>EXP SYSTEM/ORCL@ORCL FULL=Y ROWS=Y FILE=D:\DB001.DMP
   LOG=LOG001.LOG
```

下面的命令导出了 HR 用户模式下的所有对象。

```
C:\>EXP SYSTEM/ Mylotus888@ORCL OWNER=HR ROWS=Y FILE=D:\HR001.DMP
   LOG=LOG002.LOG
```

下面的命令导出了 SCOTT 用户的 DEPT 和 EMP 表。

```
C:\>EXP SYSTEM/ORCL@ORCL TABLES=(DEPT,EMP) ROWS=Y
   FILE=D:\SCOTT001.DMP LOG=LOG003.LOG
```

还可以将 EXP 的各参数设置好后写入一个文本文件中，在执行 EXP 命令时引用该文件即可。如将需要的参数写入名为 EXPCFG.TXT 的文本文件，其内容如下。

```
USERID= SYSTEM/ORCL@ORCL
FILE=D:\EXPORT001.DMP
OWNER=HR,SCOTT
LOG=LOG003.LOG
```

接着在 EXP 命令后使用 PARFILE 参数来引用 EXPCFG.TXT 文件即可，如下面的语句。

```
C:\>EXP PARFILE=D:\EXPCFG.TXT
```

采用这种参数文件的方式进行数据导出，可以省去输入大量参数。

EXP 命令支持以多个固定大小文件方式导出，这种做法通常用在表数据量较大，单个导出文件可能会超出文件系统限制的情况。

```
C:\>EXP SYSTEM/ORCL@ORCL FULL=Y FILE=1.DMP,2.DMP,3.DMP FILESIZE=800M
  LOG=LOG1001.LOG
```

如果想获取关于使用 EXP 命令的帮助信息，可以在命令行提示符下输入 EXP HELP=Y 命令，如下面的语句。

```
C:\>EXP HELP=Y
```

8.4.2 用 IMP 命令实现导入

IMP 命令的多数参数使用方法与 EXP 命令相同。下面介绍 IMP 命令的使用。

在命令行提示符下输入 EXP 命令，输入用户名和密码连接数据库，并设置 IMP 命令的各项参数。然后输入用 EXP 命令导出的文件 D:\ EXP001.DMP，输入缓冲区大小：最小为 8192，选择默认值 30720。由于对象已经存在，忽略创建错误：选择 YES。接着按照导出文件时的设置情况选择设置导入权限、导入表数据、导入整个文件等选项。在参数设置完毕后，就开始执行恢复操作，最后系统提示成功终止导入，如图 8-2 所示。

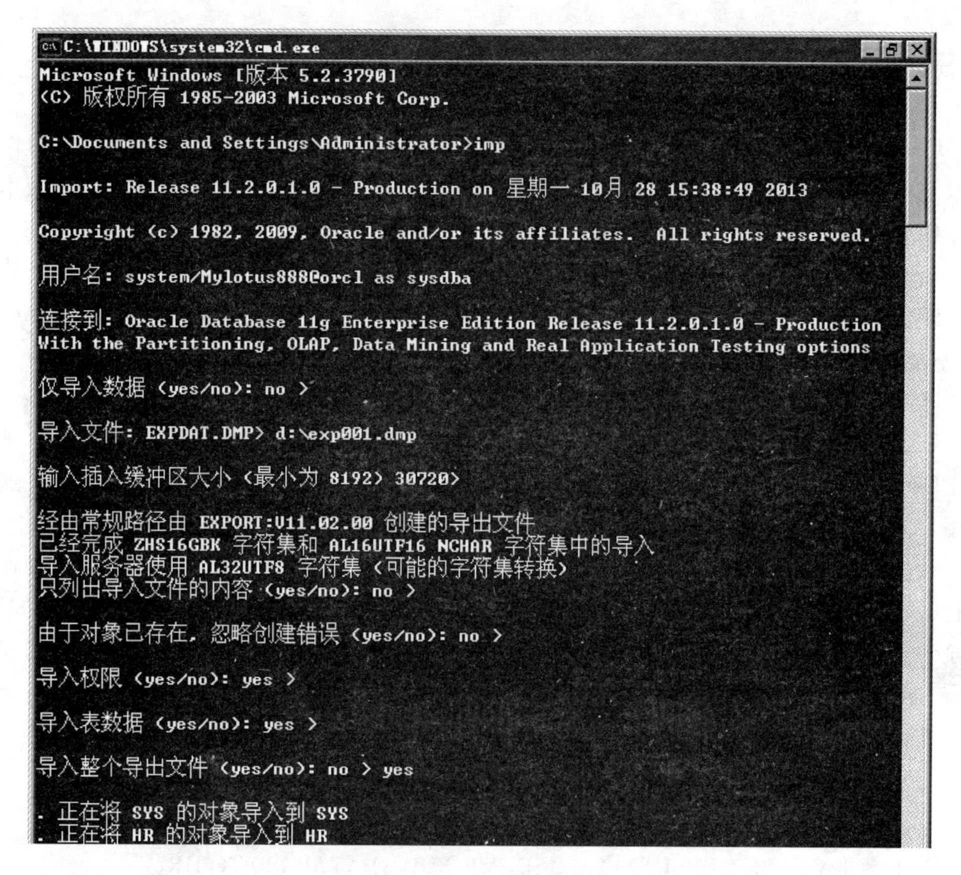

图 8-2 IMP 导入数据

下面的一组命令实现了以全库方式、用户方式和表方式分别导入数据。

```
C:\>IMP USERID=SYSTEM/ORCL@ORCL IGNORE=Y FULL=Y
    FILE=D:\DB001.DMP
C:\>IMP USERID=SYSTEM/ORCL@ORCL IGNORE=Y FROMUSER=HR
    TOUSER=HR FILE=D:\HR001.DMP
C:\>IMP SYSTEM/ORCL@ORCL IGNORE=Y TABLES=(DEPT,EMP)
    FILE=D:\SCOTT001.DMP
```

IMP 支持以多个固定大小文件方式导入：

```
C:\>IMP SYSTEM/ORCL@ORCL FROMUSER=HR TOUSER=MDX? FULL=Y IGNORE=Y
    FILE=1.DMP,2.DMP,3.DMP FILESIZE=800M COMMIT=Y
```

如果想获取关于使用 IMP 命令的帮助信息，可以在命令行提示符下执行以下命令。

```
C:\>IMP HELP=Y
```

8.5 数据泵技术

Oracle 中的数据泵(Data Dump)技术即 EXPDMP 和 IMPDP 命令。数据泵的作用可以实现逻辑备份和恢复,在不同数据库或者模式之间传输数据,或者将数据从低版本数据库中导出再导入到高版本数据库。

由于数据泵实现数据导出和导入的速度要快于 EXP 和 IMP,所以 Oracle 建议使用 EXPDP 和 IMPDP。EXPDP 和 IMPDP 都是服务器端程序,只能在 Oracle 服务器端使用,不能在客户端使用。而 EXP 和 IMP 则是客户端程序,既可以在服务器端使用,又可以在客户端使用。

EXPDP 和 IMPDP 命令采用作业(Job)的形式来实现,如果在执行过程中中止了 EXPDP 或 IMPDP 命令进程,以后还可以从断点处重新开始执行,不必从头开始。这将为用户节省大量时间。

数据泵导出导入数据时,其导出文件只能存放在目录对象(Directory)指定的操作系统目录下,而不能直接指定操作系统目录。目录对象是 Oracle 系统的一种对象,它不属于某一个用户,而是属于整个数据库。目录对象使用 CREATE DIRECTORY 语句来创建,而不是操作系统的某个目录,只是指向该目录的一个链接。

在使用数据泵导出导入数据时,先要创建目录对象,并将访问目录对象的权限授权给使用 EXPDP 和 IMPDP 的用户,语句如下。

```
SQL>CONN SYSTEM/ORCL@ORCL AS SYSDBA;
SQL>GRANT EXP_FULL_DATABASE,IMP_FULL_DATABASE TO HR;
SQL>GRANT CREATE ANY DIRECTORY TO HR;
SQL>CONN HR/HR@ORCL;
SQL> $ MD D:\DUMP;
SQL>CREATE OR REPLACE DIRECTORY DIR1 AS 'D:\DUMP';
SQL>CONN SYSTEM/ORCL@ORCL AS SYSDBA;
SQL>GRANT READ,WRITE ON DIRECTORY DIR1 TO HR;
SQL>SELECT * FROM DBA_DIRECTORIES WHERE DIRECTORY_NAME='DIR1';
```

上面的语句首先在文件系统中创建目录 D:\DUMP,接着在 Oracle 数据库中由 DBA 将 CREATE ANY DIRECTORY 权限授予执行 EXPDP 和 IMPDP 命令的用户,并创建目录对象 DIR1 指向 D:\DUMP 目录。并将读写的访问权限授权给使用 EXPDP 和 IMPDP 命令的用户,如 HR。最后,从 DBA_DIRECTORIES 数据字典中可以查询到该目录对象的信息。

8.5.1 用 EXPDP 命令实现导出

EXPDP 命令的基本语法如下。

```
EXPDP 用户名/口令 参数 1=设置值[,参数 2=设置值,...]
```

其中,参数说明见表 8-1。

表 8-1　EXPDP 的参数说明

名　称	说　明
ATTACH	连接到现有作业
COMPRESSION	压缩导出数据的方式，设置值为 METADATA_ONLY 和 NONE
CONTENT	要导出的数据，设置值为 ALL，DATA_ONLY 和 METADATA_ONLY
DIRECTORY	导出使用的目录对象
DUMPFILE	用于转储文件和日志文件的目录对象
ENCRYPTION	加密某个转储文件的一部分或全部。设置值为 ALL，DATA_ONLY，ENCRYPTED_COLUMNS_ONLY，METADATA_ONLY 和 NONE
ENCRYPTION_ALGORITHM	指定加密的方式。设置值为 AES128，AES192 和 AES256
ENCRYPTION_MODE	生成加密密钥的方法。设置值为 DUAL，PASSWORD 和 TRANSPARENT
ENCRYPTION_PASSWORD	用于在转储文件中创建加密数据的口令密钥
ESTIMATE	计算导出所占用磁盘空间的估计方法，设置值为 BLOCKS 和 STATISTICS
ESTIMATE_ONLY	在不执行导出的情况下计算作业估计值
EXCLUDE	排除特定的对象类型，如 EXCLUDE=SCHEMA:"='HR'"
FILESIZE	每个转储文件的大小，以字节为单位
FLASHBACK_SCN	重置会话快照的 SCN
FLASHBACK_TIME	用于获取最接近的相应 SCN 值的时间
FULL	导出整个数据库
HELP	显示帮助消息
INCLUDE	包括特定对象类型
JOB_NAME	要创建的导出作业的名称
LOGFILE	导出日志文件名
NETWORK_LINK	网络导出时的数据库链接名
NOLOGFILE	导出过程不写入日志文件
PARALLEL	更改当前作业的活动 worker 的数量
PARFILE	指定参数文件
REMAP_DATA	指定数据转换函数
REUSE_DUMPFILES	覆盖目标转储文件（如果文件存在），默认值为否(N)
QUERY	导出数据的 WHERE 子句
SAMPLE	要导出的数据的百分比
SCHEMAS	导出的方案列表
STATUS	监视作业状态的频率，当默认值为 0 时，立即显示新状态信息
SOURCE_EDITION	用于提取元数据的版本
TABLES	在只导出一个方案的情况下，要导出的表的列表
TABLESPACES	导出的表空间列表
TRANSPORTABLE	指定是否可以使用可传输方法
TRANSPORT_FULL_CHECK	验证所有表的存储段
TRANSPORT_TABLESPACES	导出表空间列表
VERSION	导出对象的数据库版本

EXPDP 命令还允许交互式执行，下列的命令在 EXPDP 交互模式下有效。交互模式下的 EXPDP 参数说明见表 8-2。

表 8-2 EXPDP 的交互参数说明

名 称	说 明
ADD_FILE	向转储文件集中添加转储文件
CONTINUE_CLIENT	返回到记录模式。如果处于空闲状态，将重新启动作业
EXIT_CLIENT	退出客户机会话并使作业处于运行状态
FILESIZE	后续 ADD_FILE 命令的默认文件大小（字节）
HELP	显示帮助信息，汇总交互命令
KILL_JOB	分离和删除作业
PARALLEL	更改当前作业的活动 worker 的数目
REUSE_DUMPFILES	覆盖目标转储文件（如果文件存在）[N]
START_JOB	启动/恢复当前作业，设置值为 SKIP_CURRENT
STATUS	监视作业状态的频率，当默认值为 0 时，立即显示新状态信息
STOP_JOB	顺序关闭执行的作业并退出客户机，当为 IMMEDIATE 时将立即关闭作业

在创建了目录对象以后，就可以使用 EXPDP 命令来导出数据。下面的命令分别导出了某个用户的表、某个用户的所有对象和整个数据库。

(1) 使用 EXPDP 导出 SCOTT 用户的 EMP 表。

```
C:\>EXPDP HR/HR DUMPFILE=SCOTT_EMP.DMP DIRECTORY=DIR1
    TABLES=SCOTT.EMP JOB_NAME=JOB1
```

导出过程如图 8-3 所示。

(2) 使用 EXPDP 导出 SCOTT 用户的所有对象。

```
C:\>EXPDP HR/HR DUMPFILE=SCOTT.DMP DIRECTORY=DIR1 SCHEMAS=SCOTT
    JOB_NAME=JOB2
```

导出过程如图 8-4 所示。

(3) 使用 EXPDP 导出整个 Oracle 数据库。

```
C:\>EXPDP HR/HR DUMPFILE=ORCL.DMP DIRECTORY=DIR1 FULL=Y
    JOB_NAME=JOB3
```

导出过程如图 8-5 所示。

8.5.2 用 IMPDP 命令实现导入

IMPDP 命令的基本语法如下。

```
IMPDP 用户名/口令 参数1=设置值[,参数2=设置值,...]
```

其中，参数说明见表 8-3。

图 8-3　使用 EXPDP 导出 SCOTT 用户的 EMP 表

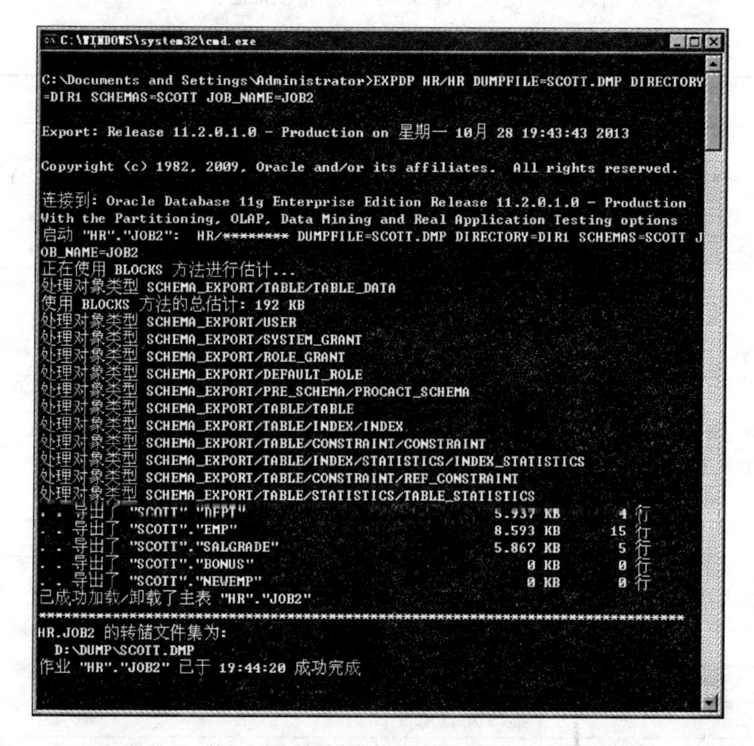

图 8-4　使用 EXPDP 导出 SCOTT 用户的所有对象

```
C:\WINDOWS\system32\cmd.exe
. . 导出了 "SYSTEM"."REPCAT$_PRIORITY"                  0 KB       0 行
. . 导出了 "SYSTEM"."REPCAT$_PRIORITY_GROUP"            0 KB       0 行
. . 导出了 "SYSTEM"."REPCAT$_REFRESH_TEMPLATES"         0 KB       0 行
. . 导出了 "SYSTEM"."REPCAT$_REPCAT"                    0 KB       0 行
. . 导出了 "SYSTEM"."REPCAT$_REPCATLOG"                 0 KB       0 行
. . 导出了 "SYSTEM"."REPCAT$_REPCOLUMN"                 0 KB       0 行
. . 导出了 "SYSTEM"."REPCAT$_REPGROUP_PRIVS"            0 KB       0 行
. . 导出了 "SYSTEM"."REPCAT$_REPOBJECT"                 0 KB       0 行
. . 导出了 "SYSTEM"."REPCAT$_REPPROP"                   0 KB       0 行
. . 导出了 "SYSTEM"."REPCAT$_REPSCHEMA"                 0 KB       0 行
. . 导出了 "SYSTEM"."REPCAT$_RESOLUTION"                0 KB       0 行
. . 导出了 "SYSTEM"."REPCAT$_RESOLUTION_STATISTICS"     0 KB       0 行
. . 导出了 "SYSTEM"."REPCAT$_RESOL_STATS_CONTROL"       0 KB       0 行
. . 导出了 "SYSTEM"."REPCAT$_RUNTIME_PARMS"             0 KB       0 行
. . 导出了 "SYSTEM"."REPCAT$_SITES_NEW"                 0 KB       0 行
. . 导出了 "SYSTEM"."REPCAT$_SITE_OBJECTS"              0 KB       0 行
. . 导出了 "SYSTEM"."REPCAT$_SNAPGROUP"                 0 KB       0 行
. . 导出了 "SYSTEM"."REPCAT$_TEMPLATE_OBJECTS"          0 KB       0 行
. . 导出了 "SYSTEM"."REPCAT$_TEMPLATE_PARMS"            0 KB       0 行
. . 导出了 "SYSTEM"."REPCAT$_TEMPLATE_REFGROUPS"        0 KB       0 行
. . 导出了 "SYSTEM"."REPCAT$_TEMPLATE_SITES"            0 KB       0 行
. . 导出了 "SYSTEM"."REPCAT$_TEMPLATE_TARGETS"          0 KB       0 行
. . 导出了 "SYSTEM"."REPCAT$_USER_AUTHORIZATIONS"       0 KB       0 行
. . 导出了 "SYSTEM"."REPCAT$_USER_PARM_VALUES"          0 KB       0 行
. . 导出了 "SYSTEM"."SQLPLUS_PRODUCT_PROFILE"           0 KB       0 行
. . 导出了 "SYSTEM"."T_NEW":"P1"                        0 KB       0 行
. . 导出了 "SYSTEM"."T_NEW":"P2"                        0 KB       0 行
. . 导出了 "SYSTEM"."T_NEW":"P3"                        0 KB       0 行
. . 导出了 "SYSTEM"."T_NEW":"P4"                        0 KB       0 行
已成功加载/卸载了主表 "HR"."JOB3"
******************************************************************************
HR.JOB3 的转储文件集为:
  D:\DUMP\ORCL.DMP
作业 "HR"."JOB3" 已经完成, 但是有 1 个错误 (于 20:00:00 完成)
```

图 8-5 使用 EXPDP 导出整个 Oracle 数据库

表 8-3 IMPDP 的参数说明

名 称	说 明
ATTACH	连接到现有作业
CONTENT	指定要加载的数据，设置值为 ALL，DATA_ONLY 和 METADATA_ONLY
DIRECTORY	供转储文件、日志文件和 SQL 文件使用的目录对象
DUMPFILE	要从 EXPDAT.DMP 中导入的转储文件的列表
ESTIMATE	计算作业估计值，设置值为 BLOCKS 和 STATISTICS
ENCRYPTION_PASSWORD	用于访问加密列数据的口令关键字
EXCLUDE	排除特定的对象类型，如 EXCLUDE=TABLE：EMP
FLASHBACK_SCN	用于将会话快照设置回以前状态的 SCN
FLASHBACK_TIME	用于获取最接近指定时间的 SCN 的时间
FULL	从源导入全部对象
HELP	显示帮助消息
INCLUDE	包括特定的对象类型
JOB_NAME	要创建的导入作业的名称
LOGFILE	日志文件名
NETWORK_LINK	导入时的数据库链接名
NOLOGFILE	不写入日志文件
PARALLEL	更改当前作业的活动 worker 的数目

续表

名　称	说　明
PARFILE	指定参数文件
QUERY	用于导入表的子集的 WHERE 子句
REMAP_DATAFILE	在所有 DDL 语句中重新定义数据文件引用
REMAP_SCHEMA	将一个方案中的对象加载到另一个方案
REMAP_TABLESPACE	将表空间对象重新映射到另一个表空间
REUSE_DATAFILES	如果表空间已存在，则将其初始化
SCHEMAS	要导入的方案的列表
SKIP_UNUSABLE_INDEXES	跳过设置为无用索引状态的索引
SQLFILE	将所有的 SQL DDL 写入指定的文件
STATUS	监视作业状态的频率，当默认值为 0 时，立即显示新状态信息
TABLE_EXISTS_ACTION	导入对象已存在时执行的操作，设置值为 SKIP，APPEND，REPLACE 和 TRUNCATE
TABLES	标识要导入的表列表
TABLESPACES	标识要导入的表空间列表
TRANSFORM	要应用于对象的元数据转换，设置值为 SEGMENT_ATTRIBUTES，STORAGEOID 和 PCTSPACE
TRANSPORT_DATAFILES	按可传输模式导入的数据文件的列表
TRANSPORT_FULL_CHECK	验证所有表的存储段
TRANSPORT_TABLESPACES	要从中加载元数据的表空间列表，仅在 NETWORK_LINK 模式导入操作中有效
VERSION	要导入对象的版本

在正确执行了 EXPDP 命令后，就可以使用 IMPDP 命令来导入数据。下面的命令分别导入了某个用户的表、某个用户的所有对象和整个数据库。

（1）使用 IMPDP 导入 SCOTT 用户的 EMP 表。

若数据库中的 SCOTT 用户的 EMP 表被误删除，可以使用下面的语句来导入。

```
C:\>IMPDP HR/HR DUMPFILE=SCOTT_EMP.DMP DIRECTORY=DIR1
    TABLES=SCOTT.EMP JOB_NAME=JOB1
```

导入过程如图 8-6 所示。

（2）使用 IMPDP 导入 SCOTT 用户的所有对象。

若数据库中的 SCOTT 用户的所有对象被误删除或损坏，可以使用下面的命令来导入。

```
C:\>IMPDP HR/HR DUMPFILE=SCOTT.DMP DIRECTORY=DIR1 SCHEMAS=SCOTT
    JOB_NAME=JOB2
```

导入过程如图 8-7 所示。

（3）使用 IMPDP 导入整个 Oracle 数据库。

下面的命令可以导入整个 Oracle 数据库。

```
C:\>IMPDP HR/HR DUMPFILE=ORCL.DMP DIRECTORY=DIR1 FULL=Y JOB_NAME=JOB3
```

```
C:\WINDOWS\system32\cmd.exe

C:\Documents and Settings\Administrator>IMPDP HR/HR DUMPFILE=SCOTT_EMP.DMP DIREC
TORY=DIR1 tables=SCOTT.emp JOB_NAME=JOB1

Import: Release 11.2.0.1.0 - Production on 星期一 10月 28 20:03:40 2013

Copyright (c) 1982, 2009, Oracle and/or its affiliates.  All rights reserved.

连接到: Oracle Database 11g Enterprise Edition Release 11.2.0.1.0 - Production
With the Partitioning, OLAP, Data Mining and Real Application Testing options
已成功加载/卸载了主表 "HR"."JOB1"
启动 "HR"."JOB1":  HR/******** DUMPFILE=SCOTT_EMP.DMP DIRECTORY=DIR1 TABLES=SCOT
T.EMP JOB_NAME=JOB1
处理对象类型 TABLE_EXPORT/TABLE/TABLE
处理对象类型 TABLE_EXPORT/TABLE/TABLE_DATA
. . 导入了 "SCOTT"."EMP"                              8.593 KB      15 行
处理对象类型 TABLE_EXPORT/TABLE/INDEX/INDEX
处理对象类型 TABLE_EXPORT/TABLE/CONSTRAINT/CONSTRAINT
处理对象类型 TABLE_EXPORT/TABLE/INDEX/STATISTICS/INDEX_STATISTICS
处理对象类型 TABLE_EXPORT/TABLE/CONSTRAINT/REF_CONSTRAINT
处理对象类型 TABLE_EXPORT/TABLE/STATISTICS/TABLE_STATISTICS
作业 "HR"."JOB1" 已于 20:03:44 成功完成


C:\Documents and Settings\Administrator>_
```

图 8-6　使用 IMPPP 导入 SCOTT 用户的 EMP 表

图 8-7　使用 IMPDP 导入 SCOTT 用户的所有对象

导入过程如图 8-8 所示。

```
C:\WINDOWS\system32\cmd.exe - IMPDP HR/HR DUMPFILE=ORCL.DMP DIRECTORY=DIR1 FULL=...

C:\Documents and Settings\Administrator>IMPDP HR/HR DUMPFILE=ORCL.DMP DIRECTORY=
DIR1 FULL=Y JOB_NAME=JOB3

Import: Release 11.2.0.1.0 - Production on 星期一 10月 28 20:11:23 2013

Copyright (c) 1982, 2009, Oracle and/or its affiliates.  All rights reserved.

连接到: Oracle Database 11g Enterprise Edition Release 11.2.0.1.0 - Production
With the Partitioning, OLAP, Data Mining and Real Application Testing options
已成功加载/卸载了主表 "HR"."JOB3"
启动 "HR"."JOB3":  HR/******** DUMPFILE=ORCL.DMP DIRECTORY=DIR1 FULL=Y JOB_NAME=
JOB3
处理对象类型 DATABASE_EXPORT/TABLESPACE
ORA-31684: 对象类型 TABLESPACE:"SYSAUX" 已存在
ORA-31684: 对象类型 TABLESPACE:"UNDOTBS1" 已存在
ORA-31684: 对象类型 TABLESPACE:"TEMP" 已存在
ORA-31684: 对象类型 TABLESPACE:"USERS" 已存在
ORA-31684: 对象类型 TABLESPACE:"EXAMPLE" 已存在
ORA-31684: 对象类型 TABLESPACE:"XXGCX" 已存在
ORA-31684: 对象类型 TABLESPACE:"TEST" 已存在
ORA-31684: 对象类型 TABLESPACE:"TS_TEMP" 已存在
ORA-31684: 对象类型 TABLESPACE:"TEST_TEMP" 已存在
ORA-31684: 对象类型 TABLESPACE:"TEMP02" 已存在
ORA-31684: 对象类型 TABLESPACE:"TEMP03" 已存在
ORA-31684: 对象类型 TABLESPACE:"TEMP04" 已存在
ORA-31684: 对象类型 TABLESPACE:"TEMP05" 已存在
处理对象类型 DATABASE_EXPORT/PROFILE
ORA-31684: 对象类型 PROFILE:"MONITORING_PROFILE" 已存在
ORA-31684: 对象类型 PROFILE:"PROFILE1" 已存在
处理对象类型 DATABASE_EXPORT/SYS_USER/USER
处理对象类型 DATABASE_EXPORT/SCHEMA/USER
ORA-31684: 对象类型 USER:"OUTLN" 已存在
ORA-31684: 对象类型 USER:"ORDDATA" 已存在
ORA-31684: 对象类型 USER:"OLAPSYS" 已存在
ORA-31684: 对象类型 USER:"MDDATA" 已存在
ORA-31684: 对象类型 USER:"SPATIAL_WFS_ADMIN_USR" 已存在
```

图 8-8　使用 IMPDP 导入整个 Oracle 数据库

上面的导入数据库操作因当前导入的数据库对象已存在，所以在导入过程中会出现提示信息。

8.6　在 OEM 中导入导出数据

在 OEM 平台上执行导入导出数据比较简单，Oracle 提供了非常方便的导入/导出向导，只须按步骤做即可。

8.6.1　用导出向导实现逻辑备份

在浏览器中打开 OEM 界面，在“数据移动”选项卡的“移动行数据”选项组中单击“导出到导出文件”超链接，如图 8-9 所示。

在“导出：导出类型”界面中，选中“表”单选按钮，并在下面的主机身份证明中输入操作系统中具有管理员权限的合法用户，如图 8-10 所示。

这里，如果出现用户名和密码的错误，通常是由于输入的用户名不具备“以批量任务登录”的权限而造成的。此时需要进行以下简单的配置。

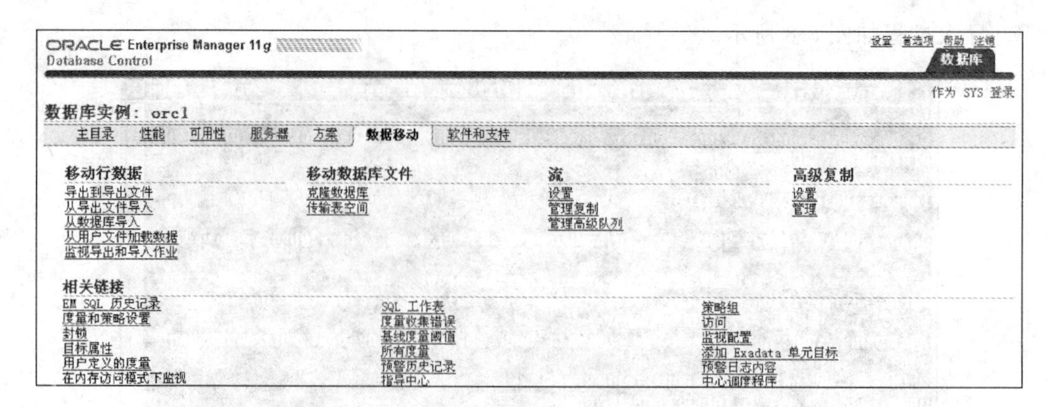

图 8-9　单击“导出到导出文件”超链接

图 8-10　“导出：导出类型”界面

(1) 选择“开始”→“设置”→“控制面板”→“管理工具”命令打开本地安全策略。

(2) 在本地安全策略中，找到本地策略。

(3) 打开其中的用户权限分配。

(4) 在右边的列表中选择“作为批处理作业登录”，添加安装数据库的所在服务器的操作系统用户，如 Administrator。

单击“继续”按钮，打开“导出：表”界面，如图 8-11 所示。

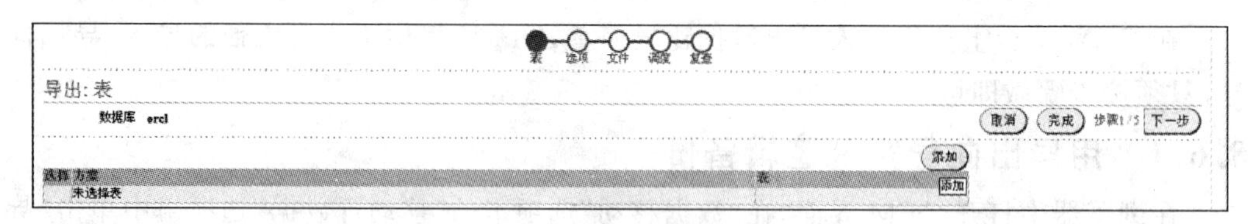

图 8-11　“导出：表”界面

单击“添加”按钮，打开“导出：添加表”界面，这里选择了 SCOTT 用户的 EMP 表，如图 8-12 所示。

然后单击“选择”按钮，返回“导出：表”界面，再单击“下一步”按钮，如图 8-13 所示。

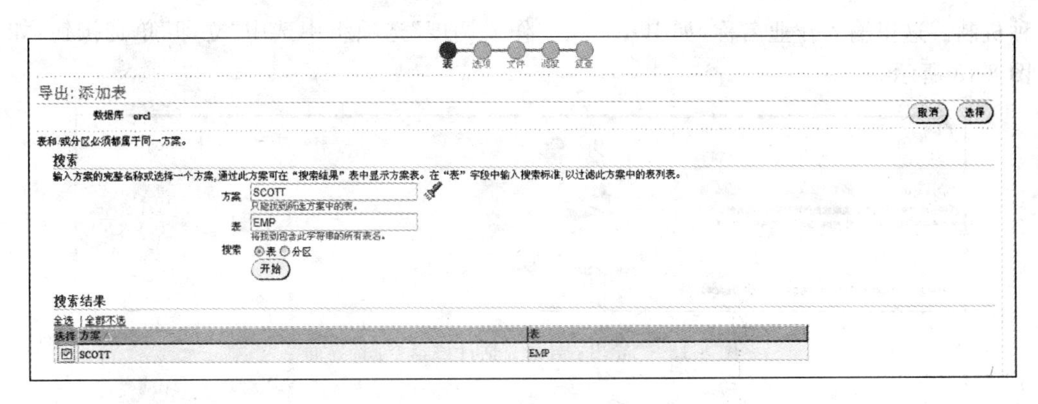

图 8-12 “导出：添加表”界面

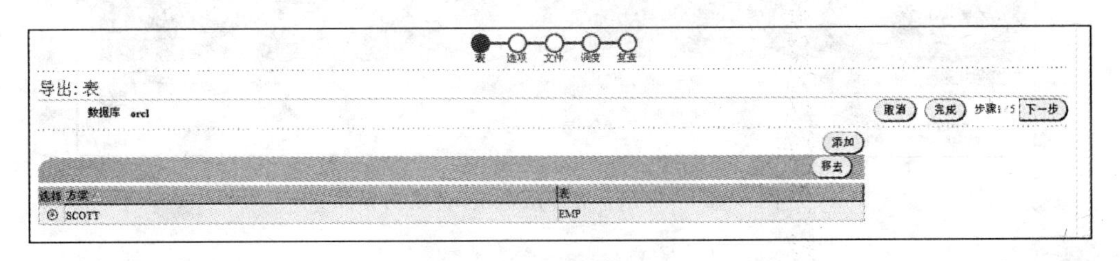

图 8-13 选择了表后的“导出：表”界面

单击“下一步”按钮，打开“导出：选项”界面，此时可以在导出之前估计所需磁盘空间的大小，还可以选择是否生成日志文件以及所需存储的目录对象。这里选择输入目录对象 DIR1，如图 8-14 所示。

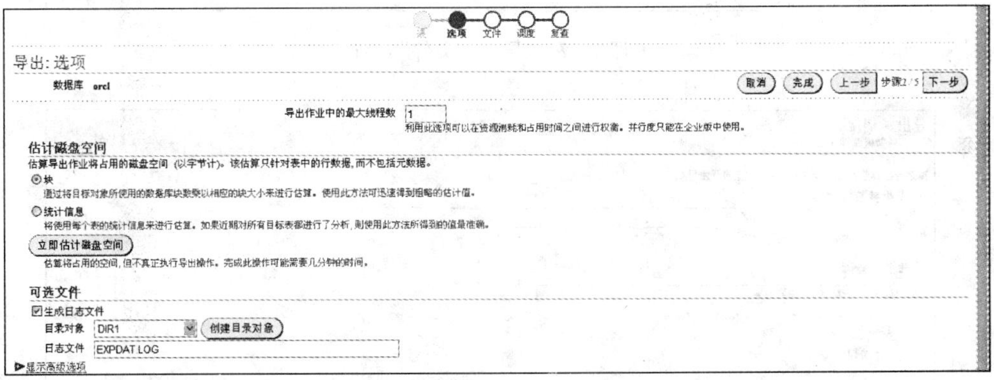

图 8-14 “导出：选项”界面

如果单击“立即估计磁盘空间”按钮，则会出现“导出：处理：估计磁盘空间”界面，如图 8-15 所示，稍等片刻系统将给出导出所需的磁盘空间大小，如图 8-16 所示。

单击“确定”按钮，返回“导出：选项”界面，此时单击“下一步”按钮，打开“导出：文件”界面。在选择目录对象处，选择 DIR1；在文件名处选择输入默认值 EXPDAT%U.DMP，如图 8-17 所示。

单击“下一步”按钮，打开“导出：调度”界面。前文说过 EXPDP 在导出时使用作业这种机制。这里输入作业名称，如 JOB1。在“作业调度”选项组中选中“立即”单选按钮，如图 8-18 所示。

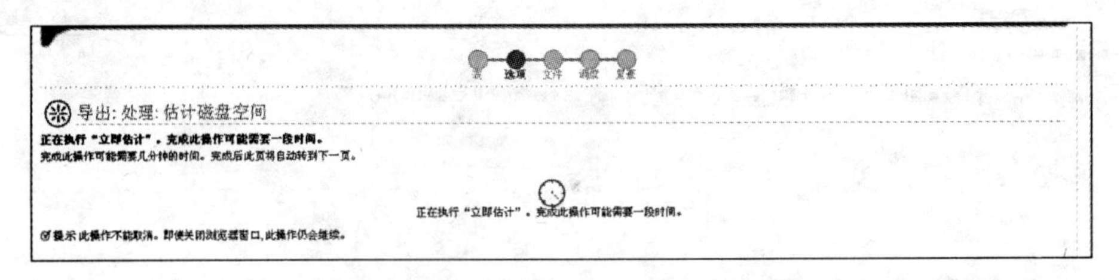

图 8-15 “导出：处理：估计磁盘空间”界面

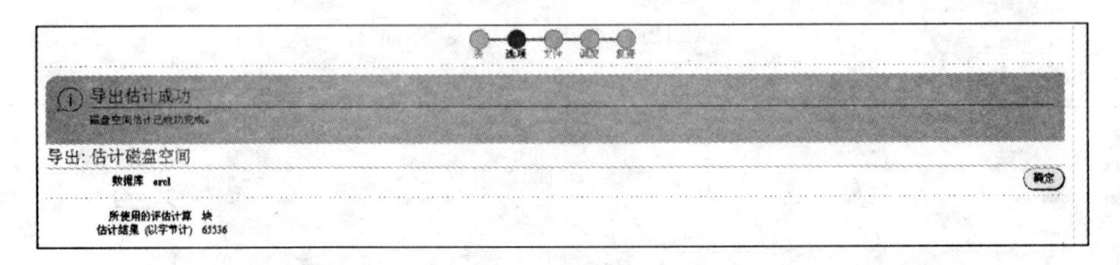

图 8-16 “导出：估计磁盘空间”成功界面

表 选项 文件 调度 复查
导出: 文件
数据库 orcl
取消 完成 上一步 步骤3/5 下一步
指定目录对象和文件名，以及导出文件在数据库服务器上的最大大小。
创建目录对象
移去
选择 目录对象 文件名 最大文件大小 (MB)
DIR1 EXPDAT%U.DMP
添加另一行
可以在文件名中使用 %U 通配符来表示一组特殊文件。

图 8-17 “导出：文件”界面

导出：调度
数据库 orcl
取消 上一步(K) 步骤 4 / 5 下一步(X)
指定导出作业的名称和说明。指定作业的开始日期。
作业参数
作业名称 JOB1
说明
作业调度
时区 (UTC-11:00) 帕果帕果
启动
立即
以后
日期 2013-10-30 (示例: 2013-10-30)
时间 8 25 上午 下午
重复
仅一次
时间间隔
频率 1 分钟
每月
每年
一直重复到
不确定
定制
日期 2013-10-30 (示例: 2013-10-30)
时间 8 35 上午 下午
(除非按分钟或小时重复，否则忽略。)

图 8-18 “导出：调度”界面

单击“下一步”按钮，打开“导出：复查”界面，如图 8-19 所示。

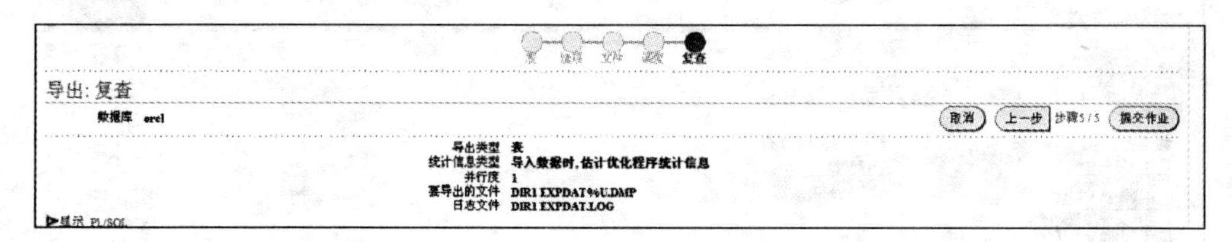

图 8-19　“导出：复查”界面

在此界面可以单击“显示 PL/SQL”超链接，显示导出过程相应的 PL/SQL 程序。检查确认后就可以单击“提交作业”按钮，打开“正在处理”界面，如图 8-20 所示。

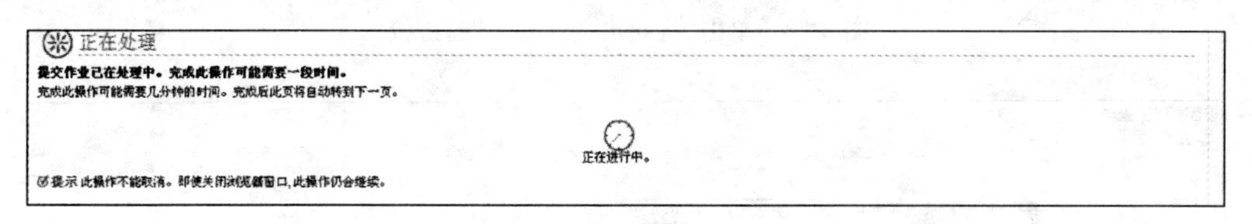

图 8-20　“正在处理”界面

稍等片刻后，出现“已成功创建作业”的“作业活动”界面，可在“结果”处选择查看其中的“执行”项，显示当前作业 JOB1 正在运行，稍候会显示成功执行的提示，如图 8-21 所示，自此，导出作业成功。

图 8-21　执行成功的“作业活动”界面

8.6.2　用导入向导实现逻辑恢复

在 OEM 中可以将导出的文件导入数据库中，首先在浏览器中打开 OEM 界面，在“数据移动”选项卡的“移动行数据”选项组中单击“从导出文件导入”超链接，如图 8-22 所示。

在“导入：文件”界面中，在“选择目录对象”选项组中选择 DIR1 选项，并输入文件名 EPDAT01.DMP，然后在“导入类型”选项组中选中“表”单选按钮，在“主机身份证明”中输入数据库服务器所在的操作系统中具有管理员权限的合法用户，如 administrator，如图 8-23 所示。

单击“继续”按钮，打开“导入：表”界面，显示已成功读取导入文件，如图 8-24 所示。

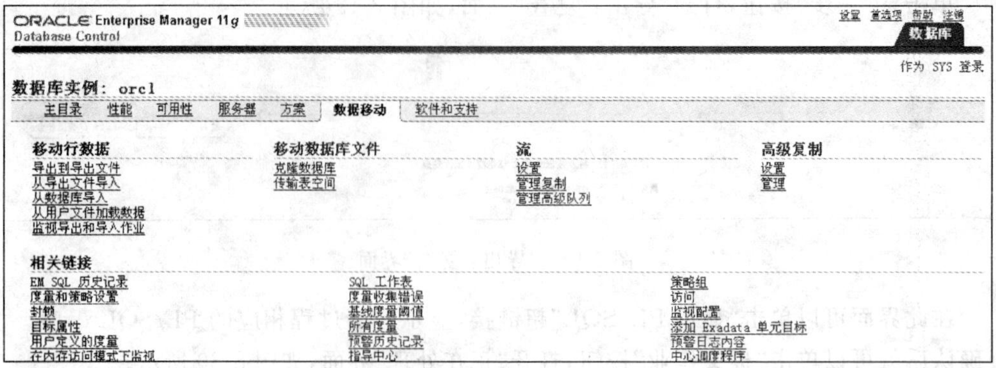

ORACLE Enterprise Manager 11g
Database Control
设置 首选项 帮助 注销
数据库
作为 SYS 登录

数据库实例：orcl

主目录 性能 可用性 服务器 方案 数据移动 软件和支持

移动行数据	移动数据库文件	流	高级复制
导出到导出文件	克隆数据库	设置	设置
从导出文件导入	传输表空间	管理复制	管理
从数据库导入		管理高级队列	
从用户文件加载数据			
监视导出和导入作业			

相关链接

EM SQL 历史记录	SQL 工作表	策略组
度量和策略设置	度量收集错误	访问
封锁	基线度量阈值	监视配置
目标属性	所有度量	添加 Exadata 单元目标
用户定义的度量	预警历史记录	预警日志内容
在内存访问模式下监视	指导中心	中心调度程序

图 8-22　单击“从导出文件导入”超链接

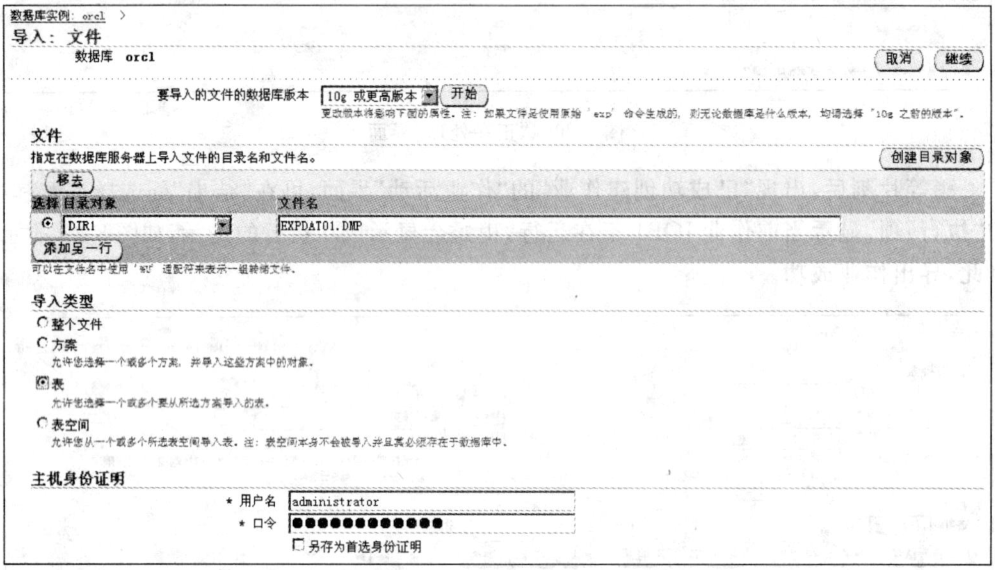

数据库实例：orcl >

导入：文件

数据库 orcl

取消　继续

要导入的文件的数据库版本 10g 或更高版本 开始

更改版本将影响下面的属性。注：如果文件是使用原始‘exp’命令生成的，则无论数据库是什么版本，均请选择“10g 之前的版本”。

文件

指定在数据库服务器上导入文件的目录名和文件名。

创建目录对象

移去

选择	目录对象	文件名
⊙	DIR1	EXPDAT01.DMP

添加另一行

可以在文件名中使用‘%U’通配符来表示一组转储文件。

导入类型

○ 整个文件

○ 方案

允许您选择一个或多个方案，并导入这些方案中的对象。

⊙ 表

允许您选择一个或多个要从所选方案导入的表。

○ 表空间

允许您从一个或多个所选表空间导入表。注：表空间本身不会被导入并且其必须存在于数据库中。

主机身份证明

* 用户名 administrator

* 口令 ●●●●●●●●●●●●

□ 另存为首选身份证明

图 8-23　“导入：文件”界面

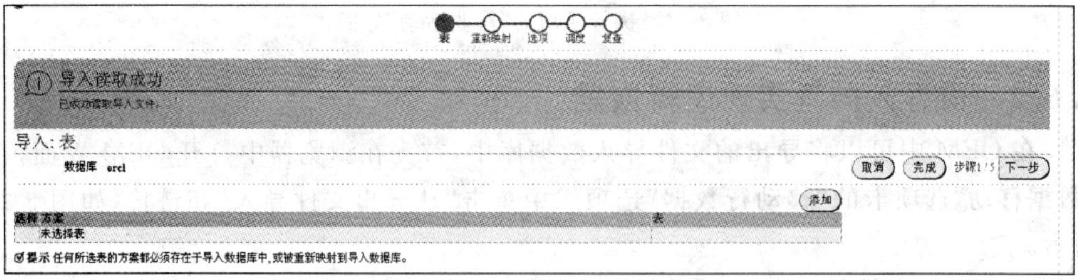

表　重新映射　选项　调度　复查

ⓘ 导入读取成功

已成功读取导入文件。

导入：表

数据库 orcl

取消　完成　步骤 1/5　下一步

添加

选择 方案	表
未选择表	

☑ 提示 任何所选表的方案都必须存在于导入数据库中，或被重新映射到导入数据库。

图 8-24　“导入：表”界面

单击“添加”按钮，选择 SCOTT 用户的 EMP 表，如图 8-25 所示。

单击“下一步”按钮，打开“导入：重新映射”界面，如图 8-26 所示。

如果不将一个方案中的对象导入到另一个方案或者不将一个表空间的数据导入到另

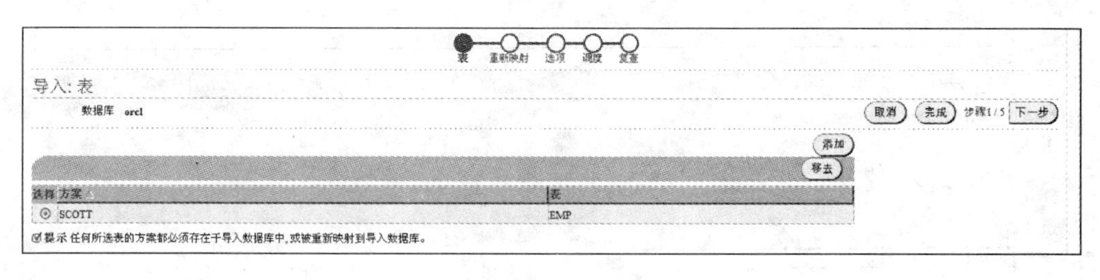

图 8-25　选择导入表后的“导入：表”界面

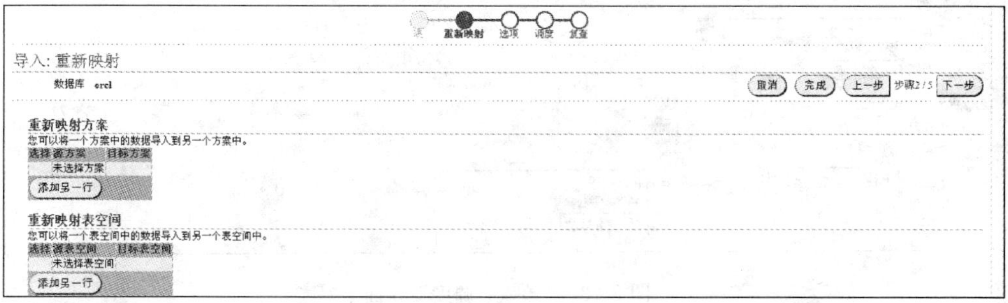

图 8-26　“导入：重新映射”界面

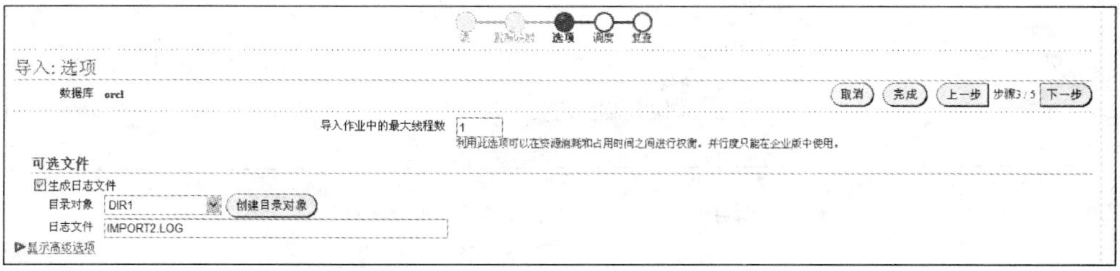

图 8-27　“导入：选项”界面

外一个表空间，就无须做任何操作。单击“下一步”按钮，打开“导入：选项”界面，选中“生成日志文件”复选框，并从目录对象处选择 DIR1，日志文件名为 IMPORT2. LOG，如图 8-27 所示。

单击“下一步”按钮，打开“导入：调度”界面，在作业名称文本框中输入 JOB_EMP，并选中“立即”单选按钮启动作业调度，如图 8-28 所示。

单击“下一步”按钮，打开“导入：复查”界面，可以通过单击“显示 PL/SQL”超链接，查看导入过程的 PL/SQL 程序，如图 8-29 所示。

在确认信息无误后单击“提交作业”按钮，打开“导入：正在进行中”界面，如图 8-30 所示。

稍等片刻出现“作业活动”界面，此时已经成功创建作业，再稍等片刻，在结果处可以查看到已经成功执行的 JOB_IMP 作业，如图 8-31 所示。至此，导入数据成功。

导入：调度

数据库 orcl

取消 上一步(K) 步骤 4 / 5 下一步(X)

指定导入作业的名称和说明。指定作业的开始日期。

作业参数

作业名称 JOB_EMP

说明

作业调度

时区 (UTC-11:00) 帕果帕果

启动

◉ 立即

○ 以后

日期 2013-10-30

(示例：2013-10-30)

时间 8 35 ○上午 ◉下午

重复

◉ 仅一次

○ 时间间隔

频率 1 分钟

○ 每月

○ 每年

一直重复到

◉ 不确定

○ 定制

日期 2013-10-30

(示例：2013-10-30)

时间 8 45 ○上午 ◉下午

(除非按分钟或小时重复，否则忽略。)

图 8-28 “导入：调度”界面

导入：复查

数据库 orcl

取消 上一步 步骤5/5 提交作业

导入类型 表

要导入的文件 DIR1 EXPDAT01.DMP

日志文件 DIR1 IMPORT2.LOG

并行度 1

▶显示 PL/SQL

图 8-29 “导入：复查”界面

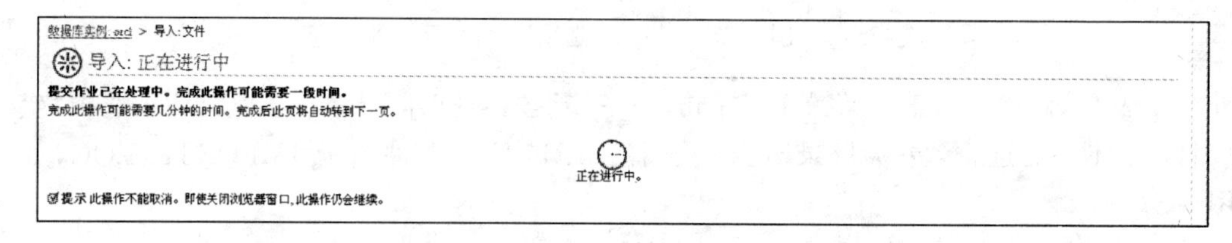

图 8-30 “导入：正在进行中”界面

查看 执行数

查看结果 编辑 类似创建 复制到库 挂起 继续 重试 停止 删除运行 | 创建作业 操作系统命令 开始

选择	名称	状态	调度	目标	目标类型	所有者	作业类型
◉	JOB_EMP	成功	2013-10-30 20:43:25 (UTC-12:00)	orcl	数据库实例	SYSTEM	导入
○	JOB1	成功	2013-10-30 20:32:00 (UTC-12:00)	orcl	数据库实例	SYSTEM	导出
○	EXPORT000003	成功	2013-10-30 19:51:27 (UTC-12:00)	orcl	数据库实例	SYSTEM	导出

提示 如果 10g 数据库的导入或导出作业被挂起，则此页上的状态将显示为“失败”。有关详细信息，请参阅“帮助”。

图 8-31 “作业活动”界面

8.7　恢复管理器

8.7.1　恢复管理器简介

恢复管理器(RMAN,Recovery Manager)可用来备份和还原数据库文件、SPFILE参数文件、归档日志和控制文件等。它也可以用来执行完全或不完全的数据库恢复。RMAN通过启动Oracle服务器进程来进行备份或恢复。

RMAN有3种不同的用户接口：命令行方式、图形界面方式(集成在OEM中)和API方式(集成到第三方的备份软件中)。

RMAN的功能类似物理备份,但比物理备份强大许多,从下面列出的一些特性可以看出。

(1) 备份以Oracle块为单位,只备份使用过的数据库,以节省备份介质的空间占用。

(2) 可以在Oracle块级别上实现增量备份。

(3) 可以把备份的输出打包成备份集,也可以按固定大小分割备份集。

(4) 自动管理备份与恢复相关的元数据。

(5) 自动检测是否出现损坏的Oracle块。

8.7.2　恢复管理器的相关术语

1. 目标数据库

在RMAN中,目标数据库(Target Database)指需要备份或恢复的数据库。

2. 备份集

备份集(Backup Sets)就是一次备份的集合,包含本次备份的所有备份片,并以Oracle专有的格式保存。一个备份集根据备份的类型不同,可能构成一个完全备份或增量备份。

3. 备份片

一个备份集由若干个备份片(Backup Pieces)组成,每个备份片是一个单独的输出文件。一个备份片的大小是有限制的；如果没有大小的限制,备份集就只由一个备份片构成。备份片的大小不能大于文件系统所支持的文件大小。

4. 映像备份

映像备份(Image Copies)不压缩、不打包,而是直接复制物理文件,包括数据文件、归档日志和控制文件,类似于操作系统级的文件备份。而且只能复制到磁盘,不能备份到磁带。

5. 全备份

全备份(Full Backup)是指对数据文件中使用过的Oracle块进行备份,对于没有使用过的Oracle块是不做备份的,也就是说RMAN在进行全备份时是要压缩的。

6. 增量备份

增量备份(Incremental Backup)是指备份数据文件中自从上一次同一级别的或更低

级别的备份以来被修改过的 Oracle 块。增量备份恢复起来非常麻烦，极易出错，所以实际中越来越少使用，Oracle 已建议不再使用。

7. 恢复目录

恢复目录(Recovery Catalog)用于存储 RMAN 使用过程中的控制信息。恢复目录由多个表和存储过程组成，这些对象位于同一个模式(Schema)下。如果 RMAN 使用恢复目录，则不仅需建立到目标数据库的连接，还需建立到恢复目录所在数据库的连接。

如果 RMAN 使用 NOCATALOG 方式，则控制信息将记录在目标数据库的控制文件中，但这样不安全，因为一旦目标数据库的控制文件损坏就意味着所有的 RMAN 备份失效。

8. 通道

RMAN 在将数据备份到备份介质上时，需要建立这些备份介质的通道(Channel)。一旦建立通道，数据就会从该通道备份到指定备份介质上。在每次备份或恢复时，可以建立多个通道以加快处理速度。通道的类型决定了要将数据备份到哪种介质上，有两种类型的通道：磁盘和磁带。如果分配的通道为磁盘类型，则说明要将数据备份到磁盘上；如果分配的通道为磁带类型，则说明要将数据备份到磁带上。在 RMAN 中，可以使用 SHOW ALL 命令显示通道的配置参数。通道可以自动分配，也可以在 RUN 命令中手动分配。

8.7.3 使用恢复管理器进行备份

RMAN 可以使用的备份命令有 COPY 和 BACKUP 命令，COPY 命令用于数据文件的备份，可以将指定的数据文件备份到备份介质上，BACKUP 命令是数据的备份，可以复制一个或多个表空间或者整个数据库中的数据。

1. RMAN 备份前的准备工作

(1) 将目标数据库设置为归档模式。RMAN 在进行备份和恢复时，数据库需运行在归档模式。如果当前数据库没有运行在归档模式下，则需其运行设置为归档模式。关于设置步骤请参见 8.3.1 小节。

(2) 创建 RMAN 用户和表空间。语句如下。

```
SQL> CREATE TABLESPACE RMANTS DATAFILE
     'D:\APP\ADMINISTRATOR\ORADATA\ORCL\RMANTS.ORA' SIZE 20M ;
表空间已创建。

创建 RMAN 用户并授权 RECOVERY_CATALOG_OWNER。
SQL> CREATE USER RMAN IDENTIFIED BY RMAN DEFAULT TABLESPACE RMANTS
     TEMPORARY TABLESPACE TEMP QUOTA UNLIMITED ON RMANTS;
用户已创建。
SQL> GRANT RECOVERY_CATALOG_OWNER TO RMAN ;
授权成功。
```

(3) 在目录数据库中创建恢复目录，如图 8-32 所示。下面语句中的 RMAN/RMAN 为刚才创建的用户名和密码。

```
C:\>RMAN CATALOG RMAN/RMAN
恢复管理器：RELEASE 10.2.0.1.0 - PRODUCTION ON 星期二 5 月 11 10：17：00 2010
COPYRIGHT (C) 1982，2005，ORACLE. ALL RIGHTS RESERVED.
连接到恢复目录数据库
RMAN>CREATE CATALOG；
恢复目录已创建
```

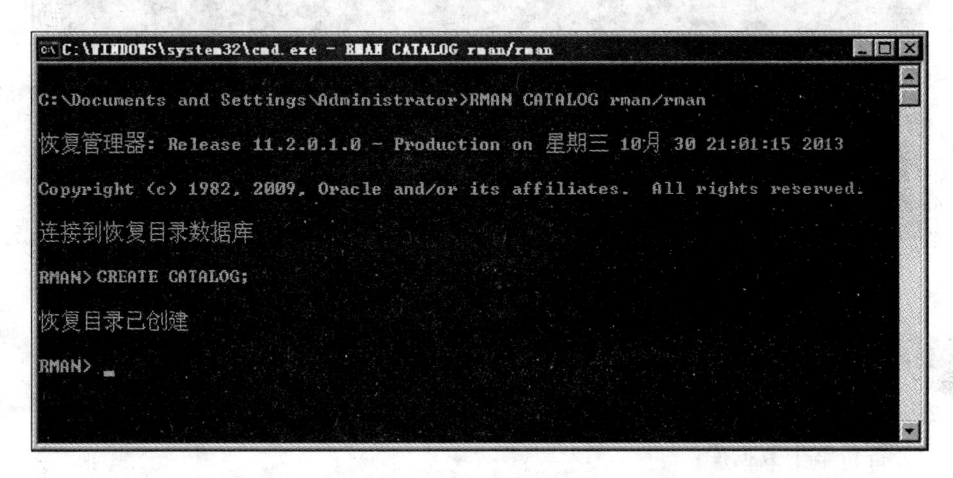

图 8-32　创建恢复目录

上面的命令使用 RMAN 用户的默认表空间创建恢复目录，如果想要使用另外的表空间创建恢复目录，则可以使用语句"CREATE CATALOG TABLESPACE 表空间名"。

(4) 连接到目标数据库并注册数据库(见图 8-33)。

```
C:\>RMAN TARGET SYS/ORCL@ORCL
恢复管理器：Release 10.2.0.1.0 - Production on 星期二 5 月 11 10：35：34 2010
Copyright (c) 1982，2005，Oracle. All rights reserved.
连接到目标数据库：ORCL (DBID=1240482375)
RMAN> CONNECT CATALOG RMAN/RMAN
连接到恢复目录数据库
RMAN> REGISTER DATABASE；
注册在恢复目录中的数据库
正在启动全部恢复目录的 resync
完成全部 resync
```

上面语句中的 REGISTER DATABAE 完成将目标数据库中的控制文件转到恢复目录中。如果 RMAN 使用 NOCATALOG(无恢复目录)方式，则可以使用下面的语句。

```
C:\>RMAN TARGET SYS/ORCL NOCATALOG
```

或者

```
C:\>RMAN TARGET \
```

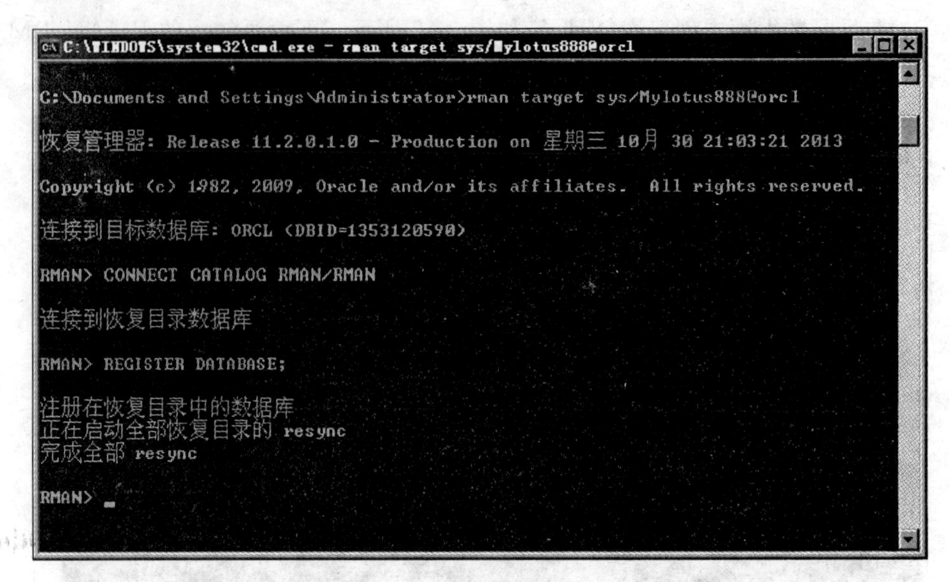

图 8-33 连接到目标数据库并注册数据库

到此准备工作都做好,下面进行备份和恢复。

2. 使用 RMAN 开始备份

(1) 备份整个数据库

在 RMAN 中备份数据库,可以使用带有 FORMAT 参数的 BACKUP DATABASE 命令。其中,FORMAT 参数指定一个存储备份文件的目的路径。FORMAT 命令由两部分组成,即路径和文件名称存储格式,执行语句如下。

```
RMAN> BACKUP DATABASE FORMAT 'D:\DUMP\ORCL%U.DMP';
启动 BACKUP 于 30-10 月-13
使用通道 ORA_DISK_1
通道 ORA_DISK_1: 正在启动全部数据文件备份集
通道 ORA_DISK_1: 正在指定备份集内的数据文件
输入数据文件: 文件号=00002 名称=D:\APP\ADMINISTRATOR\ORADATA\ORCL\SYSAUX01.DBF
输入数据文件: 文件号=00001 名称=D:\APP\ADMINISTRATOR\ORADATA\ORCL\SYSTEM01.DBF
输入数据文件: 文件号=00003 名称=D:\APP\ADMINISTRATOR\ORADATA\ORCL\UNDOTBS01.DBF
输入数据文件: 文件号=00005 名称=D:\APP\ADMINISTRATOR\ORADATA\ORCL\EXAMPLE01.DBF
输入数据文件: 文件号=00006 名称=D:\APP\ADMINISTRATOR\ORADATA\ORCL\XXGCX.DBF
输入数据文件: 文件号=00004 名称=D:\APP\ADMINISTRATOR\ORADATA\ORCL\USERS01.DBF
输入数据文件: 文件号=00008 名称=D:\APP\ADMINISTRATOR\ORADATA\ORCL\USERS02.DBF
输入数据文件: 文件号=00010 名称=D:\APP\ADMINISTRATOR\ORADATA\ORCL\RMANTS.ORA
```

```
输入数据文件：文件号=00007 名称=D：\APP\ADMINISTRATOR\ORADATA\ORCL\
TEST.DBF
输入数据文件：文件号=00009 名称=D：\ORACLE\ORCL\DATAFILE\O1_MF_USERS_
95SXWQ4W_.DBF
通道 ORA_DISK_1：正在启动段 1 于 30-10 月-13
通道 ORA_DISK_1：已完成段 1 于 30-10 月-13
段句柄=D：\DUMP\ORCL03ONNT77_1_1.DMP 标记=TAG20131030T210647 注释=NONE
通道 ORA_DISK_1：备份集已完成，经过时间：00：00：55
通道 ORA_DISK_1：正在启动全部数据文件备份集
通道 ORA_DISK_1：正在指定备份集内的数据文件
备份集内包括当前控制文件
备份集内包括当前的 SPFILE
通道 ORA_DISK_1：正在启动段 1 于 30-10 月-13
通道 ORA_DISK_1：已完成段 1 于 30-10 月-13
段句柄=D：\DUMP\ORCL04ONNT8V_1_1.DMP 标记=TAG20131030T210647 注释=NONE
通道 ORA_DISK_1：备份集已完成，经过时间：00：00：01
完成 backup 于 30-10 月-13
RMAN>
```

BACKUP DATABASE 命令也可以用在 RUN 语句中，如下面的语句。

```
RMAN>RUN {
    ALLOCATE CHANNEL C1 TYPE DISK;
    BACKUP DATABASE FORMAT 'D:\DUMP\ORCL%U.DMP';
}
```

(2) 使用 RMAN 备份表空间

RMAN 使用 BACKUP TABLESPACE 命令来备份一个或多个表空间，例如：

```
RMAN> BACKUP TABLESPACE USERS FORMAT 'D:\DUMP\USERS%U.DMP';

启动 BACKUP 于 30-10 月-13
分配的通道：ORA_DISK_1
通道 ORA_DISK_1：SID=201 设备类型=DISK
通道 ORA_DISK_1：正在启动全部数据文件备份集
通道 ORA_DISK_1：正在指定备份集内的数据文件
输入数据文件：文件号=00004 名称=D：\APP\ADMINISTRATOR\ORADATA\ORCL\USE-
RS01.DBF
输入数据文件：文件号=00008 名称=D：\APP\ADMINISTRATOR\ORADATA\ORCL\USE-
RS02.DBF
输入数据文件：文件号=00009 名称=D：\ORACLE\ORCL\DATAFILE\O1_MF_USERS_
95SXWQ4W_.DBF
通道 ORA_DISK_1：正在启动段 1 于 30-10 月-13
通道 ORA_DISK_1：已完成段 1 于 30-10 月-13
段句柄=D：\DUMP\USERS07ONNTPO_1_1.DMP 标记=TAG20131030T211640 注释=NONE
通道 ORA_DISK_1：备份集已完成，经过时间：00：00：01
完成 backup 于 30-10 月-13

RMAN>
```

BACKUP TABLESPACE 命令也可以用在 RUN 语句中。例如：

```
RMAN>RUN{
    ALLOCATE CHANNEL C1 TYPE DISK;
    BACKUP TABLESPACE USERS FORMAT 'D:\DUMP\USERS%U.DMP';
}
```

(3) 使用 RMAN 备份数据文件

RMAN 在备份数据文件时有许多选项，如可以使用标记(TAG)，标记指定备份集或镜像副本文件的名称，可以用一个有含义的名称来应用某个备份文件。例如：

```
RMAN> BACKUP DATABASE TAG='WEEK_BACKUP';
```

在默认情况下，RMAN 在备份时总是会检查 Oracle 块是否损坏，如果希望加快备份速度而不检查坏块，可以使用带有 NOCHECKSUM 选项的语句。例如：

```
RMAN> BACKUP NOCHECKSUM DATABASE;
```

RMAN 通过指定 MAXPIECESIZE 选项来限定单个备份片的最大尺寸，通过指定 MAXSETSIZE 选项来限定单个备份集的最大尺寸。如果要指定备份集的最大尺寸，则要确保该值大于最大的数据文件的大小。例如：

```
RMAN>BACKUP DATABASE MAXSETSIZE=1024M;
```

在备份时可以选择跳过一些不能访问、只读或脱机状态的数据文件。例如：

```
RMAN> BACKUP DATABASE SKIP INACCESSIBLE;
RMAN> BACKUP DATABASE SKIP OFFLINE;
RMAN> BACKUP DATABASE SKIP READONLY;
RMAN> BACKUP DATABASE SKIP INACCESSIBLE SKIP OFFLINE SKIP READONLY;
```

RMAN 还可以使用 COPY 命令生成数据文件的映像备份。例如：

```
RMAN>RUN {
    ALLOCATE CHANNEL C1 TYPE DISK;
    COPY DATAFILE 'D:\APP\ADMINISTRATOR\ORADATA\ORCL\USERS01.DBF' TO
    'D:\DUMP\USER01.DBF';
}
```

(4) 使用 RMAN 备份控制文件

使用 RMAN 备份控制文件的语句如下。

```
RMAN>BACKUP CURRENT CONTROLFILE;
启动 BACKUP 于 30-10 月-13
使用通道 ORA_DISK_1
通道 ORA_DISK_1：正在启动全部数据文件备份集
通道 ORA_DISK_1：正在指定备份集内的数据文件
备份集内包括当前控制文件
通道 ORA_DISK_1：正在启动段 1 于 30-10 月-13
通道 ORA_DISK_1：已完成段 1 于 30-10 月-13
段句柄=D:\APP\ADMINISTRATOR\FLASH_RECOVERY_AREA\ORCL\BACKUPSET\
    2013_10_30\O1_MF_NCNNF_TAG20131030T212221_9748BGF5_.BKP
标记=TAG20131030T212221 注释=NONE
```

```
通道 ORA_DISK_1：备份集已完成，经过时间：00：00：01
完成 backup 于 30-10 月-13
```

在备份表空间时，RMAN 也支持同时备份控制文件。例如：

```
RMAN>BACKUP TABLESPACE SYSTEM INCLUDE CURRENT CONTROLFILE;
```

另外，在备份数据库时，RMAN 也支持同时备份控制文件。例如：

```
RMAN>BACKUP DATABASE INCLUDE CURRENT CONTROLFILE;
```

(5) 使用 RMAN 备份归档日志文件

使用 RMAN 备份所有归档日志文件的语句如下。

```
RMAN>BACKUP ARCHIVELOG ALL;
```

如果只备份最近一周的所有归档日志文件，则可以使用下面的语句。

```
RMAN>BACKUP ARCHIVELOG FROM TIME 'SYSDATE-7';
```

如果只备份日志序列号大于 53100 的所有归档日志文件，则可以使用下面的语句。

```
RMAN>BACKUP ARCHIVELOG FROM SEQUENCE 53100;
```

在备份数据文件时，可以同时备份所有的归档日志文件，则可以使用下面的语句。

```
RMAN>BACKUP DATABASE PLUS ARCHIVELOG;
```

在备份表空间时，也可以同时备份所有的归档日志文件，则可以使用下面的语句。

```
RMAN>BACKUP TABLESPACE USERS PLUS ARCHIVELOG;
```

注意：在备份归档日志文件时，RMAN 会根据目标数据库的控制文件中所记录的归档日志文件列表查找所有的归档日志文件，如果某个归档日志文件被删除就会出现 RMAN 备份失败的情况。为了避免这种情况，可以使用带有 SKIP INACCESSABLE 选项的备份语句，从而可以跳过那些不能访问的归档日志文件，只备份那些能够访问的归档日志文件，语句如下。

```
RMAN> BACKUP DATABASE PLUS ARCHIVELOG SKIP INACCESSABLE;
```

3. 查看 RMAN 备份信息

(1) RMAN 中使用 SHOW 命令显示配置参数。

① 显示 RMAN 通道的配置参数的语句如下。

```
RMAN> SHOW ALL;
```

② 显示 RMAN 的当前配置参数的语句如下。

```
RMAN> SHOW DEVICE TYPE;
```

(2) RMAN 使用 LIST 命令列出有关备份集的信息，其命令选项很多。

① 列出当前数据库中所有备份详细信息的语句如下。

RMAN>LIST BACKUP;

② 列出当前数据库中的过期备份信息的语句如下。

RMAN>LIST EXPIRED BACKUP;

③ 列出所有数据文件的备份集的语句如下。

RMAN>LIST BACKUP OF DATABASE;

④ 列出特定表空间的所有数据文件备份集的语句如下。

RMAN>LIST BACKUP OF TABLESPACE USER;

⑤ 列出控制文件备份集的语句如下。

RMAN>LIST BACKUP OF CONTROLFILE;

⑥ 列出归档日志备份集详细信息的语句如下。

RMAN> LIST BACKUP OF ARCHIVELOG ALL;

⑦ 列出归档日志备份集简要信息的语句如下。

RMAN>LIST ARCHIVELOG ALL;

⑧ 列出 SPFILE 文件备份集的语句如下。

RMAN> LIST BACKUP OF SPFILE;

⑨ 列出数据文件映像副本的语句如下。

RMAN> LIST COPY OF DATAFILE 5;

⑩ 列出控制文件映像副本的语句如下。

RMAN> LIST COPY OF CONTROLFILE;

(3) RMAN 使用 REPORT 命令对备份进行分析,如哪些数据文件需要进行备份,哪些备份已经过期等。

① 报告目标数据库的物理结构的语句如下。

RMAN> REPORT SCHEMA;

② 报告最近 3 天没有备份的数据文件的语句如下。

RMAN>REPORT NEED BACKUP DAYS 3;

③ 报告最近 3 天在 USERS 表空间上没有备份的数据文件的语句如下。

RMAN>REPORT NEED BACKUP DAYS 3 TABLESPACE USERS;

④ 报告恢复时需要的增量备份个数超过 3 次的数据文件的语句如下。

RMAN>REPORT NEED BACKUP INCREMENTAL 3;

⑤ 报告备份文件低于 2 份的所有数据文件的语句如下。

```
RMAN>REPORT NEED BACKUP REDUNDANCY 2 DATABASE;
RMAN>REPORT NEED BACKUP REDUNDANCY=2;
```

⑥ 报告如果要恢复到 7 天前的状态，还需要备份哪些数据文件的语句如下。

```
RMAN>REPORT NEED BACKUP RECOVERY WINDOW OF 7 DAYS;
```

⑦ 报告数据库所有不可恢复的数据文件的语句如下。

```
RMAN>REPORT UNRECOVERABLE;
```

⑧ 报告备份次数超过 2 次的陈旧备份的语句如下。

```
RMAN>REPORT OBSOLETE REDUNNDANCY 2;
```

⑨ 报告已废弃的备份的语句如下。

```
RMAN>REPORT OBSOLETE;
```

8.7.4　使用恢复管理器进行恢复

RMAN 备份的数据库只能使用 RMAN 恢复命令进行恢复。RMAN 在恢复目录中存储了目标数据库的备份信息，RMAN 可以根据恢复目录中的信息自动恢复到一致性状态。RMAN 恢复分为完全恢复和不完全恢复。

RMAN 用到的恢复命令有 RESTORE 和 RECOVER。其中，RESTORE 命令可以将由 BACKUP 和 COPY 命令备份的文件复制到目标数据库，RECOVER 命令可以对数据库进行同步恢复，并通过日志文件对数据文件进行更新。

RESTORE 命令的基本语法如下。

```
RMAN>RESTORE 对象名
```

其中，对象名可以为 DATAFILE、TABLESPACE、DATABASE、CONTROLFILE、ARCHIVELOG，分别表示对数据文件、表空间、数据库、控制文件和归档日志文件进行恢复。

RECOVER 命令在进行恢复时，只可以对表空间、数据文件和整个数据库进行恢复。其中，表空间只能在数据库正常状态下实施恢复，如果数据库无法正常启动，只能先恢复数据文件和数据库。

1. 恢复控制文件

在控制文件损坏后，可以使用 RMAN 进行恢复。例如：

```
RMAN>RUN {
    ALLOCATE CHANNEL C1 TYPE DISK;
    RESTORE CONTROLFILE TO
    'D:\APP\ADMINISTRATOR\ORADATA\ORCL\CONTROL01.CTL' FROM AUTOBACKUP;
    RESTORE DATABASE;
    SQL 'ALTER DATABASE MOUNT';
    RECOVER DATABASE;
```

```
    SQL 'ALTER DATABASE OPEN RESETLOGS';
    RELEASE CHANNEL C1;
}
```

2. 恢复表空间

RMAN 在对表空间恢复之前，必须使该表空间处于脱机状态，在恢复完成后再将之处于联机状态。RMAN 完成恢复表空间的过程如下。

```
RMAN>RUN {
    ALLOCATE CHANNEL C1 TYPE DISK;
    SQL 'ALTER TABLESPACE USERS OFFLINE IMMEDIATE';
    RESTORE TABLESPACE USERS;
    RECOVER TABLESPACE USERS;
    SQL 'ALTER TABLESPACE USERS ONLINE';
}
```

值得注意的是，在执行本操作时，数据库必须运行在 ARCHIVELOG 模式下，否则将不允许对表空间执行立即脱机的操作。

3. 恢复数据文件

如果表空间中的某一个或几个数据文件损坏，则 RMAN 可以使用 SET NEWNAME 命令，将数据文件还原到指定的新路径下，然后再通过 SWITCH DATAFILE ALL 命令将新的路径信息写入到控制文件。

```
RMAN>RUN {
    ALLOCATE CHANNEL C1 TYPE DISK;
    SQL 'ALTER TABLESPACE USERS OFFLINE IMMEDIATE';
    SET NEWNAME FOR DATAFILE
    'D:\APP\ADMINISTRATOR\ORADATA\ORCL\USERS01.DBF' TO
    'D:\APP\ADMINISTRATOR\ORADATA\USERS01.DBF';
    SET NEWNAME FOR DATAFILE
    'D:\APP\ADMINISTRATOR\ORADATA\ORCL\USERS02.DBF' TO
    'D:\APP\ADMINISTRATOR\ORADATA\USERS02.DBF';
    RESTORE TABLESPACE USERS;
    SWITCH DATAFILE ALL;
    RECOVER TABLESPACE USERS;
    SQL 'ALTER TABLESPACE USERS ONLINE';
}
```

上面的语句对 USERS 表空间中的 USERS01.DBF 和 USERS02.DBF 数据文件由原来的路径还原到上一层目录。

4. 恢复全部数据库

恢复数据库可以分为两种情况，一种是数据库运行在非归档模式的恢复；另一种是数据库运行在归档模式下的恢复。

（1）对非归档模式的数据库做全库恢复

```
RMAN>RUN{
```

```
    SHUTDOWN IMMEDIATE;
    STARTUP MOUNT;
    RESTORE DATABASE;
    RECOVER DATABASE;
    ALTER DATABASE OPEN RESETLOGS;
}
```

(2) 对归档模式的数据库做全库恢复

```
RMAN>RUN{
    RESTORE DATABASE;
    RECOVER DATABASE;
    ALTER DATABASE OPEN RESETLOGS;
}
```

5. 不完全恢复

不完全恢复可以将数据库恢复到某一个一致性的状态。不完全恢复只能是基于数据库的恢复,也就是说必须还原所有的数据库文件。不完全恢复有 3 种方式:基于时间点、基于日志序列号和基于 SCN 号。

(1) 基于时间点的不完全恢复

在明确知道发生问题的时间点,可以采用基于时间点的不完全恢复。当使用基于时间点的不完全恢复时,需注意日期格式的问题,如下面的语句将数据库恢复到 2012 年 10 月 12 日上午 8 点整之前。

```
RMAN>RUN{
    ALLOCATE CHANNEL C1 TYPE DISK;
    SET UNTIL TIME= ''TO_DATE('2012-10-12 08:00:00', 'YYYY-MM-DD HH24:MI:
    SS')'';
    RESTORE DATABASE;
    RECOVER DATABASE;
    ALTER DATABASE OPEN RESETLOGS;
}
```

(2) 基于日志序列号的不完全恢复

基于日志序列号的不完全恢复和基于时间点的不完全恢复基本相同,只须修改其中的 SET UNTIL 命令。RMAN 通过 SET UNTIL SEQUENCE N 命令指定恢复到哪个日志文件为止。这里的 N 所对应的日志文件为损坏的日志文件所对应的日志序列号。假如第 21 个归档日志文件丢失或损坏,则使用下面的语句可以恢复到第 20 个归档日志文件。

```
RMAN>RUN{
    ALLOCATE CHANNEL C1 TYPE DISK;
    SET UNTIL SEQUENCE 21 TREAD 1;
    RESTORE DATABASE;
    RECOVER DATABASE;
    ALTER DATABASE OPEN RESETLOGS;
}
```

(3) 基于系统 SCN 号的不完全恢复

基于系统 SCN 号的不完全恢复类似于基于时间点的恢复,表示恢复到指定的 SCN 号为止。SCN 号可以从 V$LOG_HISTORY 中查询到,或者可以使用下面的语句获取当期系统的 SCN 号。

```
SQL>SELECT DBMS_FLASHBACK.GET_SYSTEM_CHANGE_NUMBER FROM DUAL;
    GET_SYSTEM_CHANGE_NUMBER
---------------------------------------
                        6978217
SQL>SELECT RECID,STAMP,FIRST_CHANGE#,FIRST_TIME,NEXT_CHANGE#
    FROM V$LOG_HISTORY;
    RECID      STAMP       FIRST_CHANGE#  FIRST_TIME      NEXT_CHANGE#
------------------------------------------------------------------------------------------
      ...        ...         ...               ...               ...
      155        830174930   6907896           30-10月-13        6927469
      156        830203231   6927469           30-10月-13        6958623
      157        830208212   6958623           30-10月-13        6973149
      ...        ...         ...               ...               ...
```

如下面的语句恢复到 6958623 的系统 SCN 号。

```
RMAN>RUN {
    SET UNTIL SCN 6958623;
    RESTORE DATABASE;
    RECOVER DATABASE;
    ALTER DATABASE OPEN RESETLOGS;
}
```

8.8 闪回技术

8.8.1 闪回简介

当发生数据丢失、数据错误问题时,以前解决问题的主要方法就是数据的导入/导出、备份/恢复技术。这些方法都需要在发生数据错误之前有一个正确的备份,才能进行恢复。恢复不取决于错误程度,而只取决于备份/恢复策略。这种方法既耗时又使数据库系统不能提供服务,而且对于一些用户偶然地删除数据这类小错误来说显得有些"大材小用"。那么如何来恢复这种偶然的错误操作造成的数据丢失呢?闪回(Flashback)技术使用户恢复偶然的错误删除更加容易,增强了系统的可用性与一致性。

Oracle 11g 从普通的闪回查询发展到了多种形式。

(1) 闪回数据库(Flashback Database);

(2) 闪回表(Flashback Table);

(3) 闪回删除(Flashback Drop);

(4) 闪回版本查询(Flashback Version Query);

(5) 闪回事务查询(Flashback Transaction Query)。

8.8.2　闪回数据库

闪回数据库通过 FLASHBACK DATABASE 语句让数据库回滚到以前的某一个时间点或者指定的 SCN,而不需要做基于时间点的恢复。闪回数据库可以迅速将数据库回滚到误操作或人为错误的前一个时间点。闪回数据库通常用于误删除用户、截断表以及无法用闪回表等其他方式快速恢复的情况。

1. 配置闪回数据库

Oracle 通过创建闪回日志记录闪回数据库的操作。如果希望能闪回数据库,需要设置如下几个参数。

(1) DB_RECOVER_FILE_DEST：指定闪回日志的存放路径。

(2) DB_RECOVER_FILE_DEST_SIZE：指定存放闪回日志的闪回恢复区大小。

(3) DB_FLASHBACK_RETENTION_TARGET：指定最多可以闪回数据库多长时间之前,单位为 min。闪回保留时间越长,则闪回日志越大,所需存放的闪回恢复区也就越大。

在创建数据库的时候,Oracle 将自动创建闪回恢复区。在默认情况下,闪回数据库是关闭的,需要执行下面的语句打开闪回数据库功能。首先查看闪回数据库用到的初始化参数设置情况。

```
SQL> SHOW PARAMETER DB_RECOVERY_FILE_DEST;
NAME                              TYPE       VALUE
------------------------------------------------------------------------------------
DB_RECOVERY_FILE_DEST             STRING     D: \APP\ADMINISTRATOR\
                                             FLASH_RECOVERY_AREA
DB_RECOVERY_FILE_DEST_SIZE BIG    INTEGER    3852M

SQL> SHOW PARAMETER FLASHBACK;
NAME                              TYPE       VALUE
------------------------------------------------------------------------------------
DB_FLASHBACK_RETENTION_TARGETINTEGER         1440
SQL>ALTER DATABASE FLASHBACK ON;
```

在闪回数据库功能启动后,Oracle 会自动在闪回恢复区创建和删除闪回日志,无须人工干预。如果需要关闭闪回功能,可以执行下面的语句。

```
SQL>ALTER DATABASE FLASHBACK OFF;
```

一旦关闭闪回数据库功能,则闪回恢复区的所有闪回日志都将自动删除。

2. 执行闪回数据库的操作

在启动闪回数据库功能后,就可以在 RMAN 和 SQL * Plus 中完成闪回数据库的操作。下面首先在 SQL * Plus 中通过一个实例来说明闪回数据库的操作过程。

首先查询当前系统时间和旧的闪回号。

```
SQL> SELECT TO_CHAR(SYSDATE,'YYYY-MM-DD HH24: MI: SS') AS 时间点 FROM
```

```
DUAL;
时间点
----------------------
2012-05-12 18:58:30
SQL>SELECT OLDEST_FLASHBACK_SCN,OLDEST_FLASHBACK_TIME FROM
V$FLASHBACK_DATABASE_LOG;
```

接着截断 HR 用户的 JOBS 表，如果稍后发现不应该删除用户 HR，此时可以通过闪回数据库来恢复 JOBS 表。

```
SQL>SHUTDOWN IMMEDIATE;
SQL>STARTUP MOUNT EXCLUSIVE;
SQL>FLASHBACK DATABASE TO TIMESTAMP
    TO_DATE('2012-05-12 18:58:30','YYYY-MM-DD HH24:MI:SS');
SQL>ALTER DATABASE OPEN RESETLOGS;
SQL>SELECT * FROM HR.JOBS;
```

此时，发现被截断的 JOBS 表已经恢复了。

在闪回数据库时也可以指定具体的 SCN 号，如下面的语句。

```
SQL>FLASHBACK DATABASE TO SCN 573855;
```

在 RMAN 中闪回数据库时，首先将数据库启动到 MOUNT 状态，然后执行下面的语句。

```
RMAN>FLASHBACK DATABASE TO TIMESTAMP
TO_DATE('2012-05-12 18:58:30','YYYY-MM-DD HH24:MI:SS');
```

或者指定具体的 SCN 号。

```
RMAN>FLASHBACK DATABASE TO SCN 573855;
```

8.8.3 闪回表

闪回表通过 FLASHBACK TABLE 语句，将表中的数据回滚到以前的某一个时间点，从而可以将用户误删除的数据恢复过来。闪回表将使当前表及附属对象一起回到以前的时间点。在闪回表时数据库仍然可用，不需要额外的空间。

闪回表的基本语法如下。

```
SQL>FLASHBACK TABLE 表名 TO TIMESTAMP 表达式;
```

或者

```
SQL>FLASHBACK TABLE 表名 TO SCN 表达式;
```

在闪回表之前，需要打开表的行转移特性，可以使用下面的语句。

```
SQL>ALTER TABLE 表名称 ENABLE ROW MOVEMENT;
```

如果误删除表中的数据，则可以通过闪回表进行恢复，如下面的语句将 HR 用户的 JOBS 表闪回到 2012 年 10 月 7 日下午 3 点。

```
SQL>FLASHBACK TABLE JOBS TO TIMESTAMP
```

```
TO_TIMESTAMP('2012-10-07 15:00:00','YYYY-MM-DD HH24:MI:SS');
```

在闪回表时，如果发现指定的闪回时间点有误，可以多次指定闪回的时间点继续闪回表。

8.8.4 闪回删除

闪回删除利用 FLASHBACK DROP 语句，用来恢复不小心被 DROP 命令删除的对象。当删除对象时，Oracle 并不立刻释放被删除的对象所占用的空间，而是将这个被删除的对象进行自动重命名并放进回收站中。所谓的回收站类似于 Windows 系统中的回收站，是一个虚拟的容器，用于存放所有被删除的对象。

下面的语句是一个在 DROP 表后的恢复例子。首先显示回收站中的信息。

```
SQL>SHOW RECYCLEBIN;
```

其次，创建一个测试表并删除，再次显示回收站信息，可以发现删除后的表已经在回收站中了。

```
SQL>CREATE TABLE TT(NAME VARCHAR2(10));
SQL>DROP TABLE TT;
SQL>SHOW RECYCLEBIN;
```

ORIGINAL NAME	RECYCLEBIN NAME	OBJECT TYPE	DROP TIME
BOOK	BIN$QHMHLJOKRR2GBDCRBRAWDW==$0	TABLE	2012-04-19:15:14:05
BOOK	BIN$FSKZUWMAQ/C2SC+42VU2MQ==$0	TABLE	2012-03-23:16:18:31
…	…	…	…
TT	BIN$TAUF5DEJTPEQ03RZ6B4XGQ==$0	TABLE	2012-05-12:20:12:01

此时，利用闪回删除的功能对被删除的表 TT 进行恢复。

```
SQL>FLASHBACK TABLE TT TO BEFORE DROP;
```

或利用下面的语句进行恢复。

```
SQL>FLASHBACK TABLE "BIN$Tauf5DEjTPeq03rZ6b4xGQ==$0" TO BEFORE DROP;
```

此时，可以使用下面的语句确认 TT 表已经被恢复。

```
SQL>SELECT * FROM TT;
```

Oracle 还提供管理回收站的功能。例如，清除回收站中单个表的语句如下。

```
SQL>PURGE TABLE TT;
```

清除整个回收站的语句如下。

```
SQL>PURGE RECYCLEBIN;
```

还可以清除当前用户回收站，语句如下。

```
SQL>PURGE USER_RECYCLEBIN;
```

或者清除所有用户回收站，语句如下。

```
SQL>PURGE DBA_RECYCLEBIN;
```

如果确认删除一个表并且不放在回收站中，可以在删除表时利用 PURGE 选项，这样该表就不能恢复。例如：

```
SQL>DROP TABLE TT PURGE;
```

8.8.5 闪回版本查询

闪回版本查询利用 FLASHBACK VERSION QUERY 语句，提供了一个查看行改变的功能，能找到所有已经提交了的行的记录，并分析出过去时间都执行了什么操作。如果是没有提交的事务引起的数据行的变化则不会显示。闪回版本查询利用撤销表空间记录的数据进行工作。

Oracle 为闪回版本查询提供了几个伪列(属性)。

(1) VERSIONS_STARTTIME：事务开始时间。

(2) VERSIONS_ENDTIME：事务结束时间。

(3) VERSIONS_XID：事务的 ID 号。

(4) VERSIONS_OPERATION：事务中的操作类型，包括插入(I)、删除(D)和更新(U)。

(5) VERSIONS_STARTSCN：事务开始 SCN 号。

(6) VERSIONS_ENDSCN：事务结束 SCN 号。

下面的例子说明了闪回版本查询的操作步骤。

在 TEST 表中，在时间点 1 插入一条记录，在时间点 2 删除了这条记录，在时间点 3 执行 SELECT * FROM TEST 语句查询不到这条记录，只能看到该表最后的提交记录。这时如果利用闪回表，只能恢复到过去的某一时间点，而利用闪回版本查询则可以把时间点 1、时间点 2 的操作给记录下来，并详细地查询出对表进行的任何操作。

```
SQL>SELECT VERSIONS_STARTTIME,VERSIONS_ENDTIME,
          VERSIONS_XID,VERSIONS_OPERATION
    FROM TT
    VERSIONS BETWEEN TIMESTAMP MINVALUE AND MAXVALUE
    ORDER BY VERSIONS_STARTTIME;
```

当然，除了分析以上所有的变更之外，还可以根据需要指定时间段，如显示在 2012-10-07 时间在 15：30 到 16：30 之间 TT 表的所有变更。

```
SQL>SELECT NAME FROM TT
VERSIONS BETWEEN
TIMESTAMP TO_DATE('2012-10-07 15:30:00','YYYY-MM-DD HH24:MI:SS')
    AND TO_DATE('2012-10-07 16:30:00','YYYY-MM-DD HH24:MI:SS');
```

8.8.6 闪回事务查询

闪回事务查询利用 FLASHBACK TRANSACTION QUERY 语句，检查数据库在一个事务级别的任何改变，可以利用此功能进行诊断问题、性能分析和审计事务。

闪回事务查询是闪回版本查询的一个扩充，闪回版本查询说明了可以审计一段时间内表的所有改变，但也仅仅是能发现问题，对于错误的事务，并没有好的处理办法。而闪回事务查询提供了从 FLASHBACK_TRANSACTION_QUERY 视图中获得的事务的历史以及 UNDO_SQL(回滚事务对应的 SQL 语句),也就是说审计一个事务到底做了什么,甚至可以回滚一个已经提交的事务。

下面的例子说明了闪回事务查询的具体应用。

首先在 TT 表中删除记录,获得事务的标识 XID,然后提交。

```
SQL>DELETE FROM TT WHERE ID=2;
SQL>SELECT XID FROM V$TRANSACTION;
XID
--------------------
04001200AE010000
SQL>COMMIT;
```

为了方便起见,在事务没有提交的时候,获得事务的 XID 为 04001F0035000000。实际情况下,不可能去跟踪每个事务,想要获得已提交事务的 XID,就必须通过上面的 FLASHBACK VERSION QUERY。

接下来使用下面的语句进行闪回事务查询,回滚已经提交的事务。

```
SQL>SELECT * FROM FLASHBACK_TRANSACTION_QUERY
    WHERE XID='04001F0035000000';
UNDO_SQL
INSERT INTO "FLASHTEST"."TT"("ID") VALUES ('2');
```

注意:这个删除语句对应的是一个 INSERT 语句,如果想回滚这个事务,执行这个 INSERT 语句即可。

从上面的例子可以看出:闪回事务查询主要用于审计一个事务,并可以回滚一个已经提交的事务。如果确定出错的事务是最后一个事务,可利用闪回表解决问题。但是,如果在执行了一个错误的事务之后,又执行了一系列正确的事务,那么上面的方法就无能为力,此时可以利用闪回事务查询查看或回滚这个错误的事务。

8.9 SQL *Loader 工具的使用

8.9.1 SQL *Loader 简介

Oracle 系统的 SQL * Loader 根据控制文件可以找到需要加载的数据,并且分析和解释这些数据。控制文件是一种能被 SQL * Loader 识别的文本文件,控制文件由 3 个部分组成:全局选项、行和跳过的记录数;INFILE 子句指定载入的数据。

SQL * Loader 可以将外部数据加载到数据库表中,其特点如下。

(1) 能装入不同数据类型文件及多个数据文件的数据。

(2) 可装入固定格式、自由定界以及可度长格式的数据。

(3) 可以装入二进制、压缩十进制数据。

(4) 一次可对多个表装入数据。

(5) 连接多个物理记录并装到一个记录中。

(6) 将单一记录分解再装入表中。

(7) 可以指定列生成唯一的关键字。

(8) 可将磁盘或磁带数据文件装入表中。

(9) 提供装入错误报告。

(10) 可以将文件中的整型字符串,自动转成压缩十进制并装入列表中。

8.9.2 SQL *Loader 应用实例

首先创建 HR 用户的测试用表 EMP2。

```
SQL>CONN HR/HR@ORCL
SQL>CREATE TABLE EMP2
(    SSNUM   INTEGER NOT NULL,
     NAME    CHAR(20) NOT NULL,
     LATIT   NUMBER(8),
     LONGIT  NUMBER(8),
     HUNDREDS1  NUMBER(8),
     HUNDREDS2  NUMBER(8)
);
```

接着建立数据文件 EMP2.DATA。文件内容如下。

```
35059,polo510886,76114,90172,9300,1879
783443,polo596713,80740,70722,5071,7070
799904,polo178009,82553,45946,8382,8007
...
```

还须建立控制文件 EMP2.CTL,文件内容如下。

```
LOAD DATA
INFILE "D:\EMP2.DATA"
INTO TABLE HR.EMP2 APPEND
FIELDS TERMINATED BY ","
(SSNUM,NAME,LATIT,LONGIT,HUNDREDS1,HUNDREDS2)
```

这样,就可以执行下面的命令。

```
C:\>SQLLDR USERID=HR/HR@ORCL CONTROL=D:\EMP2.CTL
```

最后,可以在 HR 模式下查看 EMP2 表,发现数据已经成功载入。

思考与练习

1. 什么是备份和恢复?
2. 简述 Oracle 数据库的故障类型。
3. 数据库备份和恢复的内容是什么?
4. 数据库的备份有哪几种类型?
5. 如何制定一个切实可行的备份和恢复策略?
6. 简述完全介质恢复和不完全介质恢复的区别。
7. 简述脱机备份和联机备份的区别。

8. 简述使用数据库导出工具 EXP 的步骤。
9. 简述使用数据库导入工具 IMP 的步骤。
10. 简述数据泵技术的优势。
11. 简述在恢复管理器 RMAN 使用前要做哪些准备工作。
12. 简述什么是闪回。
13. 简述闪回有哪几种类型。
14. 简述 SQL * Loader 工具的作用。

上机实验

1. 对 Oracle 数据库的所有数据文件完成脱机备份和恢复的操作。
2. 在 SQL * Plus 中，对当前的 Oracle 数据库实现联机备份和恢复。
3. 使用导出工具 EXP 对 HR 模式和 SCOTT 模式的所有对象进行导出。
4. 使用导入工具 IMP 对 HR 模式的所有对象进行导入。
5. 使用数据泵工具 EXPDP 导出 SCOTT 用户的所有对象。
6. 使用数据泵工具 IMPDP 导入 SCOTT 用户的所有对象。
7. 使用恢复管理器 RMAN 对控制文件进行备份。
8. 使用恢复管理器 RMAN 对所有的数据文件进行备份。
9. 使用恢复管理器 RMAN 对控制文件进行恢复。
10. 使用恢复管理器 RMAN 对所有的数据文件进行恢复。
11. 使用恢复管理器 RMAN 进行全库备份。
12. 使用恢复管理器 RMAN 进行全库恢复。
13. 使用闪回数据库将数据库闪回到当前时间之前的某一个时间点上。
14. 使用闪回表将表闪回到当前时间之前的某一个时间点上。
15. 使用 SQL * Loader 从外部的数据源载入数据到 Oracle 数据库中。

第 9 章

PL/SQL 语言基础

本章主要介绍 PL/SQL 语言基础、PL/SQL 控制结构、PL/SQL 记录和表类型、游标、过程和函数、触发器、程序包和异常处理等知识。

9.1　PL/SQL 基础

PL/SQL 是 Procedure Language/Structure Query Language 的英文缩写，是 Oracle 对标准 SQL 规范的扩展，全面支持 SQL 的数据操作、事务控制等。PL/SQL 完全支持 SQL 数据类型，减少了在应用程序和数据库之间转换数据的操作。

PL/SQL 是一种块结构语言，即构成一个 PL/SQL 程序的基本单位是程序块。程序块由过程、函数和无名块 3 种形式组成，它们之间可以相互嵌套。PL/SQL 程序块在执行时不必逐条在网络上传送 SQL 语句去执行，可以将其作为一组 SQL 语句的整体发送到 Oracle。PL/SQL 引擎还可以嵌入到 Oracle 开发工具中，这样在客户机上就可以处理 PL/SQL 代码，从而减少了网络数据流量。

PL/SQL 能够在运行 Oracle 的任何平台上运行，但不能像其他高级语言一样编译成可执行文件去执行。SQL * Plus 是 PL/SQL 语言运行的基本工具，当程序第一句以 DECLARE 或 BEGIN 开头时，系统会自动识别出其是 PL/SQL 语句，而不是直接的 SQL 命令。PL/SQL 在 SQL * Plus 中运行时，当遇到斜杠(/)时才提交数据库执行，而不像 SQL 命令，遇到分号(；)就执行。

PL/SQL 程序单元可以提高数据库的安全性，程序单元允许用户访问数据库对象，而不需向用户赋予特定对象的权限。DBA 也可以利用 PL/SQL 的功能自动执行和处理一些日常管理任务。

下面先介绍 PL/SQL 语言的基础知识。

9.1.1　变量及声明

变量是存储值的内存区域，在 PL/SQL 中用来处理程序中的值。像其他高级程序语言一样，PL/SQL 中的变量也要遵循一定的命名规则，约定如下。

(1) 变量名以字母开头，不区分大小写。

(2) 变量名由字母、数字以及 $ 、# 、_和特殊字符组成。

(3) 变量长度最多包含 30 个字符。

(4) 变量名中不能有空格。

(5) 尽可能避免缩写,用一些具有意义的单词命名。

(6) 不能用保留字命名。

例如,以下是正确的变量命名。

```
Mynumber1, My_number1, My$money, v_temp, TEMP, money$$$tree, SN##, try_again
```

以下是非法的变量命名。

```
1Mynumber, my number 1, my&money, vtemp1234567891011121314151617181920
```

其中,1Mynumber 以数字开头非法,my number 1 中间有空格非法,my&money 使用了非法字符 &,vtemp1234567891011121314151617181920 长度过长,超过了 30 个字符长度。

在 PL/SQL 中,使用变量前一定要声明,声明变量的语法如下。

```
变量名 [CONSTANT] 数据类型 NOT NULL [DEFAULT | := 默认值]
```

其中,CONSTANT 选项表示申明的是固定不变的值,即常量。数据类型指变量的数据类型,常用的数据类型有 CHAR、NUMBER、DATE 等。NOT NULL 表示该变量非空,必须指定默认值。DEFAULT 和":="作用相同可互换。

下面的一组语句声明了几个变量。

```
ID CONSTANT Integer := 100;
c Char(4);
n Number(5) DEFAULT 100.00;
last_name Varchar2(10) := 'WANG';
d Date;
isfinished Boolean DEFAULT TRUE;
```

9.1.2 数据类型

PL/SQL 除了可以使用基本数据类型以外,还允许用户自定义数据类型,如记录类型、TABLE 类型、OBJECT 类型以及 XML 类型等。

PL/SQL 的数据类型之间可以相互转换,PL/SQL 还提供了一些类型转换函数,但并不是所有的数据类型之间都可以相互转换。常用的类型转换函数见表 9-1。

表 9-1 常用的类型转换函数

名　称	说　明
TO_CHAR	转换为 CHAR 类型
TO_DATE	转换为 DATE 类型
TO_TIMESTAMP	转换为 TIMESTAMP 类型
TO_NUMBER	转换为 NUMBER 类型
HEX_TO_RAW	将十六进制转化为二进制
RAW_TO_HEX	将二进制转化为十六进制

续表

名 称	说 明
TO_BINARY_FLOAT	转换为 BINARY_FLOAT 类型
TO_BINARY_DOUBLE	转换为 BINARY_DOUBLE 类型
TO_LOB	转换为大对象类型
TO_BLOB	转换为 BLOB 类型
TO_CLOB	转换为 CLOD 类型
TO_NCLOB	转换为 NCLOB 类型

9.1.3 表达式

PL/SQL 中的表达式由操作对象和操作符组成。操作对象可以是变量、常量、数字或者函数。一个简单算术表达式如下。

```
-X / 3 + 2
```

操作符可以是一元操作符如负号(－)等,或二元操作符如加号(＋)等。在 PL/SQL 中没有三元操作符。

最简单的表达式可以由一个变量组成,该变量直接产生计算结果。PL/SQL 按照不同运算符来计算表达式的值,每个表达式只能返回唯一的一个值。PL/SQL 通过对表达式的数据类型来决定计算结果的数据类型。

表 9-2 列出了 PL/SQL 表达式中常用的操作符。

表 9-2 PL/SQL 表达式中的操作符

操 作 符	说 明
+, -	正号、负号
*,/	乘号、除号
+, -, ||	加号、减号、字符串连接号
=,<,>,<=,>=,<>,!=,~=,^=,IS NULL,LIKE,BETWEEN,IN	相等、大于、小于、小于等于、大于等于、不等于、为空、模式比较、在……之间、在……内
NOT	逻辑非
AND	逻辑与
OR	逻辑或

9.1.4 PL/SQL 程序块结构

PL/SQL 程序的程序块分为无名块、命名块两种。无名块指未命名的程序块。命名块指过程、函数、触发器和包等。本小节先介绍无名块,其结构如下。

```
[DECLARE
    --声明部分]
BEGIN
    --语句部分
    [EXCEPTION
    --异常处理部分]
END;
```

其中,DECLARE声明部分可选,用来定义PL/SQL中使用到的变量、常量、游标等,BEGIN部分是PL/SQL块体的核心执行部分,这里包含PL/SQL实际执行的各种对数据库操作的语句,以及可选的以EXCEPTION开头的异常处理部分。

在PL/SQL程序块中,"--"表示单行注释,如果需要多行注释,可以使用符号"/*"开始,以符号"*/"结束。

下面是一个简单的PL/SQL程序块。

```
DECLARE
    first_name Varchar2(10) := 'WANG';            --字符变量
    d Date;                                        --日期变量
    isFinished Boolean DEFAULT TRUE;               --布尔变量
BEGIN
    D:=TO_DATE('2004-2-25','yyyy-mm-dd');
    IF isFinished=TRUE THEN
        isFinished:=FALSE;
    END IF;
    /*
    DBMS_OUTPUT 是用来输出结果的 ORACLE 系统包
    PUB_LINE 是包括在 DBMS_OUTPUT 包中的过程
    */
    DBMS_OUTPUT.PUT_LINE(first_name);
END;
/
```

9.1.5 绑定变量

绑定变量又称主机变量或全局变量,用于将应用程序环境中的值传递给PL/SQL程序块中进行处理。在SQL*Plus中创建绑定变量后,可以在整个会话期间的多个程序块中使用,因此,绑定变量有时又称会话变量。

在SQL*Plus中可以创建的绑定变量类型主要有CHAR、NUMBER和VARCHAR2,不存在DATE和BOOLEAN数据类型的SQL*Plus变量。

在SQL*Plus中声明绑定变量使用VAR关键字,在PL/SQL块内部使用绑定变量要在变量名前添加冒号(:)来标记。

下面的语句演示了绑定变量的使用。

```
SQL>VAR g_count NUMBER;
SQL>BEGIN
SELECT COUNT(*) INTO :g_count FROM HR.JOBS;
END;
/
PL/SQL 过程已成功完成。

SQL>PRINT g_count
G_COUNT
------------
19
```

```
SQL>BEGIN
DBMS_OUTPUT.PUT_LINE(:g_count);
END;
/
6
PL/SQL 过程已成功完成。
```

上面的代码首先声明了一个 NUMBER 类型的绑定变量 g_count，然后执行一个 PL/SQL 块，接着使用 PRINT 命令输出 g_count 的变量值，最后在 PL/SQL 块中使用 DBMS_OUTPUT 包中的 PUT_LINE 过程也输出 g_count 的变量值，注意在 PL/SQL 块内部绑定变量的用法。

注意： 如果在 SQL * Plus 中执行上面的代码时，没有输出结果。可先执行下面的语句允许服务器输出。

```
SQL>SET SERVEROUTPUT ON
```

9.2 PL/SQL 控制结构

PL/SQL 具有过程化语言的特征，可以使用顺序结构、选择结构、循环结构及 GOTO 结构等控制结构。下面介绍这几种控制结构。

9.2.1 选择结构

选择结构就是根据条件表达式的值来决定执行不同的语句。PL/SQL 可用的选择结构有 IF 语句和 CASE 语句。

1. IF 语句

IF 语句的语法如下。

```
IF 条件表达式 1 THEN
    语句组 1
[ELSIF 条件表达式 2 THEN
    语句组 2]
...
[ELSE
    语句组 n]
END IF;
```

IF 语句是基本的选择结构语句。每一个 IF 语句都有 THEN，以 IF 开头的语句行不能跟语句结束符（分号），且每一个 IF 语句都以 END IF 结束，每一个 IF 语句有且只能有一个 ELSE 语句与之相对应。

2. CASE 语句

CASE 语句的语法如下。

```
CASE
    WHEN 条件表达式 1 THEN 语句组 1
```

```
    WHEN 条件表达式 2 THEN 语句组 2
    ...
    WHEN 条件表达式 n-1 THEN 语句组 n-1
    [ELSE 语句组 n]
END CASE;
```

CASE 语句可以实现多分支选择结构，其中，ELSE 子句可选。

下面的语句是 IF...THEN...ELSE...END IF 结构的示例。

```
DECLARE
    var1 number: =100;
    var2 number: =200;
BEGIN
    IF var1 >var2 THEN
        DBMS_OUTPUT.PUT_LINE('var1 is larger than var2');
    ELSE
        DBMS_OUTPUT.PUT_LINE('var1 is smaller than var2');
    END IF;
END;
/
```

下面的语句是 IF...THEN...ELSEIF...ELSE...END IF 结构的示例。

```
DECLARE
    var1 number: =100;
    var2 number: =200;
BEGIN
    IF var1 >var2 THEN
      DBMS_OUTPUT.PUT_LINE('var1 is larger than var2');
    ELSIF var1=var2 THEN
      DBMS_OUTPUT.PUT_LINE('var1 is equal to var2');
    ELSE
      DBMS_OUTPUT.PUT_LINE('var1 is smaller than var2');
    END IF;
END;
/
```

下面的语句是 CASE 结构的示例。

```
DECLARE
    dj CHAR(1) : = 'B';
    pj VARCHAR2(20);
BEGIN
    pj : =
      CASE dj
          WHEN 'A' THEN '优'
          WHEN 'B' THEN '良'
          WHEN 'C' THEN '中'
          WHEN 'D' THEN '及格'
          WHEN 'F' THEN '不及格'
          ELSE '没有这样的等级。'
```

```
        END;
    DBMS_OUTPUT.PUT_LINE ('等级: ' || dj || ' ,对应评价: ' || pj);
END;
/
```

其中,符号"||"用于字符串连接。

9.2.2 循环结构

循环结构指重复执行一组语句,直至达到指定循环条件的结束要求。PL/SQL 可用的循环结构有以下几种。

1. LOOP 语句

LOOP 语句的语法如下。

```
LOOP
    语句组
END LOOP;
```

退出循环则可以通过在上面的语句组中使用 EXIT 或 EXIT WHEN 子句来实现。

下面是 LOOP 语句的示例。

```
DECLARE
    total number: =0;
    salary number: =1800;
BEGIN
    LOOP
        total : = total + salary;
        EXIT WHEN total > 25000; -- 结束循环
    END LOOP;
    DBMS_OUTPUT.PUT_LINE('工资总额是: ' || total);
END;
/
工资总额是: 25200
PL/SQL 过程已成功完成。
```

2. FOR 语句

FOR 语句的语法如下。

```
FOR 循环变量 IN [REVERSE] 起始值..终止值 LOOP
    语句组
END LOOP;
```

其中,REVERSE 选项强制循环变量从终止值开始,每次循环减 1,直到起始值。

下面是 FOR 语句的示例。

```
DECLARE
    total number: =0;
    salary number: =1800;
    I integer: =0;
BEGIN
```

```
    FOR I in 1..10 LOOP
      total := total + salary;
    END LOOP;
    DBMS_OUTPUT.PUT_LINE('工资总额是：' || total);
END;
/
工资总额是：18000
PL/SQL 过程已成功完成。
```

下面的 FOR 语句使用了 REVERSE 关键字。

```
DECLARE
    I INTEGER;
BEGIN
    FOR I IN REVERSE 1..3 LOOP
        DBMS_OUTPUT.PUT_LINE(I);
    END LOOP;
END;
/
3
2
1
PL/SQL 过程已成功完成。
```

3. WHILE 语句

WHILE 语句的语法如下。

```
WHILE 条件表达式 LOOP
    语句组
END LOOP;
```

下面是 WHILE 语句的示例。

```
DECLARE
    total number:=0;
    salary number:=1800;
BEGIN
    WHILE total<25000 LOOP
        total := total + salary;
    END LOOP;
    DBMS_OUTPUT.PUT_LINE('工资总额是：' || total);
END;
/
工资总额是：25200
PL/SQL 过程已成功完成。
```

9.2.3　GOTO 结构

GOTO 结构又称为跳转结构。使用 GOTO 结构可以使程序转到设定的标签，执行某个代码区域，实现逻辑分支结构。在 PL/SQL 中使用符号“<< >>”来创建标签。

下面的代码块使用了 GOTO 结构。

```
DECLARE
  N INTEGER;
BEGIN
    IF N>1 THEN
        GOTO BIG_LABLE;
    END IF;
    …     /*其他执行语句*/
    <<BIG_LABLE>>       --标签,GOTO 语句跳转到这里继续执行
    DBMS_OUTPUT.PUT_LINE('N 小于 1');
END;
/
N 小于 1
PL/SQL 过程已成功完成。
```

由于 GOTO 结构破坏了执行流程,使得理解和维护代码变得非常困难,应该尽量避免使用 GOTO 结构。

9.2.4 NULL 结构

PL/SQL 中还有一类特殊的结构,即 NULL 结构,又称空操作或空值结构。NULL 结构表示什么操作也不做,仅起到占位符的作用。如下面的代码所示。

```
IF N>1 THEN
    NULL;     /*空语句,什么操作也不做*/
ELSE
    DBMS_OUTPUT.PUT_LINE('N is larger then 1');
END IF;
```

另外,在 PL/SQL 中含有 NULL 的条件表达式其运算结果总是 NULL。对 NULL 施加逻辑运算符 NOT,其结果也总是 NULL。如果在选择结构中的条件表达式的值是 NULL,则相应的 THEN 语句不会被执行。在 CASE 结构中,不能出现 WHEN NULL 这样的结构,而应该使用 IS NULL 子句。

如果两个变量的值都为 NULL,它们也是不相等的,如下例所示。

```
DECLARE
    a NUMBER := NULL;
    b NUMBER := NULL;
BEGIN
    IF a = b THE                                --结果为 NULL,不是 TRUE
      DBMS_OUTPUT.PUT_LINE ('a = b');           -- 不会被执行
    ELSIF a != b THEN                           -- 结果为 NULL, 不是 TRUE
      DBMS_OUTPUT.PUT_LINE ('a != b');          --不会被执行
    ELSE
      DBMS_OUTPUT.PUT_LINE ('变量的值都为 NULL 它们也是不相等的。');
    END IF;
END;
/
变量的值都为 NULL 它们也是不相等的。
```

```
PL/SQL 过程已成功完成。
```

9.3 PL/SQL记录和表类型

在声明变量时所用的数据类型在 PL/SQL 和 SQL 都适用，如 NUMBER 或 VARCHAR2 等。PL/SQL 还可以声明%TYPE 和 %ROWTYPE 类型的变量。其中，用%TYPE 声明的数据类型与数据表中的字段类型保持一致，用%ROWTYPE 声明的数据类型与数据表中的记录相同，使用这两种数据类型可以更加方便地对操作数据库。

9.3.1 使用%TYPE

在 PL/SQL 中，使用%TYPE 声明的变量类型与数据表中的字段的数据类型相同，当数据表中的字段类型修改后，PL/SQL 程序中相应变量的类型也随之改变。

如 Books 表中有一个 Title 字段，其数据类型为 VARCHAR2(30)，声明变量 my_title 用Title 字段存放 Title 字段的数据，声明如下。

```
my_title books.title%TYPE;
```

则 my_title 变量的数据类型始终与 Title 字段的类型保持一致，即 VARCHAR2(30)，当 Title 字段的数据类型改为 VARCHAR2(50)时，my_title 变量的数据类型也自动修改为 VARCHAR2(50)。

由此看出，使用%TYPE 不必确切知道 Title 字段的数据类型；当 Title 字段改变时，my_title 变量的类型也随之改变。

下面的代码块声明了一个%TYPE 类型的变量。

```
DECLARE
    my_name student.name%TYPE;
BEGIN
    SELECT name INTO my_name FROM student   WHERE no='01203001';
    DBMS_OUTPUT.PUT_LINE(my_name);
END;
/
```

9.3.2 记录类型

记录类型是用户自定义的数据类型，记录类型包含一个或多个相关字段，每个字段都有自己的名称和数据类型，即字段包含的类型可以是不相同的。通常，PL/SQL 使用记录类型保存表中记录结构的变量内容。

在 PL/SQL 中，声明记录类型的语法如下。

```
TYPE 记录类型名 IS RECORE(
    字段 1 类型   [NOT NULL][DEFAULT | := ] 表达式
    ...
    字段 n 类型   [NOT NULL][DEFAULT | := ] 表达式
);
```

下面的代码块声明一个记录类型为 studentRecord，这个数据类型包含 no(学号)、

name(姓名)、sex(性别)、birthday(生日)和 class(班级)字段。

```
DECLARE
    TYPE studentRecord IS RECORD (
        no            student.no%TYPE,
        name          student.name%TYPE,
        sex           student.sex%TYPE,
        birthday      student.birthday%TYPE,
        class         student.class%TYPE);
    stu1 studentRecord;
BEGIN
    SELECT * INTO stu1 FROM student WHERE no='01203001';
    DBMS_OUTPUT.PUT_LINE(stu1.no);
    DBMS_OUTPUT.PUT_LINE(stu1.name);
    DBMS_OUTPUT.PUT_LINE(stu1.sex);
    DBMS_OUTPUT.PUT_LINE(stu1.birthday);
    DBMS_OUTPUT.PUT_LINE(stu1.class);
END;
/
```

9.3.3 使用%ROWTYPE

使用%TYPE 可以使一个变量与字段的数据类型保持一致,PL/SQL 还提供了%ROWTYPE 来得到数据表中的记录的数据类型。声明了%ROWTYPE 类型的记录可以完整地存放数据表中的整行记录,并可以使用游标或者游标变量来获取记录中的数据。关于游标的介绍详见 9.4 节。

下面的代码块使用%ROWTYPE 定义记录类型,实现了与使用记录类型一样的效果。

```
DECLARE
    stu1 student%ROWTYPE;            --声明%ROWTYPE 记录类型变量
BEGIN
    SELECT * INTO stu1FROM student WHERE no='01203001';
    DBMS_OUTPUT.PUT_LINE(stu1.no);
    DBMS_OUTPUT.PUT_LINE(stu1.name);
    DBMS_OUTPUT.PUT_LINE(stu1.sex);
    DBMS_OUTPUT.PUT_LINE(stu1.birthday);
    DBMS_OUTPUT.PUT_LINE(stu1.class);
END;
/
```

9.3.4 表类型

表类型也是一种由用户定义的数据类型,PL/SQL 允许用户使用表类型存放查询出来的表中的数据。表变量可以用来存储多行及多个字段的值,在将数据存储在表变量中时,必须指出将值插入哪个字段和哪一行。表类型可以存储多行、多列数据,就好像在 PL/SQL 中创建了一个表,所以又被称为 PL/SQL 表。但这里所讲的表不等同于数据库中的表。

声明表类型的语法如下。

```
TYPE 表类型名 IS TABLE OF 类型 INDEX BY BINARY_INTEGER;
```

其中,类型为所声明的表类型名的类型,INDEX BY BINARY_INTEGER 子句将创建一个主键索引,用于引用表变量的特定行。

下面的代码块声明表类型。

```
DECLARE
    TYPE stu_Typ IS TABLE OF student%ROWTYPE INDEX BY BINARY_INTEGER;
    s1 stu_Typ;          --声明表类型变量
BEGIN
    s1(1).NO:='01203101';
    s1(1).NAME:='张大成';
    s1(1).SEX:='男';
    s1(1).BIRTHDAY:=TO_DATE('1982-2-2','YYYY-MM-DD');
    s1(1).CLASS:='计算机 2030';
    s1(2).NO:='01203102';
    s1(2).NAME:='李小龙';
    s1(2).SEX:='男';
    s1(2).BIRTHDAY:= TO_DATE('1982-6-8','YYYY-MM-DD');
    s1(2).CLASS:='电子 2030';
    DBMS_OUTPUT.PUT_LINE(s1(1).NAME||','||s1(1).CLASS);
    DBMS_OUTPUT.PUT_LINE(s1(2).NAME||','||s1(2).CLASS);
END;
/
张大成,计算机 2030
李小龙,电子 2030
PL/SQL 过程已成功完成。
```

9.4 游标

游标(Cursor)指把从数据表中查询出来的数据以临时表的形式存放在内存中。游标可以对存储在内存中的数据进行操作,并返回一条或一组记录,或者一条记录也不返回。PL/SQL 中的记录和表类型虽然也可以用来存放数据,但对一组存放在内存中的数据进行操作,还是不太方便。游标恰是实现这一功能的有力工具。

9.4.1 游标的基本操作

游标的基本操作有声明游标、打开游标、提取游标和关闭游标。

1. 声明游标

声明游标的语法如下。

```
CURSOR 游标名 IS SELECT 子句
```

其中,CURSOR 是游标关键字,SELECT 子句为建立游标所用的查询语句。

下面的代码块表示声明一个游标。

```
DECLARE
    CURSOR c_stu IS SELECT * FROM STUDENT;              /* 声明游标 */
BEGIN
…                                                       /* 执行语句部分 */
END;
/
```

2. 打开游标

在声明游标后还不能使用它，必须使用 OPEN 语句打开游标。OPEN 语句的语法如下。

```
OPEN 游标名;
```

下面的代码块表示打开一个声明的游标。

```
DECLARE
    CURSOR c_stu IS SELECT * FROM STUDENT;
BEGIN
    OPEN c_stu;                                         /* 打开游标 */
    …                                                   /* 其他执行语句部分 */
END;
/
```

3. 提取数据

FETCH 语句用来从游标中提取数据，该语句每次返回一行数据，并自动将记录指针前移到下一行，即不能后退。在用 FETCH 提取字段数据时，必须保证提取游标中所有的字段。

FETCH 语句的语法如下。

```
FETCH 游标名 INTO 变量 1,变量 2,…
```

其中，变量 1，变量 2 等用来存放游标中相应字段的数据，要注意变量的个数、顺序及类型与游标中相应字段保持一致。

下面的代码块表示提取游标中的数据。

```
DECLARE
    CURSOR c_stu IS SELECT * FROM STUDENT;
    Student_record student%ROWTYPE;
BEGIN
    OPEN c_stu;                                         /* 打开游标 */
    LOOP
        FETCH c_stu INTO student_record;
        …                                               /* 其他执行语句部分 */
        EXIT WHEN c_stu%NOTFOUND                        /* 是否发现一条记录 */
    END LOOP;
END;
/
```

4. 关闭游标

在游标使用完之后，必须要用 CLOSE 语句关闭。CLOSE 语句的语法如下。

```
CLOSE 游标名;
```

下面的代码块是一个使用游标的完整例子,其中包含了声明游标、打开游标、提取游标和关闭游标的全过程。

```
DECLARE
    CURSOR c_stu IS SELECT * FROM STUDENT;          /* 声明游标 */
    stu1 student%ROWTYPE;
BEGIN
    OPEN c_stu;                                      /* 打开游标 */
    DBMS_OUTPUT.PUT_LINE('学号  姓名 性别 生日 班级');
    LOOP
        FETCH c_stu INTO stu1;                       /* 提取游标 */
        DBMS_OUTPUT.PUT_LINE(stu1.no || stu1.name || stu1.sex || stu1.birthday || stu1.class);
        EXIT WHEN c_stu%NOTFOUND;
    END LOOP;
    CLOSE c_stu;                                     /* 关闭游标 */
END;
/
```

在 SQL * Plus 中执行上面的代码,执行结果如下。

```
学号        姓名      性别    生日          班级
01203001    王晓英    女      01-8 月 -80   计算机 2030
01203002    周成      男      12-5 月 -81   计算机 2030
...         ...       ...     ...           ...
PL/SQL 过程已成功完成。
```

9.4.2 游标的属性操作

游标作为一个临时表,可以通过游标的属性来获取游标状态。关于游标的属性见表 9-3。

表 9-3　游标属性

名　称	说　　明
%ISOPEN	逻辑值,游标是否打开。如游标打开其值为 True,反之为 False
%FOUND	逻辑值,游标是否找到一条记录。如游标找到记录其值为 True,反之为 False
%NOTFOUND	逻辑值,游标没有找到记录,是%FOUND 属性的逻辑非
%ROWCOUNT	返回提取游标记录的行数

游标的属性总是反映游标的最新状态,当一个程序中含有多个 SQL 语句时,就应该注意在何处检查游标的属性值。在操作游标的不同阶段,游标的属性值是不相同的,见表 9-4。

表 9-4　不同操作阶段的游标属性值

游标操作	阶段	%FOUND	%ISOPEN	%NOTFOUND	%ROWCOUNT
OPEN	前	产生异常	FALSE	产生异常	产生异常
	后	NULL	TRUE	NULL	0
First FETCH	前	NULL	TRUE	NULL	0
	后	TRUE	TRUE	FALSE	1
Next FETCH	前	TRUE	TRUE	FALSE	1
	后	TRUE	TRUE	FALSE	与记录有关
Last FETCH	前	TRUE	TRUE	FALSE	与记录有关
	后	FALSE	TRUE	TRUE	与记录有关
CLOSE	前	FALSE	TRUE	TRUE	与记录有关
	后	产生异常	FALSE	产生异常	产生异常

注意：如果对%FOUND、%NOTFOUND 或%ROWCOUNT 在打开游标之前或在关闭游标之后进行操作，将会引发"INVALID_CURSOR"(无效游标)的异常。

下面的代码块是使用%ISOPEN 属性的示例。

```
DECLARE
    CURSOR c_stu IS SELECT * FROM STUDENT;
BEGIN
    …                              /* 对游标 c_stu 的操作 */
    IF c_stu%ISOPEN THEN           /* 如果游标已经打开，即关闭游标 */
        CLOSE c_stu;
    END IF;
END;
/
```

下面的代码块是使用%FOUND 属性的示例。

```
DECLARE
    CURSOR c_stu IS SELECT * FROM STUDENT;
    stu1 student%ROWTYPE;
BEGIN
    OPEN c_stu;                    /* 打开游标 */
    WHILE c_stu%FOUND LOOP         /* 如果找到记录，开始循环提取数据 */
      FETCH c_stu INTO stu1;
      …                            /* 对游标 c_stu 的操作 */
    END LOOP;
    CLOSE c_stu;
END;
/
```

下面的代码块是使用%NOTFOUND 属性的示例。

```
DECLARE
    CURSOR c_stu IS SELECT * FROM STUDENT;
    stu1 student%ROWTYPE;
BEGIN
```

```
    OPEN c_stu;                    /* 打开游标 */
    LOOP
        FETCH c_stu INTO stu1;
        …                          /* 对游标 c_stu 的操作 */
        /* 如果没有找到下一条记录,退出 LOOP */
        EXIT WHEN c_stu%NOTFOUND;
    END LOOP;
    CLOSE c_stu;
END;
/
```

下面的代码块是使用%ROWCOUNT 属性的示例。

```
DECLARE
    CURSOR c_stu IS SELECT * FROM STUDENT;
    stu1 student%ROWTYPE;
BEGIN
    OPEN c_stu;                    /* 打开游标 */
    LOOP
        FETCH c_stu INTO stu1;
        EXIT WHEN c_stu%NOTFOUND;
    END LOOP;
    DBMS_OUTPUT.PUT_LINE('Rowcount: '||c_stu%ROWCOUNT);
    CLOSE c_stu;
END;
/
```

9.4.3　参数化游标和隐式游标

声明带有参数的游标称为参数化游标,在打开参数化游标时要为游标参数提供数值。无论游标有无参数,在使用前都需要声明和打开,而且在使用后需要关闭。

参数化游标的声明语法如下。

```
CURSOR 游标名(参数声明)IS SELECT 子句
```

下面的代码块是使用参数化游标的示例。

```
DECLARE
    CURSOR c_stu(v_class student.class%TYPE) IS
    SELECT * FROM STUDENT
    WHERE CLASS=v_class;
    stu1 student%ROWTYPE;
BEGIN
    OPEN c_stu('计算机 2030'); /* 打开参数化游标 */
    LOOP
        FETCH c_stu INTO stu1;
        EXIT WHEN c_stu%NOTFOUND;
    END LOOP;
    DBMS_OUTPUT.PUT_LINE('Rowcount: '||c_stu%ROWCOUNT);
    CLOSE c_stu;
END;
/
```

PL/SQL 在执行一个 SQL 语句时，Oracle 服务器将自动创建一个隐式游标。隐式游标是内存中处理该语句的工作区域。隐式游标的名称固定为 SQL。隐式游标无须声明和打开，使用完之后也不用关闭，所有这一切都由系统自动维护。隐式游标的属性同样有%ISOPEN、%FOUND、%NOTFOUND 或%ROWCOUNT。

下面的代码块使用了 SQL 隐式游标的%ROWCOUNT 属性。

```
DECLARE
    V_COUNT NUMBER;
BEGIN
    UPDATE HR.JOBS SET MAX_SALARY=60000
    WHERE MIN_SALARY=20000 AND JOB_ID='AD_PRES';
    V_COUNT:=SQL%ROWCOUNT;
    DBMS_OUTPUT.PUT_LINE('更新数据行数:'||v_COUNT);
END;
```

9.4.4 游标变量

上面由用户定义的显式游标和隐式游标都与固定的查询语句相关联，所以称为静态游标。游标变量与静态游标不同，它是一种动态游标，在运行期间可以与不同的查询语句相关联。游标变量有点像指向记录集的一个指针。游标变量也可以使用游标的属性。

1. 声明游标变量

在使用游标变量前，要先定义一个新的 REF CURSOR 类型。语法如下。

```
TYPE 游标变量类型名 IS REF CURSOR [RETURN 返回类型];
```

其中，返回类型是一个记录类型，可选。如果定义了返回类型，则称为强类型；如果没有定义返回类型，则称为弱类型。当声明的游标变量是弱类型时，系统将不会返回的记录集进行类型检查，一旦类型不匹配就会产生异常。建议定义强类型的游标变量。

下面的语句声明一个 REF CURSOR 类型用于表示从 STUDENT 表中查询的记录集。

```
TYPE stu_Typ IS REF CURSOR RETURN student%ROWTYPE;
```

一旦定义了一个 REF CURSOR 类型，就可以声明游标变量。下面的语句声明了一个游标变量。

```
DECLARE
    TYPE stu_Typ IS REF CURSOR RETURN student%ROWTYPE;
    c_stu stu_Typ;                    --声明游标变量
BEGIN
    NULL;
END;
```

2. 操作游标变量

在 PL/SQL 中，操作游标变量的语句有 OPEN...FOR、FETCH 和 CLOSE。

首先，用 OPEN...FOR 语句与一个查询语句相关联，并打开游标变量，注意不能用 OPEN...FOR 语句打开一个已经打开的游标变量。接着用 FETCH 语句从记录集中提取数据，而且当所有的操作完成后，用 CLOSE 语句关闭游标变量。

其中，OPEN…FOR 语句的语法如下。

```
OPEN 游标变量 FOR 查询语句；
```

当用 OPEN…FOR 语句打开不同的查询语句，当前的游标变量所包含的查询语句将会丢失。

下面的代码块是一个提取游标变量的示例。

```
DECLARE
    TYPE stu_Typ IS REF CURSOR RETURN student%ROWTYPE;
    c_stu stu_Typ;
    rec_stu student%ROWTYPE;
BEGIN
    IF NOT c_stu %ISOPEN THEN
        /* 打开游标变量 */
        OPEN c_stu FOR SELECT * FROM student WHERE name='马力';
    END IF;
    LOOP
        FETCH c_stu INTO rec_stu; /* 提取游标变量 */
        EXIT WHEN c_stu%NOTFOUND;
        ...                          /* 处理数据 */
        DBMS_OUTPUT.PUT_LINE('姓名：'||rec_stu.name||
                             '班级：'||rec_stu.class);
    END LOOP;
    CLOSE c_stu;
END;
/
```

在上面的代码块中，每次从游标变量中提取一行记录并把该记录插入到一个记录变量中。

9.5　过程和函数

前面所讲示例都是无名程序块，其共同的特点是代码块没有名称。如果想重复使用，只能存储在文件中，然后通过调用文件的形式来执行。在执行完这些无名程序块之后，它就不再存在，而且在每次运行无名程序块时，都应编译后再执行。

PL/SQL 的过程和函数属于命名程序块，对它们的使用可以通过调用过程名或函数名的方式来实现。在过程和函数创建成功后，将作为 Oracle 对象存储在 Oracle 数据库中，在应用程序中可以按名称多次调用，连接到 Oracle 数据库的用户只要有合适的权限都可以使用过程和函数。

过程和函数的结构是相似的，它们都可以接受输入值并向应用程序返回值。区别在于过程用来完成一项任务，可能不返回值，也可能返回多个值，过程的调用是一条 PL/SQL 语句；函数包含 RETURN 子句，用来进行数据操作，并返回一个单独的函数值，函数的调用只能在一个表达式中。

9.5.1 过程的基本操作

过程的基本操作有创建过程、查看过程、修改过程、调用过程和删除过程等。

1. 创建过程

创建过程的语法如下。

```
CREATE [ OR REPLACE ] PROCEDURE 过程名
[ 参数 1{ IN | OUT | IN OUT } 类型,
  参数 2 { IN | OUT | IN OUT } 类型,
  ...
  参数 n { IN | OUT | IN OUT } 类型]
{IS|AS}
  过程体
```

其中,OR REPLACE 关键字可选,如果包含该关键字,则在创建过程时如果该过程存在就重建。过程可以包含多个参数,参数模式有 IN、OUT 或 IN OUT 3 种,如果忽略参数模式,则默认是 IN。IS 和 AS 这两个关键字作用相同。过程体是一个含有声明部分、执行部分和异常处理部分的 PL/SQL 代码块,是构成过程的代码块。

下面的代码块创建了一个过程。

```
CREATE OR REPLACE PROCEDURE view_stu AS
    CURSOR c_stu IS SELECT * FROM STUDENT;
    stu1 student%ROWTYPE;
BEGIN
    OPEN c_stu;              /* 打开游标 */
    DBMS_OUTPUT.PUT_LINE('学号 姓名 性别 生日 班级');
    LOOP
        FETCH c_stu INTO stu1;
        DBMS_OUTPUT.PUT_LINE(stu1.no||stu1.name||stu1.sex||
                                stu1.birthday||stu1.class);
        EXIT WHEN c_stu%NOTFOUND;
    END LOOP;
    CLOSE c_stu;
END;
/
过程已创建。
```

2. 查看过程

在过程创建成功后,即说明编译已经成功,该过程没有语法错误,并把它作为一个 Oracle 对象存储在数据库中。然后可以在 USER_SOURCE 视图中查看过程信息。

在 USER_SOURCE 视图中查看到的过程信息如下。

```
SQL>SELECT TEXT FROM USER_SOURCE WHERE NAME='VIEW_STU';
TEXT
-------------------------------------------------------
PROCEDURE view_stu AS
  CURSOR c_stu IS SELECT * FROM STUDENT;
```

```
    stu1 student%ROWTYPE;
BEGIN
    OPEN c_stu;                    /* 打开游标 */
    DBMS_OUTPUT.PUT_LINE('学号 姓名 性别 生日 班级');
    LOOP
        FETCH c_stu INTO stu1;
        DBMS_OUTPUT.PUT_LINE(stu1.no||stu1.name||stu1.sex||stu1.birthday||stu1.class);
        EXIT WHEN c_stu%NOTFOUND;
    END LOOP;
    CLOSE c_stu;
END;
已选择 13 行。
```

过程作为一个数据库对象，也可以用 DESC 命令列出关于过程结构的详细信息。例如：

```
SQL> CREATE OR REPLACE PROCEDURE pp1(
        P1 IN NUMBER,
        P2 OUT NUMBER,
        P3 OUT VARCHAR2,
        P4 OUT DATE)
AS
BEGIN
        NULL;
END;
/
过程已创建。
SQL> DESC pp1
PROCEDURE pp1
参数名称          类型            输入/输出默认值?
-----------------------------------------------------
  P1              NUMBER          IN
  P2              NUMBER          OUT
  P3              VARCHAR2        OUT
  P4              DATE            OUT
```

3. 修改过程

修改过程可以使用带有 OR REPLACE 选项的重建命令进行修改。下面的代码块是修改 VIEW_STU 过程的示例。

```
CREATE OR REPLACE PROCEDURE VIEW_STU AS
        CURSOR c_stu IS SELECT * FROM STUDENT WHERE sex='男';
        stu1 student%ROWTYPE;
BEGIN
        OPEN c_stu;        /* 打开游标 */
        DBMS_OUTPUT.PUT_LINE('学号 姓名 性别 生日 班级');
        LOOP
            FETCH c_stu INTO stu1;
            BMS_OUTPUT.PUT_LINE(stu1.no||stu1.name||stu1.sex||
```

```
                                        stu1.birthday||stu1.class);
            EXIT WHEN c_stu%NOTFOUND;
        END LOOP;
        CLOSE c_stu;
    END;
    /
```

4. 调用过程

一旦过程创建成功后，就可以在任何一个 PL/SQL 程序块中调用。下面的代码块是调用 VIEW_STU 过程的示例。

```
BEGIN
    VIEW_STU;
END;
```

还可以直接利用 EXECUTE 命令来调用过程，这是一种最简单的调用过程的方式。例如：

```
EXECUTE VIEW_STU;
```

5. 删除过程

删除过程的语法如下。

```
DROP PROCEDURE 过程名
```

下面的语句可以删除 VIEW_STU 过程。

```
DROP PROCEDURE VIEW_STU;
```

9.5.2 参数设置与传递

在过程声明部分中定义的变量称为形参(Formal Parameters)，在调用过程时，传递给被调用过程的变量或表达式称为实参(Actual Parameters)。实参包含了调用过程传递过来的值，还可以接收过程返回来的值(与参数模式有关)。

在调用过程时，实参的值赋予形参，如果实参和形参的数据类型不一致，PL/SQL 还将自动把实参的数据类型转化为形参的数据类型，如实参的数据类型是 NUMBER，而形参类型为 STRING，则 PL/SQL 将实参的 NUMBER 类型转化为 STRING 类型。

当然，这种转化是有前提条件的，即实参和形参的数据类型相互兼容。如把一个字符串转化为数值类型，而字符串中包含特殊符号(如 $ 符号)，那么这种转化将会失败。

1. 参数传递

参数传递有 3 种方式：按位置传递、按名称传递及混合方式传递。

(1) 按位置传递参数，即在调用时的实参数据类型、个数与形参在相应位置上要保持一致。如果位置对应不一致，那么将产生错误。

(2) 按名称传递参数，且使用带名的参数，即在调用时用“=>”符号把实参和形参关联起来。按名称传递参数可以避免按位置传递参数所可能引发的问题，而且可以使代码更容易阅读和维护。

(3) 混合方式传递参数，即指开头的参数使用按位置传递参数，剩下的其余参数使用按名称传递参数。这种传递方式适合于过程具有可选参数的情况。

下面的代码块是关于不同参数传递模式的示例。

```
SQL>CREATE OR REPLACE PROCEDURE check_accout (
    username VARCHAR2,
    password VARCHAR2) IS
BEGIN
    NULL;
END;
/
过程已创建。
SQL>DECLARE
    uname VARCHAR2(20) := 'ADMIN';
    pwd   VARCHAR2(20) := 'ADMIN';
BEGIN
    /* 以不同传递参数方式调用过程 */
    check_accout (uname, pwd);                              -- 按位置传递
    check_accout (username => uname, password =>pwd);       -- 按名称传递
    check_accout (password =>pwd, username => uname);       -- 按名称传递
    check_accout (uname, password =>pwd);                   -- 混合方式传递
END;
/
PL/SQL 过程已成功完成。
```

2. 参数模式

参数模式决定了形参的行为，PL/SQL 中参数模式有 IN、OUT 和 IN OUT 3 种。

(1) IN 模式的参数，用于向过程传入值。

(2) OUT 模式的参数，用于从被调用过程返回值。

(3) IN OUT 模式的参数，用于向过程传入初始值，并返回更新后的值。

不同参数模式的比较见表 9-5。

表 9-5　比较不同参数模式

IN 模 式	OUT 模式	IN OUT 模式
默认模式	需明确定义	需明确定义
向过程传递值	向调用者返回值	向过程传入一个初始值，然后返回更新后的值
形参像一个常量	形参像一个未初始化的变量	形参像一个初始化的变量
不能为形参分配值	必须为形参分配值	应该为形参分配值
实参可以是常量、已初始化的变量、字符或表达式	实参必须是一个变量	实参必须是一个变量
实参按引用方式传递	实参按值方式传递	实参按值方式传递

下面的代码块是使用不同参数模式的示例。

```
CREATE OR REPLACE PROCEDURE split_two_string(
    S IN VARCHAR2,
    S1 OUT VARCHAR2,
    S2 IN OUT VARCHAR2
)
IS
BEGIN
    S1 := SUBSTR(S, 1, INSTR(S, ' ')-1);       --获取空格前的第一个单词
    IF S2 = 'First' THEN
        S2:= S1;
    ELSIF S2='Second' THEN
        S2:= SUBSTR(S, INSTR(S, ' ')+1);
    ELSIF S2='All' THEN
        S2:= S;
    END IF;
END;
/
```

在过程创建成功后，接着输入下面的测试代码来验证 split_two_string 过程是否正确运行。

```
SQL>DECLARE
        Str VARCHAR2(30);
        Str1 VARCHAR2(30);
        Str2 VARCHAR2(30);
    BEGIN
        Str:= 'Hello world! ';
        Str2:= 'First ';
        split_two_string (Str,Str1,Str2);
        DBMS_OUTPUT.PUT_LINE('Str1: '||Str1|| ', Str2: '||Str2);
        Str2:= 'Second ';
        split_two_string (Str,Str1,Str2);
        DBMS_OUTPUT.PUT_LINE('Str1: '||Str1|| ', Str2: '||Str2);
        Str2:= 'All';
        split_two_string (Str,Str1,Str2);
        DBMS_OUTPUT.PUT_LINE('Str1: '||Str1|| ', Str2: '||Str2);
END;
/
```

执行结果如下。

```
Str1: Hello , Str2: First
Str1: Hello , Str2: Second
Str1: Hello , Str2: All
PL/SQL 过程已成功完成。
```

3. 参数的默认值

参数的默认值声明语法如下。

```
参数名 参数类型 { [ DEFAULT | := ] }默认值
```

在调用过程时，如果忽略了默认参数，则默认值将被用到。下面的代码块中使用了带有默认参数的过程。

```
SQL>CREATE OR REPLACE PROCEDURE create_dept (
    new_dname VARCHAR2 DEFAULT 'TEMP',
    new_loc VARCHAR2 DEFAULT 'TEMP') IS
BEGIN
  DBMS_OUTPUT.PUT_LINE('new_dname: '||new_dname||
                        '; new_loc: '||new_loc);
END;
/
```

在上面代码执行后，create_dept 过程被成功创建。接着执行下面的验证代码。

```
SQL>BEGIN
    create_dept;                 -- 等价于调用 create_dept('TEMP','TEMP');
    create_dept('SALES');        -- 等价于调用 create_dept('SALES','TEMP');
    create_dept('SALES', 'NY');
END;
/
```

执行结果如下。

```
new_dname: TEMP; new_loc: TEMP
new_dname: SALES; new_loc: TEMP
new_dname: SALES; new_loc: NY
PL/SQL 过程已成功完成。
```

9.5.3　函数的基本操作

函数和过程一样，也是 PL/SQL 子程序，且作为 Oracle 对象存储在 Oracle 数据库中。函数也可以接受各种模式的参数。函数的结构也包括声明、执行和异常处理部分。

函数和过程最主要的区别在于，过程不将任何值返回调用程序，而函数则可以有返回值。另外，过程和函数在调用方式上也略有不同，过程的调用是一条语句，而函数的调用使用了一个表达式。

函数的基本操作也包括创建函数、查看函数、修改函数、调用函数及删除函数等。

1. 创建函数

创建函数的语法如下。

```
CREATE [ OR REPLACE ] FUNCTION 函数名
[     参数 1 { IN | OUT | IN OUT } 类型,
      参数 2 { IN | OUT | IN OUT } 类型,
      ...
      参数 n { IN | OUT | IN OUT } 类型 ]
      RETURN 返回类型
{IS|AS}
     函数体
```

其中，在创建函数时 RETURN 返回类型是必需的，因为调用函数是作为表达式的一部分。函数体是一个含有声明部分、执行部分和异常处理部分的 PL/SQL 代码块，是构成函数的代码块。

下面的代码块创建了一个函数。

```
CREATE OR REPLACE FUNCTION get_name(sno VARCHAR2)
    RETURN VARCHAR2 AS
    sname student.name%TYPE;
BEGIN
    SELECT name INTO sname FROM student WHERE no=sno;
    RETURN sname;
END;
/
```

对于上面的代码，当输入一个学生学号时，可以查询出学生姓名。

2. 查看函数

像过程一样，在函数创建成功后可以在 USER_SOURCE 视图中查看函数信息。下面的语句在 USER_SOURCE 视图中查看函数信息。

```
SQL>SELECT TEXT FROM USER_SOURCE WHERE NAME='get_name';
```

函数作为一个数据库对象，也可以用 DESC 命令列出关于函数结构的详细信息。例如：

```
SQL> DESC get_name
```

3. 修改函数

修改函数可以像修改过程一样，可以在 SQL * Plus 中使用带有 OR REPLACE 选项的命令重建函数。下面的语句对 get_name 函数进行了修改。

```
CREATE OR REPLACE FUNCTION get_name(sid VARCHAR2)
    RETURN VARCHAR2 AS
    job Hr.jobs.JOB_TITLE%TYPE;
BEGIN
    SELECT JOB_TITLE INTO job FROM hr.jobs WHERE JOB_ID=sid;
    RETURN job;
END;
/
```

4. 调用函数

一旦函数创建成功后，就可以在任何一个 PL/SQL 程序块中调用。值得注意的是，不能像过程那样直接用 EXECUTE 命令来调用函数，因为函数是有返回值的，必须作为表达式的一部分来调用。

调用 get_name 函数的语句如下。

```
DECLARE
    job VARCHAR(35);
BEGIN
```

```
    job：=get_name('PU_CLERK')；
    DBMS_OUTPUT.PUT_LINE('PU_CLERK：'||job)；
END；
/
```

5. 删除函数

删除函数的语法如下。

```
DROP FUNCTION 函数名；
```

下面的语句可以删除 get_name 函数。

```
DROP FUNCTION get_name；
```

9.5.4　内置子程序和本地子程序

1. 内置子程序

函数、过程都是内置子程序，可以通过数据字典来查看。USER_OBJECTS 视图列出了当前用户拥有的所有对象信息，USER_SOURCE 列出了对象的源程序代码，USER_ERRORS 列出了编译错误信息。

使用 USER_ERRORS 查看编译错误信息的语句如下。

```
SQL> CREATE OR REPLACE PROCEDURE check_accout (
      username VARCHAR2,
      password VARCHAR2) IS
BEGIN
         NULL；
END
/
警告：创建的过程带有编译错误。
SQL> SELECT * FROM USER_ERRORS；
NAME              TYPE            SEQUENCE   LINE POSITION   TEXT
------------------------------------------------------------------------------------
CHECK_ACCOUT      PROCEDURE       1          6               3
PLS-00103：出现符号 "end-of-file"在需要下列之一时：
；<an identifier>
  <a double-quoted delimited-identifier>deleteexistsprior
  <a single-quoted SQL string>
符号 "；" 被替换为 "end-of-file" 后继续。
```

可以看出，在第 6 行 END 字符后缺少语句结束符"；"。用户可以根据此提示信息进行修改。

2. 本地子程序

PL/SQL 中还有一类子程序叫本地子程序，所谓本地子程序，是指在程序块的声明部分定义的子程序。其他程序块不能调用该子程序，只有该程序块内部可以调用，而且在使用本地子程序前必须声明。任何本地子程序都必须在声明部分的结尾处声明，否则将出现编译错误。

下面的代码块是使用本地子程序的示例。

```
SQL>DECLARE
    uname VARCHAR2(20) :='ADMIN';
    pwd   VARCHAR2(20) :='ADMIN';
    PROCEDURE check_accout (uname VARCHAR2, pwd VARCHAR2) IS
    BEGIN
        ...     /*其他操作*/
        DBMS_OUTPUT.PUT_LINE('用户名:'||uname||',密码:'||pwd);
    END;
BEGIN
    check_accout (uname,pwd);
END;
/
```

本例在一个无名 PL/SQL 程序块中申明过程 check_accout,然后在块内调用。

9.6 触发器

触发器(Trigger)是一种特殊类型的 PL/SQL 程序块。触发器类似于函数和过程,也具有声明部分、执行部分和异常处理部分。触发器作为 Oracle 对象存储在数据库中。触发器在事件发生时被隐式触发,而且触发器不能接受参数,不像过程一样显式调用并传递参数。

9.6.1 触发器的类型

触发器主要有 DML 触发器、替代触发器、系统触发器及 DDL 触发器几种类型。

(1) DML 触发器是由 DML 语句触发的触发器。DML 所包含的触发事件有 INSERT,UPDATE 和 DELETE。DML 触发器可以为这些触发事件创建 BEFORE 触发器(发生前)和 AFTER 触发器(发生后)。DML 触发器可以在语句级或行级操作上被触发,语句级触发器对于每一个 SQL 语句只触发一次;行级触发器对 SQL 语句受影响的表中的每一行都触发一次。

(2) 替代触发器又称 INSTEAD OF 触发器。替代触发器代替数据库视图上的 DML 操作。使用替代触发器不但可以通过使用视图简化代码,还允许根据需要发生各种不同的操作。

(3) 系统触发器分为数据库级(Database)和模式级(Schema)两种。数据库级触发器的触发事件对于所有用户都有效,模式级触发器仅被指定模式的用户触发。系统触发器支持的触发事件有 LOGON、LOGOFF、SERVERERROR、STARTUP 和 SHUTDOWN 等。

(4) DDL 触发器即由 DDL 语句(CREATE、ALTER 或 DROP 等)触发的触发器。可以在这些 DDL 语句之前(或之后)定义 DDL 触发器。

9.6.2 创建触发器

创建触发器的语法如下。

```
CREATE [ OR REPLACE ] TRIGGER 模式. 触发器名
```

```
{ BEFORE | AFTER | INSTEAD OF}
{ DML 触发事件
  | DDL 触发事件 [ OR DDL 触发事件 ] ...
  | DATABASE 事件 [ OR DATABASE 事件 ] ...}
  ON
  { [ 模式.]表 | [ 模式.]视图 | DATABASE }
  [ FOR EACH ROW [ WHEN (触发条件) ] ]
    触发体
```

其中,TRIGGER 表示触发器对象,BEFORE 或 AFTER 表示在事件发生之前触发还是事件发生之后触发。DML 触发事件可以是 INSERT、UPDATE 或 DELETE; DDL 触发事件可以是 CREATE、ALTER 或 DROP; DATABASE 事件可以是 SERVERERROR、LOGON、LOGOFF、STARTUP 和 SHUTDOWN。FOR EACH ROW 选项可选,表示触发器是行级触发器,如果没有此选项,则默认是语句级触发器。触发体类似于程序体,由 PL/SQL 语句组成。

1. 创建 DML 触发器

下面的代码块创建了一个语句级的 DML 触发器。

```
SQL> CREATE OR REPLACE TRIGGER job_count
AFTER DELETE ON HR.JOBS
DECLARE
    cou INTEGER;
BEGIN
    SELECT COUNT( * ) INTO cou FROM HR.JOBS;
    DBMS_OUTPUT.PUT_LINE(' JOBS TABLE NOW HAVE ' || cou || ' JOBS. ');
END;
/
触发器已创建。
```

上面代码创建的触发器当在 JOBS 表中删除记录后,显示表中还有几条记录的信息。再执行下面的代码,可以看到触发器已被触发,显示“JOBS TABLE NOW HAVE 18 JOBS.”的信息。

```
SQL> DELETE FROM HR.JOBS WHERE JOB_ID='AD_PRES';
JOBS TABLE NOW HAVE 18 JOBS.
已删除 1 行。
```

下面的代码块创建了一个行级触发器。

```
SQL> CREATE TABLE T(ID NUMBER);
表已创建。
SQL> CREATE OR REPLACE TRIGGER TRI_T
    AFTER INSERT ON T
FOR EACH ROW
    BEGIN
        DBMS_OUTPUT.PUT_LINE('触发器被触发 1 次');
    END;
  /
```

```
触发器已创建。
SQL> INSERT INTO T VALUES (100);
触发器被触发 1 次
已创建 1 行。
```

下面的代码块是一个加了触发条件的行级触发器的示例。

```
SQL> CREATE OR REPLACE TRIGGER TRI_T
    AFTER INSERT ON T
FOR EACH ROW WHEN (NEW.ID>1000)
    BEGIN
        DBMS_OUTPUT.PUT_LINE('触发器大于 1000 才被触发!');
    END;
/
触发器已创建。
SQL> INSERT INTO T VALUES (500);
已创建 1 行。
SQL> INSERT INTO T VALUES (2000);
触发器大于 1000 才被触发!
已创建 1 行。
```

从上面的例子可以看出，只有插入的 ID 值大于 1000 时，触发器才被触发。

2. 创建替代触发器

在 Oracle 系统中，如果视图由多个表连接而成，则该视图不允许 INSERT、DELETE 和 UPDATE 操作。而 Oracle 提供的替代触发器就是用于对该类视图进行 INSERT、DELETE 和 UPDATE 操作的触发器。通过编写替代触发器对该类视图进行 DML 操作，从而实现对基表数据的修改。替代触发器只能定义在视图上，而 DML 触发器只能定义在表上。

(1) 创建 INSERT 操作的替代触发器

下面的代码块创建了一个替代触发器，以实现在视图上完成 INSERT 操作。

首先在 SCOTT 用户的 EMP 表基础上创建视图 V_EMP。

```
SQL>CREATE OR REPLACE VIEW V_EMP
    AS
    SELECT ENAME FROM EMP;
视图已建立。
```

如果这时直接在 V_EMP 视图上进行 INSERT 操作是不会成功的，如下面的语句。

```
SQL> INSERT INTO V_EMP VALUES('Brooks');
INSERT INTO V_EMP VALUES('Brooks')
*
第 1 行出现错误:
ORA-01400: 无法将 NULL 插入 ("SCOTT"."EMP"."EMPNO")
```

此时，可以通过在 V_EMP 视图上创建替代触发器，以完成插入操作。

```
SQL>CREATE OR REPLACE TRIGGER TRI_INS_EMP
    INSTEAD OF INSERT ON V_EMP
```

```
    DECLARE
        V_EMPNO NUMBER(4);
    BEGIN
        SELECT MAX(EMPNO)+1 INTO V_EMPNO FROM EMP;
        INSERT INTO EMP(EMPNO,ENAME) VALUES(V_EMPNO,:NEW.ENAME);
    END;
/
触发器已创建。
```

接着向 V_EMP 视图插入记录。

```
SQL> INSERT INTO V_EMP VALUES('Brooks');
已创建 1 行。
```

如果向 V_EMP 视图直接插入雇员名将会发生错误,因为 EMP 表的雇员编号列不允许为空。通过创建替代触发器,将向视图插入雇员名称转换为向 EMP 表插入雇员编号和雇员名称,且雇员编号取当前的最大雇员编号加 1。

(2) 创建 DELETE 操作的替代触发器

创建替代触发器可以实现在视图上完成 DELETE 操作。

首先在视图上创建触发器,禁止在 V_EMP 视图中删除数据,并显示用户自定义错误信息。

```
SQL>CREATE OR REPLACE TRIGGER TRI_DEL_EMP
        INSTEAD OF DELETE ON V_EMP
        BEGIN
          RAISE_APPLICATION_ERROR(-20006,'不允许在视图中删除 EMP 表数据!');
        END;
/
触发器已创建。
```

接着通过视图进行删除操作来验证触发器。

```
SQL>DELETE FROM V_EMP;
DELETE FROM V_EMP
            *
第 1 行出现错误:
ORA-20006: 不允许在视图中删除 EMP 表数据!
ORA-06512: 在 "SCOTT.TRI_DEL_EMP", line 2
ORA-04088: 触发器 'SCOTT.TRI_DEL_EMP' 执行过程中出错
```

TRI_DEL_EMP 触发器可以阻止通过 V_EMP 视图对 EMP 表进行删除,但并不阻止直接对 EMP 表进行删除。如果没有定义 TRI_DEL_EMP 触发器,则可以通过 V_EMP 视图对 EMP 表进行删除。例如,执行 DELETE FROM V_EMP 语句可以删除 EMP 表的全部数据。

(3) 创建完成复制表的替代触发器

首先对创建 EMP 表的复本 EMP1。

```
SQL>CREATE TABLE EMP1 AS SELECT * FROM EMP;
表已创建。
```

创建能够完成复制表的触发器，如下面的示例。

```
SQL>CREATE OR REPLACE TRIGGER DUPLICATE_EMP
AFTER
UPDATE OR INSERT OR DELETE? ON EMP
FOR EACH ROW
BEGIN
    IF INSERTING THEN                        --insert
        INSERT INTO EMP1
        VALUES(:new.empno,:new.ename,:new.job,:new.mgr,
                :new.hiredate,:new.sal,:new.comm,:new.deptno);
    ELSIF DELETING THEN                      --delete
      DELETE FROM EMP1 WHERE empno=:old.empno;
    ELSE                                     --update
      UPDATE EMP1 SET empno=:new.empno, ename=:new.ename,
            job=:new.job, mgr=:new.mgr, hiredate=:new.hiredate,
            sal=:new.sal,comm=:new.comm, deptno=:new.deptno
        WHERE empno=:old.empno;
    END IF;
END;
/
触发器已创建。
```

下面的语句在对 EMP 表进行插入、删除和更新时，同步在 EMP1 表中完成相应的操作。

```
SQL>DELETE FROM EMP WHERE EMPNO=7934;
已删除 1 行。
SQL>INSERT INTO EMP(EMPNO,ENAME,JOB,SAL)
VALUES(8888,'ROBERT','ANALYST',2900);
已创建 1 行。
SQL>UPDATE EMP SET SAL=3900 WHERE EMPNO=7788;
已更新 1 行。
```

3. 创建系统触发器

系统触发器有数据库级和模式级两种级别。前者定义在整个数据库上，触发事件是数据库事件，如数据库的启动、关闭，对数据库的登录或退出。后者定义在模式上，触发事件包括用户的登录或退出，或对数据库对象的创建和修改(DDL 事件)。系统触发器的触发事件的种类和级别见表 9-6。

表 9-6 系统触发器的触发事件的种类和级别

种　类	关键字	说　明
模式级	CREATE	在创建新对象时触发
	ALTER	在修改数据库或数据库对象时触发
	DROP	在删除对象时触发

续表

种　类	关键字	说　　明
数据库级	STARTUP	在数据库打开时触发
	SHUTDOWN	在使用 NORMAL 或 IMMEDIATE 选项关闭数据库时触发
	SERVERERROR	在发生服务器错误时触发
数据库级与模式级	LOGON	在用户连接到数据库，建立会话时触发
	LOGOFF	在会话从数据库中断开时触发

下面的代码块创建的系统触发器对本次数据库启动以来的用户登录时间进行记录。首先创建记录登录事件的表。

```
SQL>CREATE TABLE USERLOG (
    USERNAME VARCHAR2(20),
    LOGON_TIME DATE);
表已创建。
```

接着创建两个数据库级事件触发器 INIT_LOGON 和 DATABASE_LOGON。其中，INIT_LOGON 在数据库启动时触发，用于清除 USERLOG 表中记录的数据；DATABASE_LOGON 在用户登录时触发，用于向表 USERLOG 中增加一条记录，记录登录用户名和登录时间。

```
SQL>CREATE OR REPLACE TRIGGER INIT_LOGON
AFTER STARTUP ON DATABASE
BEGIN
  DELETE FROM USERLOG;
END;
/
触发器已创建。
SQL>CREATE OR REPLACE TRIGGER DATABASE_LOGON
AFTER LOGON ON DATABASE
BEGIN
  INSERT INTO USERLOG VALUES(SYS.LOGIN_USER,SYSDATE);
END;
/
触发器已创建。
```

下面的语句用来验证 DATABASE_LOGON 触发器。

```
SQL>CONNECT SCOTT/TIGER@ORCL;
已连接。
SQL>SELECT USERNAME,TO_CHAR(LOGON_TIME,'YYYY/MM/DD HH24: MI: SS')
  AS LOG_TIME FROM USERLOG;
```

下面的语句用来验证 INIT_LOGON 触发器，并重新启动数据库，登录 SYSTEM 账户。

```
SQL>SELECT USERNAME,TO_CHAR(LOGON_TIME,'YYYY/MM/DD HH24: MI: SS')
```

```
AS LOG_TIME FROM USERLOG;
```

4. 创建 DDL 触发器

DDL 触发器在 DDL 语句(CREATE、ALTER 或 DROP 等)之前或之后触发,下面的代码块创建的 DDL 触发器能够阻止对 EMP 表的删除。

```
SQL>CREATE OR REPLACE TRIGGER NODROP_EMP
    BEFORE  DROP ON SCHEMA
    BEGIN
        IF SYS.DICTIONARY_OBJ_NAME='EMP' THEN
              RAISE_APPLICATION_ERROR(-20005,'不允许能删除 EMP 表!');
        END IF;
        END;
/
触发器已创建。
```

下面的语句通过删除 EMP 表验证触发器。

```
SQL>DROP TABLE EMP;
DROP TABLE EMP
 *
第 1 行出现错误:
ORA-00604: 递归 SQL 级别 1 出现错误
ORA-20005: 不允许能删除 EMP 表!
ORA-06512: 在 line 3
```

9.6.3 触发器的基本操作

1. 查看触发器

创建成功的触发器存放在数据库中,与触发器有关的数据字典有 USER_TRIGGERS、ALL_TRIGGERS 和 DBA_TRIGGERS 等。其中,USER_TRIGGERS 存放当前用户的所有触发器,ALL_TRIGGERS 存放当前用户可以访问的所有触发器,DBA_TRIGGERS 存放数据库中的所有触发器。

下面的代码块用于查询 JOB_COUNT 触发器的类型、触发事件及所在表名称。

```
SQL>SELECT TRIGGER_TYPE, TRIGGERING_EVENT,TABLE_NAME
    FROM USER_TRIGGERS
    WHERE TRIGGER_NAME = 'JOB_COUNT';
```

下面的代码块用于查看 JOB_COUNT 触发器的触发体。

```
SQL>SELECT TRIGGER_BODY
    FROM USER_TRIGGERS
    WHERE TRIGGER_NAME = 'JOB_COUNT';
```

2. 修改触发器

修改触发器只能通过带有 OR REPLACE 选项的 CREATE TRIGGER 语句重建。而 ALTER TRIGGER 语句则可以用来启用或禁用触发器。触发器有 Enabled(有效)和

Disabled(无效)两种状态。新建的触发器默认是 Enabled 状态。启用或禁用触发器的语句是 ALTER TRIGGER,其语法如下。

```
ALTER TRIGGER 触发器名 Enable| Disable
```

使 JOB_COUNT 触发器有效或无效的语句分别如下。

```
SQL>ALTER TRIGGER JOB_COUNT Enable;
SQL>ALTER TRIGGER JOB_COUNT Disable;
```

如果要使一个表的所有触发器都有效或都无效,则可以使用下面的语句。

```
SQL>ALTER TABLE HR.JOBS Enable ALL TRIGGERS;
SQL>ALTER TABLE HR.JOBS Disable ALL TRIGGERS;
```

3. 删除触发器

删除触发器和删除过程或函数不同。过程或函数没有与使用到的数据库对象关联。如果删除过程或函数所使用到的表,那么过程或函数将被标记为 INVAID 状态,且仍存在于数据库中。而如果删除创建触发器的表或视图,那么也将删除这个触发器。

删除触发器的语法如下。

```
DROP TRIGGER 触发器名;
```

例如,删除 JOB_COUNT 触发器的语句如下。

```
SQL>DROP TRIGGER JOB_COUNT;
```

注意: Oracle 用户只能删除该用户模式下的触发器,如果想删除其他用户的触发器,必须具有 DROP ANY TRIGGER 系统权限。

9.6.4 触发器的新值和旧值

OLD 关键字指数据操作之前的旧值,NEW 关键字指数据操作之后的新值。OLD 和 NEW 关键字在使用时必须在其前面加上冒号(:)。OLD 关键字只对 UPDATE 和 DELETE 操作有效,对 INSERT 操作无效;NEW 关键字只对 UPDATE 和 INSERT 操作有效,对 DELETE 操作无效。

下面的代码块是一个触发器中的 OLD 和 NEW 关键字示例。

```
SQL>CREATE OR REPLACE TRIGGER t_salary
    BEFORE UPDATE ON HR.JOBS
    FOR EACH ROW
    DECLARE
        oldvalue NUMBER;
        newvalue NUMBER;
BEGIN
    Oldvalue: =: old.min_salary;
    Newvalue: =: new.min_salary;
    DBMS_OUTPUT.PUT_LINE('OLD: '||oldvalue||',NEW: '||newvalue);
```

```
END;
/
触发器已创建。
```

上面的代码使用了 OLD 和 NEW 关键字。

```
SQL>UPDATE HR.JOBS SET min_salary=min_salary+500;
OLD:20000,NEW:20500
OLD:15000,NEW:15500
...
OLD:4500,NEW:5000

已更新 19 行。
```

可以看到,触发器一共触发了 19 次。

注意: OLD 和 NEW 关键字只能用于行级触发器(For Each Row),不能用在语句级触发器,因为在语句级触发器中一次触发涉及多行数据,无法指定是哪一个新旧值。

9.7 程序包

程序包是由逻辑上相关的类型、变量及子程序等集成在一起的命名 PL/SQL 程序块。程序包的使用可以有效地隐藏信息,且实现集成化的模块程序设计,从而有利于 PL/SQL 程序的维护。

程序包通常由包头(包说明)和包体两部分组成。包头和包体分别存储在不同数据字典中。包头对于一个程序包来说是必不可少的,而包体有时则不一定是必需的。程序包中所包含的子程序及游标等必须在包头中声明,而它们的实现代码则包含在包体中。如果包头编译不成功,则包体编译必定不成功。只有包头和包体编译都成功才能使用程序包。

9.7.1 程序包的基本操作

1. 创建包头

创建包头的语句是 CREATE PACKAGE,语法如下。

```
CREATE [ OR REPLACE ] PACKAGE 包名称 { IS | AS }
  类型说明
  |变量说明
  |游标声明
  |异常声明
  |函数声明
  |过程声明
END [ 包名 ];
```

下面的语句创建了一个包头。

```
SQL> CREATE OR REPLACE PACKAGE pack_test AS
    v_temp NUMBER;
    PROCEDURE p1(x NUMBER);
```

```
END;
/
程序包已创建。
```

下面的语句创建了无包体的包头。

```
SQL> CREATE OR REPLACE PACKAGE pack_nobody AS
    TYPE TimeRec IS RECORD (
      minutes SMALLINT,
      hours SMALLINT);
    PI              CONSTANT REAL := 3.14;
    num             INT;
    no_find_data    EXCEPTION;
END pack_nobody;
/
程序包已创建。
```

上例创建了一个无包体的程序包。该程序包内声明了一个记录类型、一个常量、一个变量及用户异常。在 PL/SQL 程序设计中,通常使用没有包体的程序包来存储一些共享变量。

2. 创建包体

创建包体使用 CREATE PACKAGE BODY 语句。包体中也可以声明私有的变量、游标、类型和子程序等程序元素。

下面的代码块是一个创建包体的示例。

```
SQL> CREATE OR REPLACE PACKAGE BODY pack_test AS
    PROCEDURE P1(x number) AS
    BEGIN
        V_TEMP:=X;
        DBMS_OUTPUT.PUT_LINE(V_TEMP);
    END;
END;
/
程序包主体已创建。
```

在上例包体创建后,就可以使用程序包中的 P1 过程了。

3. 调用包中的子程序

程序包外部的存储过程、触发器及其他 PL/SQL 程序块,可以通过在包名称后添加点号来调用包内的类型、子程序等。如下面的语句调用 pack_test 程序包中的 P1 过程。

```
SQL>BEGIN
        pack_test.P1(10);
    END;
/
10
PL/SQL 过程已成功完成。
```

4. 删除包

在删除程序包时会将包头和包体一起删除，语法如下。

```
DROP PACKAGE 包名;
```

如删除上面创建的 pack_nobody 程序包，可以使用下面的语句。

```
SQL>DROP PACKAGE pack_nobody;
```

5. 查看包的数据字典

程序包也是 Oracle 对象的一种，所以可以在 USER_OBJECTS 视图中查看程序包信息。

```
SQL>SELECT OBJECT_NAME,OBJECT_TYPE,STATUS FROM USER_OBJECTS
    WHERE OBJECT_TYPE='PACKAGE';
```

如果想要查看程序包的源代码，可以在 USER_SOURCE 视图中查看。

```
SQL>SELECT TEXT FROM USER_SOURCE WHERE NAME='PACK_NOBODY';
```

9.7.2 系统预定义程序包

系统预定义程序包指 Oracle 系统已创建好的程序包，它扩展了 PL/SQL 功能。所有的系统预定义程序包多以 DBMS_或 UTL_开头，可以在 PL/SQL、Java 或其他程序设计环境中调用。前面多次使用的 DBMS_OUTPUT. PUT_LINE 语句，就是调用了系统预定义程序包 DBMS_OUTPUT 中的 PUT_LINE 方法。DBMS_OUTPUT 程序包主要负责在 PL/SQL 程序中的输入和输出功能。

表 9-7 列举了一些常见的 Oracle 系统预定义程序包。

表 9-7 常用的 Oracle 系统预定义程序包

包名称	说　明
DBMS_ALERT	用于当数据改变时，使用触发器向应用发出警告
DBMS_DDL	用于在访问 PL/SQL 中不允许直接访问的 DDL 语句
DBMS_Describe	用于描述存储过程与函数 API
DBMS_Job	用于作业管理
DBMS_Lob	用于管理 BLOBs、CLOBs、NCLOBs 与 BFILEs 对象
DBMS_OUTPUT	用于 PL/SQL 程序终端输入和输出
DBMS_PIPE	用于在数据库会话时使用管道通信
DBMS_SQL	用于在 PL/SQL 程序内部执行动态 SQL
UTL_FILE	用于在 PL/SQL 程序处理服务器上的文本文件
UTL_HTTP	用于在 PL/SQL 程序中检索 HTML 页
UTL_SMTP	用于支持电子邮件特性
UTL_TCP	用于支持 TCP/IP 通信特性

9.7.3 创建程序包的实例

下面的代码创建的程序包可以完成加减乘除四则运算，包头代码如下。

```
SQL>CREATE OR REPLACE PACKAGE my_arithmetic AS
      FUNCTION my_add(x IN NUMBER,y IN NUMBER) RETURN NUMBER;
      FUNCTION my_subtract (x IN NUMBER,y IN NUMBER) RETURN NUMBER;
      FUNCTION my_multiply (x IN NUMBER,y IN NUMBER) RETURN NUMBER;
      FUNCTION my_divide (x IN NUMBER,y IN NUMBER) RETURN NUMBER;
   END my_arithmetic;
/
程序包已创建。
```

在包头部分说明了4个函数,分别用于实现加减乘除四则运算。

```
SQL>CREATE OR REPLACE PACKAGE Body my_arithmetic AS
    /* my_add 实现加法运算 */
FUNCTION my_add(x IN NUMBER,y IN NUMBER) RETURN NUMBER IS
BEGIN
    RETURN x + y ;
END my_add;
/* my_subtract 实现减法运算 */
FUNCTION my_subtract (x IN NUMBER,y IN NUMBER) RETURN NUMBER IS
BEGIN
    RETURN x-y ;
END my_subtract;
/* my_multiply 实现乘法运算 */
FUNCTION my_multiply (x IN NUMBER,y IN NUMBER) RETURN NUMBER IS
BEGIN
    RETURN x*y ;
END my_multiply;
/* my_divide 实现除法运算 */
FUNCTION my_divide (x IN NUMBER,y IN NUMBER) RETURN NUMBER IS
BEGIN
    RETURN x / y ;
END my_divide ;
END;
/
程序包主体已创建。
```

包体部分是4个函数的实现代码。下面是对 my_arithmetic 包的调用。

```
SQL>DECLARE
    x NUMBER;
    y NUMBER;
BEGIN
    x: -10;
    y: =5;
    DBMS_OUTPUT.PUT_LINE( 'X='|| x || ',Y='|| y);
    DBMS_OUTPUT.PUT_LINE( 'X+Y= '|| my_arithmetic. my_add (x,y));
    DBMS_OUTPUT.PUT_LINE( 'X-Y= '|| my_arithmetic. my_subtract (x,y));
    DBMS_OUTPUT.PUT_LINE( 'X*Y= '|| my_arithmetic. my_multiply (x,y));
    DBMS_OUTPUT.PUT_LINE( 'X/Y= '|| my_arithmetic. my_divide (x,y));
END;
/
```

执行结果如下：

```
X=10 ,Y=5
X+Y= 15
X-Y= 5
X*Y= 50
X/Y= 2
PL/SQL 过程已成功完成。
```

9.8 异常处理

在 PL/SQL 程序运行期间经常会发生异常，一旦发生异常，如果不进行处理，程序就会中止执行。如果在 PL/SQL 程序中定义了异常，当 PL/SQL 程序检测到一个异常时，程序便会转入相应异常处理部分进行处理。异常处理机制可以使程序变得更为健壮。

异常处理部分一般放在 PL/SQL 程序的后半部分，基本结构如下。

```
EXCEPTION
    WHEN 异常 1 [ OR 异常 2 ] THEN
    语句组;
    ...
    WHEN 异常 n-1 [OR 异常 n] THEN
    语句组;
    WHEN OTHERS THEN
    语句组;
```

其中，WHEN OTHERS THEN 子句指异常如果不在前面所列的异常处理之中，将进入 OTHERS 异常处理程序段。

Oracle 系统中的异常分为系统预定义异常和用户自定义异常。系统预定义异常就是系统为经常出现的一些异常定义了异常关键字，如被零除或内存溢出等。系统预定义异常无须声明，当系统预定义异常发生时，Oracle 系统会自动触发，只需添加相应的异常处理即可。

用户自定义异常是用户在任何 PL/SQL 程序块、子程序或包中定义的异常，声明用户自定义异常须在 PL/SQL 程序块的声明部分中进行声明。

9.8.1 系统预定义异常

常见的 Oracle 系统预定义异常见表 9-8。

表 9-8 常见的 Oracle 系统预定义异常

异常名称	异常号	SQLCODE	说明
ACCESS_INTO_NULL	ORA-06530	-6530	访问没有初始化的对象
CASE_NOT_FOUND	ORA-06592	-6592	没有适合 CASE 结构的 WHEN 分支，或 ELSE 分支
COLLECTION_IS_NULL	ORA-06531	-6531	访问没有初始化集合的方法
CURSOR_ALREADY_OPEN	ORA-06511	-6511	视图打开一个已经打开的游标

续表

异 常 名 称	异常号	SQLCODE	说　明
DUP_VAL_ON_INDEX	ORA-00001	－1	违反了表中的唯一行约束条件
INVALID_CURSOR	ORA-01001	－1001	无效游标
INVALID_NUMBER	ORA-01722	－1722	字符串转换数字无效
LOGIN_DENIED	ORA-01017	－1017	在登录 Oracle 数据库时使用了无效的用户名和密码
NO_DATA_FOUND	ORA-01403	＋100	没有找到数据
NOT_LOGGED_ON	ORA-01012	－1012	没有连接到数据库
PROGRAM_ERROR	ORA-06501	－6501	内部错误
ROWTYPE_MISMATCH	ORA-06504	－6504	主变量和游标不兼容
SELF_IS_NULL	ORA-30625	－30625	调用没有初始化的成员方法失败
SYS_INVALID_ROWID	ORA_01410	－1410	字符串转换到 UROWID 失败
STORAGE_ERROR	ORA-06500	－6500	内存溢出错误
TIMEOUT_ON_RESOURCE	ORA_00051	－51	在等待资源时发生超时
TOO_MANY_ROWS	ORA-O1422	－1422	SELECT INTO 语句返回不止一行数据
VALUE_ERROR	ORA-06502	－6502	所赋变量的值与变量类型不一致
ZERO_DIVIDE	ORA-01476	－1476	试图被零除

下面的代码块触发了一个系统预定义异常。

```
SQL>DECLARE
  stu student%ROWTYPE;
  BEGIN
      SELECT * INTO stu FROM student WHERE no='0120001';
      END;
/
DECLARE
*
ERROR 位于第 1 行:
ORA-01403: 未找到数据
ORA-06512: 在 line 4
```

在上例代码中运行后，出现系统预定义异常："ORA-01403：未找到数据"。如果定义了异常处理部分代码，则可以显示异常处理信息，代码如下。

```
SQL> DECLARE
  stu student%ROWTYPE;
  BEGIN
      SELECT * INTO stu FROM student WHERE no='0120001';
  EXCEPTION      --异常处理代码
      WHEN NO_DATA_FOUND THEN
      DBMS_OUTPUT.PUT_LINE('没有找到符合条件的数据');
  END;
/
没有找到符合条件的数据
PL/SQL 过程已成功完成。
```

其中,"没有找到符合条件的数据"的提示信息就是用户看到的处理系统预定义异常的信息。

9.8.2 用户自定义异常

用户自定义异常声明语法如下。

```
异常名 EXCEPTION;
```

触发用户自定义异常需先用RAISE语句显式触发异常,然后再对它进行异常处理。下面的代码块是用户创建自定义异常处理的示例。

```
SQL>CREATE OR REPLACE PROCEDURE SCOTT.insert_emp(
    Empno       In      NUMBER,
    Ename       In      VARCHAR2,
    Job         In      VARCHAR2,
    Mgr         In      NUMBER,
    Hirdate     In      DATE,
    Sal         In      NUMBER,
    Comm        In      NUMBER,
    Deptno      In      NUMBER
) AS
Salary_out_of_range EXCEPTION;              /* 用户自定义异常 */
BEGIN
    IF (Sal <550 OR Sal >50000) THEN
        RAISE Salary_out_of_range;          /* 触发异常 */
    END IF;
    INSERT INTO Scott.emp VALUES(Empno, Ename, Job, Mgr,Hirdate,
                                    Sal, Comm, Deptno);
/* 如果雇员新工资超出分类工资的范围将触发异常 */
EXCEPTION                                   /* 异常处理代码部分 */
    WHEN Salary_out_of_range THEN
        DBMS_OUTPUT.PUT_LINE('雇员新工资超出分类工资的范围。');
END;
/
过程已创建。
SQL>BEGIN
    SCOTT.Insert_emp(7689,'LOTUS','CLERK',7788,
                    to_date('1988-08-28', 'yyyy/MM/dd'), 80,null,20);
END;
/
雇员新工资超出分类工资的范围。
PL/SQL 过程已成功完成。
```

从以上代码可以看出,用户自定义的异常 Salary_out_of_range 被触发。

9.8.3 EXCEPTION_INIT 语句

Oracle 允许使用 EXCEPTION_INIT 语句将异常名和异常号关联起来,基本语法如下。

```
PRAGMA EXCEPTION_INIT(异常名,异常号);
```

其中,异常名是一个预先声明的异常,异常号为一负数。

在关联异常名和异常号之前,首先需要在声明部分定义异常名,然后使用 PRAGMA EXCEPTION_INIT 语句为该异常号关联一个异常名。在异常处理部分就可以对该异常进行处理。

下面的代码块是使用 EXCEPTION_INIT 语句的示例。

```
SQL>DECLARE
    too_many_student EXCEPTION;
    PRAGMA EXCEPTION_INIT(too_many_student, -444);
BEGIN
    NULL;                              --引发 ORA-00444 异常的代码段
    EXCEPTION
        WHEN too_many_student THEN
          NULL;                        --异常处理的代码段
END;
/
```

9.8.4　RAISE_APPLICATION_ERROR 过程

Oracle 系统提供的 RAISE_APPLICATION_ERROR 过程将自定义的异常错误信息在客户端应用程序中显示,基本语法如下。

```
RAISE_APPLICATION_ERROR(异常号,异常信息,[, {TRUE | FALSE}]);
```

其中,异常号是 20000～20999 之间的整数,这样才能保证不会与 Oracle 的任何错误代码相冲突。异常信息是与之对应的文本,最长不能超过 2048 B,否则将被截取到 2KB。最后一个逻辑值可选,默认值为 FALSE,如果为 TRUE 则将该异常添加到异常列表中。

下面的语句是使用 RAISE_APPLICATION_ERROR 的示例。

```
SQL>DECLARE
        NUM_STU NUMBER;
BEGIN
    SELECT COUNT(*) INTO NUM_STU FROM STUDENT;
    IF NUM_STU < 1000 THEN
      /* 用户创建异常号和异常信息 */
      RAISE_APPLICATION_ERROR (-20001, '学生表的学生记录太少!');
    ELSE
      NULL;                              --没有异常的程序代码
    END IF;
END;
/
DECLARE
*
ERROR 位于第 1 行:
```

```
ORA-20001：学生表的学生记录太少！
ORA-06512：在 line 7
```

下面的代码块是一个用户自定义异常的完整示例，利用了 Oracle 系统中现有的 SCOTT.EMP 表和新建的 SCOTT.SAL_GRADE 表，其中 SCOTT.SAL_GRADE 表结构如下。

```
SQL>CREATE TABLE SCOTT.SAL_GRADE (
    GRADE          NUMBER,         --类别
    LOSAL          NUMBER,         --最低工资
    HISAL          NUMBER,         --最高工资
    JOB            VARCHAR2(20)    --工种
);
表已创建。
```

然后，使用下面的语句在 SCOTT.SAL_GRADE 表中插入数据。

```
SQL>INSERT INTO SCOTT.SAL_GRADE VALUES(1,700,1200,'CLERK');
SQL>INSERT INTO SCOTT.SAL_GRADE VALUES(2,1201,1400,'SALESMAN');
SQL>INSERT INTO SCOTT.SAL_GRADE VALUES(3,1401,2000,'ANALYST');
SQL>INSERT INTO SCOTT.SAL_GRADE VALUES(4,2001,3000,'MANAGER');
SQL>INSERT INTO SCOTT.SAL_GRADE VALUES(5,3001,9999,'PRESIDENT');
```

接着创建触发器 SCOTT.Salary_check，以在插入工资前进行有效性检查。

```
SQL>CREATE OR REPLACE TRIGGER SCOTT.Salary_check
BEFORE INSERT ON SCOTT.EMP
FOR EACH ROW
DECLARE
    MINSAL                  NUMBER;         /*存放最低工资*/
    MAXSAL                  NUMBER;         /*存放最高工资*/
    SALARY_OUT_OF_RANGE     EXCEPTION;      /*用户自定义异常*/
BEGIN
    /* 从SAL_GRADE表中获取最低或最高工资存放在MINSAL和MAXSAL变量中 */
    SELECT LOSAL, HISAL INTO MINSAL, MAXSAL FROM SCOTT. SAL_GRADE
        WHERE JOB = :NEW.JOB;
    /* 如果雇员新工资超出分类工资的范围将触发异常*/
    IF (:NEW.SAL < MINSAL OR :NEW.SAL > MAXSAL) THEN
      RAISE SALARY_OUT_OF_RANGE;                /*触发异常*/
    END IF;
    EXCEPTION
        WHEN SALARY_OUT_OF_RANGE THEN           /*超出范围*/
          RAISE_APPLICATION_ERROR (-20100, '工种: '||:NEW.JOB||'雇员: '
              ||:NEW.ENAME|| '工资: '||TO_CHAR(:NEW.SAL)||'超出范围');
        WHEN NO_DATA_FOUND THEN                 /*没有找到数据*/
          RAISE_APPLICATION_ERROR(-20322, '工种无效' ||:NEW.JOB);
END;
/
```

触发器已创建。

验证代码如下。

```
SQL>INSERT INTO SCOTT.EMP VALUES(7888,'LOTUS','CLERK',7788,
TO_DATE('1988-08-28', 'YYYY/MM/DD'),8888,NULL,20);
...
ORA-20100：工种：CLERK 雇员：LOTUS 工资：8888 超出范围
...
SQL>INSERT INTO SCOTT.EMP VALUES(7888,'LOTUS','ACCOUNTING',7788,
TO_DATE('1988-08-28', 'YYYY/MM/DD'),1000,NULL,20);
...
ORA-20322：工种无效 ACCOUNTING
...
SQL>INSERT INTO SCOTT.EMP VALUES(7888,'LOTUS','CLERK',7788,
TO_DATE('1988-08-28', 'YYYY/MM/DD'),1000,NULL,20);
已创建 1 行。
```

在上面 3 条语句中，第一条 INSERT 语句中的 SAL 字段值为“8888”，超过了工种工资的范围，触发 ORA-20100 异常，第二条 INSERT 语句中的新工种 ACCOUNTING 无效，触发 ORA-20322 异常，第三条 INSERT 语句正确插入了一条记录。

思考与练习

1. 变量命名要遵循哪些规则？
2. PL/SQL 中常用的类型转换函数有哪些？
3. PL/SQL 表达式中常用的操作符有哪些？
4. 简述 PL/SQL 程序块结构的分类。
5. 简述 PL/SQL 的控制结构。
6. 简述%TYPE 和 %ROWTYPE 的用法。
7. 游标的基本操作应该注意哪些问题？
8. 如何声明参数化游标？
9. 什么是游标变量？
10. 简述函数和过程的区别。
11. 参数传递有哪几种方式？
12. 简述内置子程序与本地子程序的区别。
13. 简述触发器的分类。
14. 简述系统触发器的触发事件的种类和级别。
15. 简述程序包的组成。
16. 列举几个常见的 Oracle 系统预定义程序包。
17. 什么是异常处理？
18. 什么是系统预定义异常？
19. 如何创建用户自定义异常？

20. 简述 EXCEPTION_INIT 语句的作用。
21. 简述 RAISE_APPLICATION_ERROR 过程的用法。

上机实验

1. 写出下面代码的执行结果。

```
DECLARE
    P_num NUMBER;
    P_R NUMBER;
BEGIN
    P_num:=200;
    IF P_num>50 THEN
        P_R:=10;
    ELSIF P_num>100 THEN
        P_R:=20;
    ELSIF P_num>500 THEN
        P_R:=30;
    ELSE
        P_r:=15;
    END IF;
    DBMS_OUTPUT.PUT_LINE(P_R);
END;
```

2. 写出下面代码的执行结果。

```
DECLARE
    I NUMBER:=0;
    P_TOTAL NUMBER(5,0):=0;
BEGIN
    FOR I IN 1..10 LOOP
        P_TOTAL:=P_TOTAL+2;
    END LOOP;
    DBMS_OUTPUT.PUT_LINE(P_TOTAL);
END;
```

3. 写出下面代码的执行结果。

```
DECLARE
    JOB1 HR.JOBS%ROWTYPE;
BEGIN
    SELECT * INTO JOB1 FROM HR.JOBS WHERE JOB_TITLE='President';
    DBMS_OUTPUT.PUT_LINE(JOB1.JOB_ID);
    DBMS_OUTPUT.PUT_LINE(JOB1.MIN_SALARY);
    DBMS_OUTPUT.PUT_LINE(JOB1.MAX_SALARY);
END;
```

4. 写出下面代码的执行结果。

```
DECLARE
    CURSOR C_JOB IS SELECT * FROM HR.JOBS;
    JOB1 HR.JOBS%ROWTYPE;
    I NUMBER: =0;
BEGIN
    OPEN C_JOB;
    FOR I IN 1..3 LOOP
        FETCH C_JOB INTO JOB1;
    DBMS_OUTPUT.PUT_LINE(JOB1.JOB_ID ||JOB1.JOB_TITLE||JOB1.MIN_SALARY
                                        ||JOB1.MAX_SALARY);
    END LOOP;
    CLOSE C_JOB;
END;
```

5. 编写一个在HR模式的JOBS表中,根据输入工作编号(JOB_ID)就可以输出工作名称(JOB_TITLE)的函数。

6. 编写一个触发器,当删除HR模式的JOBS中的记录时,显示剩余记录条数。

7. 编写一个触发器,限定对SCOTT模式的DEPT表的删除。

8. 编写一个触发器,向一个NUMBER类型的字段插入递增的数据。

9. 编写一个触发器,当用户登录时数据库系统将客户端的IP地址记录下来。

10. 编写一个触发器,当删除STUDENT表的记录时,同时删除SCORE表中的相关记录。

11. 编写一个包,其包括一个过程和一个函数。其中过程实现根据SCOTT模式的EMP表中雇员编号返回雇员的所有信息的功能,函数实现根据雇员编号返回工资的功能。

参 考 文 献

[1] Bob Bryla,Kevin Loney. Oracle Database 11g DBA 手册[M]. 刘伟琴,译. 北京：清华大学出版社,2009.

[2] Ian Abramson, Michael Abbey,Michael J. Corey. Oracle Database 11g：初学者指南[M]. 窦朝晖,译. 北京：清华大学出版社,2010.

[3] 谷长勇,王彬,陈杰,等. Oracle 11g 权威指南[M]. 北京：电子工业出版社,2008.

[4] 路川,胡欣杰. Oracle 11g 宝典[M]. 北京：电子工业出版社,2009.

[5] 秦靖,刘存勇. Oracle 从入门到精通[M]. 北京：机械工业出版社,2011.